유한요소해석

ANSYS Workbench를 활용한 유한요소법의 이해 및 활용

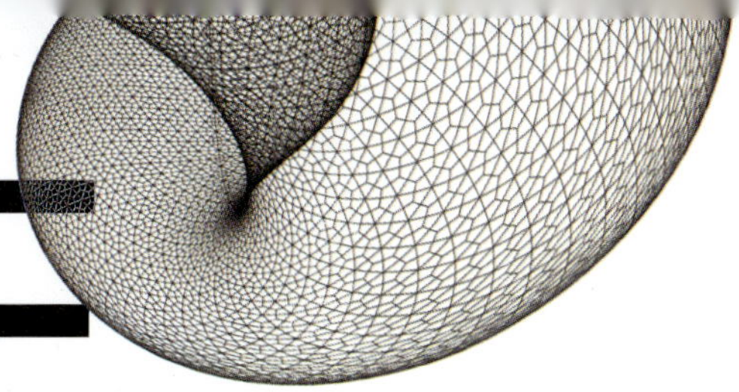

FINITE ELEMENT ANALYSIS

유한요소해석

ANSYS Workbench를 활용한
유한요소법의 이해 및 활용

신광복 · 강승구 지음

교문사

머리말

유한요소해석은 물리 현상이나 공학 문제를 컴퓨터를 이용하여 수학적 근사해를 구하는 것으로 현대 산업으로 접어들면서 거의 모든 분야에 컴퓨터가 적용되고 있다. 특히 제품의 설계 및 해석 등과 같이 전문성이 요구되는 공학 분야에서 그 중요성이 대두되고 있다. 기업들은 제품 개발 과정에서 발생되는 시행착오를 최소화하고 개발기간과 사용되는 비용을 단축시키는 데 많은 투자를 하고 있다. 이를 위해 설계의 전문화와 모듈화, 그리고 생산성 향상 등이 중요한 변수로 작용되고 있으나 이보다 더욱 중요한 것은 짧은 기간 내에 제품의 내구성과 안전성을 확보하는 것이다. 기존에는 제품의 설계 후 시제품을 제작하여 내구성과 안전성을 평가하고 그 결과를 반영한 설계 변경을 통해 제품의 품질을 향상시키는 업무를 반복적으로 수행하였으나 이는 제품 개발기간과 비용을 증가시켜 기업의 경쟁력에 부정적인 영향을 미치게 된다. 이를 보완하고자 컴퓨터를 이용한 제품의 성능 평가 기술이 개발되어 왔으며, 우수한 상용 해석 프로그램이 많이 개발되어 제품 개발 현장의 엔지니어들이 유한요소해석 결과를 설계 자료로 활용하고 있다. 이로써 제품 개발기간과 비용을 단축하고 품질을 향상시키는 데 좋은 영향을 주게 되었다.

하지만 다양한 공학문제에서 신뢰도 높은 수치해석을 수행하기 위해서는 기본적인 유한요소법의 이해와 해석경험이 축적되어야 한다. 따라서 이 책은 유한요소해석을 처음 접하는 입문자를 위한 교재로 기본적인 유한요소법의 이해와 상용 유한요소해석 프로그램 중 하나인 ANSYS Workbench의 기본적인 사용방법을 구조 분야의 예제를 통해 익힐 수 있도록 작성하였다.

이 책에서 다루는 예제는 1차원, 2차원, 3차원 각각의 문제를 정적 구조해석과 고유진동수 해석을 통해 해를 도출하는 내용을 다루었다. 유한요소해석에 필요한 모델링과 해석조건 입력의 단계를 이해하고 습득한다면, 복잡한 형상의 구조물의 해석도 수행할 수 있을 것이다. 또한 여러 상용 유한요소해석 프로그램의 해석을 위한 단계가 유사하기 때문에 상용 유한요소해석 프로그램 하나를 습득한다면 다른 프로그램을 익히기 수월할 것이다.

마지막으로 이 책을 통해 전문가가 갖춰야 할 기술적 측면과 공학적 해결능력을 두루

습득하여 예비 공학도들이 산업 발전에 많은 이바지할 수 있길 바라며, 이 책을 집필하는 데 도움을 주신 모든 분들과 출판을 위해 노력해주신 교문사 관계자 여러분께 감사드린다.

국립한밭대학교 기계공학과

교수 신광복

차례

CHAPTER

1

CAE 역할과 유한요소해석

1.1 개요

세계적으로 산업기술이 발전하면서 제품 개발을 위한 문제가 좀 더 복잡하고 어려워지기 시작하였다. 따라서 기존에 사용하던 재료역학 기반의 설계에 문제가 발생하기 시작하였다. 이때 유한요소법(finite element method)이라고 하는 컴퓨터를 이용한 수치해석 기법이 개발되어 발전된 산업기술에서 요구하는 복잡하고 어려워진 문제에 대응이 되기 시작하였다. 유한요소법은 무한개의 절점으로 이루어진 구조물을 유한개의 요소로 분할하여 각각의 영역에 근사해법으로 계산해나가는 수치방법이다. 복잡한 형상의 응력해석 등을 위해 개발된 방법으로 많은 수의 행렬 연산으로 계산된다.

처음 유한요소법의 시작은 주로 대형 컴퓨터로 일괄처리(batch job)하는 방법으로 사용되었으나 컴퓨터 환경이 발전하면서 최근에는 워크스테이션 및 퍼스널 컴퓨터 환경에서도 대용량 문제를 취급할 수 있을 정도로 발전하였다. 소프트웨어 또한 사용자가 빠르고 쉽게 사용할 수 있도록 상용 유한요소 프로그램과 전처리 프로그램이 개발되면서 현재 산업에서 크고 작은 설계에 유한요소법을 사용한 CAE(Computer Aided Engineering)가 널리 사용되고 있고, 성공적인 적용사례도 어렵지 않게 찾아볼 수 있게 되었다.

1.2 CAE란

CAE는 Computer Aided Engineering의 약자로 컴퓨터를 이용한 공학을 의미한다. 즉, 컴퓨터를 사용하여 설계 대상의 엔지니어링 문제를 공학적인 방법과 역학 등의 이론을 해석적으로 접근하여 제품 개발과 설계에 필요한 정보를 얻는 것이다.

CAE 용어의 최초 사용은 1980년 미국 SDRC(Structural Dynamic Research Corporation)가 신규 제품의 개발 및 설계를 추진하고 지원하는 통합적인 컴퓨터 시스템의 구축이 기업에 있어서 전략적 시스템이 되어 유리하다고 하기 시작하면서부터이다. 그 개념을 그림 1-1에 나타내었다.

CAE의 범위를 살펴보면 다음과 같다.

- 가동 부품의 동작 시뮬레이션 및 기구의 운동해석
- 변형 및 응력해석(선형, 정적 해석)
- 열전도 해석
- 자기장, 전기장 해석
- 유체해석
- 대변형 해석(기하학적 비선형, 재료비선형 해석) 등을 사용한 각종 시뮬레이션
- 부품 간의 간섭검사
- 물성치(체적, 중량, 중심, 관성모멘트 등)의 계산
- 플라스틱 수지 유동해석
- 플라스틱 금형 · 성형품 냉각해석

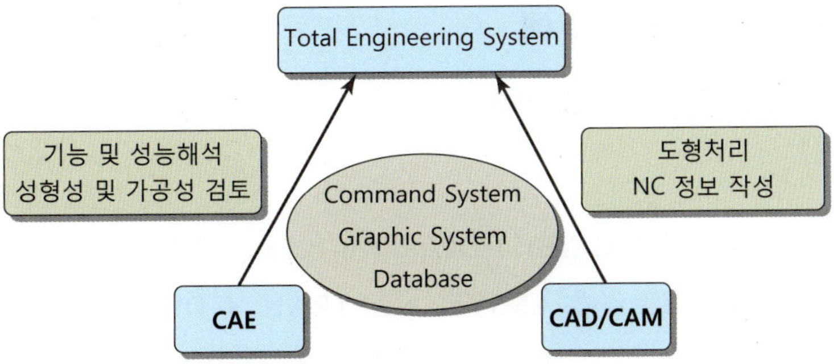

그림 1-1 CAE와 CAD/CAM와의 상관관계

- 금속 프레스 성형해석
- 주조품 응고해석

1.3 신제품 개발에 CAE의 활용

CAE 활용 이전의 신제품의 개발은 “개념/초기설계 → 시제품 제작 → 성능시험 → 설계 수정 → 보완설계 → 시제품 제작 → …”의 반복을 통해 요구 조건에 충족한 설계 변수를 도출하였다. 하지만 이런 방법은 시제품 제작, 성능시험 등에 비용이 많이 발생하게 되고 개발기간 또한 길어지게 된다.

현대에서는 급변하는 사회에 맞춰 신제품의 개발 주기가 짧아지고 소비자의 요구에 맞춰 자주 제품을 변경/출시하게 된다. 즉, 회사에서는 다른 회사보다 경쟁력을 높이려면 제품 개발기간의 단축을 통해 경쟁 회사보다 빨리 신제품을 발표하고 제작하는 것이 필요하다. 기존에는 빠른 신제품 개발을 위해서 표준화된 데이터를 구축하였으나 신규 제품의 개발 및 설계가 많아지고 형태 또한 다양해져 표준화된 데이터의 사용이 힘들어지게 되었다. 이런 때에 CAE가 주목받고 있는 것은 이러한 상황에서 제품 개발의 시작과 시험, 그리고 수정을 컴퓨터 내에서 수행하여 위와 같은 반복 작업 기간을 단축시키고 여러 분야에 적용이 가능하여, 개발 비용과 기간을 획기적으로 줄일 수 있기 때문이다.

1.4 유한요소해석의 CAE 기초지식

1.4.1 CAE 소프트웨어의 예

CAE 소프트웨어는 사용 목적에 따라서 분류되며, 몇 가지 예로서 다음과 같은 것이 있다.

- 3차원 형상 모델링: CATIA, I-DEAS, Pro/Engineer, UG
- 구조해석용 소프트웨어: ANSYS, NASTRAN, I-DEAS, CATIA_ELFINI, PAFEC, COSMOSm, ABAQUS, SAMCEF

- 기구해석용 소프트웨어: DADS, ADAMS
- 냉간 및 열간 성형해석: DEFORM

1.4.2 수학적 모델과 수치해석 기법 이용의 유의점

수학적 모델과 수치해석 기법을 사용한 시뮬레이션은 변형 및 응력해석, 진동해석, 열전도 해석 등이 있다. 이러한 해석은 물체의 변형 및 그것의 시간 변화에 따른 진동현상, 또는 열의 이동현상 등을 수학적으로 나타내고, 그것을 컴퓨터 처리 방향으로 이산화하고, 그 결과를 여러 개의 연립방정식의 형태로 만들어 수치해석 기법으로 해를 구한다. 이러한 절차를 그림 1-2와 같이 나타내었다.

그림 1-2에서 첫 번째 수학적 모델화와 두 번째 이산화를 통해서 수학적인 근사화가 이루어진다. 또한 재료 물성치의 정확도(accuracy)가 높다면, 얻어지는 결과의 정확도도 높을 것이다. 탄성 변형 범위 내의 변형 및 응력해석(선형, 정적 해석)과 정상 상태 열전도 해석에서는 수학적 모델화와 이산화로 비교적 간단한 식으로 표현될 수 있으며, 해석 결과의 정확도 또한 좋다. 하지만 유동해석 및 대변형 해석에서는 위의 2가지 기법은 복잡한 식으로 구성되고, 내용을 잘 이해하여 해석하지 않으면 결과의 정확도 또한 높지

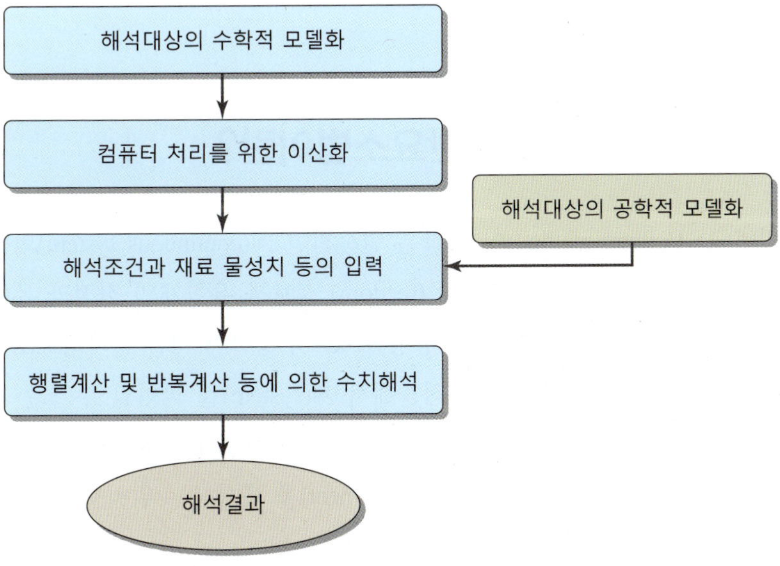

그림 1-2 수학적 모델과 수치해석 기법에 의한 시뮬레이션의 흐름도

않다. 수학적 모델화와 이산화는 주로 소프트웨어의 문제로서 어떠한 소프트웨어를 이용하는가에 의존하지만, 해석조건과 재료 물성치의 입력은 소프트웨어 이용자 측면의 문제로 실제 해석결과에 큰 영향을 미친다. 정리해보면, 수학적 모델과 수치해석 기법에 의한 시뮬레이션 결과는 근사해로서 소프트웨어의 기능과 이용자의 경험 정도에 따라 해의 근사도가 차이가 난다.

행렬계산 및 반복계산을 통한 수치해석은 대용량 및 고속으로 데이터 처리가 가능한 컴퓨터를 필요로 하고, 유동해석 및 대변형 해석과 같은 비정상 또는 비선형 해석에서는 반복 계산이 들어가고 이때 컴퓨터의 부하가 커지게 된다. 또한 복잡한 형상을 대상으로 한다면, 컴퓨터의 용량에 따라 이용이 곤란한 경우가 있다. 따라서 이와 같은 문제의 대응으로 실무 수준의 해석에서는 해석 대상의 형상 자체를 간략화하며, 경험적인 지식에 의해서 실제와의 차이를 보충하기도 한다.

후자에 대한 예로서 충격 문제를 정하중 해석으로 평가하기도 하고 접촉면이 바뀌는 문제를 고정 접촉면으로 가정하여 해석하는 경우도 있다. 이와 같은 경우는 공학적 모델화 경우이며 컴퓨터의 부하를 작게 하는 동시에 정확도가 높은 해를 얻을 수 있으며, 이 공학적 모델화에 있어서는 해석자의 직관(intuition)이 매우 중요하다. 따라서 수학적 모델과 수치해석 기법에 의한 시뮬레이션에서는 해석자의 능력과 경험이 특히 중요하고, 그 활용을 위하여 중요한 점은 시스템 이용자의 교육이다.

1.5 유한요소법이란?

유한요소법(finite element method)이라 함은 연속적인 계(continuous system)의 무한개의 절점(node)과 무한개의 자유도(degree of freedom) 정보를 유한개의 절점과 유한개의 자유도 정보로 전환하고 이것을 선형 연립방정식으로 구성하여 계를 근사적으로 해석하는 방법을 말한다. 여기서 자유도는 내부 점들에서 계(system)를 파악할 수 있는 독립적인 물리량들의 개수를 의미하고, 공학에서는 변위를 기본으로 하고 있다. 절점은 계를 파악할 수 있는 정보를 담고 있는 위치이며 요소(element)를 구성하는 위치를 의미한다.

1.5.1 유한요소해석의 과정

유한요소해석 과정은 구조해석, 유동해석, 열전달 문제에 상관없이 모두 유사하다. 이러한 유한요소해석 과정은 ANSYS, ABAQUS 등과 같은 상용유한요소 프로그램에서도 적용된다. 따라서 어느 하나의 상용유한요소 프로그램을 익힌다면 다른 프로그램을 익히기 수월할 것이다.

(1) 모델링 또는 전처리 과정

유한요소해석 과정에서 전처리 과정(pre-processing)이란 유한요소 모델을 얻는 것을 말하며, 일반적으로 다음과 같은 작업을 수행한다.

- 사용할 요소의 종류(element type)를 정의
- 요소의 속성(element attribute)을 정의
- 요소의 기하학적 형상을 정의
- 구속조건(constraint)을 부여
- 하중조건 부여

(2) 해석

해석과정(solution procedure)은 컴퓨터상에서 명령어 하나로 처리가 되는 아주 간단한 과정이다. 실제로 프로그램 내부는 복잡한 과정을 거친 방정식 풀이가 진행되지만 외부에서는 단순한 명령어 하나로 처리된다.

(3) 후처리 과정

해석결과의 분석과 평가를 하는 과정을 후처리 과정(post-processing)이라 한다. 후처리 과정에는 해석결과 분류, 인쇄, 그래픽 보기 등의 기능이 포함되고 리스트로도 결과값을 출력할 수 있다. 일반적으로 후처리 과정은 다음과 같은 작업을 수행한다.

- 요소 응력을 크기에 따라 분류
- 변형 후 구조물의 형상
- 등고선(contour)에 의한 응력 및 변위 출력
- 해석결과의 애니메이션(animation) 표현

1.5.2 유한요소법의 주요 개념들

(1) 자유도

자유도(degrees of freedom)는 자유스러운 정도를 의미하는 것으로 공학에서는 변위를 기본으로 하고, 변위, 속도, 가속도 등의 물리량에 적용되어 생각할 수도 있다. 공간상에서 한 점은 아무런 구속이 없다면 기본적으로 6개의 자유도를 갖는다. 즉 x, y, z축의 직선이동(u_x, u_y, u_z)과 x, y, z축을 회전중심으로 하는 회전(θ_x, θ_y, θ_z)이다.

구조해석 문제에서는 사용되는 요소에 따라 자유도가 다음과 같다.

- 1차원 트러스 문제: 1개의 자유도(u)
- 2차원 보(beam) 문제: 2개의 자유도(u, θ)
- 평면응력(plane stress) 문제: 2개의 자유도(u_x, u_y)
- 3차원 솔리드(solid) 문제: 3개의 자유도(u_x, u_y, u_z)
- 2차원 평판(plate) 문제: 3개의 자유도(u, θ_x, θ_z)
- 3차원 평판(plate) 문제: 5개의 자유도(u_x, u_y, u_z, θ_x, θ_z)

(2) 절점과 요소

유한요소법에서 절점(node)은 계를 파악할 수 있는 정보를 담고 있는 위치이며 요소(element)를 구성하는 위치이다. 요소는 절점과 변으로 구성되는데 모든 정보는 절점에 담긴다. 변은 요소의 기하학적 형상을 나타내기 위한 그림일 뿐이다. 그림 1-3은 절점과

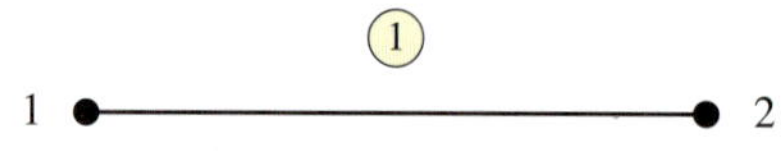

(a) 트러스 요소

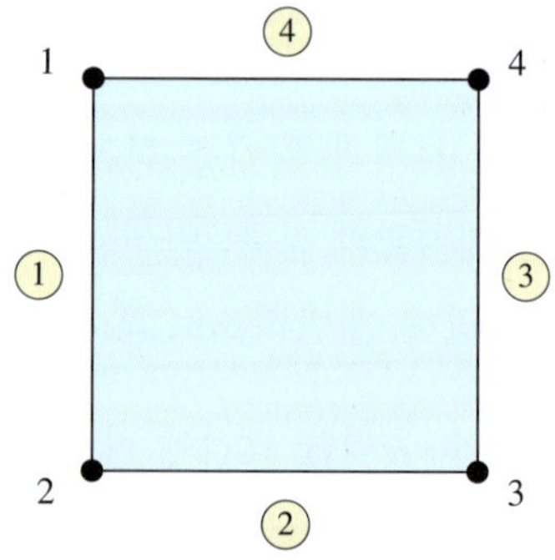

(b) 평면응력 요소

그림 1-3 절점과 변으로 이루어진 요소

변을 설명하기 위해 나타낸 것이다. 트러스 요소의 경우 절점 2개(1, 2)와 1개의 변(①)으로 구성되어 있고, 평면응력 요소의 경우 절점 4개(1, 2, 3, 4)와 4개의 변(①, ②, ③, ④)으로 구성되어 있다.

CHAPTER

2

고체역학의 기본 지식

고체역학이라 함은 평형상태의 힘이 고체(변형이 가능한 재료)에 가해졌을 때, 그 재료의 변형에 대해 다루는 학문을 말한다. 고체역학에서는 다음의 3가지 개념을 중점적으로 다룬다.

① 힘: 물체 외부에 가해지는 외력과 물체 내부에 존재하는 내력으로 분류한다. 일반적으로 힘은 직진력(force)과 회전력(moment)을 포함한다. 고체역학에서는 물체에 가해지는 힘이 평형상태에 있기 위한 조건을 유도한다.

② 고체(재료): 재료의 물성치에 대한 정의를 유도한다. 물성치는 내력과 변형률의 관계식으로 나타낼 수 있다.

③ 변형: 물체 내부에 존재하는 내력에 의하여 물체가 변형하며 그 변형은 변형조건을 만족시켜야 한다. 고체역학에서는 변형(률)에 대한 정의를 유도한다.

2.1 물체의 재료

물체를 이루는 재료로 크게 등방성재료(isotropic material)와 이방성재료(anisotropic material), 그리고 균질재료(homogeneous material)와 비균질재료(nonhomogeneous material)로 나눌 수 있다.

등방성재료는 모든 방향으로 동일한 성질을 갖는 재료이며, 일반적으로 금속재료가

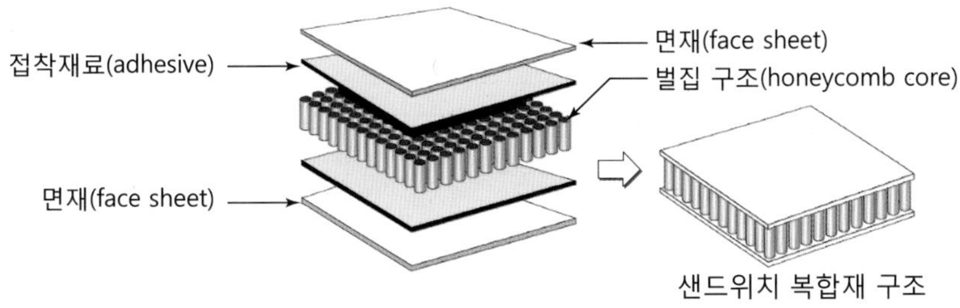

그림 2-1 샌드위치 복합재

대표적이라 할 수 있다. 이방성재료는 일반적으로 재료의 성질이 방향에 따라 다른 성질을 갖는 재료이며 그림 2-1과 같이 샌드위치 복합재 구조물처럼 여러 층을 접합한 구조물이 한 예이다. 균질재료는 물체 내의 모든 위치에 같은 재료로 구성되어 있는 것을 말하고, 비균질재료는 물체 내의 위치에 따라 다른 재료로 구성된 것을 말한다.

2.2 물체의 평형

어떤 재료로 이루어졌고 체적을 가지는 덩어리를 물체라고 정의할 수 있다. 물체가 외부에서 작용하는 힘(외력)을 받고 있는 상태에서 정지해 있거나, 일정한 속도로 움직이고 있을 때에 이 물체는 평형상태(equilibrium state)에 있다고 한다.

물체의 정지상태란 물체의 병진운동과 회전운동이 없는 상태이다. 물체의 병진운동이 없는 조건은 외력의 합이 0이며, 물체의 회전운동이 없는 조건은 힘 모멘트(moment of force)의 합이 0이다.

2.3 물체의 내력과 응력

외력을 받고 있는 물체는 내부의 어떤 단면에는 저항하는 힘(내력)이 반드시 발생한다. 외력에 대한 물체의 내력이 없으면 물체는 분리된다. 외력으로는 표면력(traction)과 체적력(nody force)이 있다. 내력은 단면을 생각하지 않을 수 없고, 단면에 대한 내력은 면에 수직한 저항력(수직력)과 면에 평행한 저항력(전단력)이 있다. 응력은 단위면적당의 내

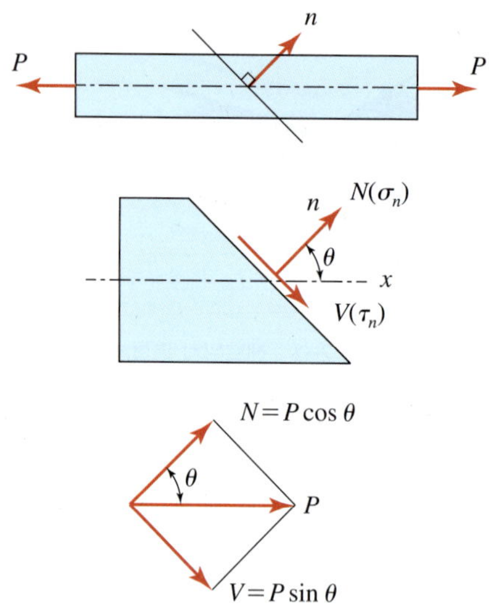

그림 2-2 임의의 경사단면에 작용하는 힘

력이라고 정의할 수 있다. 따라서 면에는 그림 2-2와 같이 수직응력(σ_n, normal stress)과 전단응력(τ_n, shear stress)이 발생한다.

한 면의 응력은 그림 2-3과 같이 3개의 성분이며, 면에 수직한 응력(σ_n)과 전단응력 2개(τ_{ns}, τ_{nt})의 성분으로 나눌 수 있고, 위치에 따라 응력이 변하는 경우 수직응력과 전단응력은 식 (2.1)과 같이 정의된다.

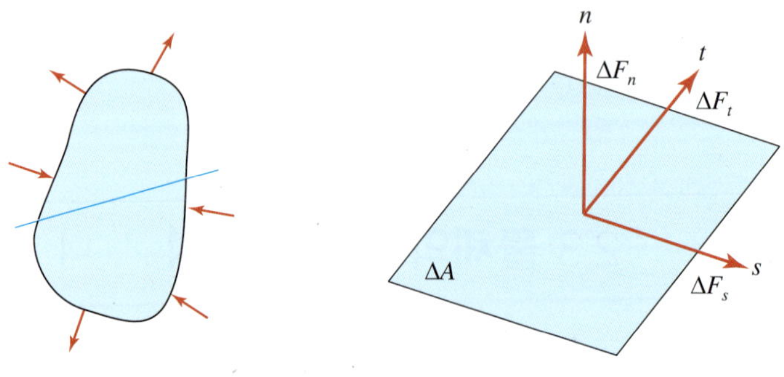

그림 2-3 무한소 면적(ΔA)상에서의 힘 성분

$$\sigma_n = \lim_{\Delta A \to 0}\left(\frac{\Delta F_n}{\Delta A}\right)$$

$$\tau_{ns} = \lim_{\Delta A \to 0}\left(\frac{\Delta F_s}{\Delta A}\right) \quad (2.1)$$

$$\tau_{nt} = \lim_{\Delta A \to 0}\left(\frac{\Delta F_t}{\Delta A}\right)$$

2.4 한 점의 응력상태

응력을 표현할 때 한 점이란 거의 체적이 0에 가까운 육면체를 뜻한다. 한 점에 대한 3차원 응력상태를 표현하면 그림 2-4와 같다. 한 점에 대한 힘의 평형과 모멘트의 평형도 성립해야 한다.

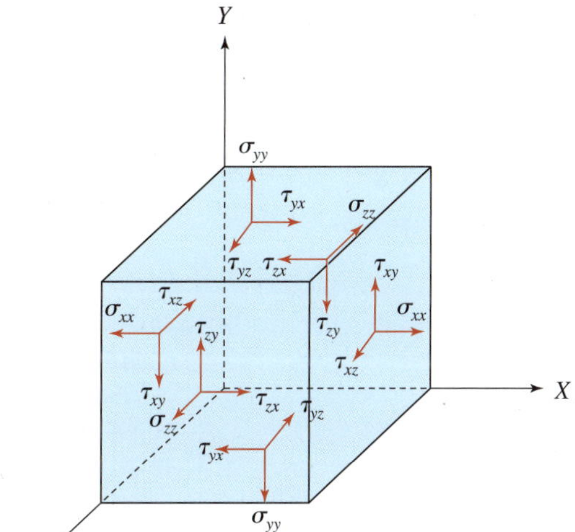

그림 2-4 한 점에서의 응력상태

2.5 평면응력 상태와 평면변형률 상태

한 점의 3차원 응력상태에서 z방향의 응력성분이 없는 상태가 평면응력(plane stress) 상태이다. 또한 한 점의 3차원 변형률 상태에서 z방향의 변형률성분이 없는 상태가 평면변형률(plane strain) 상태이다. 평면응력 상태와 평면변형률 상태는 응력해석에서 자주 이용되는 것으로 3차원 응력해석을 하는 경우에 유한요소법 등 수치해석법에서 해석량이 많아지므로 2차원으로 이상화하는 것이 편리하고 유리할 때가 있다. 이 경우 2차원 평면응력 상태나 평면변형률 상태로 해석한다.

2.6 좌표축 변환에 따른 응력변환식

한 점의 응력성분은 좌표축이 변하면 응력성분도 변한다는 것을 설명하기 위하여 xy평면에 대한 평면응력 상태를 다루도록 한다. 그림 2-5에서 한 점이 힘의 평형과 모멘트의 평형조건을 만족하는, 즉 움직이지 않는 상태이면 음영처리된 삼각형 요소도 움직일 수 없게 된다. 삼각형 요소의 경사면에는 수직응력과 전단응력이 발생하고 그림 2-6과 같은 상태로 힘의 평형과 모멘트의 평형이 이루어져야 한다.

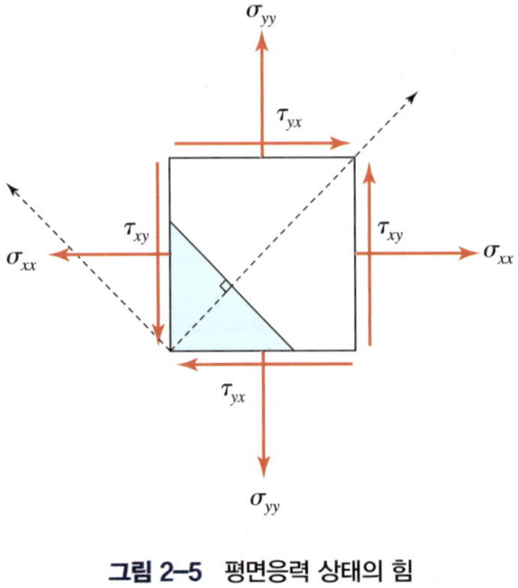

그림 2-5 평면응력 상태의 힘

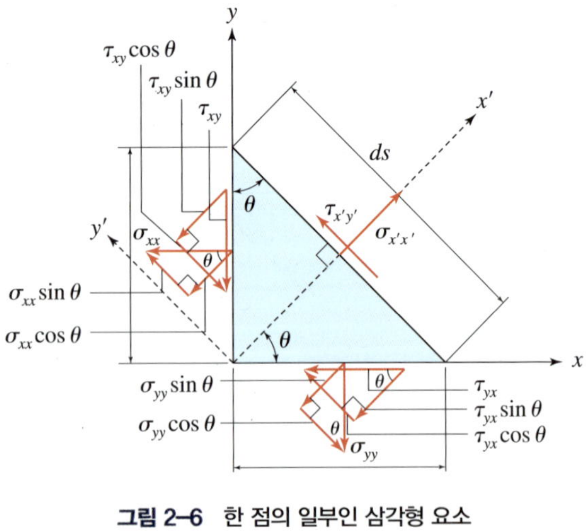

그림 2-6 한 점의 일부인 삼각형 요소

$\tau_{xy}=\tau_{yx}$이면 모멘트의 평형으로 회전하지 않는다. x'방향과 y'방향의 힘의 평형조건은 식 (2.2)와 같다.

$$\sum F_{x'}=0, \quad \sum F_{y'}=0 \tag{2.2}$$

① $\sum F_{x'}=0$ 조건: x'방향의 힘의 평형조건에서 $\sum F_{x'}=0$이므로, 다음과 같다.

$$\begin{aligned}\sum F_{x'}=0:\ &\sigma_{x'x'}(ds\times 1)-\tau_{xy}\sin\theta(ds\cos\theta\times 1)-\sigma_{xx}\cos\theta(ds\cos\theta\times 1)\\ &-\sigma_{yy}\sin\theta(ds\sin\theta\times 1)-\tau_{yx}\cos\theta(ds\sin\theta\times 1)=0\end{aligned} \tag{2.3}$$

$\sigma_{x'x'}$에 대해 정리하면, 식 (2.4)와 같이 된다.

$$\begin{aligned}\sigma_{x'x'}&=\sigma_{xx}\cos^2\theta+\sigma_{yy}\sin^2\theta+\tau_{xy}\sin\theta\cos\theta+\tau_{yx}\sin\theta\cos\theta\\ &=\sigma_{xx}\cos^2\theta+\sigma_{yy}\sin^2\theta+2\tau_{xy}\sin\theta\cos\theta\end{aligned} \tag{2.4}$$

식 (2.4)에 2배각 공식[식 (2.5)]을 대입해서 정리하면, 식 (2.6)과 같이 얻을 수 있다.

$$\begin{aligned}\sin 2\theta&=2\sin\theta\ \cos\theta\\ \cos 2\theta&=\cos^2\theta-\sin^2\theta\\ &=2\cos^2\theta-1\\ &=1-2\sin^2\theta\end{aligned} \tag{2.5}$$

$$\therefore\ \sigma_{x'x'}=\frac{\sigma_{xx}+\sigma_{yy}}{2}+\frac{\sigma_{xx}-\sigma_{yy}}{2}\cos 2\theta+\tau_{xy}\sin 2\theta \tag{2.6}$$

② $\sum F_{y'}=0$ 조건: y'방향의 힘의 평형조건에서 $\sum F_{y'}=0$이므로, 다음과 같다.

$$\begin{aligned}\sum F_{y'}=0:\ &\tau_{x'y'}(ds\times 1)+\sigma_{xx}\sin\theta(ds\cos\theta\times 1)-\tau_{xy}\cos\theta(ds\cos\theta\times 1)\\ &+\tau_{yx}\sin\theta(ds\sin\theta\times 1)-\sigma_{yy}\cos\theta(ds\sin\theta\times 1)=0\end{aligned} \tag{2.7}$$

$\tau_{x'y'}$에 대해 정리하면, 식 (2.8)과 같이 된다.

$$\begin{aligned}\tau_{x'y'}&=-\sigma_{xx}\sin\theta\cos\theta+\tau_{xy}\cos^2\theta-\tau_{yx}\sin^2\theta+\sigma_{yy}\sin\theta\cos\theta\\ &=-\frac{\sigma_{xx}-\sigma_{yy}}{2}\sin 2\theta+\tau_{xy}\cos 2\theta\end{aligned} \tag{2.8}$$

$\sigma_{y'y'}$는 식 (2.4)의 $\sigma_{x'x'}$에 대신 $(\theta+\pi/2)$를 대입하여, 식 (2.9)와 같이 얻을 수 있다.

$$\sigma_{y'y'} = \frac{\sigma_{xx}+\sigma_{yy}}{2} - \frac{\sigma_{xx}-\sigma_{yy}}{2}\cos 2\theta - \tau_{xy}\sin 2\theta \tag{2.9}$$

따라서 좌표축 변환에 따른 응력변환식을 정리하면, 식 (2.10)과 같다.

$$\begin{aligned} \sigma_{x'x'} &= \frac{\sigma_{xx}+\sigma_{yy}}{2} + \frac{\sigma_{xx}-\sigma_{yy}}{2}\cos 2\theta + \tau_{xy}\sin 2\theta \\ \sigma_{y'y'} &= \frac{\sigma_{xx}+\sigma_{yy}}{2} - \frac{\sigma_{xx}-\sigma_{yy}}{2}\cos 2\theta - \tau_{xy}\sin 2\theta \\ \tau_{x'y'} &= -\frac{\sigma_{xx}-\sigma_{yy}}{2}\sin 2\theta + \tau_{xy}\cos 2\theta \end{aligned} \tag{2.10}$$

| 2.7 직교좌표계에 대한 평면응력 상태의 평형방정식 |

그림 2-7에서 보듯이 미소요소에 대한 평면응력 상태에서 힘과 모멘트의 평형을 생각하기로 한다. 미소요소의 두께는 단위두께로 고려한다.

① $\sum F_x = 0$ 조건: x방향의 힘의 평형조건에서 $\sum F_x = 0$이므로, 식 (2.11)이 성립된다.

$$\left(\sigma_{xx} + \frac{\partial \sigma_{xx}}{\partial x}dx\right)dy - \sigma_{xx}dy + \left(\tau_{yx} + \frac{\partial \tau_{yx}}{\partial y}dy\right)dx - \tau_{yx}dx + b_x dxdy = 0$$

$$\therefore\ \frac{\partial \sigma_{xx}}{\partial x} + \frac{\partial \tau_{yx}}{\partial y} + b_x = 0 \tag{2.11}$$

여기서, b_x와 b_y는 단위체적당 x와 y방향의 체적력을 나타낸다.

② $\sum F_y = 0$ 조건: y방향의 힘의 평형조건에서 $\sum F_y = 0$이므로, 식 (2.12)가 성립된다.

$$\left(\sigma_{yy} + \frac{\partial \sigma_{yy}}{\partial y}dy\right)dx - \sigma_{yy}dx + \left(\tau_{xy} + \frac{\partial \tau_{xy}}{\partial x}dx\right)dy - \tau_{xy}dy + b_y dxdy = 0$$

$$\therefore\ \frac{\partial \tau_{xy}}{\partial x} + \frac{\partial \sigma_{yy}}{\partial y} + b_y = 0 \tag{2.12}$$

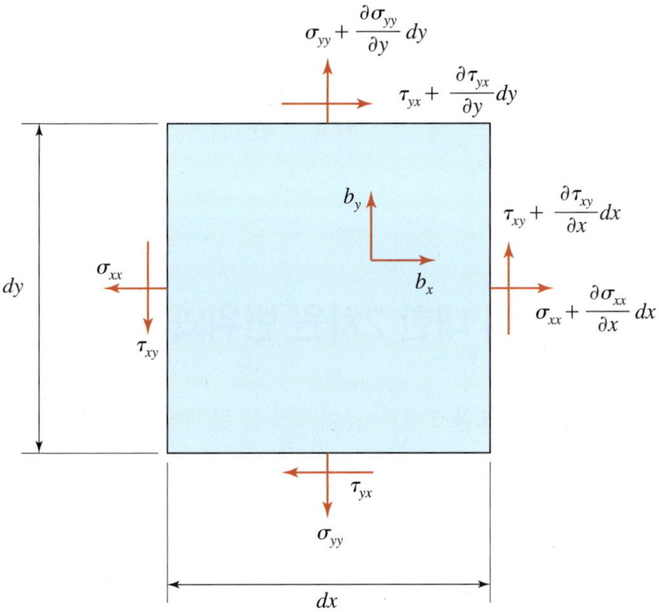

b_x : 단위체적당 x방향의 체적력
b_y : 단위체적당 y방향의 체적력

그림 2-7 미소영역에 대한 평면응력 및 모멘트

③ $\Sigma M_A = 0$ 조건: 모멘트의 평형조건을 이용하여 A점에 대한 모멘트 평형조건 $\Sigma M_A = 0$ 이므로, 식 (2.13)과 같이 된다.

$$\left(\sigma_{xx} + \frac{\partial \sigma_{xx}}{\partial x} dx\right) dy \frac{dy}{2} - \sigma_{xx} dy \frac{dy}{2} - \left(\sigma_{yy} + \frac{\partial \sigma_{yy}}{\partial y} dy\right) dx \frac{dx}{2}$$

$$+ \sigma_{yy} dx \frac{dx}{2} + \left(\tau_{yx} + \frac{\partial \tau_{yx}}{\partial y} dy\right) dx dy - \left(\tau_{xy} + \frac{\partial \tau_{xy}}{\partial x} dx\right) dy dx$$

$$+ b_x (dx dy) \frac{dy}{2} - b_y (dx dy) \frac{dx}{2} = 0 \tag{2.13}$$

식 (2.13)에서, 고차 미소항을 무시하고 $dxdy$로 나누면, 식 (2.14)와 같이 정리된다.

$$\tau_{yx}\, dx dy - \tau_{xy} dx dy = 0$$

$$\therefore\ \tau_{yx} = \tau_{xy} \tag{2.14}$$

모멘트의 평형조건에서 응력의 대칭성이 있음을 알 수 있으며, 직교좌표계에서의 평면응력 상태의 평형방정식은 식 (2.15)와 같이 정리된다.

$$\frac{\partial \sigma_{xx}}{\partial x}+\frac{\partial \tau_{yx}}{\partial y}+b_x=0, \quad \frac{\partial \tau_{xy}}{\partial x}+\frac{\partial \sigma_{xx}}{\partial y}+b_y=0, \quad \tau_{yx}=\tau_{xy} \tag{2.15}$$

2.8 직교좌표계에 대한 2차원 변위와 변형률의 관계식

문제를 간단히 하기 위하여 그림 2-8과 같이 2차원 문제에 대해 생각하기로 한다. 변형은 미소변형이라 가정하고, 물체 내부의 미소요소 $ABCD$가 $A'B'C'D'$으로 이동하였다면 각 점은 변위(displacement)가 발생하였고 연속적일 것이다. A점의 변위에 대한 x성분을 u_x, y성분을 u_y라 하자. B점과 C점의 변위는 A점의 변위에 얼마만큼의 증분량이 생긴 것으로 표현하는 것이 가능하다.

변위 u_x, u_y는 x와 y의 함수이므로 변위의 증분량은 그림 2-9를 참조로 하여, 식 (2.16)을 얻는다.

$$du_i(x, y)=\frac{\partial u_i(x, y)}{\partial x}dx+\frac{\partial u_i(x, y)}{\partial y}dy, \quad (i=x, y) \tag{2.16}$$

변형률(strain)을 생각해보기로 한다. 선분 AB가 $A'B'$으로 이동되면서 x방향과 y방향 변위의 증분량은 A점과 B점 사이에는 $dy=0$이기 때문에 식 (2.17)과 같이 된다.

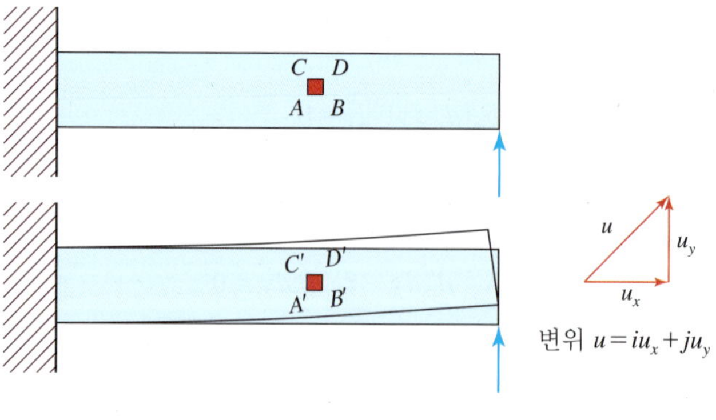

그림 2-8 외력을 받는 외팔보의 미소변위

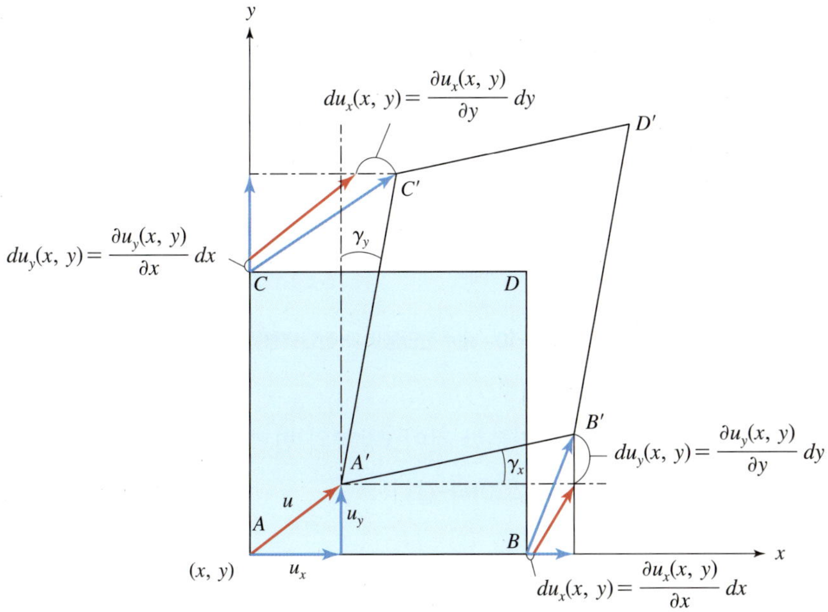

그림 2-9 미소요소의 변위와 변위의 증분

$$du_x(x, y) = \frac{\partial u_x(x, y)}{\partial x} dx$$

$$du_y(x, y) = \frac{\partial u_y(x, y)}{\partial x} dx \tag{2.17}$$

선분 AC가 $A'C'$으로 이동되면서 x방향과 y방향 변위의 증분량은 A점과 C점 사이에는 $dx=0$이기 때문에 식 (2.18)과 같이 된다.

$$du_x(x, y) = \frac{\partial u_x(x, y)}{\partial y} dy$$

$$du_y(x, y) = \frac{\partial u_y(x, y)}{\partial y} dy \tag{2.18}$$

x방향의 변형률은 정의에 의해 식 (2.19)와 같이 된다.

$$\varepsilon_{xx} = \frac{\left(dx + \frac{\partial u_x}{\partial x} dx\right) - dx}{dx} = \frac{\partial u_x}{\partial x} \tag{2.19}$$

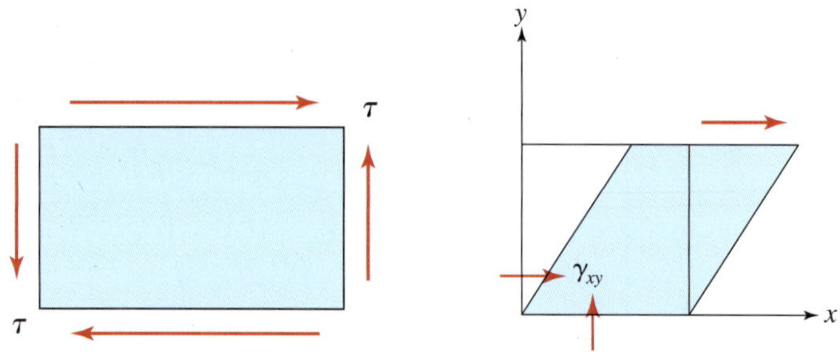

그림 2-10 순수전단응력과 전단변형률

여기서, x방향의 변위 u_x를 x로 편미분한 것이 x방향의 변형률이다.

비슷하게 y방향의 변형률은 식 (2.20)과 같다.

$$\varepsilon_{yy} = \frac{\left(dy + \dfrac{\partial u_y}{\partial y} dy\right) - dy}{dy} = \frac{\partial u_y}{\partial y} \tag{2.20}$$

여기서, 방향의 변위 u_y를 y로 편미분한 것이 y방향의 변형률이다.

그림 2-9와 그림 2-10에서 전단변형률은 $\gamma_{xy} = \gamma_x + \gamma_y = \tan\gamma_x + \tan\gamma_y$이고, γ가 아주 작은 각도이면 $\gamma \fallingdotseq \tan\gamma$이므로, 식 (2.21)과 같다.

$$\gamma_{xy} = \frac{\dfrac{\partial u_y}{\partial x} dx}{dx + \dfrac{\partial u_x}{\partial x} dx} + \frac{\dfrac{\partial u_x}{\partial y} dy}{dy + \dfrac{\partial u_y}{\partial y} dy} = \frac{\partial u_y}{\partial x} + \frac{\partial u_x}{\partial y} \tag{2.21}$$

따라서 2차원 문제에서의 변형률과 변위의 관계식은 식 (2.22)와 같이 정리된다.

$$\varepsilon_{xx} = \frac{\partial u_x}{\partial x}, \quad \varepsilon_{yy} = \frac{\partial u_y}{\partial y}, \quad \gamma_{xy} = \frac{\partial u_y}{\partial x} + \frac{\partial u_x}{\partial y} \tag{2.22}$$

2.9 극좌표계에 대한 평면응력 상태의 평형방정식

극좌표계를 이용한 평면응력 상태에서 미소요소에 대한 힘의 평형관계는 그림 2-11과 같이 표현할 수 있다.

① $\sum F_r = 0$ 조건: 반지름방향(r방향)의 힘의 평형조건에서 $\sum F_r = 0$이므로, 식 (2.23)과 같다.

$$\begin{aligned}\sum F_r &= \left(\sigma_{rr} + \frac{\partial \sigma_{rr}}{\partial r} dr\right)(r+dr)d\theta - \sigma_{rr} r d\theta - \sigma_{\theta\theta} dr \sin\frac{d\theta}{2} \\ &\quad - \left(\sigma_{\theta\theta} + \frac{\partial \sigma\theta\theta}{\partial \theta} d\theta\right) dr \sin\frac{d\theta}{2} - \tau_{\theta r} dr \cos\frac{d\theta}{2} \\ &\quad + \left(\tau_{\theta r} + \frac{\partial \tau_{\theta r}}{\partial \theta} d\theta\right) dr \cos\frac{d\theta}{2} + b_r r d\theta dr \\ &= 0 \end{aligned} \tag{2.23}$$

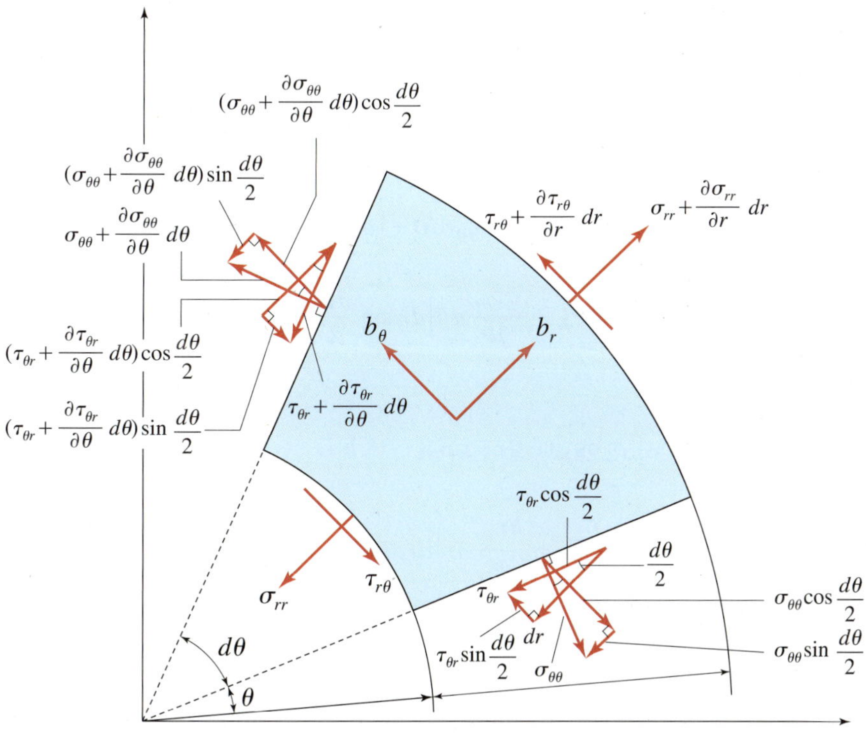

그림 2-11 극좌표계의 미소요소

여기서, b_r은 단위체적당 r방향의 체적력, b_θ는 단위체적당 θ방향의 체적력을 의미한다.

식 (2.23)에서, $d\theta/2$가 아주 작을 때 $\sin(d\theta/2) \fallingdotseq d\theta/2$, $\cos(d\theta/2) \fallingdotseq 1$이므로 식 (2.24)와 같이 정리할 수 있다.

$$\left(\sigma_{rr}+\frac{\partial\sigma_{rr}}{\partial r}dr\right)rd\theta+\left(\sigma_{rr}+\frac{\partial\sigma_{rr}}{\partial r}dr\right)d\theta-\sigma_{\theta\theta}dr\frac{d\theta}{2}$$
$$-\left(\sigma_{\theta\theta}+\frac{\partial\sigma_{\theta\theta}}{\partial\theta}d\theta\right)dr\frac{d\theta}{2}-\tau_{\theta r}dr+\left(\tau_{\theta r}+\frac{\partial\tau_{\theta r}}{\partial\theta}d\theta\right)dr+b_r\, rd\theta dr=0 \quad (2.24)$$

또한 식 (2.24)에서 $\frac{\partial\sigma_{rr}}{\partial r}drdrd\theta$와 $\frac{\partial\sigma_{\theta\theta}}{\partial\theta}d\theta dr\frac{d\theta}{2}$의 항은 고차 미소항으로 다른 항에 비하여 무시할 수 있으므로, 식 (2.25)와 같이 간략화될 수 있다.

$$\frac{\partial\sigma_{rr}}{\partial r}rdrd\theta+\frac{\partial\tau_{\theta r}}{\partial\theta}drd\theta+\sigma_{rr}\,drd\theta-\sigma_{\theta\theta}\,drd\theta+b_r\,rd\theta dr=0 \quad (2.25)$$

식 (2.25)의 양변을 $rd\theta dr$로 나누면 식 (2.26)과 같이 정리된다.

$$\frac{\partial\sigma_{rr}}{\partial r}+\frac{1}{r}\frac{\partial\tau_{\theta r}}{\partial\theta}+\frac{\sigma_{rr}-\sigma_{\theta\theta}}{r}+b_r=0 \quad (2.26)$$

② $\sum F_\theta=0$ 조건: 원주방향(θ)의 힘의 평형조건에서 $\sum F_\theta=0$이므로, 식 (2.27)과 같다.

$$\sum F_\theta=\left(\tau_{r\theta}+\frac{\partial\tau_{r\theta}}{\partial r}dr\right)(r+dr)d\theta-\tau_{r\theta}rd\theta+\left(\sigma_{\theta\theta}+\frac{\partial\sigma_{\theta\theta}}{\partial\theta}d\theta\right)dr\cos\frac{d\theta}{2}$$
$$-\sigma_{\theta\theta}dr\sin\frac{d\theta}{2}+\left(\tau_{\theta r}+\frac{\partial\tau_{\theta r}}{\partial\theta}d\theta\right)dr\sin\frac{d\theta}{2}+\tau_{\theta r}dr\sin\frac{d\theta}{2}+b_\theta rd\theta dr$$
$$=0 \quad (2.27)$$

식 (2.27)을 정리하면 식 (2.28)과 같이 된다.

$$\left(\tau_{r\theta}+\frac{\partial\tau_{r\theta}}{\partial r}dr\right)rd\theta+\left(\tau_{r\theta}+\frac{\partial\tau_{r\theta}}{\partial r}dr\right)drd\theta-\tau_{r\theta}rd\theta+\left(\sigma_{\theta\theta}+\frac{\partial\sigma_{\theta\theta}}{\partial\theta}d\theta\right)dr$$
$$-\sigma_{\theta\theta}dr+\left(\tau_{\theta r}+\frac{\partial\tau_{\theta r}}{\partial\theta}d\theta\right)dr\frac{d\theta}{2}+\tau_{\theta r}dr\frac{d\theta}{2}+b_\theta rd\theta dr=0 \quad (2.28)$$

$\tau_{r\theta}=\tau_{\theta r}$ 관계를 이용하고 고차 미소항을 무시하면, 식 (2.29)와 같이 간략화된다.

$$\frac{\partial \sigma_{\theta\theta}}{\partial \theta} dr d\theta + \frac{\partial \tau_{r\theta}}{\partial r} r dr d\theta + 2\tau_{r\theta} dr d\theta + b_\theta r d\theta dr = 0 \tag{2.29}$$

여기서, 식 (2.29)의 양변을 $rd\theta dr$로 나누면 다음의 결과를 얻는다.

$$\frac{1}{r}\frac{\partial \sigma_{\theta\theta}}{\partial \theta} + \frac{\partial \tau_{r\theta}}{\partial r} + \frac{2\tau_{r\theta}}{r} + b_\theta = 0 \tag{2.30}$$

2.10 극좌표계에 대한 2차원 변위와 변형률

2차원 극좌표계의 변위와 변형률 문제에 대해 생각하기로 한다. 이때 극좌표계에 대한 2차원 변위와 변형률은 2.8절의 직교좌표계에서 (x, y)를 (r, θ)로 변환하여 고려할 수 있다. 변형은 역시 미소변형이라 가정하고, 그림 2-9에서 보듯이 물체 내부의 미소요소 $ABCD$가 $A'B'C'D'$으로 각각 이동하였다면 각 점은 변위가 발생하였고 연속적이라 할 수 있다. A점의 변위에 대한 r성분을 u_r, θ성분을 u_θ라 하자.

변위 u_r, u_θ는 r과 θ의 함수이므로 변위의 증분량은 식 (2.31)과 같이 된다.

$$du_i(r, \theta) = \frac{\partial u_r(r, \theta)}{\partial r} dr + \frac{\partial u_\theta(r, \theta)}{\partial \theta} d\theta, \quad (i = r, \theta) \tag{2.31}$$

극좌표계의 변형률을 생각해보기로 한다. 선분 AB가 $A'B'$으로 이동되면서 r방향과 θ방향 변위의 증분량은 A점과 B점 사이에는 $d\theta=0$이기 때문에 각각 다음과 같다.

$$\begin{aligned} du_r(r, \theta) &= \frac{\partial u_r(r, \theta)}{\partial r} dr \\ du_\theta(r, \theta) &= \frac{\partial u_\theta(r, \theta)}{\partial r} dr \end{aligned} \tag{2.32}$$

선분 AC가 $A'C'$으로 이동되면서 r방향과 θ방향 변위의 증분량은 A점과 C점 사이에는 $dr=0$이기 때문에 식 (2.33)과 같이 된다.

$$\begin{aligned} du_r(r, \theta) &= \frac{\partial u_r(r, \theta)}{\partial \theta} d\theta \\ du_\theta(r, \theta) &= \frac{\partial u_\theta(r, \theta)}{\partial \theta} d\theta \end{aligned} \tag{2.33}$$

r방향의 변형률은 정의에 의해 식 (2.34)와 같다.

$$\varepsilon_{rr} = \frac{\left(dr + \frac{\partial u_r}{\partial r}dr\right) - dr}{dr} = \frac{\partial u_r}{\partial r} \tag{2.34}$$

여기서, r방향의 변위 u_r을 r로 편미분한 것이 r방향의 변형률(ε_{rr})이다.

θ방향의 변형률은 정의에 의해 식 (2.35)와 같다.

$$\varepsilon_{\theta\theta} = \frac{(r+u_r)d\theta + \frac{\partial u_\theta}{\partial \theta} - rd\theta}{rd\theta} = \frac{u_r}{r} + \frac{1}{r}\frac{\partial u_\theta}{\partial \theta} \tag{2.35}$$

여기서, θ방향의 변형률 $\varepsilon_{\theta\theta}$는 θ방향의 변위 u_θ를 θ로 편미분한 것만으로 표현되어 있지 않음에 유의해야 한다.

극좌표계의 전단변형률은 $\gamma_{r\theta} = \gamma_r + \gamma_\theta = \tan\gamma_r + \tan\gamma_\theta$이고, γ가 아주 작은 각도이면 $\gamma \fallingdotseq \tan\gamma$이므로 미소변형이라는 조건에서 다음의 결과를 얻는다.

$$r_{r\theta} = \frac{\frac{\partial u_\theta}{\partial r}dr}{\left(dr + \frac{\partial u_r}{\partial r}dr\right)} - \frac{u_\theta}{(r+u_r)} + \frac{\frac{\partial u_r}{\partial \theta}d\theta}{(r+u_r)d\theta + \frac{\partial u_\theta}{\partial \theta}d\theta}$$

$$= \frac{\partial u_\theta}{\partial r} - \frac{u_\theta}{r} + \frac{1}{r}\frac{\partial u_r}{\partial \theta} \tag{2.36}$$

따라서 극좌표계에 대한 변형률과 변위의 관계식은 식 (2.37)과 같다.

$$\begin{aligned} \varepsilon_{rr} &= \frac{\partial u_r}{\partial r} \\ \varepsilon_{\theta\theta} &= \frac{u_r}{r} + \frac{1}{r}\frac{\partial u_\theta}{\partial \theta} \\ r_{r\theta} &= \frac{\partial u_r}{r\partial \theta} + \frac{\partial u_\theta}{\partial r} - \frac{u_\theta}{r} \end{aligned} \tag{2.37}$$

2.11 응력과 변형률의 관계식(구성방정식)

훅(Hooke)의 법칙은 영국의 과학자 훅(Robert Hooke)이 1678년 처음으로 균일 단면봉의 인장시험 결과 탄성한도 내에서 신장량 δ는 힘 P와 길이 l에 비례하고 단면적 A에 반비례한다는 것을 실험으로 증명하였다. 이 관계식을 표시하면 식 (2.38)과 같다.

$$\delta \propto \frac{Pl}{A} \ \rightarrow \ \delta = \frac{1}{E}\frac{Pl}{A} = \frac{Pl}{AE} \tag{2.38}$$

식 (2.38)은 1차원 훅의 법칙인 식 (2.39)와 같이 쓸 수 있다.

$$\sigma = E\varepsilon \quad \text{또는} \quad \varepsilon = \frac{\sigma}{E} \tag{2.39}$$

여기서, $\sigma = P/A$, $\varepsilon = \delta/l$이고, 비례상수 E는 영률(탄성계수)이다. 영률 E는 선형탄성 영역에서 응력과 변형률 선도의 기울기를 나타내며 재료에 따라 다른 물성치이다.

탄성계수(E)의 단위는 변형률 ε이 무차원이므로 응력의 단위와 같다. 등방균질재료에 대한 일반화된 3차원 훅의 법칙(구성방정식이라고도 한다)은 식 (2.40)과 같다.

$$\begin{aligned}
\varepsilon_{xx} &= \frac{1}{E}\{\sigma_{xx} - \upsilon(\sigma_{yy} + \sigma_{zz})\} \\
\varepsilon_{yy} &= \frac{1}{E}\{\sigma_{yy} - \upsilon(\sigma_{zz} + \sigma_{xx})\} \\
\varepsilon_{zz} &= \frac{1}{E}\{\sigma_{zz} - \upsilon(\sigma_{xx} + \sigma_{yy})\} \\
\gamma_{xy} &= \frac{\tau_{xy}}{\mu} \\
\gamma_{yz} &= \frac{\tau_{yz}}{\mu} \\
\gamma_{zx} &= \frac{\tau_{zx}}{\mu}
\end{aligned} \tag{2.40}$$

식 (2.40)을 행렬 형태로 나타내면 다음과 같다.

$$\begin{pmatrix} \epsilon_{xx} \\ \epsilon_{yy} \\ \epsilon_{zz} \\ r_{yz} \\ r_{zx} \\ r_{xy} \end{pmatrix} = \begin{bmatrix} \frac{1}{E} & -\frac{\nu}{E} & -\frac{\nu}{E} & 0 & 0 & 0 \\ -\frac{\nu}{E} & \frac{1}{E} & -\frac{\nu}{E} & 0 & 0 & 0 \\ -\frac{\nu}{E} & -\frac{\nu}{E} & \frac{1}{E} & 0 & 0 & 0 \\ 0 & 0 & 0 & \frac{1}{\mu} & 0 & 0 \\ 0 & 0 & 0 & 0 & \frac{1}{\mu} & 0 \\ 0 & 0 & 0 & 0 & 0 & \frac{1}{\mu} \end{bmatrix} \begin{pmatrix} \sigma_{xx} \\ \sigma_{yy} \\ \sigma_{zz} \\ \tau_{yz} \\ \tau_{zx} \\ \tau_{xy} \end{pmatrix} \tag{2.41}$$

식 (2.41)을 역(inverse)으로 표현하면 다음과 같다.

$$\begin{pmatrix} \sigma_{xx} \\ \sigma_{yy} \\ \sigma_{zz} \\ r_{yz} \\ r_{zx} \\ r_{xy} \end{pmatrix} = \begin{bmatrix} \lambda+2\mu & \lambda & \lambda & 0 & 0 & 0 \\ \lambda & \lambda+2 & \lambda & 0 & 0 & 0 \\ \lambda & \lambda & \lambda+2 & 0 & 0 & 0 \\ 0 & 0 & 0 & 2\mu & 0 & 0 \\ 0 & 0 & 0 & 0 & 2\mu & 0 \\ 0 & 0 & 0 & 0 & 0 & 2\mu \end{bmatrix} \begin{pmatrix} \varepsilon_{xx} \\ \varepsilon_{yy} \\ \varepsilon_{zz} \\ \tau_{yz} \\ \tau_{zx} \\ \tau_{xy} \end{pmatrix} \tag{2.42}$$

여기서, λ와 μ는 라메(Lame) 상수이며, $\lambda = \frac{E\nu}{(1-\nu)(1-2\nu)}$, $\mu = \frac{E}{2(1+\nu)} = G$이다.

전단탄성계수 G는 등방균질재료에서만 성립하는 관계이다. 푸아송비 ν는 $\nu = -\varepsilon_{jj}/\varepsilon_{ii}$로 정의된 재료상수이다. 변형률 ε_{ii}는 하중이 가해지는 i방향에 대한 변형률이고, ε_{jj}는 하중이 가해지는 방향과 직각인 방향에 대한 변형률이다. 등방균질재료에 대한 푸아송비의 범위는 $0 < \nu < 0.5$이다. 따라서 등방균질재료에 대한 가장 기본이 되는 물성치는 영률(Young's modulus) E와 푸아송비(Poisson's ratio) ν의 2가지뿐이다. 전단탄성계수 G는 합성 물성치에 해당된다.

적합방정식은 외력을 받아 변형이 발생한 물체(연속체)에서 탄성 범위 내의 변위에 대한 제약 조건식이다. 변형 전 물체의 각 점은 변형 후의 각 점에 1대1 대응이 되어야 하고, 소성변형과 같은 변위의 불연속이 없고 변위는 연속이어야 한다는 조건식이다. 즉, 변위의 연속성이 보장되지 않으면 이는 물체가 분리되거나 깨질 수 있고, 소성변형이 일어날 수 있음을 의미한다.

직교좌표계의 x, y, z방향의 변위를 (u_x, u_y, u_z)라고 하면 변형률성분 $(\varepsilon_{xx}, \varepsilon_{yy}, \varepsilon_{zz}, \gamma_{xy},$

γ_{yz}, γ_{zx})는 x, y, z의 함수로 주어진 변위 u_x, u_y, u_z로 표현된다. 3개의 미지 변위함수에 대하여 6개의 방정식이 해를 갖는 것은 기대하기 힘들다. 따라서 이러한 6개의 식이 3개의 변위 성분에 대하여 연속인 해를 갖기 위하여 변형률성분 사이에 적용되어야 할 어떤 조건이 존재해야 한다.

직교좌표계에 대한 3차원 문제의 변위와 변형률 관계는 식 (2.43)과 같다.

$$\begin{aligned} &\varepsilon_{xx}=\frac{\partial u_x}{\partial x},\quad \varepsilon_{yy}=\frac{\partial u_y}{\partial y},\quad \varepsilon_{zz}=\frac{\partial u_z}{\partial z} \\ &\gamma_{xy}=\frac{\partial u_y}{\partial x}+\frac{\partial u_x}{\partial y},\quad \gamma_{yz}=\frac{\partial u_z}{\partial y}+\frac{\partial u_y}{\partial z},\quad \gamma_{zx}=\frac{\partial u_x}{\partial z}+\frac{\partial u_z}{\partial x} \end{aligned} \tag{2.43}$$

또한 변위의 차수가 1이고 연속조건을 보장하는 다음의 6가지의 적합방정식이 성립해야 한다.

$$\begin{aligned} &\frac{\partial^2\varepsilon_{xx}}{\partial y^2}+\frac{\partial^2\varepsilon_{yy}}{\partial x^2}=\frac{\partial^2\gamma_{xy}}{\partial x\partial y} \\ &\frac{\partial^2\varepsilon_{yy}}{\partial z^2}+\frac{\partial^2\varepsilon_{zz}}{\partial y^2}=\frac{\partial^2\gamma_{yz}}{\partial y\partial z} \\ &\frac{\partial^2\varepsilon_{zz}}{\partial x^2}+\frac{\partial^2\varepsilon_{xx}}{\partial z^2}=\frac{\partial^2\gamma_{zx}}{\partial z\partial x} \end{aligned} \tag{2.44}$$

$$\begin{aligned} &2\frac{\partial^2\varepsilon_{zz}}{\partial y\partial z}=\frac{\partial}{\partial x}\left(-\frac{\partial\gamma_{yz}}{\partial x}+\frac{\partial\gamma_{xz}}{\partial y}+\frac{\partial\gamma_{xy}}{\partial z}\right) \\ &2\frac{\partial^2\varepsilon_{yy}}{\partial z\partial x}=\frac{\partial}{\partial y}\left(-\frac{\partial\gamma_{zx}}{\partial y}+\frac{\partial\gamma_{yx}}{\partial z}+\frac{\partial\gamma_{yz}}{\partial x}\right) \\ &2\frac{\partial^2\varepsilon_{yy}}{\partial z\partial x}=\frac{\partial}{\partial z}\left(-\frac{\partial\gamma_{xy}}{\partial z}+\frac{\partial\gamma_{zy}}{\partial x}+\frac{\partial\gamma_{zx}}{\partial y}\right) \end{aligned} \tag{2.45}$$

2.12 파괴이론

기계 등이 소성변형으로 인하여 사용할 수 없을 정도가 되면 파괴(또는 파손)라고 한다. 일반적으로 파괴기준에는 2개의 그룹이 있다. 하나는 파단에 의해 파괴되는 취성재료와 다른 하나는 항복에 의해 파괴되는 연성재료에 대한 것이다. 이에 대한 설명은 다음과 같다.

2.12.1 취성재료

(1) 최대법선응력이론

랭킨(W. Rankine)이 제안한 최대법선응력이론은 모든 파괴이론 중에서 가장 오래되고 가장 간단한다. 이 이론은 파괴가 최대주응력이 재료의 1축 시험에서 얻은 최대응력 σ_{ult}와 같을 때 발생한다고 가정한다. 분명히 이 이론은 다른 두 주응력의 영향을 무시한다. 그럼에도 불구하고 최대법선응력이론은 인장과 압축 시에 거의 동일한 강도를 갖는 취성재료의 시험결과와 매우 잘 일치한다. 평면응력에 대해, 최대법선응력이론은 σ_1과 σ_2가 주응력이면 $|\sigma_1| = \sigma_{ult}$ 또는 $|\sigma_2| = \sigma_{ult}$일 때 파괴를 예측한다. 무차원화된 형태로의 파괴기준은 식 (2.46)과 같다.

$$\frac{\sigma_1}{\sigma_{ult}} = \pm 1 \quad \text{또는} \quad \frac{\sigma_2}{\sigma_{ult}} = \pm 1 \tag{2.46}$$

식 (2.46)을 이용하여 파괴영역(failure envelope)을 그리면 그림 2-12와 같이 나타낼 수 있다. 그림 2-12에서 직사각형의 외곽선이 파괴기준을 나타낸다. 재료의 주응력에 상당하는 점들이 음영면적 내에 있으면 재료는 파괴되지 않는다. 점들이 음영면적 위 또는 밖에 있으면 응력이 파괴를 일으킬 수 있다는 것을 나타낸다.

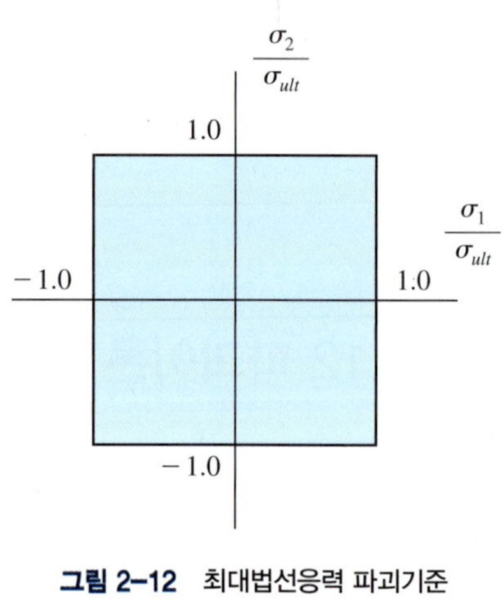

그림 2-12 최대법선응력 파괴기준

(2) Mohr 이론

Mohr의 파괴이론은 인장과 압축에 대해 서로 다른 특성을 갖는 재료에 대해 적용된다. 이 이론을 적용하기 위해서는 재료의 최대 인장응력 $(\sigma_{ult})_t$와 최대 압축응력 $(\sigma_{ult})_c$를 알아야 하는데, 이는 인장시험과 압축시험에서 구해진다. 두 응력상태에 대한 Mohr 원은 그림 2-13(a)에서와 같이 하나의 그림으로 그릴 수 있다. Mohr 이론의 파괴영역 그림은 원에 접하는 두 직선을 그려 얻어진다. 주어진 응력상태는 그것의 Mohr 원이 완전하게 그림 2-13(a)의 음영부분인 파괴포락선 내에 있을 때 안전하다고 생각한다. 이는 Mohr 원이 파괴포락선에 접하거나 그 외부에 있으면 파괴라고 추정하는 것이다.

Mohr 이론은 비틀림 시험에 의해 얻어지는 최종 전단응력 τ_{ult}를 알 수 있으면 수정할 수 있다. 이 시험에 대응되는 Mohr 원은 그림 2-13(b)에서 보는 것처럼 그림에 추가할 수 있다. 파괴영역은 세 원에 접하는 선을 그려 구한다.

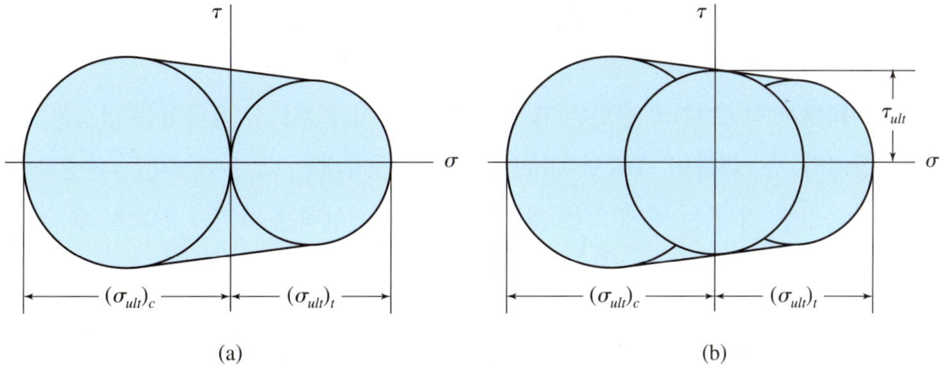

그림 2-13 Morh의 파괴기준

2.12.2 연성재료

(1) 최대전단응력이론

Tresca의 항복 기준으로 알려진 최대전단응력이론은 절대 최대전단응력이 1축 인장시험의 항복 시의 최대전단응력과 같을 때 항복이 발생한다고 가정한다. 평면응력 상태에서는 최대전단응력은 $|\sigma_1|/2$, $|\sigma_2|/2$ 또는 $|\sigma_1 - \sigma_2|/2$ 중에서 큰 것이다. 따라서 1축 인장시험에서 항복 시의 최대전단응력은 $\sigma_{yp}/2$이며, Tresca의 항복조건은 식 (2.47)과 같이 쓸 수 있다.

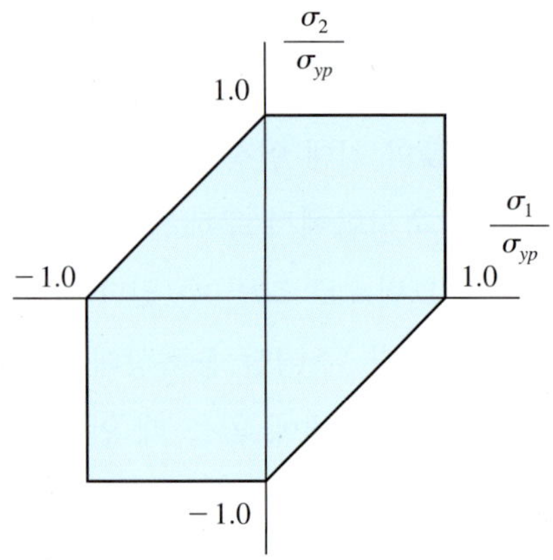

그림 2-14 최대전단응력 항복기준

$$\frac{\sigma_1}{\sigma_{yp}}=\pm 1 \quad \text{또는} \quad \frac{\sigma_2}{\sigma_{yp}}=\pm 1 \quad \text{또는} \quad \frac{\sigma_1}{\sigma_{yp}}-\frac{\sigma_2}{\sigma_{yp}}=\pm 1 \tag{2.47}$$

여기서, σ_{yp}는 재료의 항복응력을 의미한다.

그림 2-14에서 식 (2.47)의 선도는 Tresca의 육각형이라 부르는 육각형을 형성한다. 어느 응력상태의 주응력들이 육각형 내부의 점들을 나타내면 그 응력상태는 안전하다고 간주한다. 육각형 위 또는 밖에 있는 경우라면, 그 응력상태는 파괴를 일으킬 수 있음을 나타낸다.

(2) 최대 뒤틀림 에너지 이론

최대 뒤틀림 에너지 이론은 연성재료의 항복을 예측하는 데 가장 일반적인 이론이다. 탄성체를 변형하는 힘들에 의해 한 일은 물체 내에 변형에너지로 저장된다. 유용한 개념은 어느 점에서 단위체적당의 변형에너지로 정의되는 변형에너지 밀도이다. 변형에너지 밀도는 두 부분으로 나눌 수 있다. 체적의 변화와 관련되는 체적 변형에너지 밀도와 체적의 변화 없이 요소의 형상을 변화시키는 뒤틀림 변형에너지 밀도이다.

평면응력을 받는 탄성체에 대해, 뒤틀림 변형에너지 밀도(U_d)는 식 (2.48)과 같이 표현할 수 있다.

$$U_d = \frac{1}{6G}(\sigma_1^2+\sigma_2^2-\sigma_1\sigma_2) \tag{2.48}$$

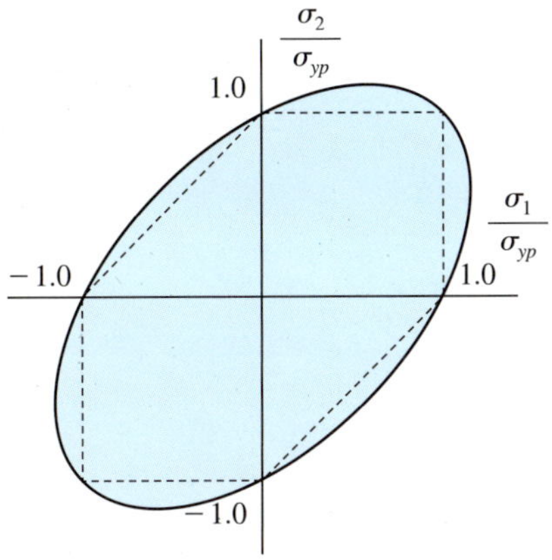

그림 2–15 최대 뒤틀림 에너지 항복조건

여기서, G는 전단탄성계수이다.

최대 뒤틀림 에너지 이론은 재료가 식 (2.49)와 같을 때 항복이 시작된다고 간주한다.

$$U_d = (U_d)_{yp} \tag{2.49}$$

여기서, $(U_d)_{yp}$는 1축 항복시험의 항복점에서 동일 재료의 뒤틀림 변형에너지 밀도이다.

1축 인장시험에서 항복 시의 응력은 $\sigma_1 = \sigma_{yp}$와 $\sigma_2 = 0$이고, 이를 식 (2.48)에 대입하면 $(U_d)_{yp} = \sigma_{yp}^2/6G$를 얻는다. 이 결과와 식 (2.48)을 식 (2.49)에 대입하면 다음을 얻는다.

$$\sigma_1^2 + \sigma_2^2 - \sigma_1\sigma_2 = \sigma_{yp}^2 \tag{2.50}$$

이 항복조건의 무차원화된 형태는 식 (2.51)과 같다.

$$\left(\frac{\sigma_1}{\sigma_{yp}}\right)^2 + \left(\frac{\sigma_2}{\sigma_{yp}}\right)^2 - \left(\frac{\sigma_1}{\sigma_{yp}}\right)\left(\frac{\sigma_2}{\sigma_{yp}}\right) = 1 \tag{2.51}$$

식 (2.51)은 그림 2-15에 보인 타원의 방정식이다. 응력상태는 주응력이 타원 내의 어느 한 점으로 표현되면 안전하다고 간주한다. 타원 위 또는 밖에 위치하는 응력상태는 파괴를 일으키게 된다. 타원은 점선으로 보여지는 Tresca의 육각형을 감싸고 있으므로, 최대 뒤틀림 에너지 이론은 최대전단응력이론보다 덜 보수적이다.

CHAPTER

3

유한요소해석 프로그램 소개

3.1 ANSYS 소개

ANSYS는 ANSYS Inc.사에서 개발한 CAE 프로그램으로, 다양한 공학 분야에 적용할 수 있는 Solver를 제공한다. ANSYS에서 제공하는 기계공학 분야 Solver는 아래와 같다.

1) Mechanical: 구조 및 열해석

① Structural(static, transient): 선형 및 비선형 구조해석

② Dynamic Capabilities: 모드해석, 조화해석, 랜덤진동, 탄성-강체 동역학

③ Heat Transfer(steady-state, transient): 온도와 열 유속 등을 계산, 온도에 따른 열전도계수나 대류 열전달 해석

④ Magnetostatic: 3차원 전자장 해석

⑤ Shape Optimization: 위상최적화 기술을 이용하여 구조물에 작용하는 하중의 경로를 토대로 체적을 줄일 수 있는 영역 예측

2) Rigid Dynamics: 강체동역학

3) Fatigue Module: 피로해석

기계공학 분야에서 ANSYS 적용 가능 산업 분야는 항공우주, 자동차, 조선해양, 생체역학 등이 있다.

① 항공우주 분야: 연소, 회전체역학, 공기역학 등의 다양한 물리현상을 시뮬레이션을 통해 경량 구조 설계에 적용. 복합재 등의 재료를 적용하여 동일 형상에서의 구조 안전성 검토 가능

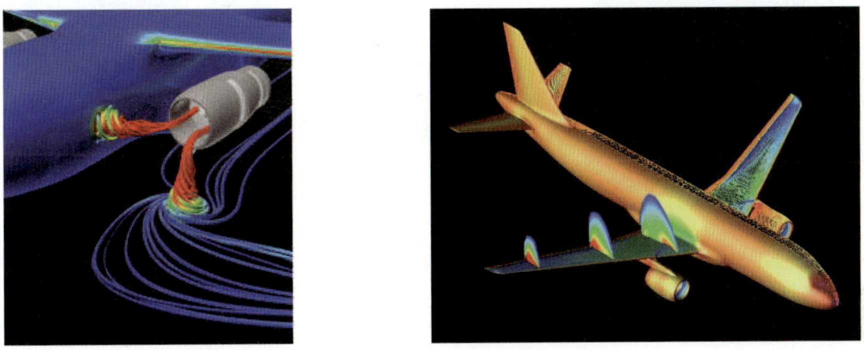

그림 3-1 항공우주 분야 해석 사례

② 자동차 분야: 차체 유동 최적화, 자동차 부품 수명 연장, 열과 소음레벨 감소, 에너지 손실 최소화, 다물체 동역학 해석 등에 사용

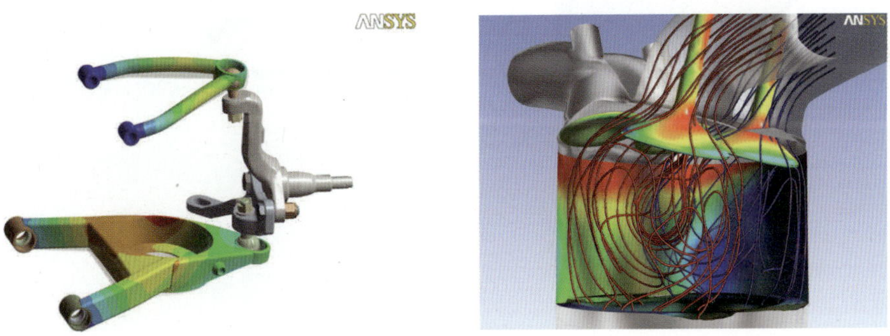

그림 3-2 자동차 분야 해석 사례

③ 조선해양 분야: 다양한 자연환경 조건과 복합 구조물을 유동, 구조, 열전달 등의 해석에 사용

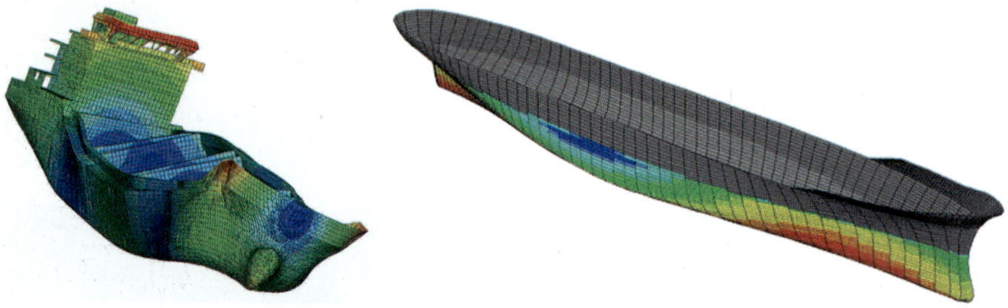

그림 3-3 조선해양 분야 해석 사례

④ 생체역학 분야: 의료기기 개발 과정에서 유동, 구조적 문제 등 제품의 여러 현상을 예측하는 데에 사용

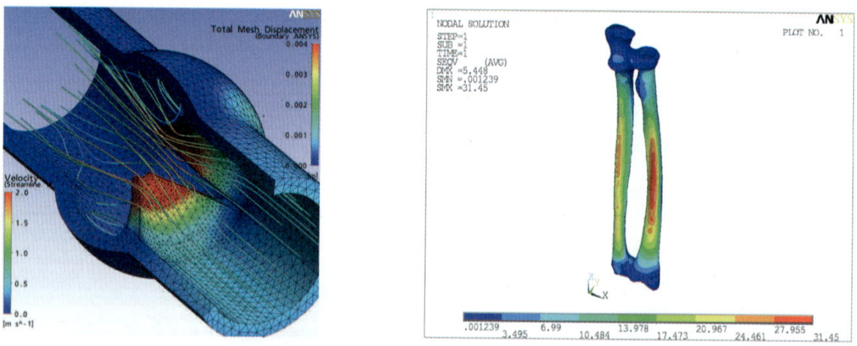

그림 3-4 생체역학 분야 해석 사례

3.2 ABAQUS 소개

ABAQUS사에서 개발한 ABAQUS는 유한요소법을 이용하여 간단하거나 복잡한 선형/비선형 엔지니어링 문제를 해결하는 프로그램으로, 구조, 열, 동역학 및 연성해석 등을 지원하며 아래와 같은 모듈을 제공한다.

1) ABAQUS Standard: 내연적 시간 적분법(implicit time integration)을 이용한 범용 유한요소해석 프로그램

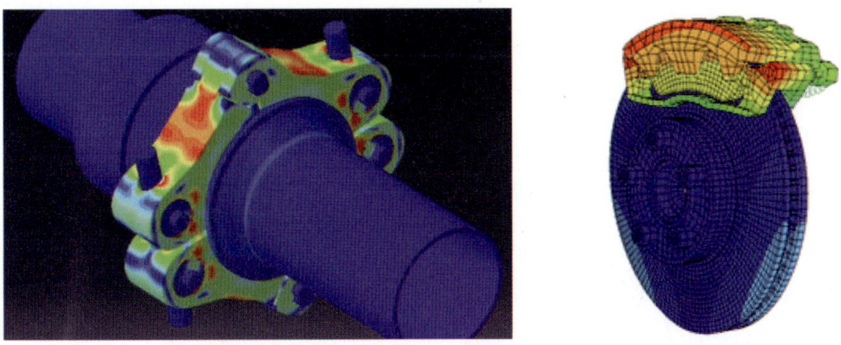

그림 3-5 ABAQUS Standard를 이용한 해석 사례

2) ABAQUS Explicit: 외연적 시간 적분법(explicit time integration)을 이용한 범용 유한요소해석 프로그램으로, 비선형성이 강한 과도 동적해석과 접촉 등의 비선형 문제 해석 프로그램

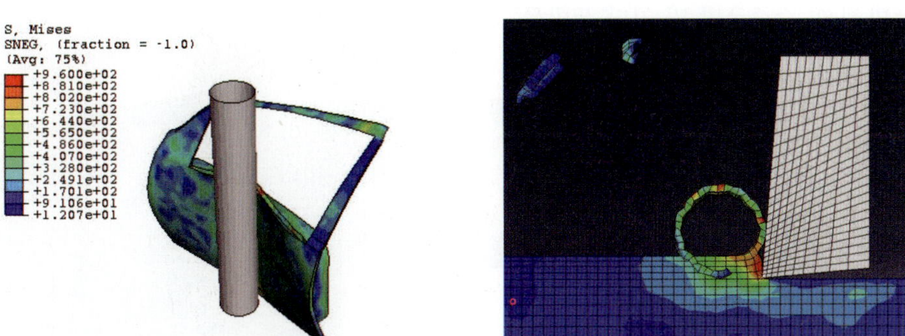

그림 3-6 ABAQUS Explicit를 이용한 해석 사례

3.3 LS-DYNA 3D 소개

LS-DYNA 3D는 3차원 구조물의 동적 거동 해석을 위한 비선형 유한요소 프로그램으로, 현재 세계적으로 이용되고 있는 외연적(explicit) 해석 프로그램의 모태로서 가장 널리 사용되고 있다. LS-DYNA 3D의 주요 기능은 아래와 같다.

1) Dynamics Non Linear: 비선형의 동적 거동 해석(시간에 따라 하중이 변하는 문제)
 ① 비선형 재료
 ② 비선형 구조
2) 충돌, 접촉 문제: 자동차, 항공기, 선박 등의 충돌 및 접촉 해석
3) 성형 해석: 열 및 해석
 ① 열과의 커플링(coupling) 문제 해석
4) Implicit: 고유치, 고유모드 및 정하중 해석
5) 준정적 해석
 ① 동하중에 대한 정적 해석
 ② 자동차 전복 시 지붕의 충격해석 등
6) 음향해석
 ① 시간영역에서의 음압해석
 ② 외부 진동에 의한 차량 내부에서의 음악분포 해석
7) 유체-구조 간섭 해석: 구조물과 유체의 간섭효과를 고려한 해석
8) 강체운동: 다물체 동역학적 해석
9) 폭발해석: 수중폭발 및 기타 폭발물 해석

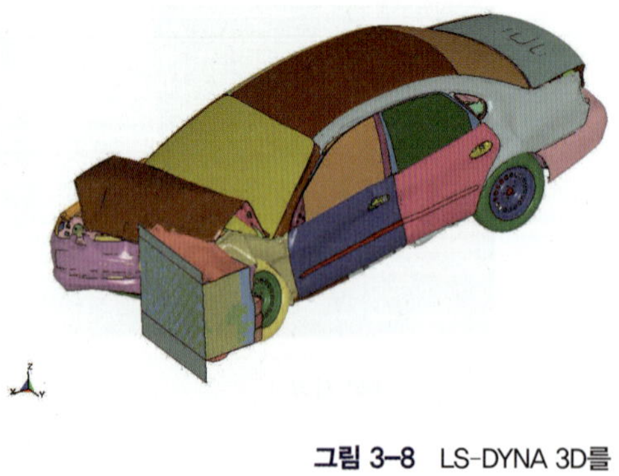

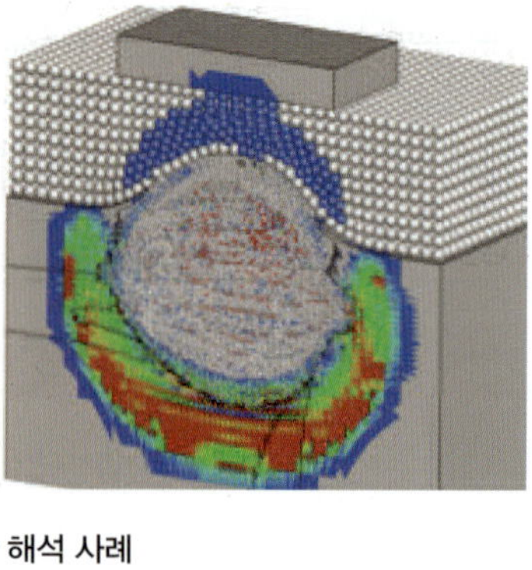

그림 3-8 LS-DYNA 3D를 이용한 해석 사례

3.4 ADMAS 소개

ADAMS(automatic dynamic analysis of mechanical system)는 현재까지 개발된 다양한 동역학 해석 프로그램 중 가장 많은 사용자층을 확보하고 있는 프로그램이다. 동역학 해석은 자동차 분야에서 가장 많이 사용되고 있어 ADAMS에서는 자동차 해석을 위한 모듈을 제공하며 자동차를 위한 모듈은 아래와 같다.

1) ADMAS Car: 차량 해석 프로그램
각 부품의 템플릿을 가지고 있어 하위 시스템을 개별적으로 모델링하고 이들의 조합을 통해 전체 차량 모델을 구성할 수 있도록 하여 모델링 수행 시간을 줄일 수 있다.

2) ADAMS Rail: 철도차량 해석 프로그램
대차에 대한 주행 특성을 해석할 수 있으며 Kalker 이론과 Fastsim 알고리즘을 이용하여 빠르고 정확한 해석을 수행할 수 있다.

3) ADAMS Engine: 차량 엔진 해석 프로그램
ADAMS Engine은 BMW, Audi, Porsche와 함께 개발하였다. 실험적 경험식을 통해 모델을 구성한다. 체인, 벨트 등을 구성할 수 있는 기능을 제공하며 매우 빠르고 정확한 해를 구할 수 있다.

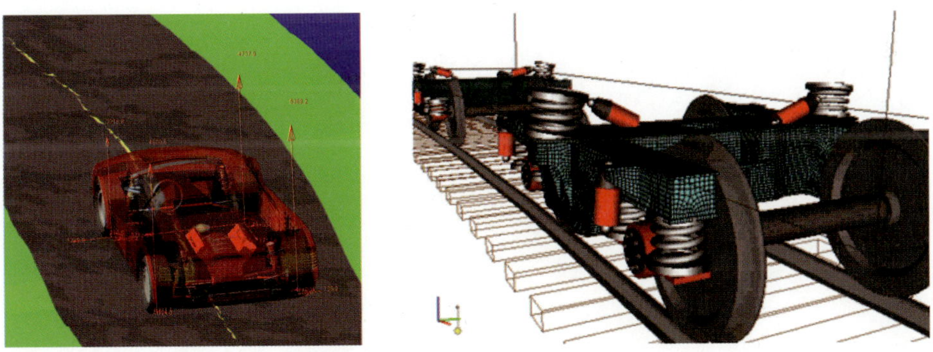

그림 3-9 ADMAS를 이용한 해석 사례

CHAPTER

4

ANSYS Workbench 기본 구동 방법

4.1 ANSYS Workbench의 실행

ANSYS Workbench는 그림 4-1과 같이 'Workbench' 아이콘을 통해 실행한다.

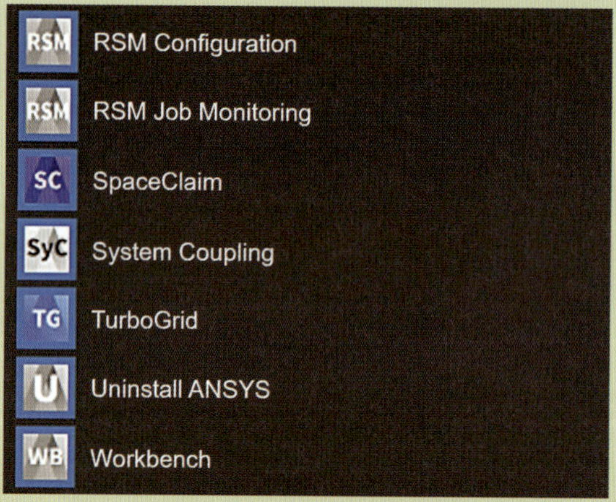

그림 4-1 ANSYS의 실행 방법

ANSYS Workbench를 초기 구동하면 그림 4-2와 같은 창이 생성된다.

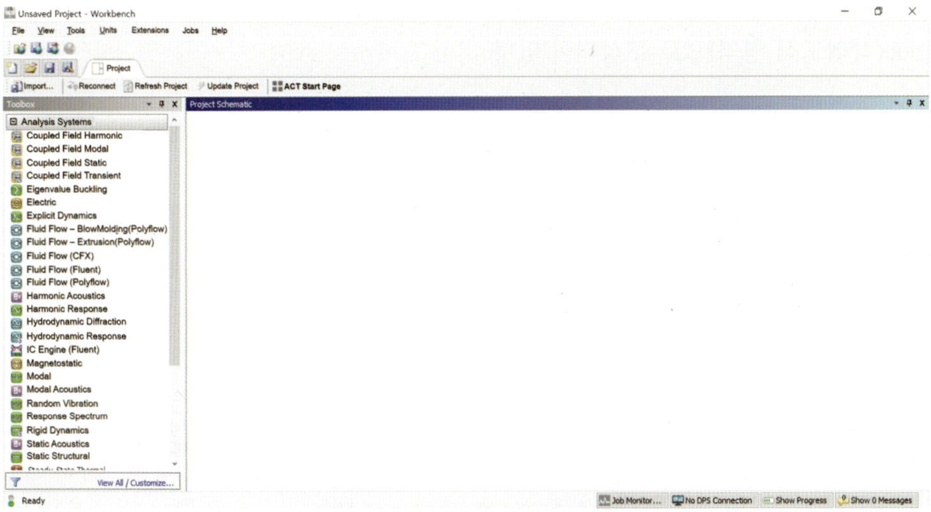

그림 4-2 ANSYS Workbench의 초기 구동 화면

4.2 ANSYS Workbench의 개요

이 절에서는 ANSYS Workbench 환경에서 그래픽 사용자 인터페이스(GUI)에 포함된 여러 요소들에 대한 개요를 알아본다. 그림 4-3과 같이 ANSYS Workbench 그래픽 사

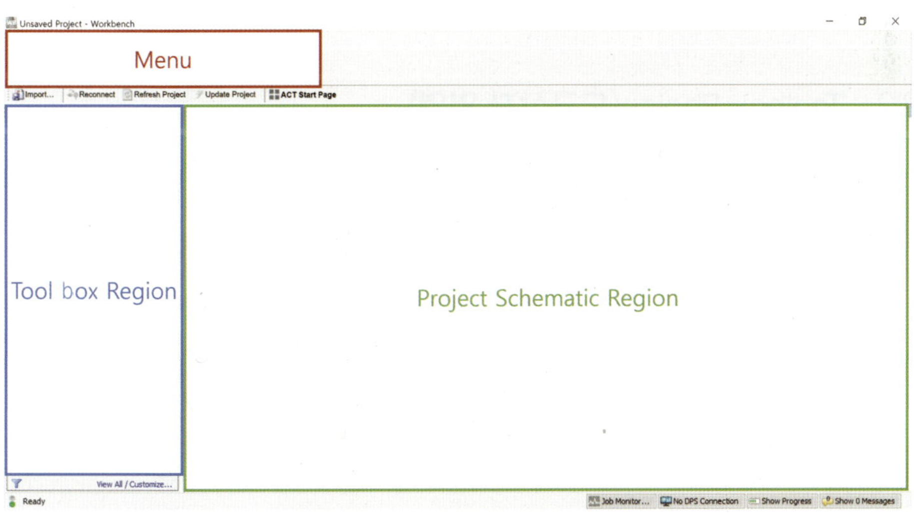

그림 4-3 ANSYS Workbench의 구성

용 인터페이스는 크게 Menu(메뉴), Toolbox Region(도구상자 영역), Project Schematic Region(작업도식 영역)으로 구성되어 있다.

4.2.1 Menu(메뉴)

메뉴에서는 7개의 탭으로 구성되어 있다.

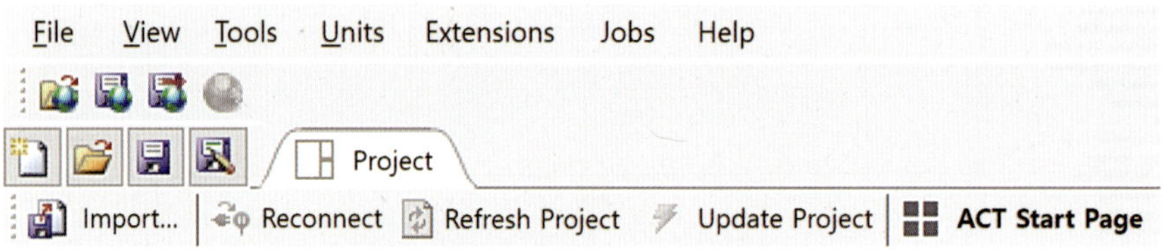

그림 4-4 ANSYS Workbench Menu

- File: 해석 파일의 입력 및 저장에 관한 작업을 지원한다.
- View: ANSYS Workbench 내의 화면 구성요소를 추가한다.
- Tools: 해석 파일을 새로고침 및 업데이트 작업, 옵션 변경 기능을 지원한다.
- Units: 단위계 설정 및 변경 기능을 지원한다.
- Extensions: LSDYNA, EnSight 등 다른 시뮬레이션 환경으로 연결한다.
- Jobs: 해석 수행 진행률 확인 기능을 지원한다.
- Help: ANSYS Workbench 내 발생하는 문제에 대한 해결방법을 지원한다.

4.2.2 Toolbox Region(도구상자 영역)

Toolbox Region에서는 Analysis Systems, Component Systems, Custom Systems, Design Exploration, ACT(ANSYS Customization Toolkit)로 구성되어 있다.

- Analysis Systems: 정적 구조해석, 열 해석, 고유진동수 해석, 전자기장해석 등 다양한 해석 시스템을 지원한다.
- Component Systems: 해석 시스템을 구성하는 기하모델 생성, 요소 생성, 후처리 기능을 지원한다.

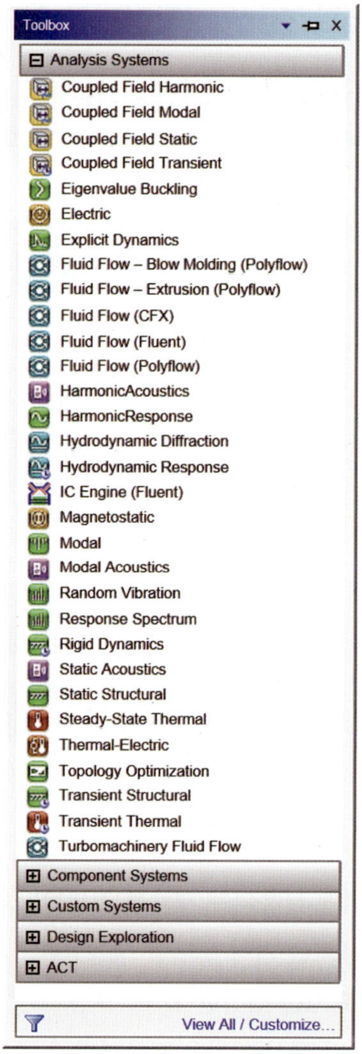

그림 4-5 ANSYS Workbench Toolbox

- Custom Systems: 복합적인 해석을 동시에 수행할 수 있는 시스템이며, 유체-고체 해석, 열-응력 등을 지원한다.
- Design Exploration: 최적화 해석, 매개변수 상관관계, 6 시그마 해석을 지원한다.
- ACT(ANSYS Customization Toolkit): ANSYS Workbench 환경에서 사용자가 새로운 기능을 추가하거 통합 관리를 수행하는 사용자화 응용프로그램을 지원한다.

4.2.3 Project Schematic Region(작업도식 영역)

Project Schematic Region에서는 Toolbox에서 컴포넌트를 드래그나 더블클릭으로 독립적인 해석 시스템이 생성된다. 이 시스템은 Cell(셀)이라는 7개의 개별 컴포넌트로 구성된다.

그림 4-6 ANSYS Workbench Project Schematic Region

셀은 해석 시스템을 구성하는 컴포넌트이며, 더블클릭하여 프로그램 시작이 가능하다. 다음은 각각의 셀이 나타내는 기능을 보여준다.

1. Static Structural: 해석 종류를 나타낸다.
2. Engineering Data: 해석에 사용되는 재료를 정의한다.
3. Geometry: 해석에 사용되는 기하 모델을 생성한다.
4. Model: 재료 설정 및 요소를 생성한다.
5. Setup: 경계조건 입력 및 해석 기반을 구축한다.
6. Solution: 해석을 수행한다.
7. Results: 해석 결과를 확인할 수 있다.

셀의 우측에는 셀의 상태를 설명해주는 아이콘이 나타난다. 셀 상태를 쉽고 빠르게 확인가능하며 표 4-1은 아이콘 모양에 따른 셀 상태를 설명한다.

표 4-1 아이콘 모양에 따른 셀 상태 설명

아이콘	셀 상태	설명
	Attention Required	선택한 셀이나 상위 셀의 정의가 필요함
	Unfulfilled	상위 데이터가 정의되지 않음
	Refresh Required	상위 데이터가 변경되어 셀의 새로고침이 필요함
	Update Required	셀의 재정의가 완료되었으며 업데이트가 필요함
	Up to Data	최신 데이터 정의 완료
	Update Failed	셀의 업데이트나 후처리 계산 실패함

4.3 ANSYS Design Modeler 구성

4.3.1 ANSYS Design Modeler 실행

ANSYS Design Modeler는 기하모델 생성을 위한 모델링 프로그램이다. 그림 4-7과 같이 셀의 Geometry 탭에서 우클릭하여 New DesignModeler Geometry를 선택하여 실행한다.

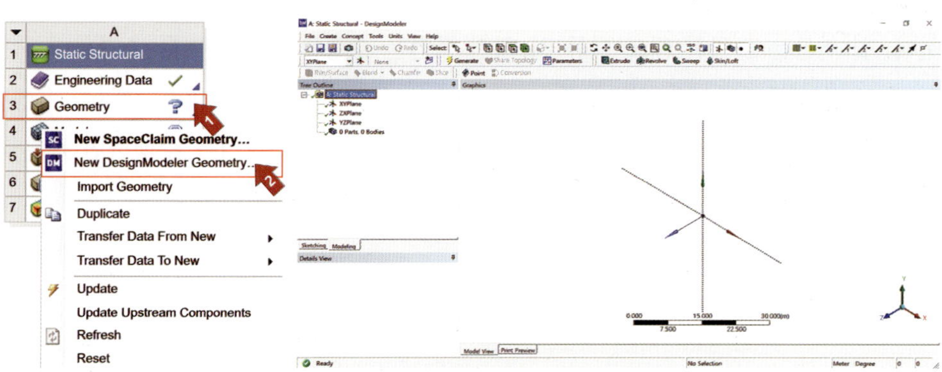

그림 4-7 New Design Modeler 실행

Design Modeler 실행 시 그림 4-8과 같이 크게 Tools(도구모음), Sketching Toolbox & Tree Outline(스케치 및 트리), Details View(상세보기), Graphic Region으로 구성되어 있다.

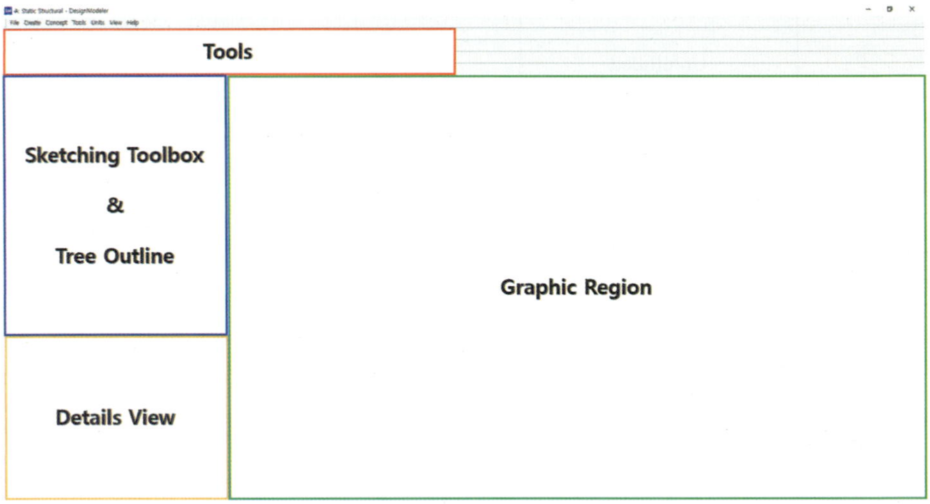

그림 4-8 Design Modeler 구성

4.3.2 **조작방법 소개**

ANSYS Workbench는 마우스 왼쪽 버튼, 휠 버튼, 마우스 오른쪽 버튼, 그리고 Crtl 키를 이용하여 조작한다. 마우스 오른쪽 버튼은 선택을 위한 조작방법이며, 1회 또는 2회 클릭한다. 휠 버튼은 클릭한 채로 이동 시 회전 작업을 수행하며, Ctrl 키를 추가하여 작업 수행 시 수평 이동한다. 휠 버튼을 위 또는 아래로 이동 시 확대 및 축소 작업을 수행한다. 오른쪽 버튼을 1회 클릭 시 추가 옵션을 선택하여 드래그 작업을 수행하면 부분 확대 기능을 갖는다. 그림 4-9는 ANSYS Workbench 조작방법을 보여준다.

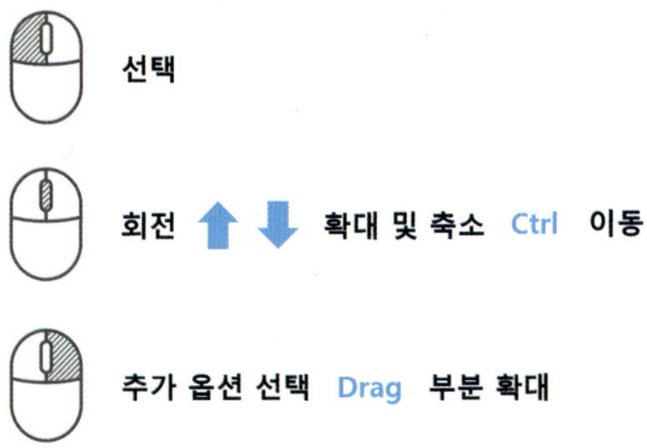

그림 4-9 ANSYS Workbench 조작방법

4.3.3 Tools(도구모음) 소개

Design Modeler의 Tools는 그림 4-10과 같이 새로 만들기 및 저장, 이전 작업 수행, 선택 상자, 그래픽 작동 툴, 평면 지정 및 생성, 스케치 생성, 새로고침 등의 기능으로 이루어져 있다.

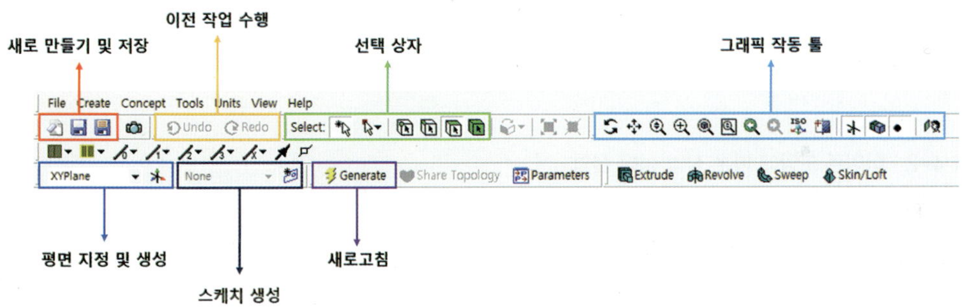

그림 4-10 Design Modeler Tools 메뉴

4.3.4 Sketching Toolboxes & Tree Outline 소개

Design Modeler의 Sketching Toolboxes & Tree Outline은 왼편에 위치하여 있고, 모델링 탭과 스케칭 탭은 아래에 표시되어 있다. Tree Outline과 스케칭 탭은 동일한 영역에 박스가 표시된다. Tree Outline은 작업 현황을 표시해주며, 스케칭 탭은 모델링 기능을 제공한다. 그림 4-11과 그림 4-12는 Tree Outline과 Sketching Toolboxes를 보여준다.

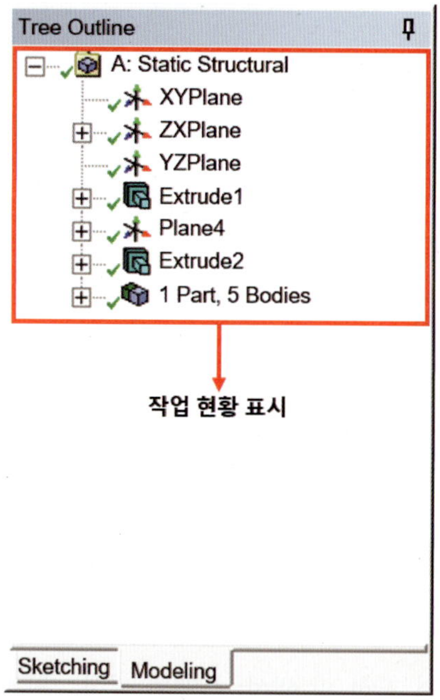

그림 4-11 Tree Outline

Tree Outline은 작업 현황을 표시하며 작업 내용 옆의 아이콘은 상태를 나타낸다. 표 4-2는 아이콘 모양에 따른 상태 설명을 보여준다.

표 4-2 아이콘 모양에 따른 작업 상태 설명

아이콘	설명
	모든 것이 정상임
	작동이 멈추어 아무 영향이 없음
	잘못 설정된 부분이 존재함
	정보를 수정하여 새로고침이 필요함
	선택되지 않은 경우에도 스케치가 보임
	개체 숨김

스케칭 탭은 5개의 도구 박스(Draw, Modify, Dimensions, Constraints, Settings)가 표시되며, 이는 모델링 작업에 필요한 도구들이다.

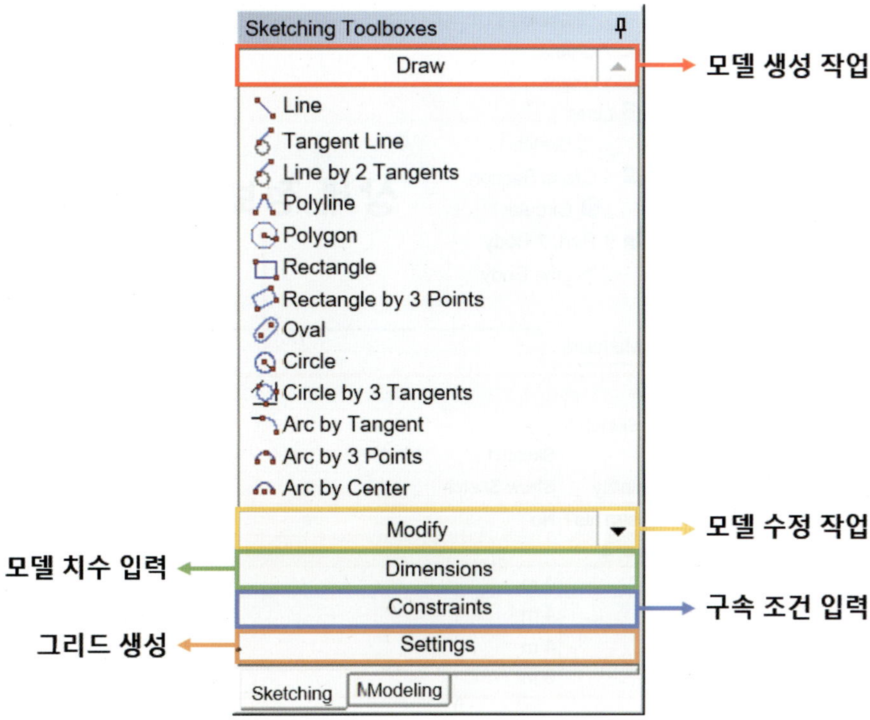

그림 4-12 Sketching Toolboxes

- Draw: 모델 생성 작업에 관한 항목
- Modify: 모델 수정을 위한 작업에 관한 항목
- Dimensions: 모델 치수 입력에 관한 항목
- Constraints: 구속 조건 입력에 관한 항목
- Settings: 스케치 보조선에 관한 항목

4.3.5 Details View(상세보기) 소개

상세보기는 스케치 작업 중에 나타나며, 모델링 탭에서 트리의 개요를 사용하여 상세보기에 데이터를 입력한다. Details View는 대상의 세부 정보, 기본 형상 옵션, 고급 형상 옵션, Design Modeler 형상 옵션을 다룬다.

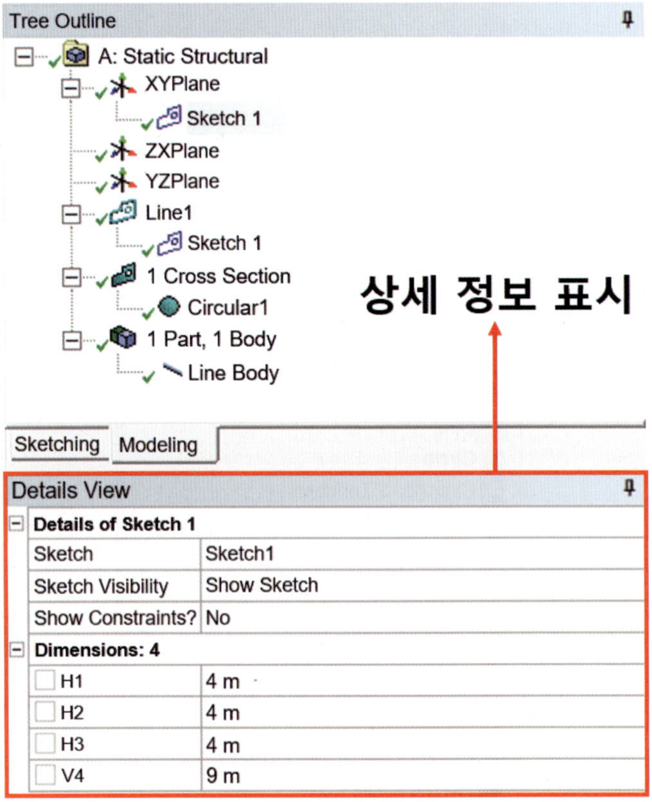

그림 4-13 Details View

4.4 ANSYS Model 구성

4.4.1 ANSYS Model 실행

Model 셀에서는 재료 설정 및 요소 생성 등 해석을 위한 정보를 입력한다. 그림 4-14와 같이 셀의 Model 탭을 더블클릭하여 실행한다.

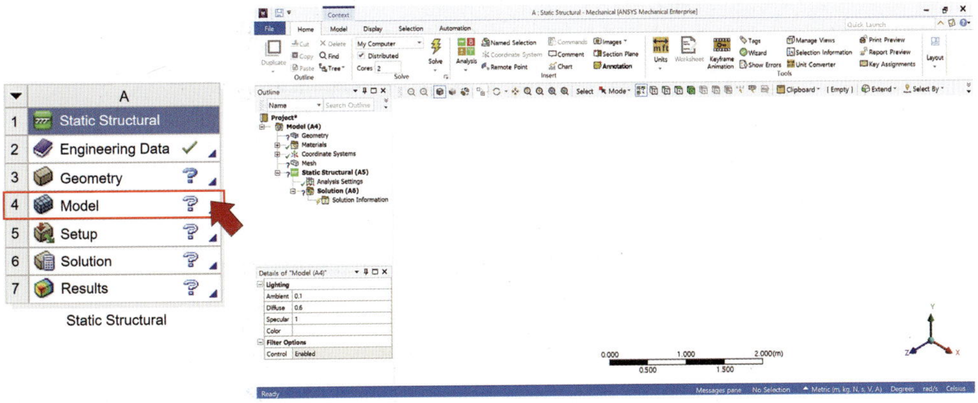

그림 4-14 Model 셀 실행

4.4.2 ANSYS Model의 개요

ANSYS Workbench 환경에서 Model 셀 진입 시 그래픽 사용 인터페이스는 크게 Tools(도구모음), Outline, Details View(상세보기), Graphic Region으로 구성되어 있다. 그림 4-15는 Model 셀의 구성을 보여준다.

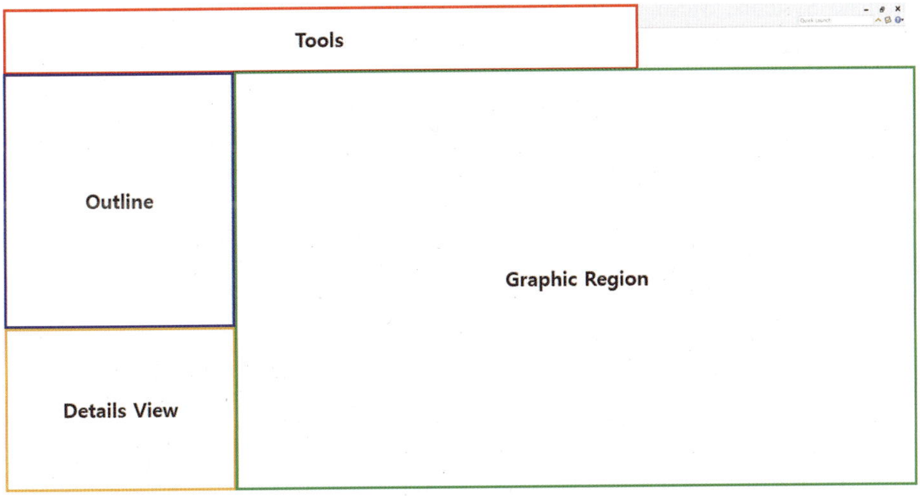

그림 4-15 Model 셀 구성

4.4.3 Tools(도구모음) 소개

Tools는 그림 4-16과 같이 해석 프로그램에서 사용하게 될 기본적인 툴을 다루고 있으며, Outline에서 작업 내용에 따라 Tools의 구성이 변한다.

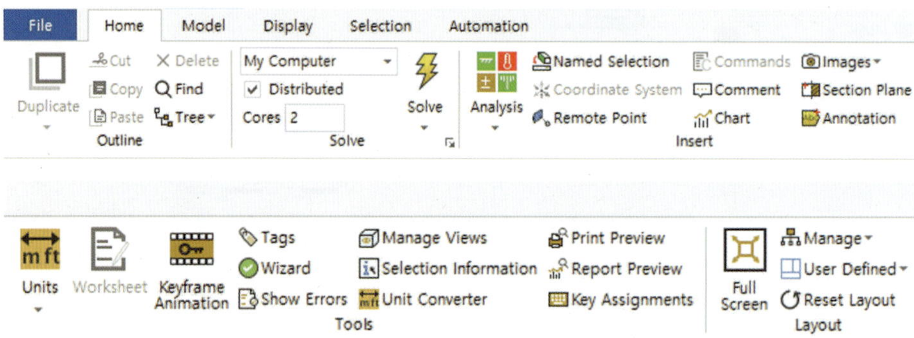

그림 4-16 Tools 구성

4.4.4 Outline 소개

Outline은 작업 현황을 표시해주며, 최상위 Project 탭 아래로 Geometry, Materials, Coordinate Systems, Mesh, Static Structural, Solution 탭이 있다. 그림 4-17은 Outline을 보여준다.

그림 4-17 Outline

- Geometry: Design Modeler에서 생성한 기하모델에 관한 항목
- Materials: 생성한 물성에 관한 항목
- Coordinate Systems: 좌표 시스템에 관한 항목
- Mesh: 요소 생성 시스템에 관한 항목
- Static Structural: 경계조건 입력에 관한 항목
- Solution: 해석 결과 설정 및 결과 확인에 관한 항목

4.4.5 Details View(상세보기) 소개

Design Modeler에서 Details View는 대상의 세부 정보, 기본 형상 옵션, 고급 형상 옵션, Design Modeler 형상 옵션을 다뤘다면, Model 셀 내의 Detail View는 현재 작업하고 있는 내용의 상세 옵션 표시를 다룬다. 예를 들면 Geometry 탭에서는 재료 및 요소 설정, Mesh 탭에서는 요소 크기 설정, Static Structural 탭에서는 경계조건 입력 등을 다룬다.

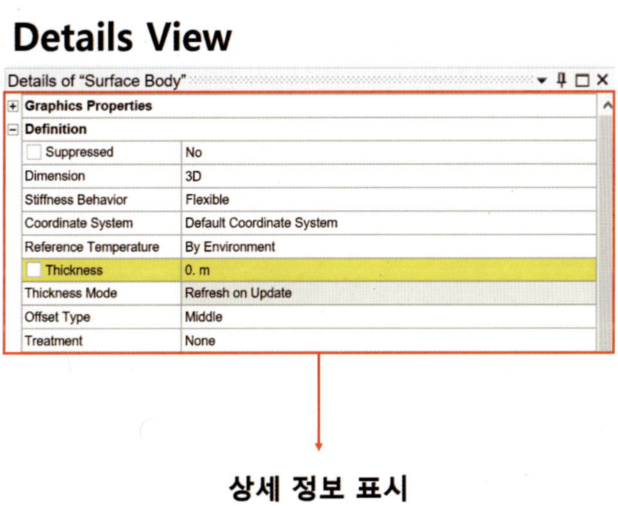

그림 4-18 Details View 구성(Geometry 탭)

CHAPTER

5

ANSYS를 이용한 해석 예제 1D 요소

5.1 트러스 문제 (1)

예제 반지름이 0.001 m인 알루미늄으로 구성된 트러스 구조에 하중이 작용하고 있다. 최대 변위와 절점 1, 4에서의 반력을 구하라. 단, 부재의 탄성계수는 70×10^9 N/m^{2}이다.

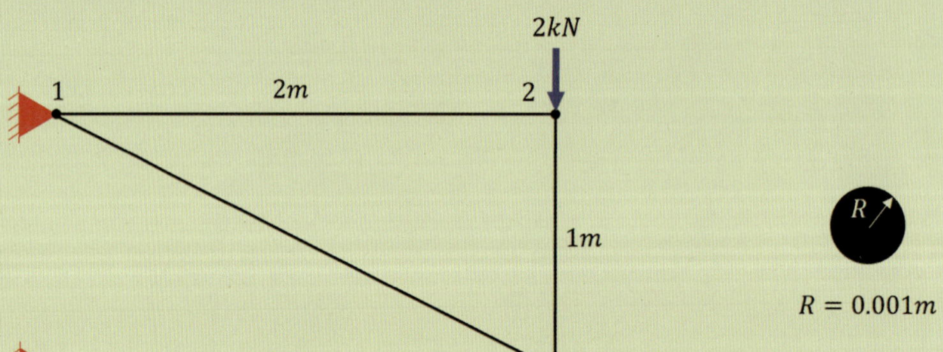

그림 1 트러스 문제

(1) 전처리 과정

① 단위계 설정 및 해석 종류 설정

다양한 단위계 중 SI 단위계(Metric)로 설정하며, 정적구조(static structural) 해석 시스템 생성을 위해 ANSYS System Toolbox로부터 독립적인 시스템을 생성한다.

- GUI: Units 클릭 → Metric 클릭 → Static Structural 더블클릭 → 이름 설정

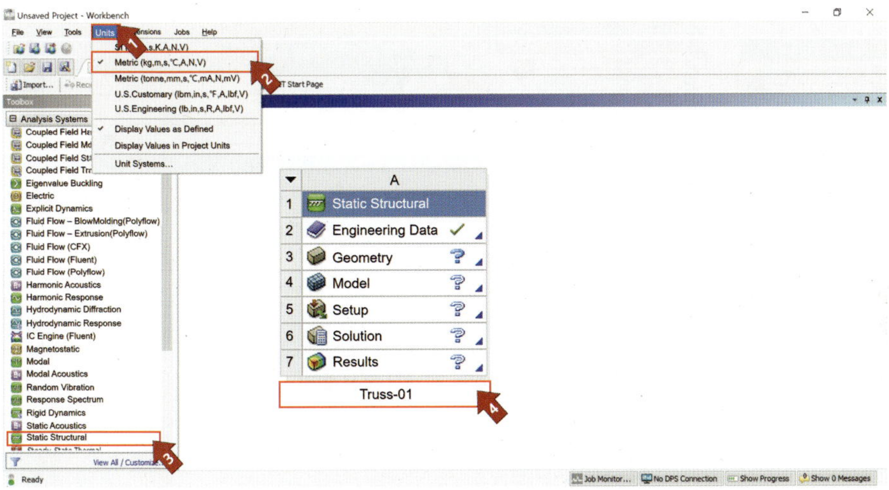

그림 2 단위계 및 해석 종류 설정

② 기계적 물성 입력

트러스는 알루미늄으로 구성되며, 기계적 물성의 입력이 필요하다.

- Engineering Data 더블클릭 → 소재 이름 입력(Aluminum) → 엔터 → (좌측 툴박스) Linear Elastic 클릭 → Isotropic Elasticity 더블클릭 → Young's Modulus 입력(70×10^9 N/m^2) → Poisson's Ratio 입력(0.3)

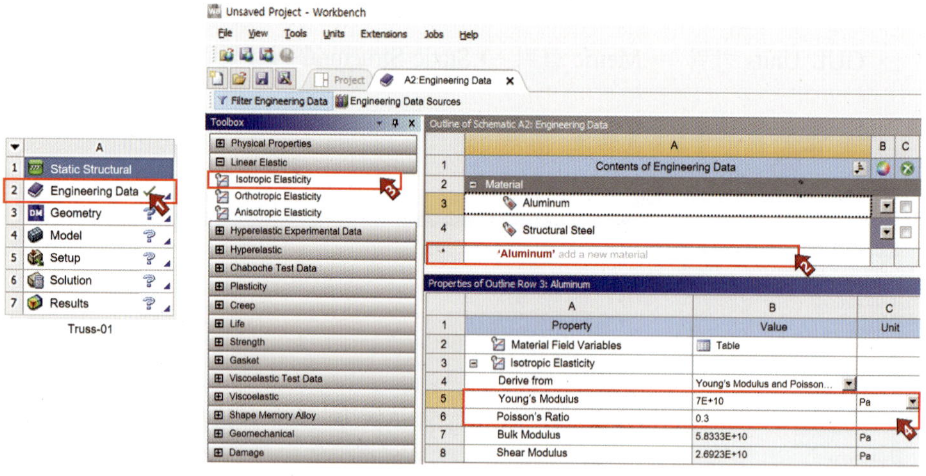

그림 3 알루미늄 기계적 물성 입력

③ DesignModeler Geometry 환경 진입

기하모델 생성을 위해 DesignModeler Geometry 프로그램을 시작한다.

- GUI: Geometry에서 우클릭 → New DesignModeler Geometry 클릭

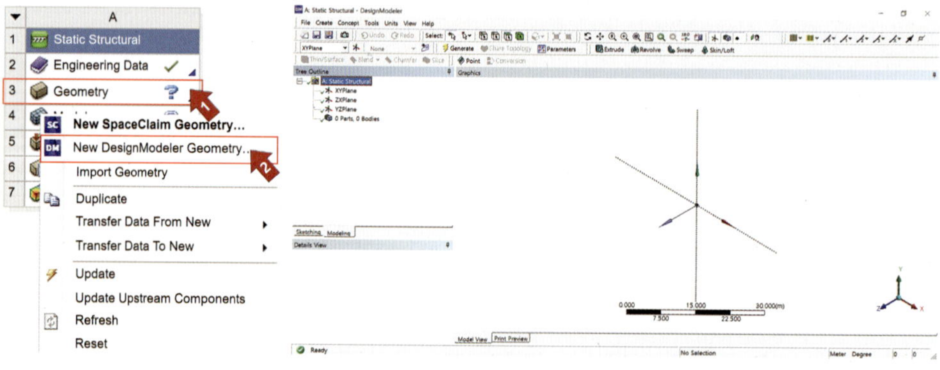

그림 4 DesignModeler Geometry GUI 환경 진입

④ 스케치 평면 설정

기하모델 생성에 앞서 사용자가 모델링을 수행할 평면에 대한 정의가 필요하다.

- GUI: XYPlane 클릭 → Look at Plane 클릭

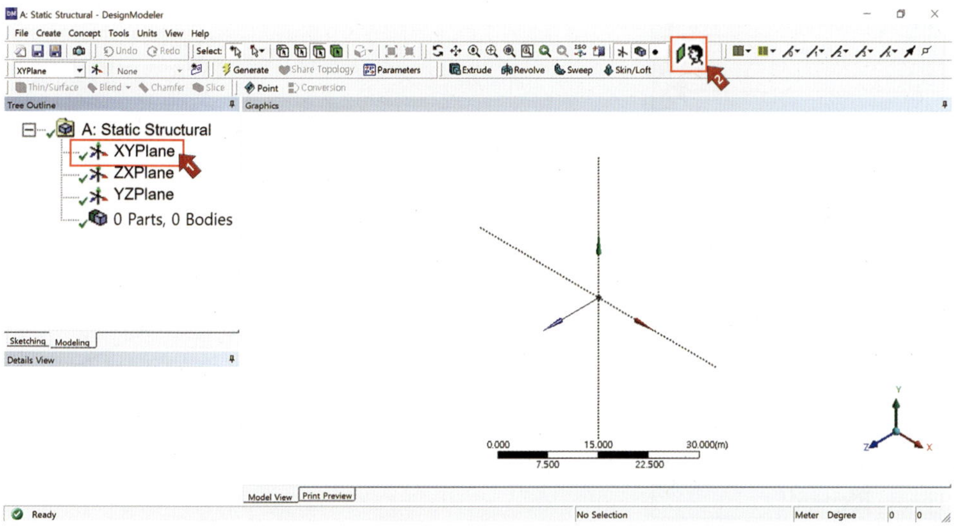

그림 5 스케치 평면 설정

⑤ 기하모델 생성

본 예제는 그림 6과 같은 모델링이 필요하다. Draw 탭에서 4개의 Line을 모델링한다. Sketching 탭으로 전환하면, Tree Outline의 XYPlane 밑에 새로운 이름의 Sketch1이 생성된다. Dimensions 탭에서 치수에 대한 정의가 필요하다.

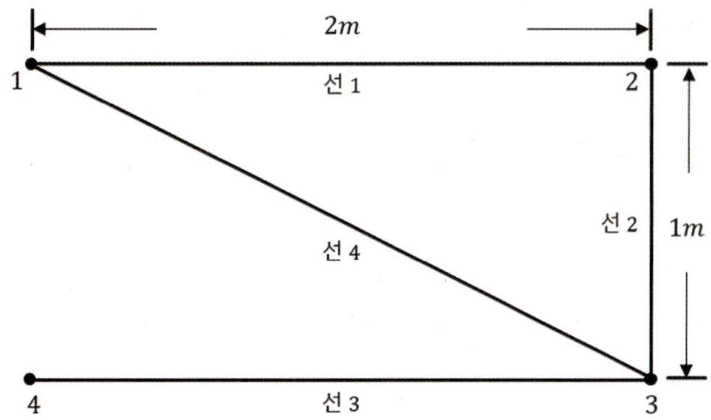

그림 6 기하모델

기하모델 생성을 위한 작업은 그림 7과 같다. Graphics 창에서 4개의 선을 만들기 위해 시작점과 끝점을 클릭하며, 선 1~4를 작도한다.

- GUI: Sketching 클릭 → Draw 클릭 → Line 클릭 → 기하모델 생성

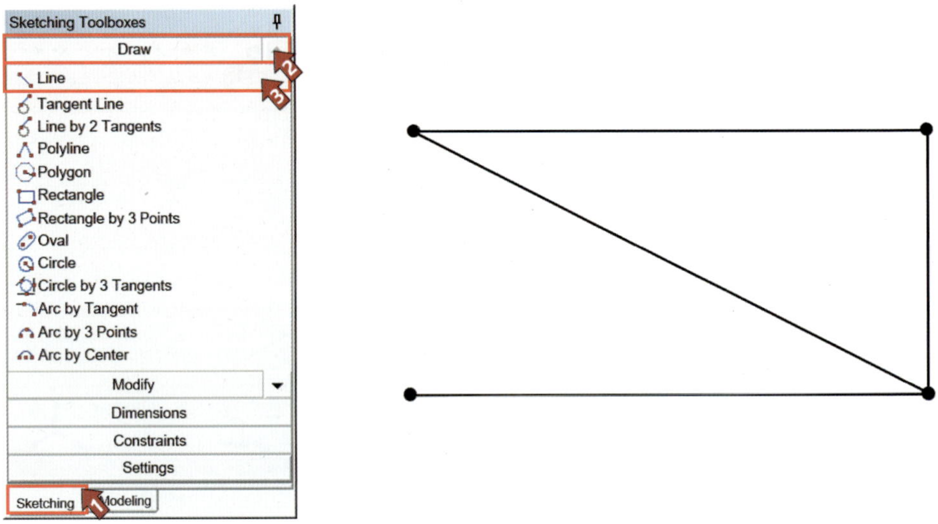

그림 7 기하모델 생성 방법

작도된 기하모델의 치수 정의를 위한 방법은 그림 8과 같다. 작도한 선을 클릭하여 치수를 입력한다.

- GUI: Sketching 클릭 → Dimensions 클릭 → General 클릭 → 선 1, 선 2 치수 정의

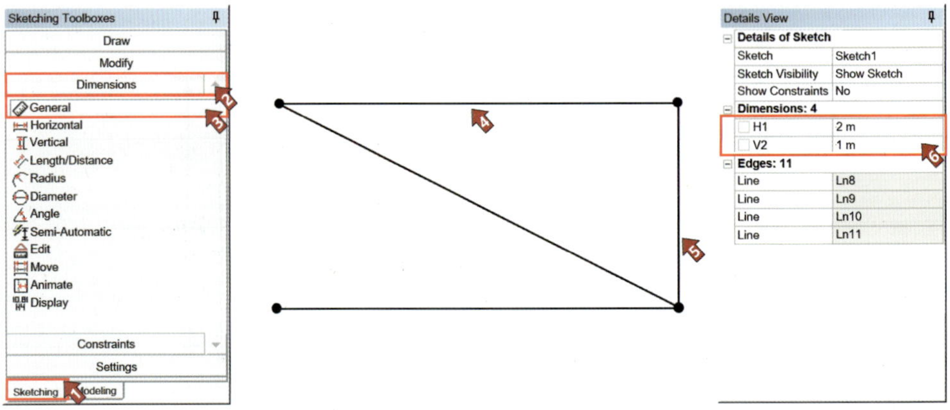

그림 8 기하모델 치수 입력

치수 정의가 완료된 Sketch는 Line Body의 정의가 필요하다. Concept 메뉴에서 Lines From Sketches를 선택한다. Sketch1을 선택 후 Generate를 클릭하여 Line Body 정의를 완료한다. 그림 9는 Line Body의 정의 방법을 보여준다.

- GUI: Concept 클릭 → Lines From Sketches 클릭 → Sketch1 클릭 → Apply 클릭 → Line1 우클릭 → Generate 클릭

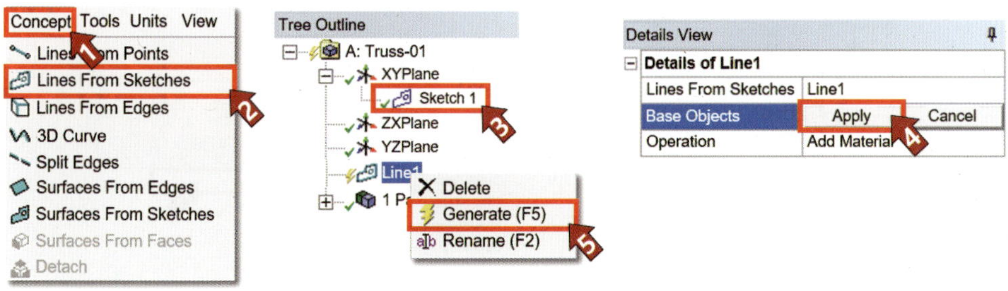

그림 9 Line Body 정의

⑥ 단면 형상 생성 및 입력

단면 형상의 생성 및 입력이 필요하다. Concept 메뉴의 Cross Section에서 단면 형상과 동일한 Circular를 선택하여 치수를 입력한다. 생성된 단면 형상을 모델링 파트에 입력하기 위해 Cross Section에 Circular1을 부여한다.

$$R = 0.001m$$

그림 10 단면 형상

- GUI: Concept 클릭 → Cross Section 클릭 → Circular 클릭 → Circular1 클릭 → 치수 입력 → Line Body 클릭 → Circular1 설정

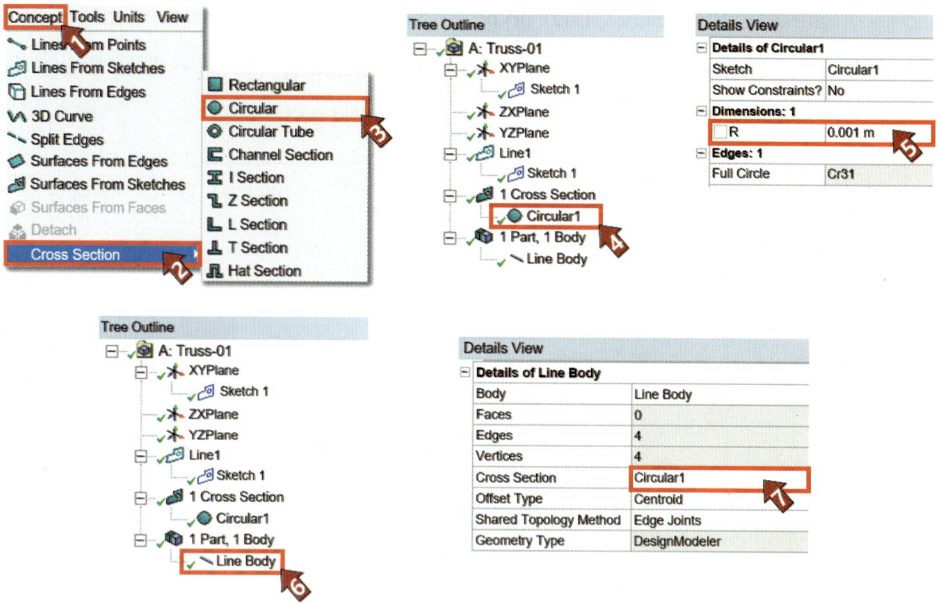

그림 11 단면 형상 생성 및 입력

프레임을 입체로 된 구조물로 시각적으로 확인하기 위해 View 메뉴에서 Cross Section Solids를 클릭한다.

- GUI: View 클릭 → Cross Section Solids 클릭하여 단면 형상 확인

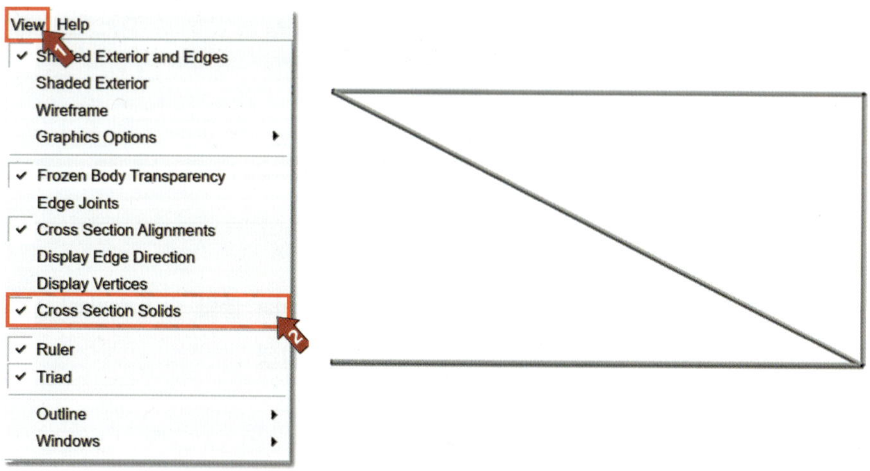

그림 12 단면 형상 확인

⑦ 요소 설정 및 물성 입력

단면 형상 입력 후 요소 설정 및 물성 입력을 위해 Model 환경으로 진입한다. 트러스 요소는 Link/Truss, 물성은 Aluminum 입력이 필요하다. 그림 13은 요소 설정 및 물성 입력 방법을 보여준다.

- GUI: Model 더블클릭→ Geometry 클릭 → Line Body 클릭 → Model Type을 Link/Truss로 설정 → Material 탭의 Assignment를 Aluminum으로 선택

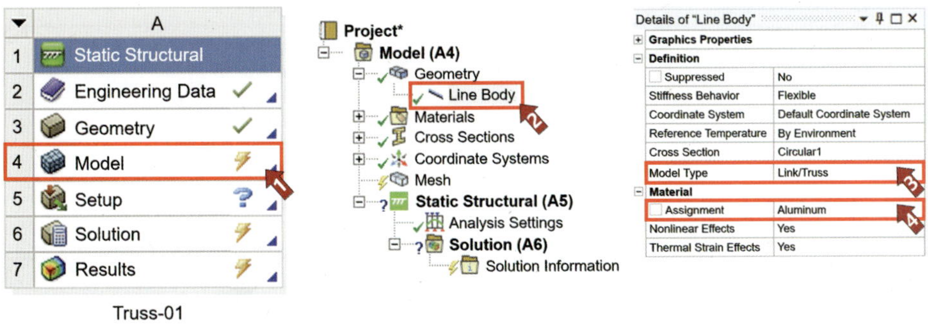

그림 13 요소 설정 및 물성 입력

⑧ 요소 생성

유한요소 모델 생성을 위한 요소 생성단계로 기하모델에 절점과 요소를 생성한다. Link/Truss 요소는 생성 시 반드시 1개의 요소로 나누어질 수 있도록 설정해야 한다. 이에 Number of Divisions를 1로 입력하여 요소를 생성한다. 요소는 그림 14와 같은 방법으로 생성한다. 완료 후 그림 15과 같이 Graphics 창에 요소로 구성된 구조물이 나타난다.

- GUI: Mesh 우클릭 → Insert 클릭 → Sizing 클릭 → (Graphic 창에서) 선 1~4 클릭(다중선택) → Apply 클릭 → Type을 Number of Divisions로 설정 → 1 입력 → Generate Mesh 클릭

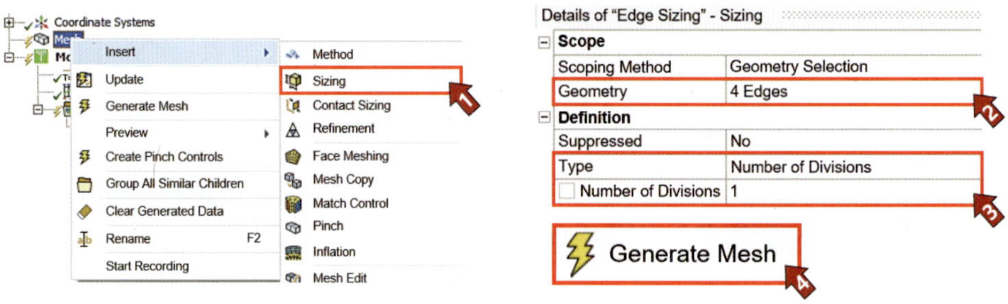

그림 14 요소 생성

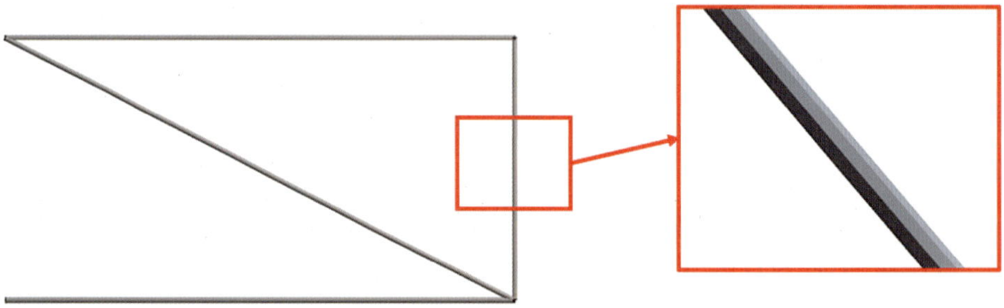

그림 15 요소 생성 확인

⑨ 경계조건 및 하중조건 입력

예제의 경계조건은 그림 16과 같이 절점 1, 4는 핀지지 형태의 구속조건, 절점 2, 3에는 각각 2 kN과 1 kN의 하중조건이 작용하고 있다. 구속조건 입력 시 각 절점의 반력을 도출하기 위해 각각 구속조건을 설정하여야 한다. 기하모델에 경계조건 입력을 위한 방법은 그림 17, 18과 같다.

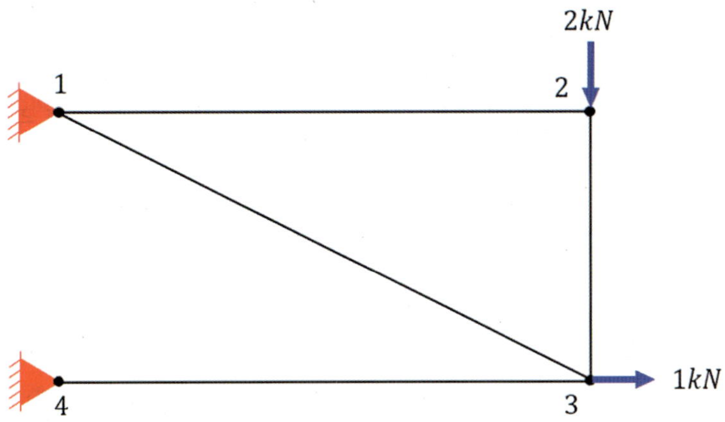

그림 16 경계조건

- GUI: Static Structural 우클릭 → Insert 클릭 → Displacement 클릭 → (Graphic 창에서) 절점 1 클릭 → Apply 클릭 → X Component 0, Y Component 0, Z Component 0 입력

* 위와 같은 방법으로 절점 4에도 구속조건 부여

구속조건

절점 1

Details of "Displacement"	
Scope	
Scoping Method	Geometry Selection
Geometry	1 Vertex
Definition	
Type	Displacement
Define By	Component
Coordinate System	Global Coordinate System
X Component	0. m (ramped)
Y Component	0. m (ramped)
Z Component	0. m (ramped)
Suppressed	No

절점 4

Details of "Displacement 2"	
Scope	
Scoping Method	Geometry Selection
Geometry	1 Vertex
Definition	
Type	Displacement
Define By	Component
Coordinate System	Global Coordinate System
X Component	0. m (ramped)
Y Component	0. m (ramped)
Z Component	0. m (ramped)
Suppressed	No

그림 17 구속조건 입력

- GUI: Static Structural 우클릭 → Insert 클릭 → Force 클릭 → (Graphic 창에서) 절점 2 클릭 → Apply 클릭 → Components 선택 → Y Component −2000 입력
Static Structural 우클릭 → Insert 클릭 → Force 클릭 → (Graphic 창에서) 절점 3 클릭 → Apply 클릭 → Components 선택 → X Component 1000 입력

하중조건

절점 2 **절점 3**

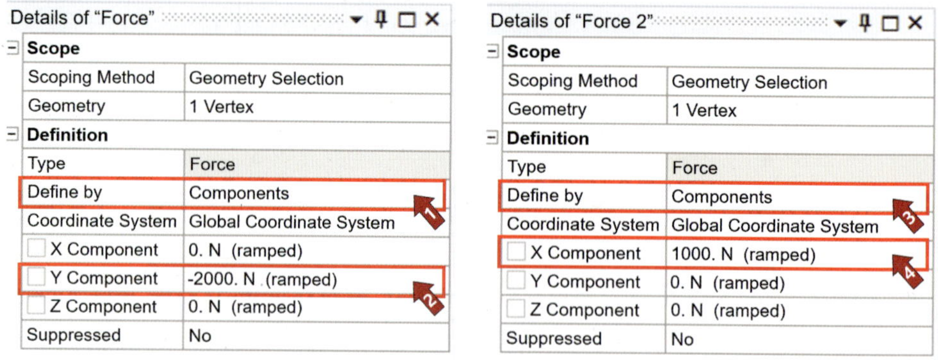

그림 18 하중조건 입력

⑩ 후처리 결과 설정

구속조건과 하중조건을 입력하면 정적해석을 위한 작업을 완료하였다. 본 예제는 트러스의 최대 변위와 절점 1과 4에서의 반력을 도출해야 한다. 이에 결과 확인을 위한 도출할 결과를 선택하여야 한다.

- GUI: Solution 우클릭 → Insert 클릭 → Deformation 클릭 → Total 클릭

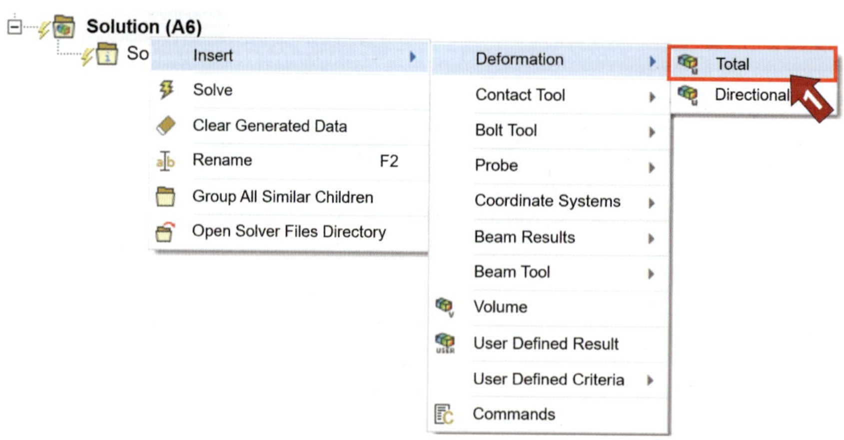

그림 19 최대 변위 결과 설정

- GUI: Solution 우클릭 → Insert 클릭 → Probe 클릭 → Force Reaction 클릭 → Displacement 클릭
  Solution 우클릭 → Insert 클릭 → Probe 클릭 → Force Reaction 클릭 → Displacement 2 클릭

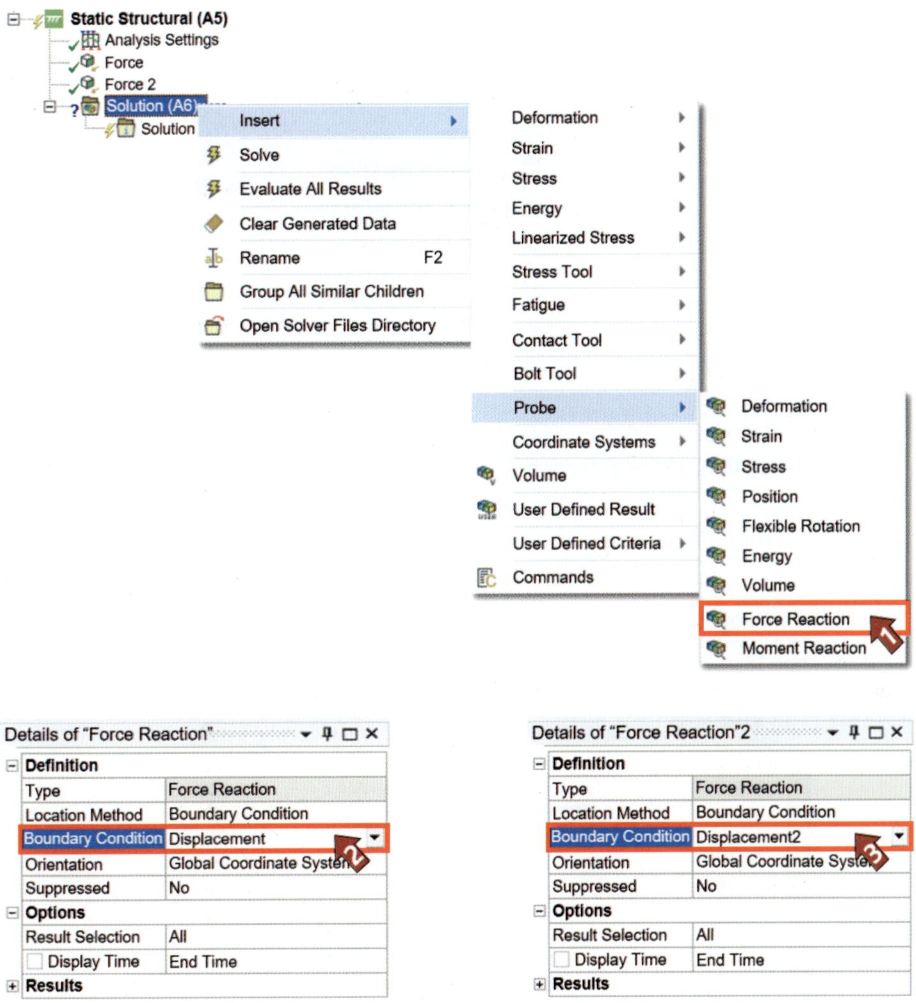

그림 20 반력 결과 설정

(2) 구조해석 수행

① 구조해석 수행

정적 해석을 위한 방법은 그림 21과 같다.

- GUI: Solution 우클릭 → Solve 클릭

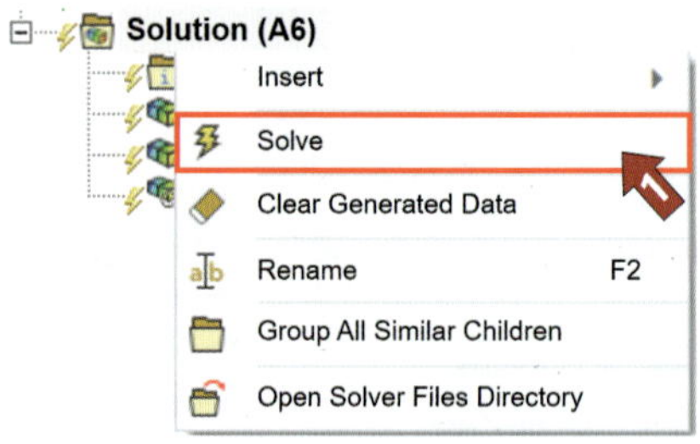

그림 21 구조해석 수행

(3) 후처리 과정

① 결과 확인

Total Deformation, Force Reaction을 클릭하여 구조해석 결과를 확인한다.

- GUI: Total Deformation 클릭 → 최대 변위 결과 확인

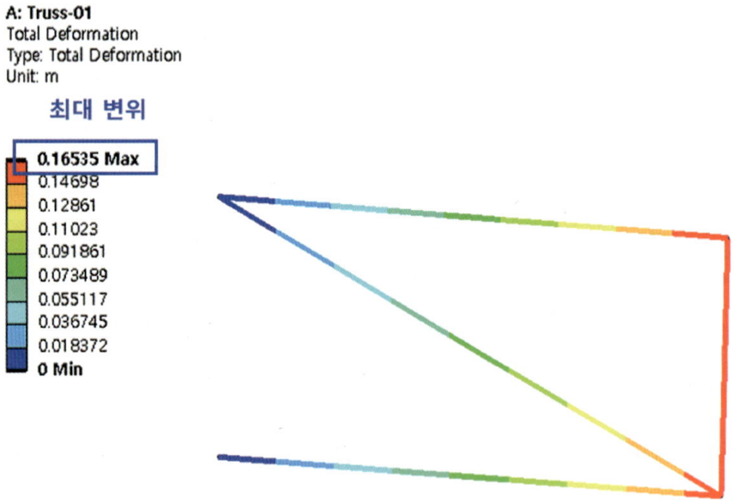

그림 22 최대 변위 결과

• GUI: Force Reaction 클릭 → 반력 결과 확인

Details of "Force Reaction"

Definition	
Type	Force Reaction
Location Method	Boundary Condition
Boundary Condition	Displacement
Orientation	Global Coordinate System
Suppressed	No
Options	
Result Selection	All
Display Time	End Time
Results	
Maximum Value Over Time	
X Axis	-4000. N
Y Axis	50000 N
Z Axis	0. N
Total	4472.1 N

절점 1에서의 반력

Details of "Force Reaction 2"

Definition	
Type	Force Reaction
Location Method	Boundary Condition
Boundary Condition	Displacement 2
Orientation	Global Coordinate System
Suppressed	No
Options	
Result Selection	All
Display Time	End Time
Results	
Maximum Value Over Time	
X Axis	3000. N
Y Axis	0. N
Z Axis	0. N
Total	3000. N

절점 4에서의 반력

그림 23 절점 1, 4에서의 반력 결과

5.2 트러스 문제 (2)

예제 알루미늄으로 구성된 트러스 구조에 하중이 작용하고 있다. 알루미늄의 단면은 한 변이 0.005 m인 정사각형이고, 탄성계수는 70×10^9 N/m^{2}이다. 절점 1과 5에서의 최대 변위와 절점 1과 5에 발생하는 반력을 구하라.

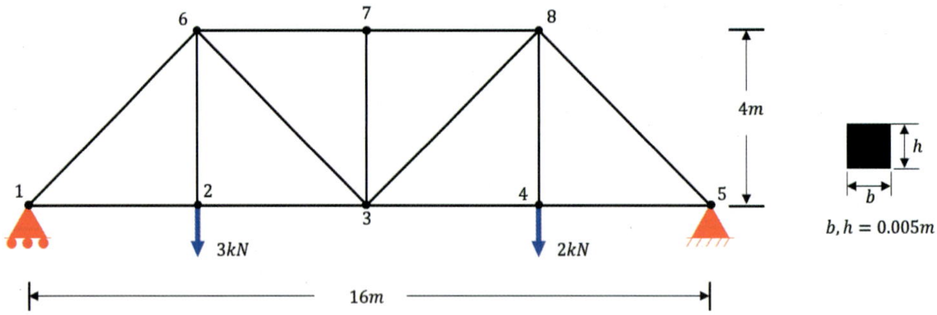

그림 1 트러스 문제

(1) 전처리 과정

① 단위계 설정 및 해석 종류 설정

다양한 단위계 중 SI 단위계(Metric)로 설정하며, 정적구조(static structural) 해석 시스템 생성을 위해 ANSYS System Toolbox로부터 독립적인 시스템을 생성한다.

- GUI: Units 클릭 → Metric 클릭 → Static Structural 더블클릭 → 이름 설정

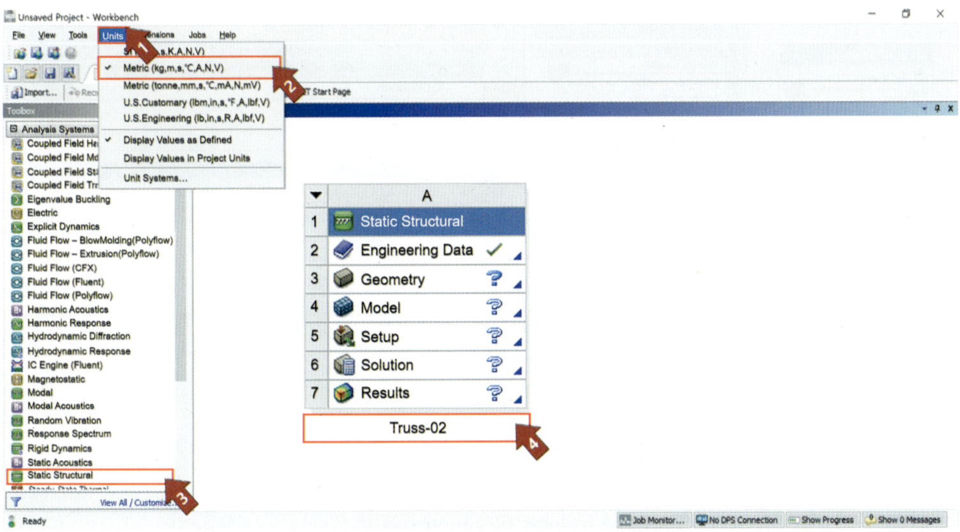

그림 2 단위계 및 해석 종류 설정

② 기계적 물성 입력

트러스는 알루미늄으로 구성되며, 기계적 물성의 입력이 필요하다.

- GUI: Engineering Data 더블클릭 → 소재 이름 입력(Aluminum) → 엔터 → (좌측 툴박스) Linear Elastic 클릭 → Isotropic Elasticity 더블클릭 → Young's Modulus 입력(70×10^9 N/m^2) → Poisson's Ratio 입력(0.3)

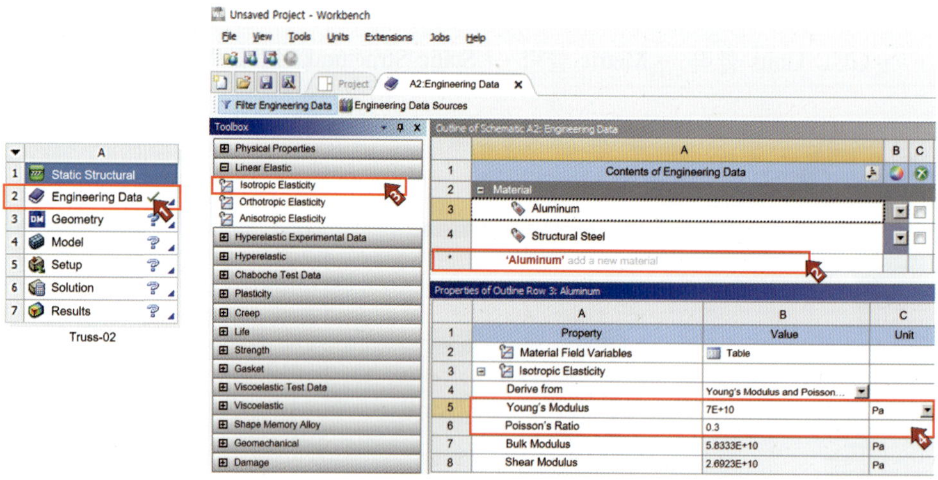

그림 3 알루미늄 기계적 물성 입력

③ DesignModeler Geometry 환경 진입

기하모델 생성을 위해 DesignModeler Geometry 프로그램을 시작한다.

- GUI: Geometry에서 우클릭 → New DesignModeler Geometry 클릭

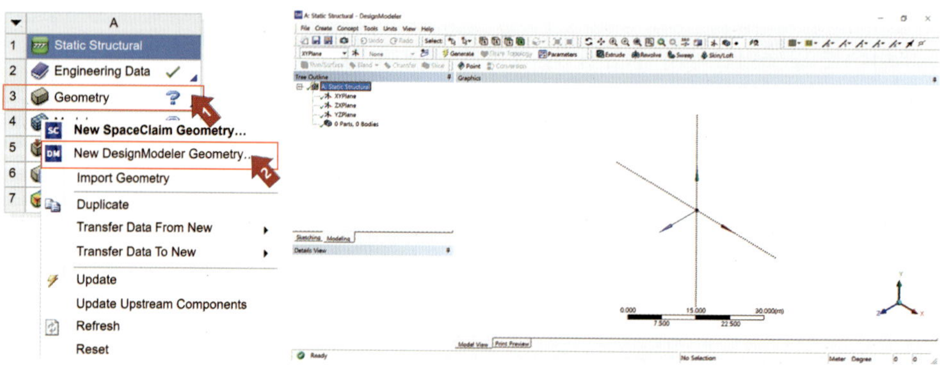

그림 4 DesignModeler Geometry GUI 환경 진입

④ 스케치 평면 설정

기하모델 생성에 앞서 사용자가 모델링을 수행할 평면에 대한 정의가 필요하다.

- GUI: XYPlane 클릭 → Look at Plane 클릭

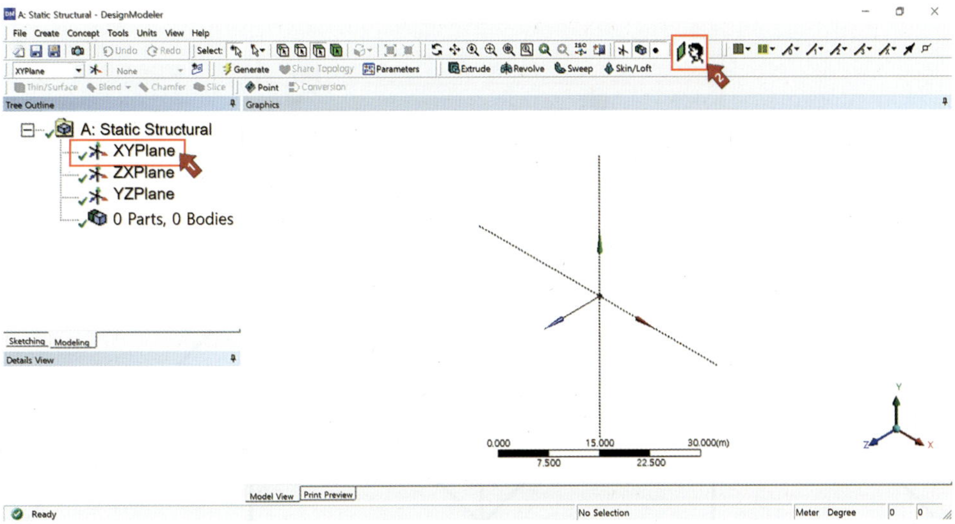

그림 5 스케치 평면 설정

⑤ 기하모델 생성

본 예제는 그림 6과 같은 모델링이 필요하다. Draw 탭에서 13개의 Line을 모델링한다. Sketching 탭으로 전환하면, Tree Outline의 XYPlane 밑에 새로운 이름의 Sketch1이 생성된다. Dimensions 탭에서 치수에 대한 정의가 필요하다.

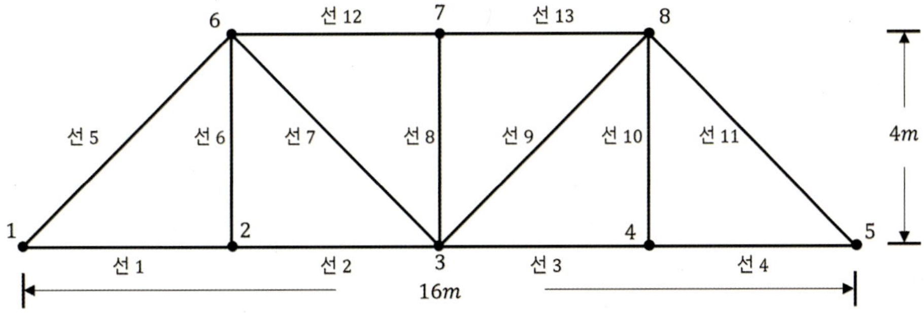

그림 6 기하모델

기하모델 생성을 위한 작업은 그림 7과 같다. Graphics 창에서 13개의 선을 만들기 위해 시작점과 끝점을 클릭하며, 선 1~13을 작도한다.

- GUI: Sketching 클릭 → Draw 클릭 → Line 클릭 → 기하모델 생성

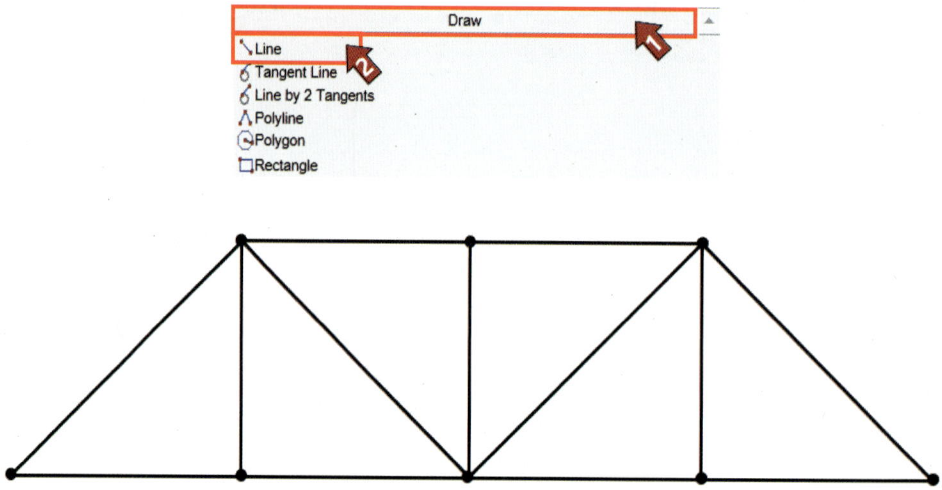

그림 7 기하모델 생성 방법

작도된 기하모델의 치수 정의를 위한 방법은 그림 8과 같다. 작도한 선을 클릭하여 치수를 입력한다.

• GUI: Sketching 클릭 → Dimensions 클릭 → General 클릭 → 선 치수 정의

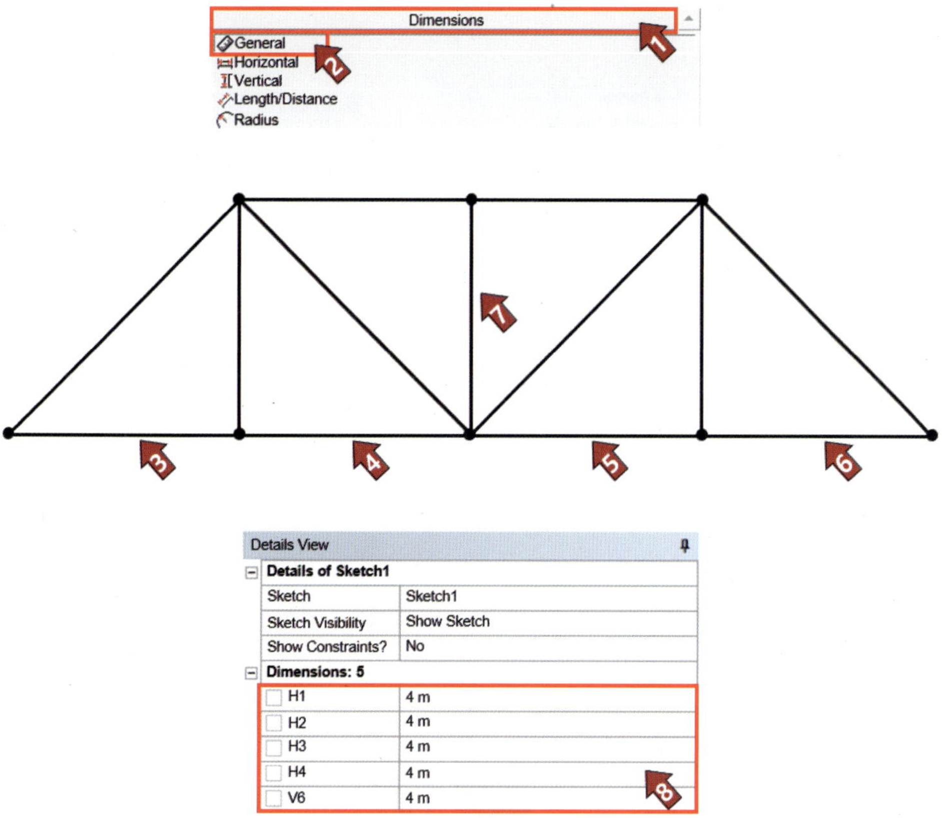

그림 8 기하모델 치수 입력

치수 정의가 완료된 Sketch는 Line Body의 정의가 필요하다. Concept 메뉴에서 Lines From Sketches를 선택한다. Sketch1을 선택 후 Generate를 클릭하여 Line Body 정의를 완료한다.

- GUI: Concept 클릭 → Lines From Sketches 클릭 → Sketch1 클릭 → Apply 클릭 → Line1 우클릭 → Generate 클릭

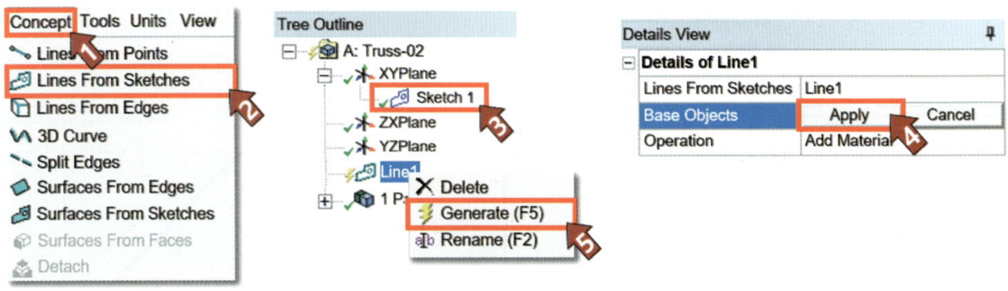

그림 9 Line Body 정의

⑥ 단면 형상 생성 및 입력

단면 형상의 생성 및 입력이 필요하다. Concept 메뉴의 Cross Section에서 단면 형상과 동일한 Rectangular를 선택하여 치수를 입력한다. 생성된 단면 형상을 모델링 파트에 입력하기 위해 Cross Section에 Rect1을 부여한다.

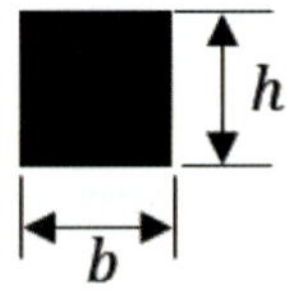

$$b, h = 0.005m$$

그림 10 단면 형상

- GUI: Concept 클릭 → Cross Section 클릭 → Rectangular 클릭 → Rect1 클릭 → 치수 입력 → Line Body 클릭 → Rect1 설정

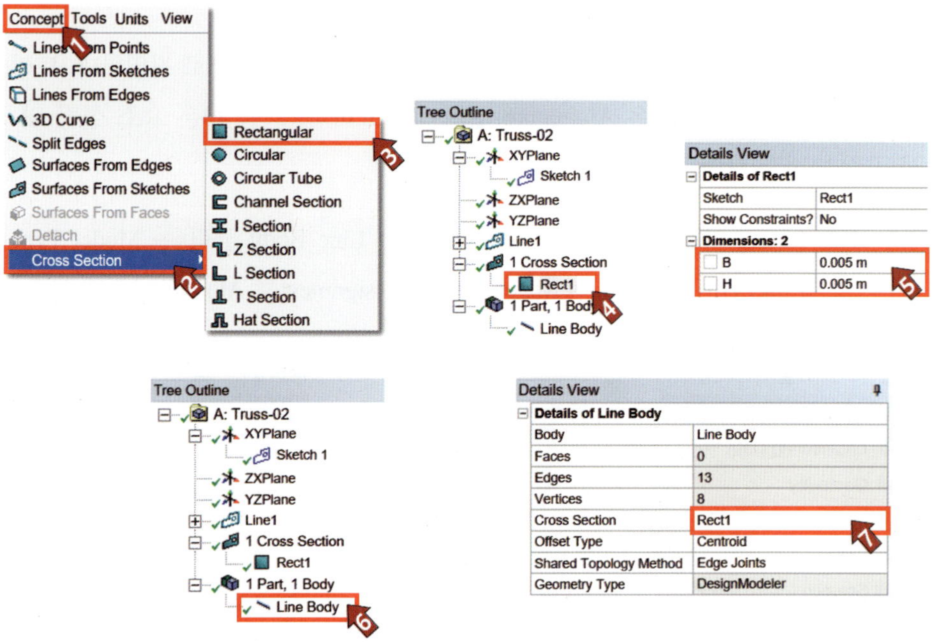

그림 11 단면 형상 생성 및 입력

프레임을 입체로 된 구조물로 시각적으로 확인하기 위해 View 메뉴에서 Cross Section Solids를 클릭한다.

- GUI: View 클릭 → Cross Section Solids 클릭하여 단면 형상 확인

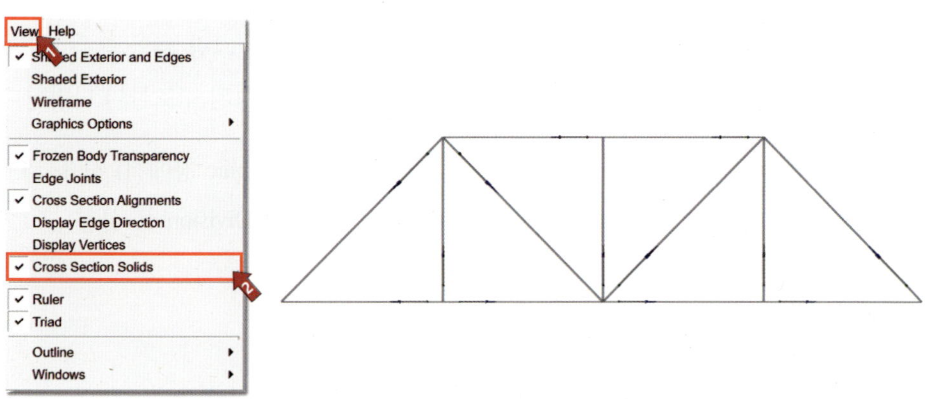

그림 12 단면 형상 확인

⑦ 요소 설정 및 물성 입력

단면 형상 입력 후 요소 설정 및 물성 입력을 위해 Model 환경으로 진입한다. 트러스 요소는 Link/Truss, 물성은 Aluminum 입력이 필요하다. 그림 13은 요소 설정 및 물성 입력 방법을 보여준다.

- GUI: Model 더블클릭 → Geometry 클릭 → Line Body 클릭 → Model Type을 Link/Truss로 설정 → Material 탭의 Assignment를 Aluminum으로 선택

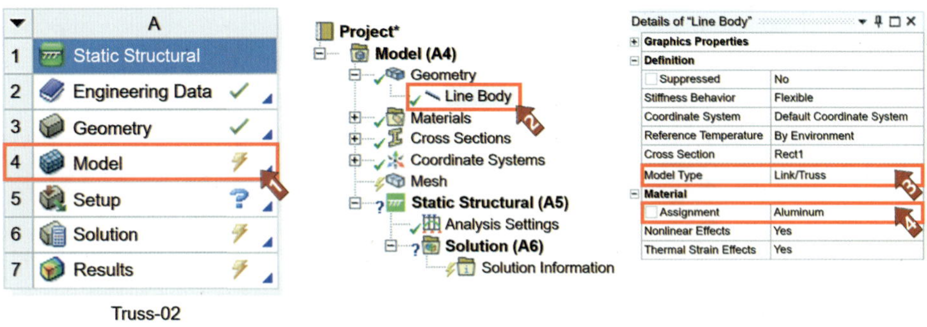

그림 13 요소 설정 및 물성 입력

⑧ 요소 생성

유한요소 모델 생성을 위한 요소 생성단계로 기하모델에 절점과 요소를 생성한다. Link/Truss 요소는 생성 시 반드시 1개의 요소로 나누어질 수 있도록 설정해야 한다. 이에 Number of Divisions를 1로 입력하여 요소를 생성한다. 요소는 그림 14와 같은 방법으로 생성한다. 완료 후 그림 15와 같이 Graphics 창에 요소로 구성된 구조물이 나타난다.

- GUI: Mesh 우클릭 → Insert 클릭 → Sizing 클릭 → (Graphic 창에서) 선 1~13 클릭(다중선택) → Apply 클릭 → Type을 Number of Divisions로 설정 → 1 입력 → Generate Mesh 클릭

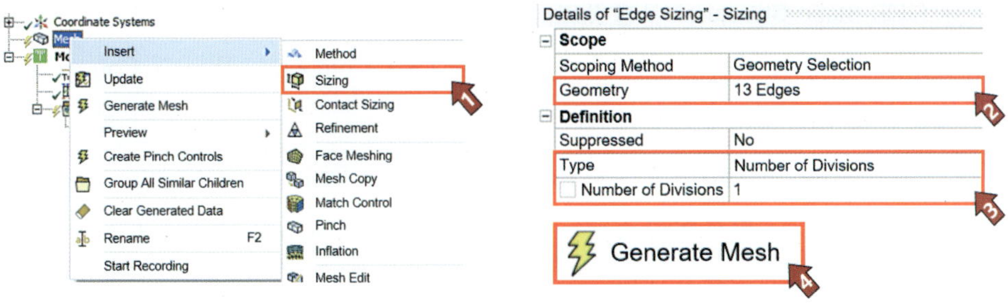

그림 14 요소 생성

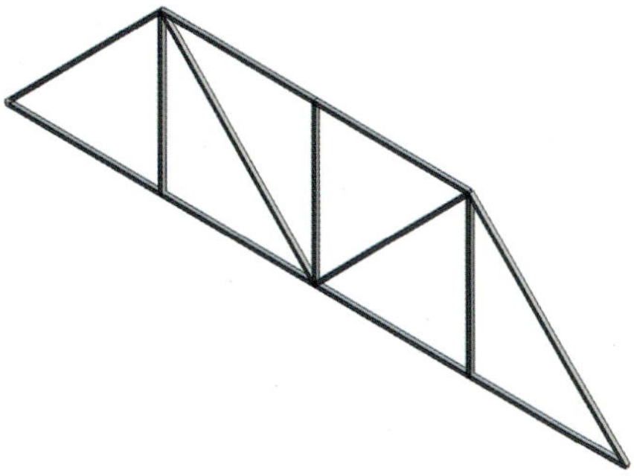

그림 15 요소 생성 확인

⑨ 경계조건 및 하중조건 입력

예제의 경계조건은 그림 16과 같이 절점 1은 롤러 형태의 구속조건, 절점 5는 핀지지 형태의 구속조건, 절점 2, 4에는 각각 3 kN, 2 kN의 하중조건이 작용하고 있다. 구속조건 입력 시 각 절점의 반력을 도출하기 위해 각각 구속조건을 설정하여야 한다. 기하모델에 경계조건 입력을 위한 방법은 그림 17, 18과 같다.

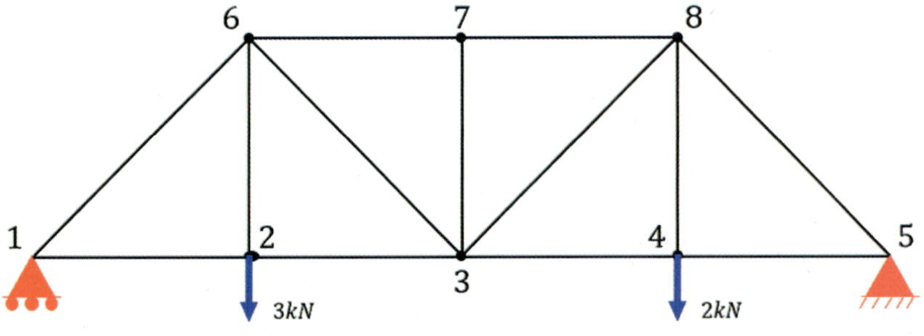

그림 16 경계조건

- GUI: Static Structural 우클릭 → Insert 클릭 → Displacement 클릭 → (Graphic 창에서) 절점 1 클릭 → Apply 클릭 → X Component Free, Y Component 0, Z Component 0 입력

  Static Structural 우클릭 → Insert 클릭 → Displacement 클릭 → (Graphic 창에서) 절점 5 클릭 → Apply 클릭 → X Component 0, Y Component 0, Z Component 0 입력

구속조건

절점 1

Details of "Displacement"	
Scope	
Scoping Method	Geometry Selection
Geometry	1 Vertex
Definition	
Type	Displacement
Define by	Components
Coordinate System	Global Coordinate System
X Component	Free
Y Component	0. m (ramped)
Z Component	0. m (ramped)
Suppressed	No

절점 5

Details of "Displacement 2"	
Scope	
Scoping Method	Geometry Selection
Geometry	1 Vertex
Definition	
Type	Displacement
Define by	Components
Coordinate System	Global Coordinate System
X Component	0. m (ramped)
Y Component	0. m (ramped)
Z Component	0. m (ramped)
Suppressed	No

그림 17 구속조건 입력

- GUI: Static Structural 우클릭 → Insert 클릭 → Force 클릭 → (Graphic 창에서) 절점 2 클릭 → Apply 클릭 → Components 선택 → Y Component −3000 입력

  Static Structural 우클릭 → Insert 클릭 → Force 클릭 → (Graphic 창에서) 절점 4 클릭 → Apply 클릭 → Components 선택 → Y Component −2000 입력

하중조건

절점 2

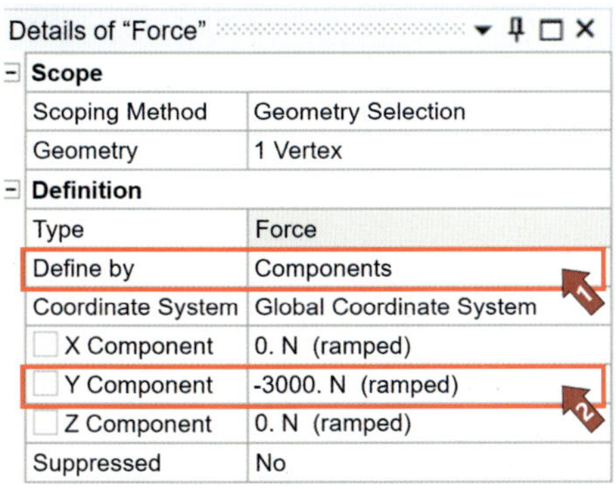

절점 4

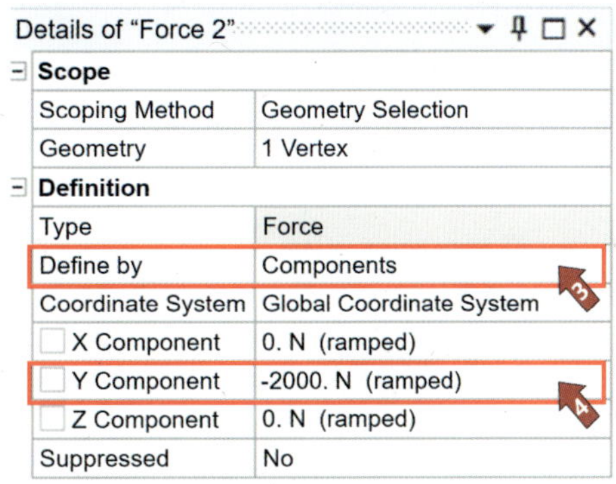

그림 18 하중조건 입력

⑩ 후처리 결과 설정

구속조건과 하중조건을 입력하면 정적해석을 위한 작업을 완료하였다. 본 예제는 트러스의 최대 변위와 절점 1과 5에서의 반력을 도출해야 한다. 이에 결과 확인을 위한 도출할 결과를 선택하여야 한다.

- GUI: Solution 우클릭 → Insert 클릭 → Deformation 클릭 → Total 클릭

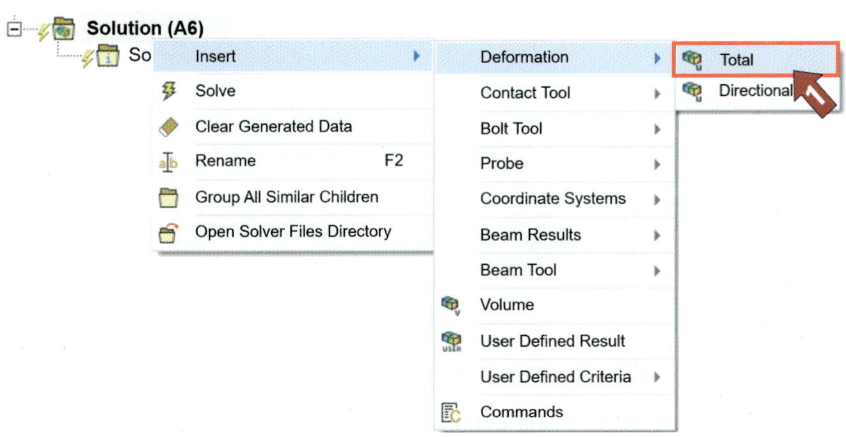

그림 19 최대 변위 결과 설정

- GUI: Solution 우클릭 → Insert 클릭 → Probe 클릭 → Force Reaction 클릭 → Displacement 클릭

  Solution 우클릭 → Insert 클릭 → Probe 클릭 → Force Reaction 클릭 → Displacement 2 클릭

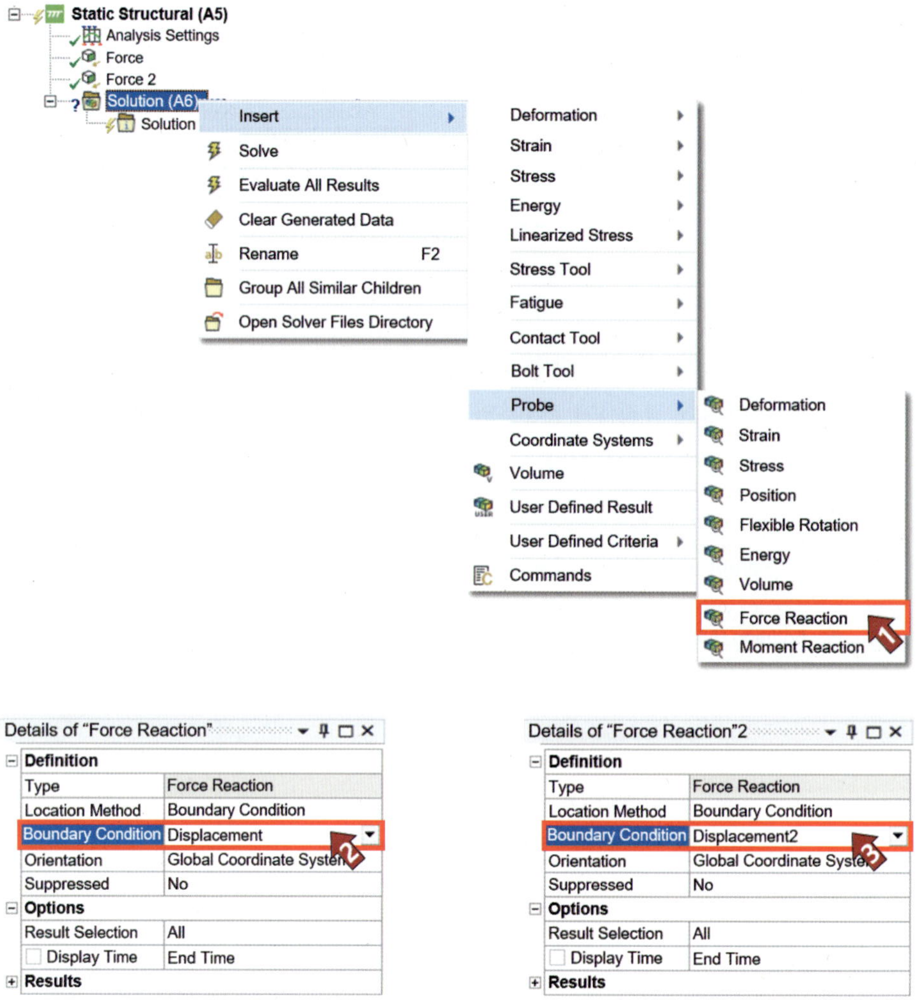

그림 20 반력 결과 설정

(2) 구조해석 수행

① 구조해석 수행

정적 해석을 위한 방법은 그림 21과 같다.

- GUI: Solution 우클릭 → Solve 클릭

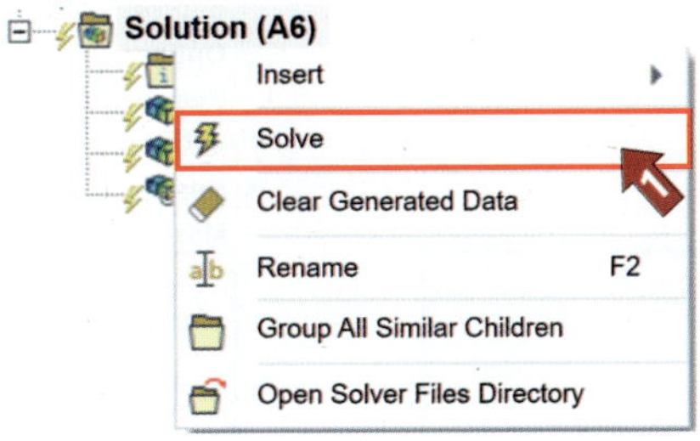

그림 21 구조해석 수행

(3) 후처리 과정

① 결과 확인

Total Deformation, Force Reaction을 클릭하여 구조해석 결과를 확인한다.

- GUI: Total Deformation 클릭 → 최대 변위 결과 확인

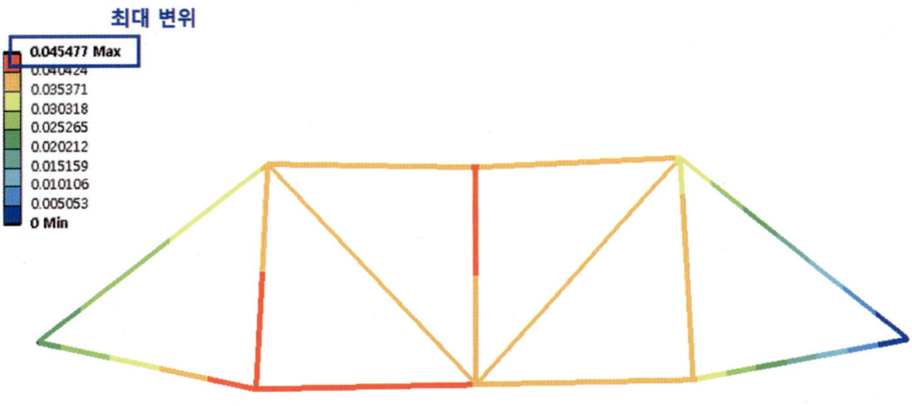

그림 22 최대 변위 결과

- GUI: Force Reaction 클릭 → 반력 결과 확인

Details of "Force Reaction"	
Definition	
Type	Force Reaction
Location Method	Boundary Condition
Boundary Condition	Displacement
Orientation	Global Coordinate System
Suppressed	No
Options	
Result Selection	All
Display Time	End Time
Results	
Maximum Value Over Time	
X Axis	0. N
Y Axis	2750. N
Z Axis	0. N
Total	2750. N

절점 1에서의 반력

Details of "Force Reaction 2"	
Definition	
Type	Force Reaction
Location Method	Boundary Condition
Boundary Condition	Displacement 2
Orientation	Global Coordinate System
Suppressed	No
Options	
Result Selection	All
Display Time	End Time
Results	
Maximum Value Over Time	
X Axis	4.4565e-011. N
Y Axis	2250. N
Z Axis	-4.1068e-017. N
Total	2250. N

절점 5에서의 반력

그림 23 절점 1, 5 반력 결과

5.3 트러스 문제 (3)

예제 알루미늄으로 구성된 트러스 구조에 하중이 작용하고 있다. 알루미늄의 반지름과 탄성계수는 각각 0.01 m, 70×10^9 N/m^{2}이다. 최대 변위, 부재 1-5에서 발생하는 응력과 절점 1과 5에 발생하는 반력을 구하라.

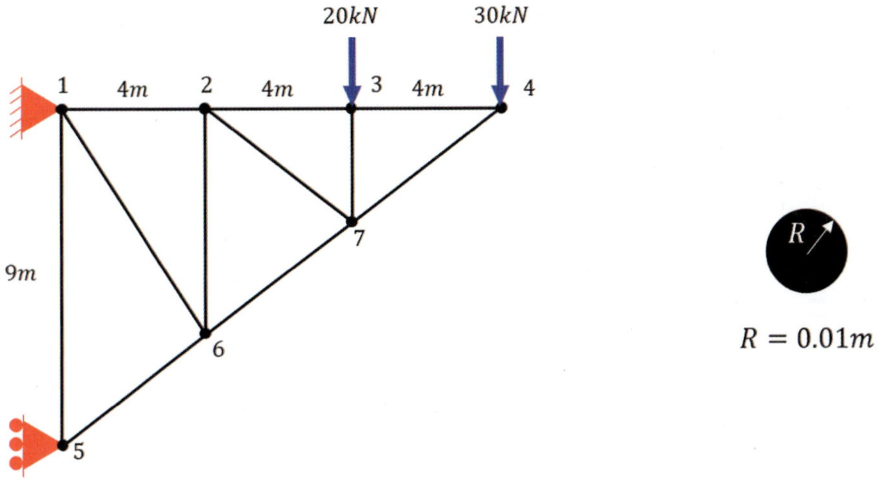

그림 1 트러스 문제

(1) 전처리 과정

① 단위계 설정 및 해석 종류 설정

다양한 단위계 중 SI 단위계(Metric)로 설정하며, 정적구조(static structural) 해석 시스템 생성을 위해 ANSYS System Toolbox로부터 독립적인 시스템을 생성한다.

- GUI: Units 클릭 → Metric 클릭 → Static Structural 더블클릭 → 이름 설정

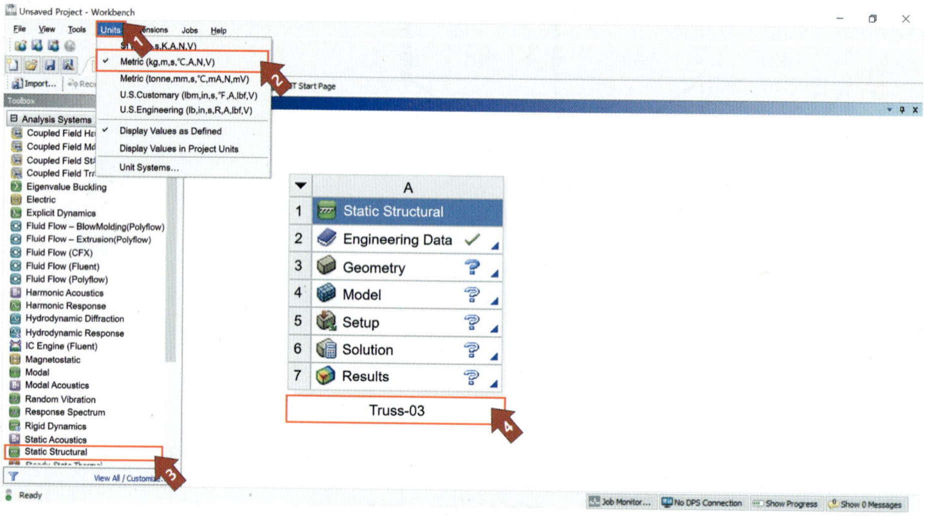

그림 2 단위계 및 해석 종류 설정

② 기계적 물성 입력

트러스는 알루미늄으로 구성되며, 기계적 물성의 입력이 필요하다.

• GUI: Engineering Data 더블클릭 → 소재 이름 입력(Aluminum) → 엔터 → (좌측 툴박스) Linear Elastic 클릭 → Isotropic Elasticity 더블클릭 → Young's Modulus 입력(70×10^9 N/m^2) → Poisson's Ratio 입력(0.3)

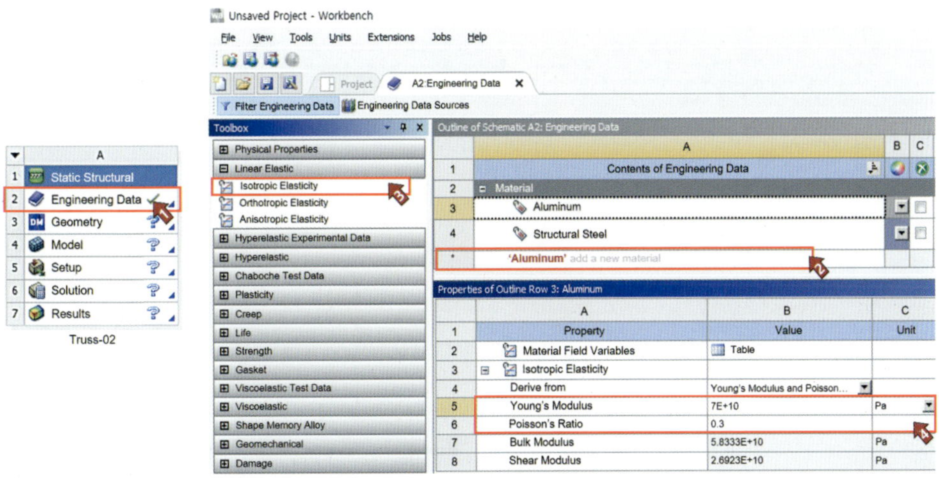

그림 3 알루미늄 기계적 물성 입력

③ DesignModeler Geometry 환경 진입

기하모델 생성을 위해 DesignModeler Geometry 프로그램을 시작한다.

• GUI: Geometry에서 우클릭 → New DesignModeler Geometry 클릭

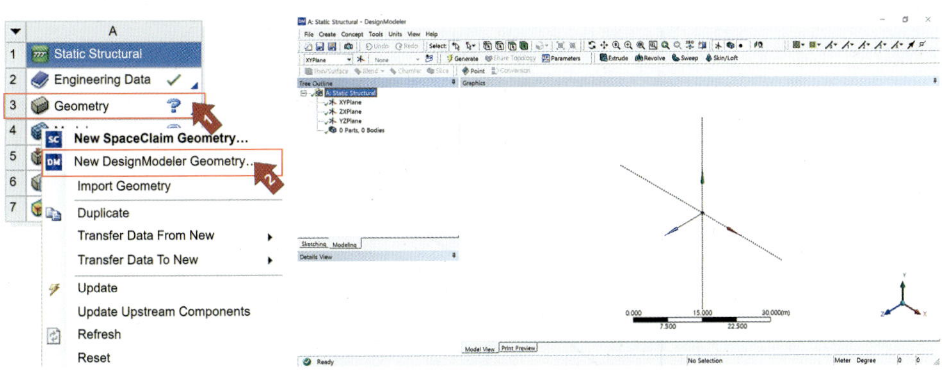

그림 4 DesignModeler Geometry GUI 환경 진입

④ 스케치 평면 설정

기하모델 생성에 앞서 사용자가 모델링을 수행할 평면에 대한 정의가 필요하다.

- GUI: XYPlane 클릭 → Look at Plane 클릭

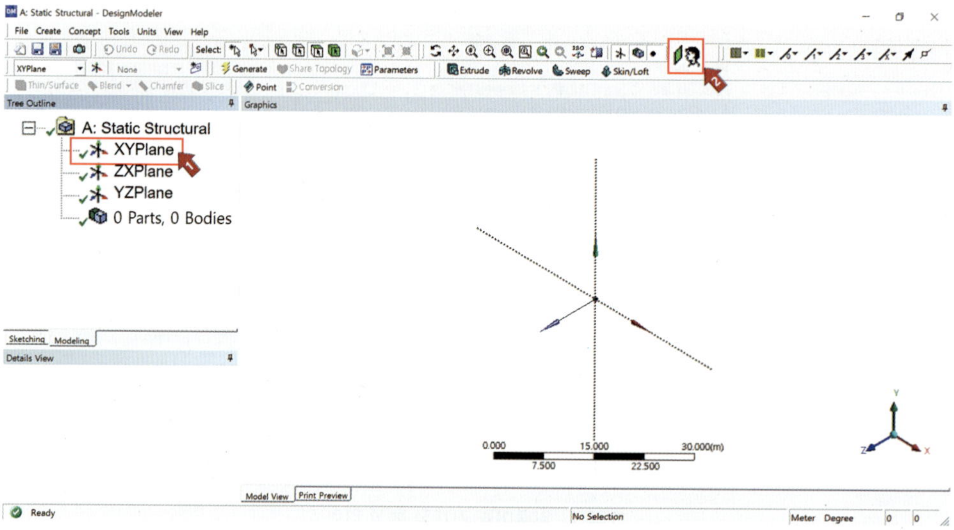

그림 5 스케치 평면 설정

⑤ 기하모델 생성

본 예제는 그림 6과 같은 모델링이 필요하다. Draw 탭에서 11개의 Line을 모델링한다. Sketching 탭으로 전환하면, Tree Outline의 XYPlane 밑에 새로운 이름의 Sketch1이 생성된다. Dimensions 탭에서 치수에 대한 정의가 필요하다.

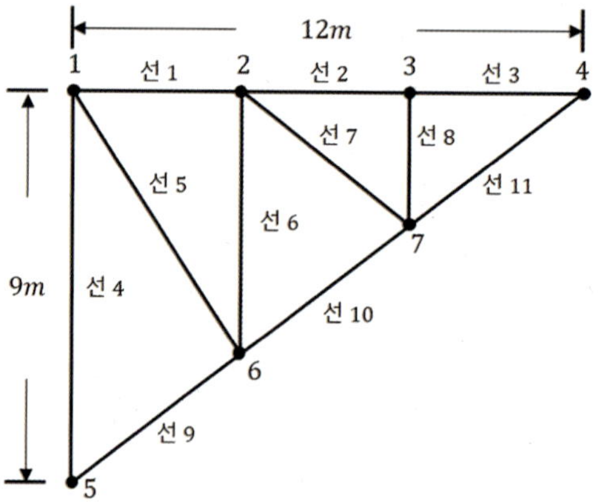

그림 6 기하모델

기하모델 생성을 위한 작업은 그림 7과 같다. Graphics 창에서 11개의 선을 만들기 위해 시작점과 끝점을 클릭하며, 선 1~11을 작도한다.

- GUI: Sketching 클릭 → Draw 클릭 → Line 클릭 → 기하모델 생성

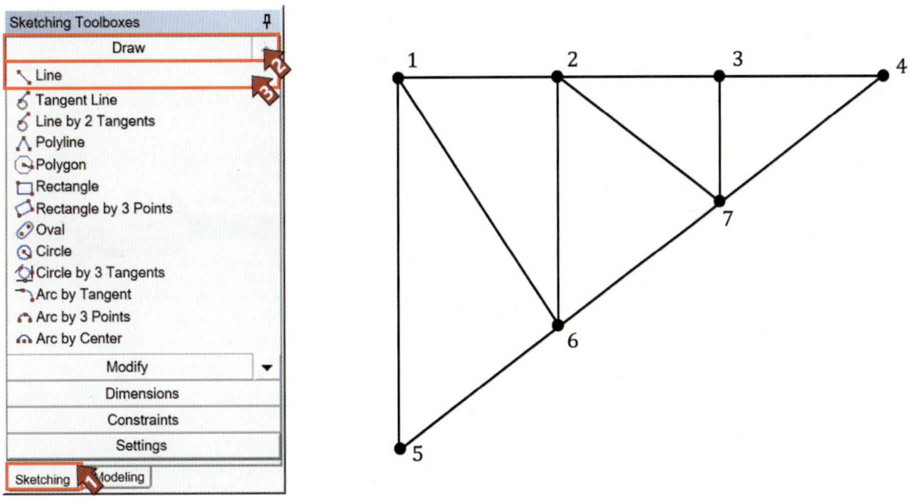

그림 7 기하모델 생성 방법

작도된 기하모델의 치수 정의를 위한 방법은 그림 8과 같다. 작도한 선을 클릭하여 치수를 입력한다.

- GUI: Sketching 클릭 → Dimensions 클릭 → General 클릭 → 선 치수 정의

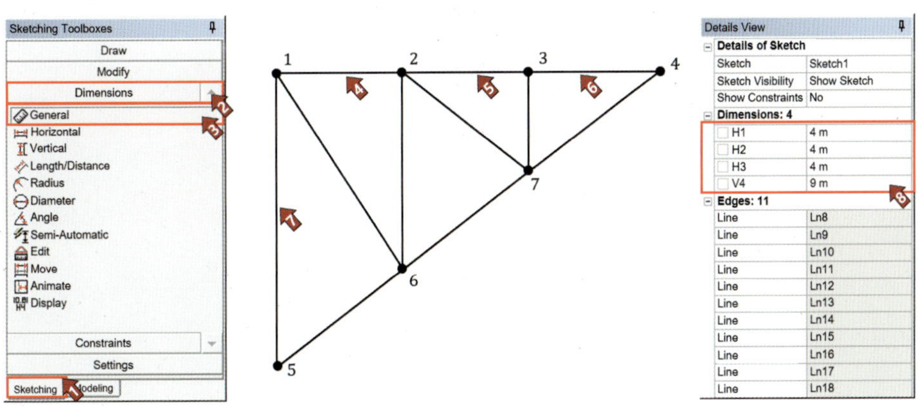

그림 8 기하모델 치수 입력

치수 정의가 완료된 Sketch는 Line Body의 정의가 필요하다. Concept 메뉴에서 Lines From Sketches를 선택한다. Sketch1을 선택 후 Generate를 클릭하여 Line Body 정의를 완료한다.

- GUI: Concept 클릭 → Lines From Sketches 클릭 → Sketch1 클릭 → Apply 클릭 → Line1 우클릭 → Generate 클릭

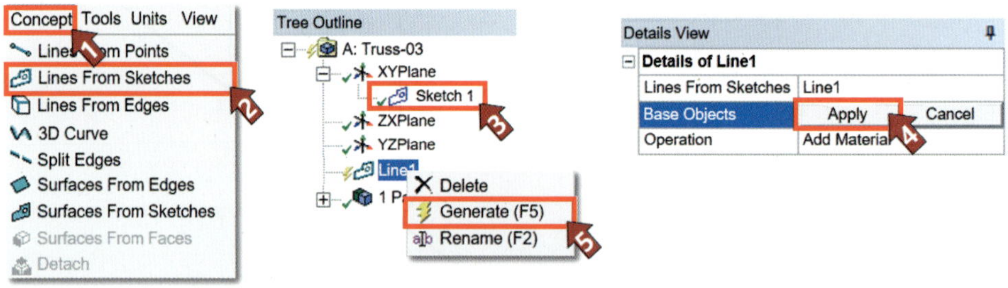

그림 9 Line Body 정의

⑥ 단면 형상 생성 및 입력

단면 형상의 생성 및 입력이 필요하다. Concept 메뉴의 Cross Section에서 단면 형상과 동일한 Circular를 선택하여 치수를 입력한다. 생성된 단면 형상을 모델링 파트에 입력하기 위해 Cross Section에 Circular1을 부여한다.

$$R = 0.01m$$

그림 10 단면 형상

- GUI: Concept 클릭 → Cross Section 클릭 → Circular 클릭 → Circular1 클릭 → 치수 입력 → Line Body 클릭 → Circular1 설정

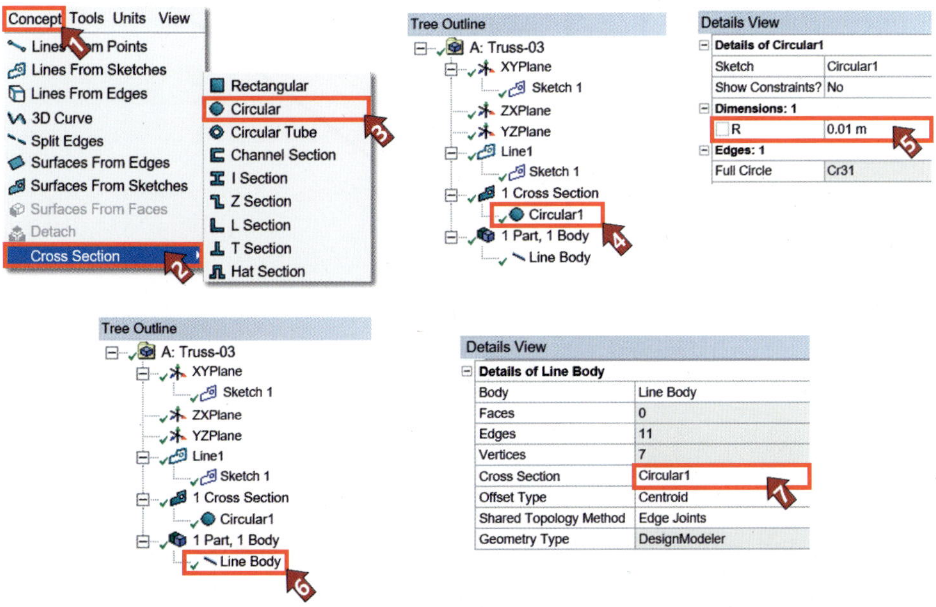

그림 11 단면 형상 생성 및 입력

프레임을 입체로 된 구조물로 시각적으로 확인하기 위해 View 메뉴에서 Cross Section Solids를 클릭한다.

- GUI: View 클릭 → Cross Section Solids 클릭하여 단면 형상 확인

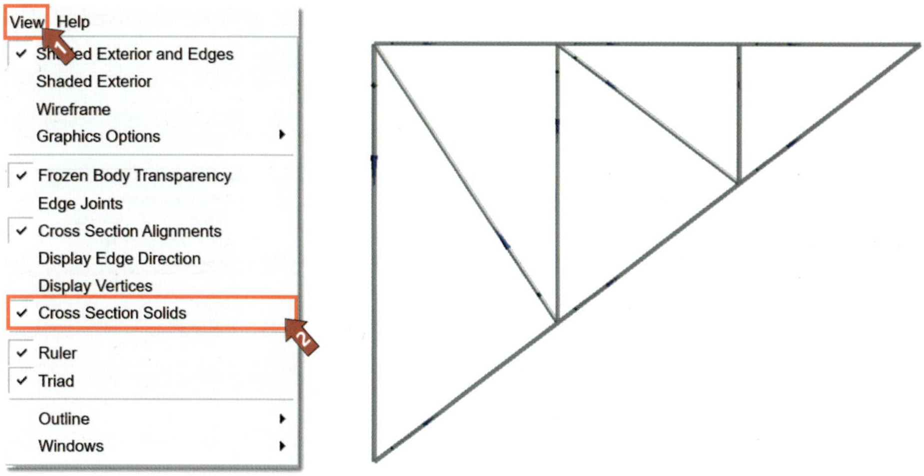

그림 12 단면 형상 확인

⑦ 요소 설정 및 물성 입력

단면 형상 입력 후 요소 설정 및 물성 입력을 위해 Model 환경으로 진입한다. 트러스 요소는 Link/Truss, 물성은 Aluminum 입력이 필요하다. 그림 13은 요소 설정 및 물성 입력 방법을 보여준다.

- GUI: Model 더블클릭 → Geometry 클릭 → Line Body 클릭 → Model Type을 Link/Truss로 설정 → Materials 탭의 Assignment를 Aluminum으로 선택

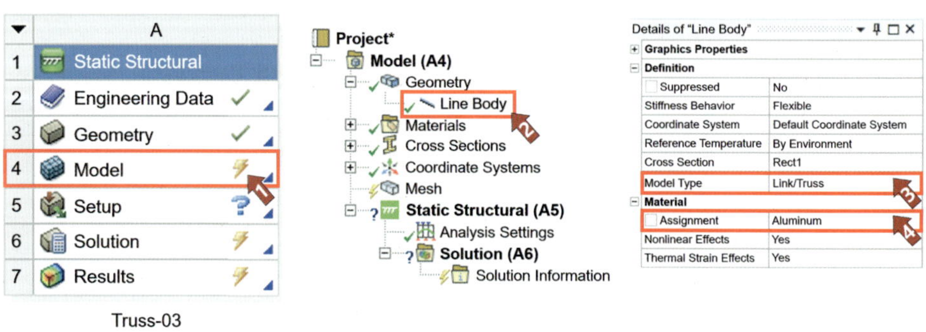

그림 13 요소 설정 및 물성 입력

⑧ 요소 생성

유한요소 모델 생성을 위한 요소 생성단계로 기하모델에 절점과 요소를 생성한다. Link/Truss 요소는 생성 시 반드시 1개의 요소로 나누어질 수 있도록 설정해야 한다. 이에 Number of Divisions를 1로 입력하여 요소를 생성한다. 요소는 그림 14와 같은 방법으로 생성한다. 완료 후 그림 15와 같이 Graphics 창에 요소로 구성된 구조물이 나타난다.

- GUI: Mesh 우클릭 → Insert 클릭 → Sizing 클릭 → (Graphic 창에서) 선 1~11 클릭(다중선택) → Apply 클릭 → Type을 Number of Divisions로 설정 → 1 입력 → Generate Mesh 클릭

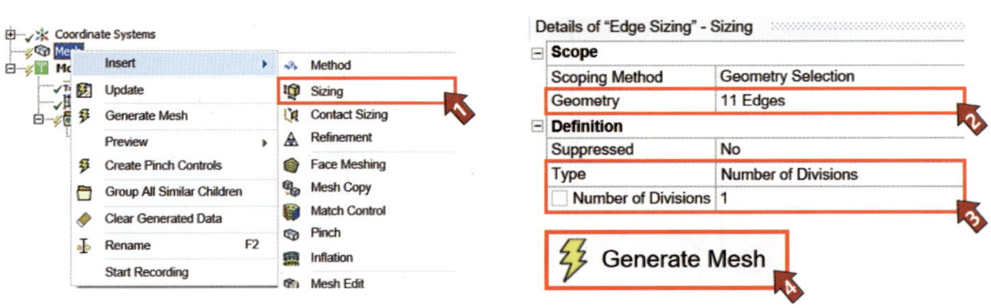

그림 14 요소 생성

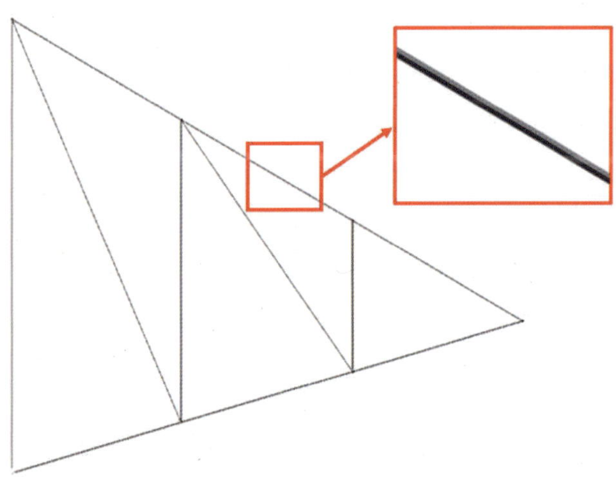

그림 15 요소 생성 확인

⑨ 경계조건 및 하중조건 입력

예제의 경계조건은 그림 16과 같이 절점 1은 핀지지 형태의 구속조건, 절점 5는 롤러 형태의 구속조건, 절점 3, 4에는 각각 20 kN, 30 kN의 하중조건이 작용하고 있다. 구속조건 입력 시 각 절점의 반력을 도출하기 위해 각각 구속조건을 설정하여야 한다. 기하모델에 경계조건 입력을 위한 방법은 그림 17, 18과 같다.

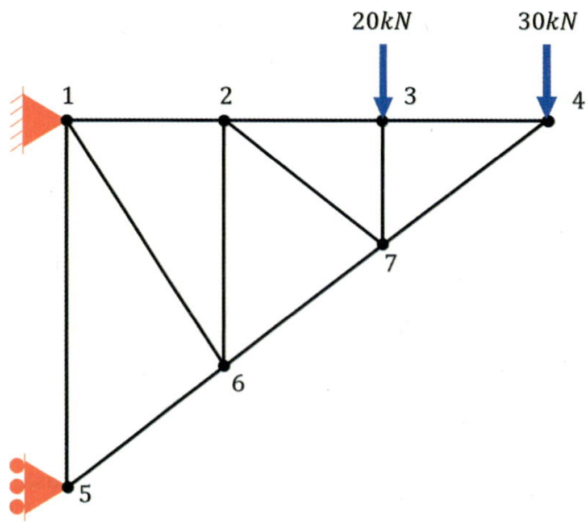

그림 16 경계조건

- GUI: Static Structural 우클릭 → Insert 클릭 → Displacement 클릭 → (Graphic 창에서) 절점 1 클릭 → Apply 클릭 → X Component 0, Y Component 0, Z Component 0 입력

  Static Structural 우클릭 → Insert 클릭 → Displacement 클릭 → (Graphic 창에서) 절점 5 클릭 → Apply 클릭 → X Component 0, Y Component Free, Z Component 0 입력

구속조건

절점 1

Details of "Displacement"

Scope	
Scoping Method	Geometry Selection
Geometry	1 Vertex
Definition	
Type	Displacement
Define By	Component
Coordinate System	Global Coordinate System
X Component	0. m (ramped)
Y Component	0. m (ramped)
Z Component	0. m (ramped)
Suppressed	No

절점 5

Details of "Displacement 2"

Scope	
Scoping Method	Geometry Selection
Geometry	1 Vertex
Definition	
Type	Displacement
Define By	Component
Coordinate System	Global Coordinate System
X Component	0. m (ramped)
Y Component	Free
Z Component	0. m (ramped)
Suppressed	No

그림 17 구속조건 입력

- GUI: Static Structural 우클릭 → Insert 클릭 → Force 클릭 → (Graphic 창에서) 절점 3 클릭 → Apply 클릭 → Components 선택 → Y Component −20000 입력

  Static Structural 우클릭 → Insert 클릭 → Force 클릭 → (Graphic 창에서) 절점 4 클릭 → Apply 클릭 → Components 선택 → Y Component −30000 입력

하중조건

절점 3

Details of "Force"

Scope	
Scoping Method	Geometry Selection
Geometry	1 Vertex
Definition	
Type	Force
Define by	Components
Coordinate System	Global Coordinate System
X Component	0. N (ramped)
Y Component	-20000. N (ramped)
Z Component	0. N (ramped)
Suppressed	No

절점 4

Details of "Force 2"

Scope	
Scoping Method	Geometry Selection
Geometry	1 Vertex
Definition	
Type	Force
Define by	Components
Coordinate System	Global Coordinate System
X Component	0. N (ramped)
Y Component	-30000. N (ramped)
Z Component	0. N (ramped)
Suppressed	No

그림 18 하중조건 입력

⑩ 후처리 결과 설정

구속조건과 하중조건을 입력하면 정적해석을 위한 작업을 완료하였다. 본 예제는 트러스의 최대 변위와 절점 1과 5에서의 반력, 부재 1-5에서 발생하는 응력을 도출해야 한다. 이에 결과 확인을 위한 도출할 결과를 선택하여야 한다. 이때 부재에 발생하는 축방향 응력 결과는 힘의 단위(N)로 나타나며, 응력으로 나타내기 위해서는 반드시 면적으로 나눠줄 필요가 있다.

- GUI: Solution 우클릭 → Insert 클릭 → Deformation 클릭 → Total 클릭

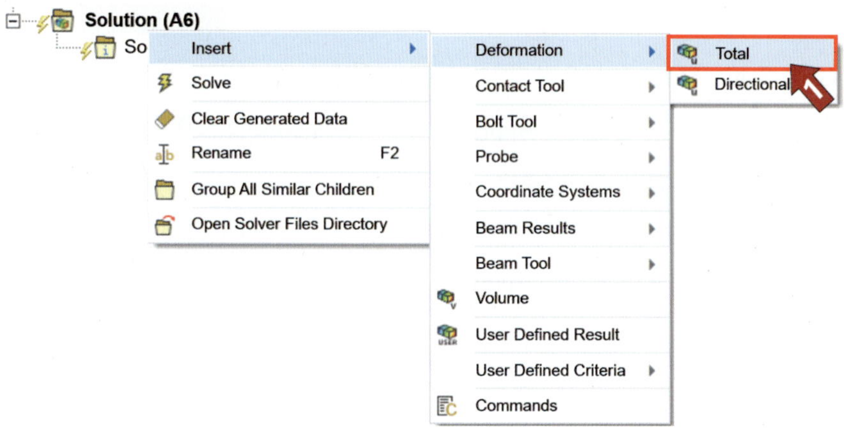

그림 19 최대 변위 결과 설정

- GUI: Solution 우클릭 → Insert 클릭 → Probe 클릭 → Force Reaction 클릭 → Displacement 클릭

  Solution 우클릭 → Insert 클릭 → Probe 클릭 → Force Reaction 클릭 → Displacement 2 클릭

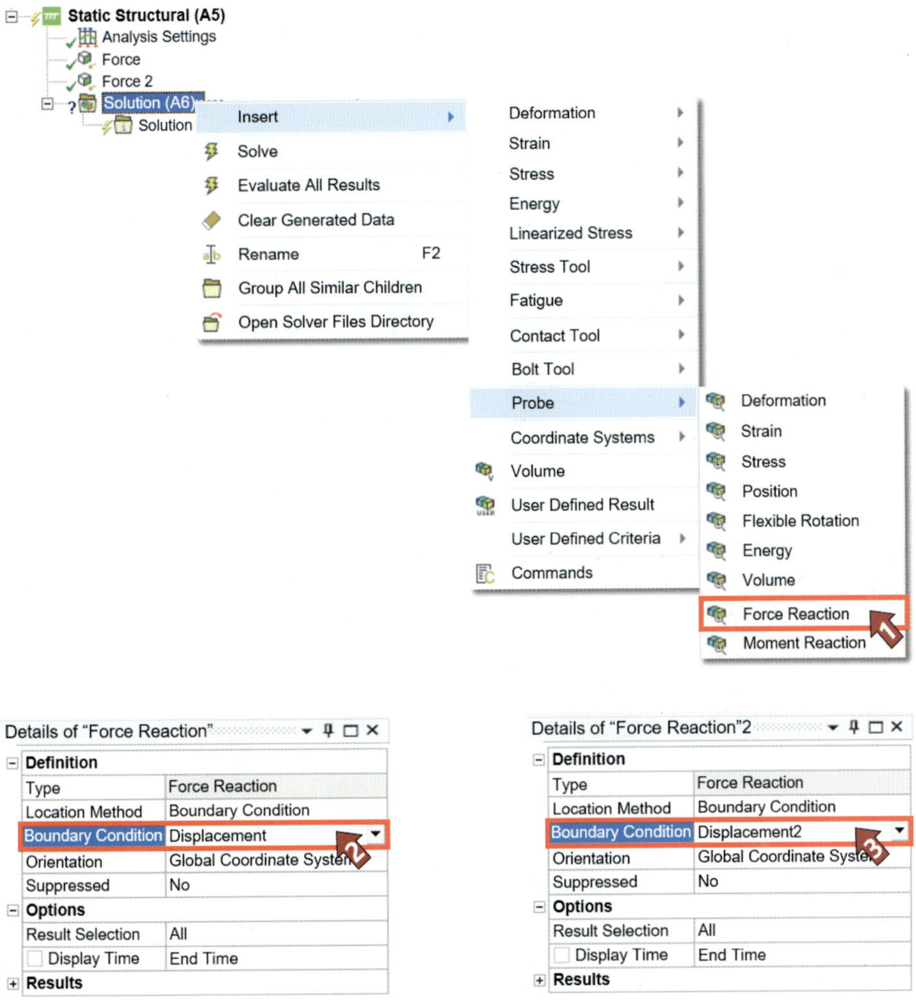
Static Structural (A5)
Analysis Settings
Force
Force 2
Solution (A6)
Solution
Insert
Solve
Evaluate All Results
Clear Generated Data
Rename F2
Group All Similar Children
Open Solver Files Directory
Deformation
Strain
Stress
Energy
Linearized Stress
Stress Tool
Fatigue
Contact Tool
Bolt Tool
Probe
Coordinate Systems
Volume
User Defined Result
User Defined Criteria
Commands
Deformation
Strain
Stress
Position
Flexible Rotation
Energy
Volume
Force Reaction
Moment Reaction
1
Details of "Force Reaction"
Definition
Type
Force Reaction
Location Method
Boundary Condition
Boundary Condition
Displacement
Orientation
Global Coordinate System
Suppressed
No
Options
Result Selection
All
Display Time
End Time
Results
2
Details of "Force Reaction"2
Definition
Type
Force Reaction
Location Method
Boundary Condition
Boundary Condition
Displacement2
Orientation
Global Coordinate System
Suppressed
No
Options
Result Selection
All
Display Time
End Time
Results
3

그림 20 반력 결과 설정

- GUI: Solution 우클릭 → Insert 클릭 → Beam Results 클릭 → Axial Force 클릭 → (Graphic 창에서) 부재 1-5 클릭 → Apply 클릭

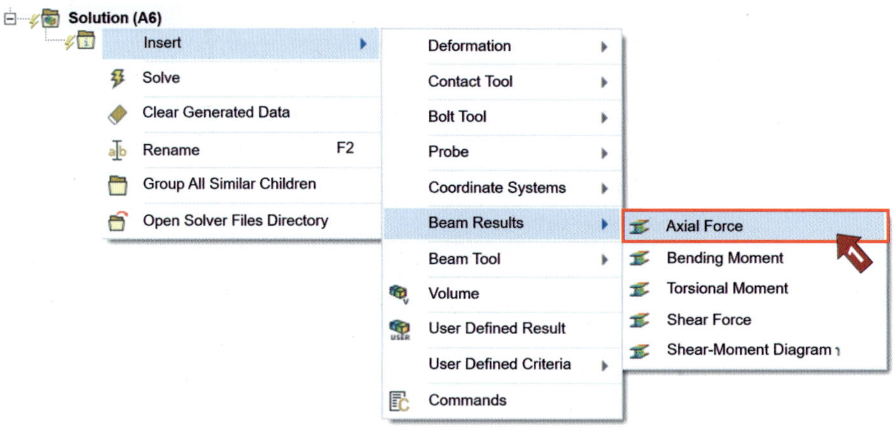

부재 1-5

Details of "Axial Force"

Scope	
Scoping Method	Geometry Selection
Geometry	1 Edge
Definition	
Type	Directional Axial Force
By	Time
Display Time	Last
Coordinate System	Solution Coordinate System
Calculate Time History	Yes
Identifier	
Suppressed	No

그림 21 축방향 응력 결과 설정

(2) 구조해석 수행

① 구조해석 수행

정적 해석을 위한 방법은 그림 22와 같다.

- GUI: Solution 우클릭 → Solve 클릭

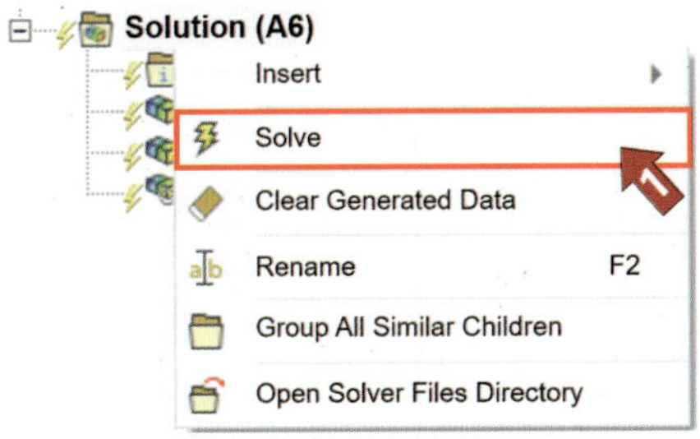

그림 22 구조해석 수행

(3) 후처리 과정

① 결과 확인

Total Deformation, Force Reaction, Axial Force를 클릭하여 구조해석 결과를 확인한다.

- GUI: Total Deformation 클릭 → 최대 변위 결과 확인

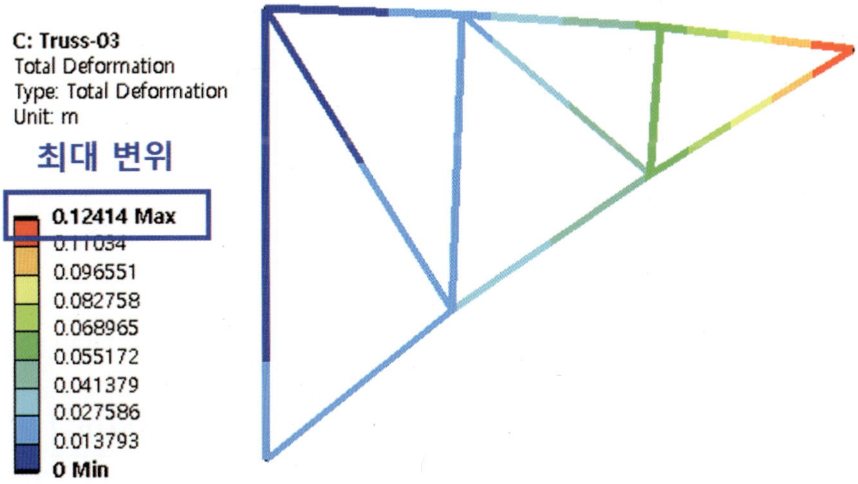

그림 23 최대 변위 결과

- GUI: Force Reaction 클릭 → 반력 결과 확인

Details of "Force Reaction"	
Definition	
Type	Force Reaction
Location Method	Boundary Condition
Boundary Condition	Displacement
Orientation	Global Coordinate System
Suppressed	No
Options	
Result Selection	All
Display Time	End Time
Results	
Maximum Value Over Time	
X Axis	-57778 N
Y Axis	50000 N
Z Axis	0. N
Total	76409 N

절점 1에서의 반력

Details of "Force Reaction2"	
Definition	
Type	Force Reaction
Location Method	Boundary Condition
Boundary Condition	Displacement 2
Orientation	Global Coordinate System
Suppressed	No
Options	
Result Selection	All
Display Time	End Time
Results	
Maximum Value Over Time	
X Axis	57778 N
Y Axis	0. N
Z Axis	0. N
Total	57778 N

절점 5에서의 반력

그림 24 절점 1, 5 반력 결과

- GUI: Axial Force 클릭 → 축방향 하중 결과 확인

* 축방향 하중을 트러스 단면적으로 나누어주면 응력값이 도출된다.

Details of "Axial Force"	
Scope	
Scoping Method	Geometry Selection
Geometry	1 Edge
Definition	
Type	Directional Axial Force
By	Time
Display Time	Last
Coordinate System	Solution Coordinate System
Calculate Time History	Yes
Identifier	
Suppressed	No
Integration Point Results	
Display Option	Unaveraged
Results	
Minimum	43333 N
Maximum	43333 N
Minimum Occurs On	Line Body
Maximum Occurs On	Line Body
Information	

부재 1-5의 축하중

$$\sigma = \frac{P}{A} = \frac{43333N}{\pi \times 0.01^2 m^2} = 137{,}933{,}222Pa$$

$137MPa$ > $110MPa$

부재 1-5의 응력 / 파손 / 알루미늄 항복응력

그림 25 부재 1-5 응력 결과

5.4 트러스 문제 (4)

예제 단면적이 서로 다른 알루미늄으로 구성된 트러스 부재에 하중이 작용하고 있다. 절점 1에서의 최대 처짐과 각 부재에서 발생하는 응력, 그리고 절점 2, 3에서의 반력을 구하라. 알루미늄의 탄성계수는 $70 \times 10^9\ \mathrm{N/m^2}$이다.

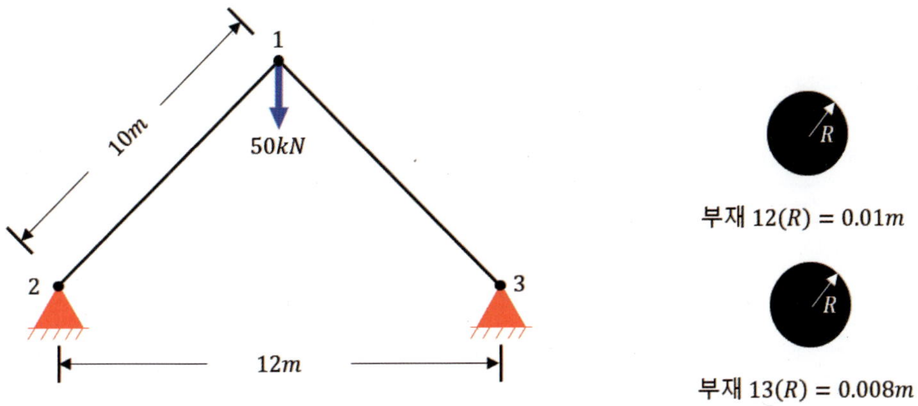

그림 1 트러스 문제

(1) 전처리 과정

① 단위계 설정 및 해석 종류 설정

다양한 단위계 중 SI 단위계(Metric)로 설정하며, 정적구조(static structural) 해석 시스템 생성을 위해 ANSYS System Toolbox로부터 독립적인 시스템을 생성한다.

- GUI: Units 클릭 → Metric 클릭 → Static Structural 더블클릭 → 이름 설정

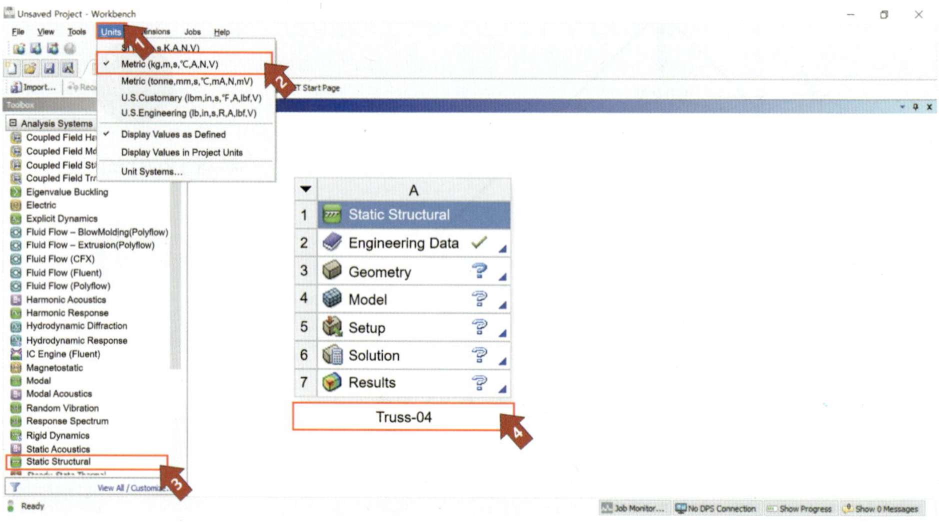

그림 2 단위계 및 해석 종류 설정

② 기계적 물성 입력

트러스는 알루미늄으로 구성되며, 기계적 물성의 입력이 필요하다.

• GUI: Engineering Data 더블클릭 → 소재 이름 입력(Aluminum) → 엔터 → (좌측 툴박스) Linear Elastic 클릭 → Isotropic Elasticity 더블클릭 → Young's Modulus 입력(70×10^9 N/m^2) → Poisson's Ratio 입력(0.3)

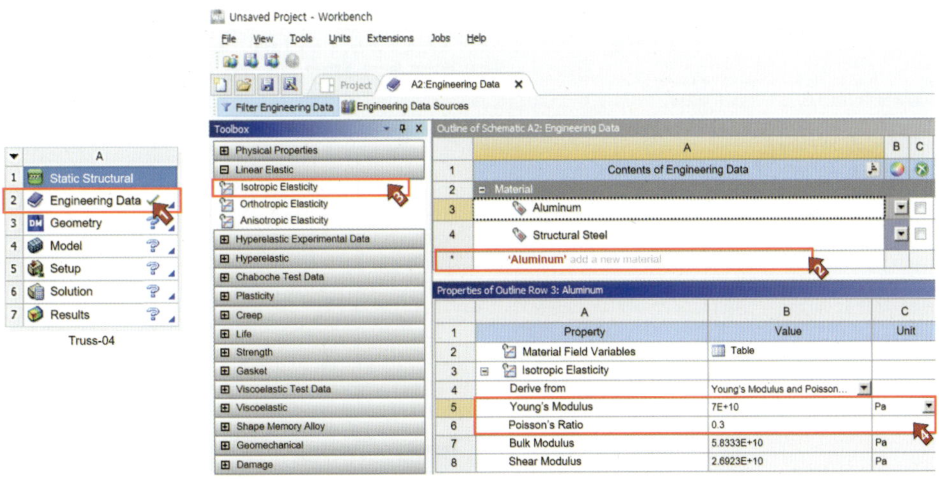

그림 3 알루미늄 기계적 물성 입력

③ DesignModeler Geometry 환경 진입

기하모델 생성을 위해 DesignModeler Geometry 프로그램을 시작한다.

• GUI: Geometry에서 우클릭 → New DesignModeler Geometry 클릭

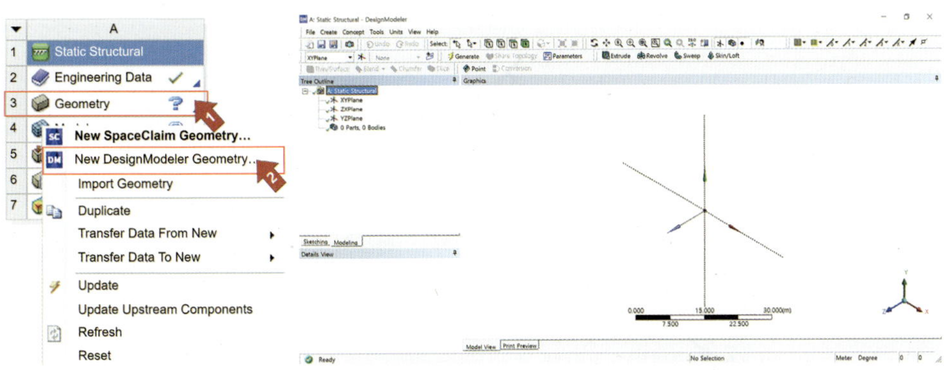

그림 4 DesignModeler Geometry GUI 환경 진입

④ 스케치 평면 설정

기하모델 생성에 앞서 사용자가 모델링을 수행할 평면에 대한 정의가 필요하다.

- GUI: XYPlane 클릭 → Look at Plane 클릭

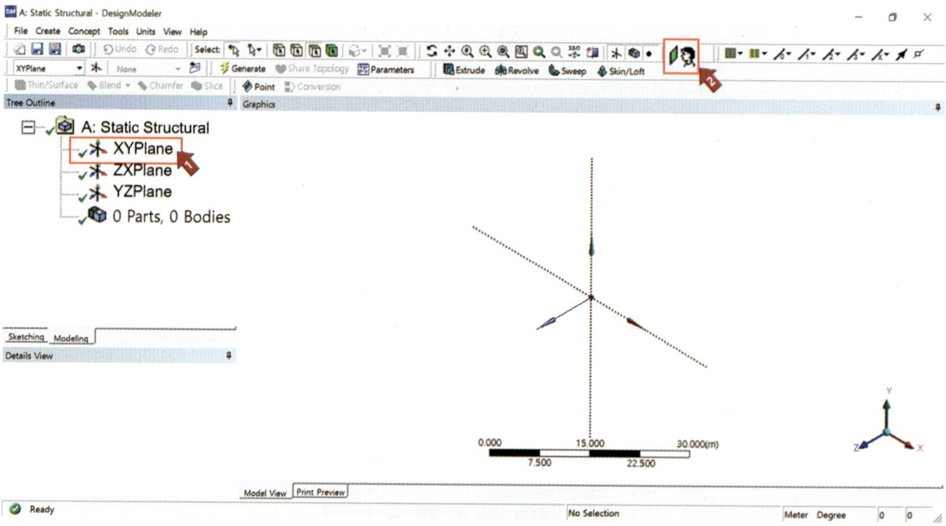

그림 5 스케치 평면 설정

⑤ 기하모델 생성

부재가 서로 다른 단면적으로 구성되어 있을 때 부재별 다른 Sketch에 스케치가 필요하며, 그림 6과 같은 모델링이 필요하다. Sketching 탭으로 전환하면, Tree Outline의 XYPlane 밑에 새로운 이름의 Sketch1이 생성된다. 스케치가 완료되었으면 Dimensions 탭에서 치수에 대한 정의가 필요하다.

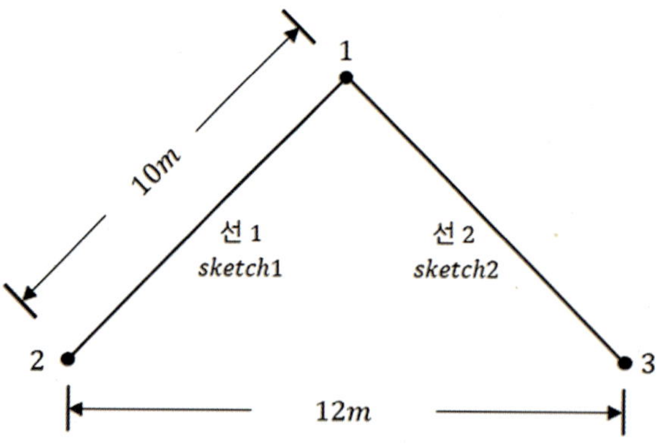

그림 6 기하모델

기하모델 생성을 위한 작업은 그림 7과 같다. Sketch1에 선 1을 작도하고, Sketch2를 추가 생성하여 선 2를 작도한다.

- GUI: Sketching 클릭 → Draw 클릭 → Line 클릭 → 선 1 생성
  New Sketch 클릭 → Sketching 클릭 → Draw 클릭 → Line 클릭 → 선 2 생성

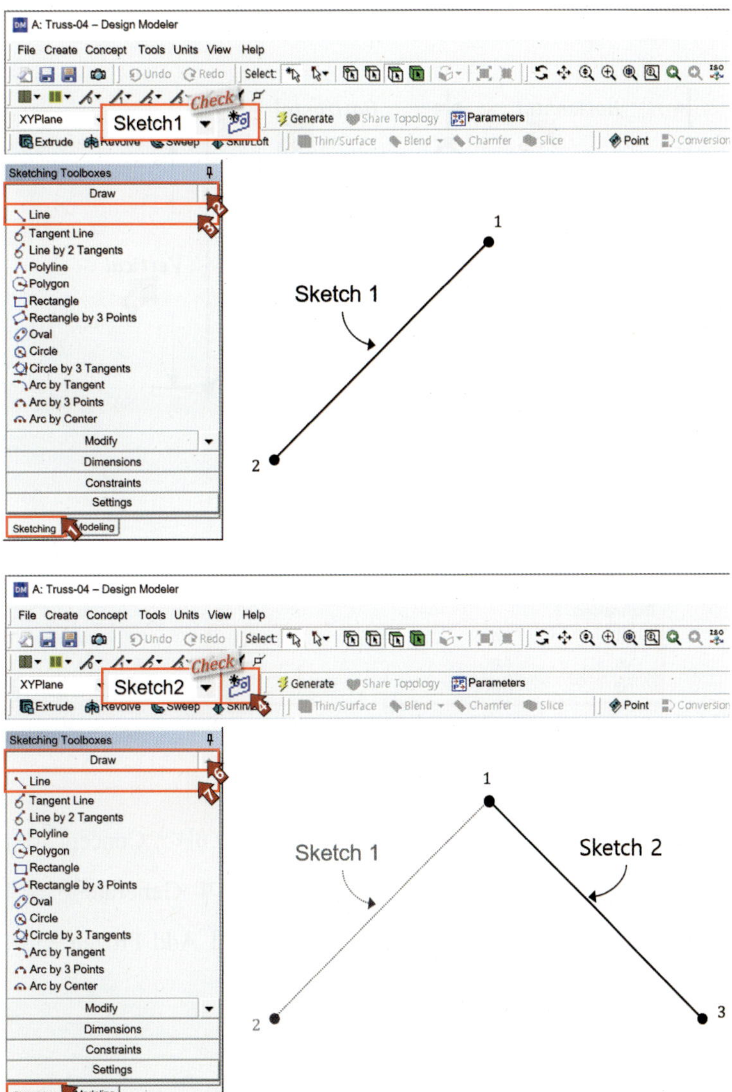

그림 7 기하모델 생성 방법

작도된 기하모델의 치수 정의를 위한 방법은 그림 8과 같다. 작도한 선을 클릭하여 치수를 입력한다.

- GUI: Sketching 클릭 → Dimensions 클릭 → General 클릭 → 선 1, 선 2 치수 정의

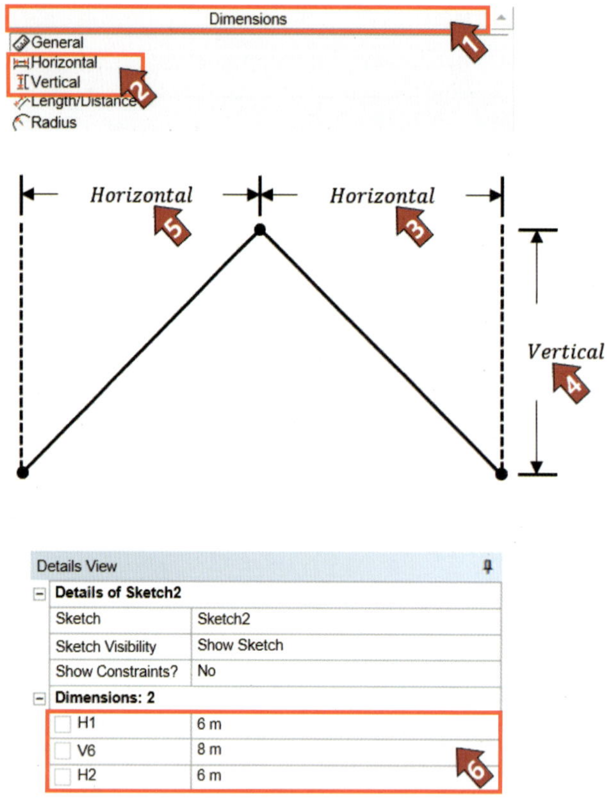

그림 8 기하모델 치수 입력

치수 정의가 완료된 Sketch는 Line Body의 정의가 필요하다. Concept 메뉴에서 Lines From Sketches를 선택한다. 생성된 Line1을 우클릭 후 Generate를 클릭하여 Line Body 정의를 완료한다. Line Body의 Details View에서 Add Frozen으로 설정해주어 각각의 단면을 부여할 수 있도록 설정하여야 한다.

- GUI: Concept 클릭 → Lines From Sketches 클릭 → Sketch1 클릭 → Apply 클릭 → Line1 우클릭 → Generate 클릭
  Concept 클릭 → Lines From Sketches 클릭 → Sketch2 클릭 → Apply 클릭 → Add Frozen 선택 → Line2 우클릭 → Generate 클릭

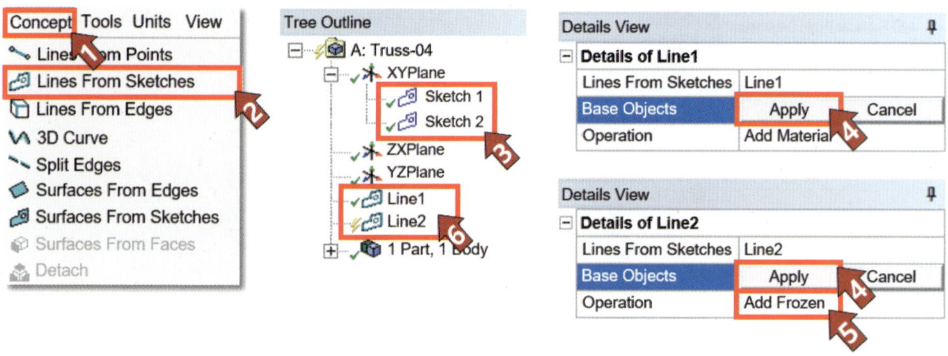

그림 9 Line Body 정의

⑥ 단면 형상 생성 및 입력

단면 형상의 생성 및 입력이 필요하다. Concept 메뉴의 Cross Section에서 단면 형상과 동일한 Circular를 선택하여 치수를 입력한다. 생성된 단면 형상을 모델링 파트에 입력하기 위해 Cross Section에 각각 단면을 지정한다.

부재 $12(R) = 0.01m$　　부재 $13(R) = 0.008m$

그림 10 단면 형상

- GUI: Concept 클릭 → Cross Section 클릭 → Circular 클릭 → Circular1 클릭 → 치수 입력 → Line Body 클릭 → Circular1 설정

* 위와 같은 방법으로 Circular2 추가 생성

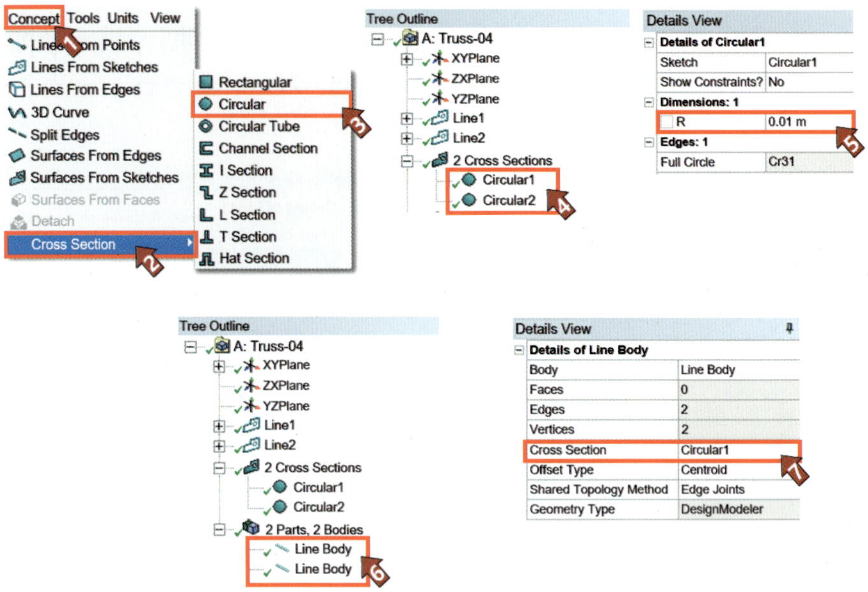

그림 11 단면 형상 생성 및 입력

프레임을 입체로 된 구조물로 시각적으로 확인하기 위해 View 메뉴에서 Cross Section Solids를 클릭한다.

- GUI: View 클릭 → Cross Section Solids 클릭하여 단면 형상 확인

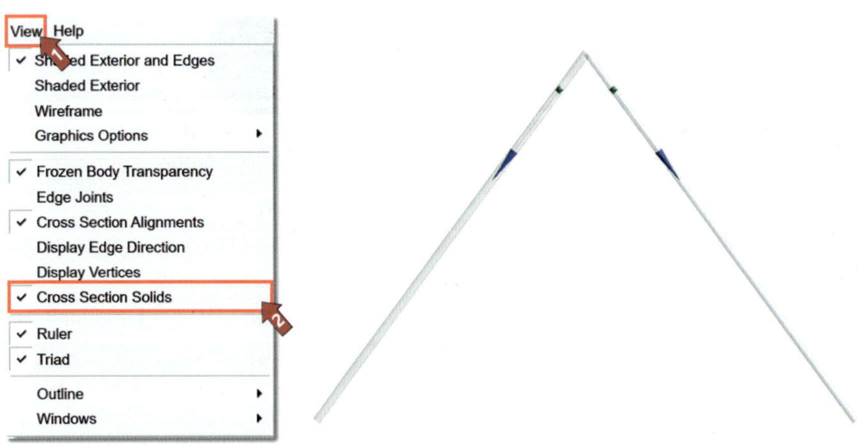

그림 12 단면 형상 확인

Line Body를 하나의 Part로 설정하여야 한다. Line Body를 다중선택 후 Tools 탭의 From New Part를 클릭하여 하나의 Part로 설정한다.

- GUI: Line Body 다중 클릭 → Tools 탭 클릭 → From New Part 클릭

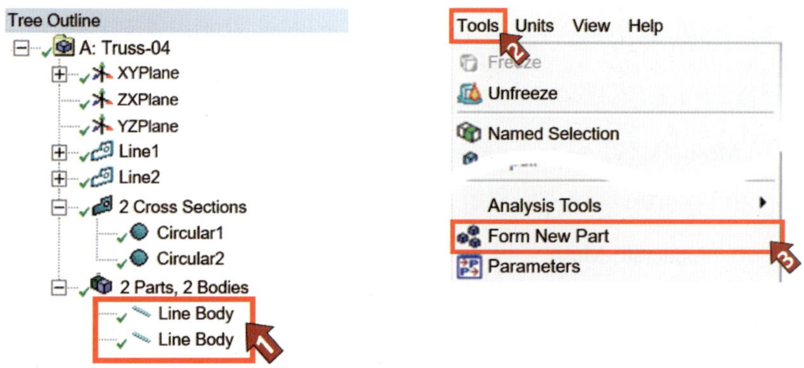

그림 13 Part 생성

⑦ 요소 설정 및 물성 입력

단면 형상 입력 후 요소 설정 및 물성 입력을 위해 Model 환경으로 진입한다. 트러스 요소는 Link/Truss, 물성은 Aluminum 입력이 필요하다. 그림 14는 요소 설정 및 물성 입력 방법을 보여준다.

- GUI: Model 더블클릭 → Geometry 클릭 → Part 클릭 → Line Body 클릭 → Model Type을 Link/Truss로 설정 → Material 탭의 Assignment를 Aluminum으로 선택

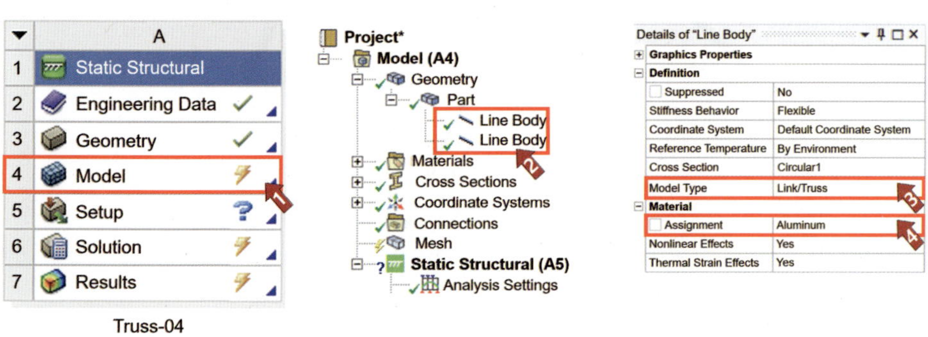

그림 14 요소 설정 및 물성 입력

⑧ 요소 생성

유한요소 모델 생성을 위한 요소 생성단계로 기하모델에 절점과 요소를 생성한다. Link/Truss 요소는 생성 시 반드시 1개의 요소로 나누어질 수 있도록 설정해야 한다. 이에 Number of Divisions를 1로 입력하여 요소를 생성한다. 요소는 그림 15와 같은 방법으로 생성한다. 완료 후 그림 16과 같이 Graphics 창에 요소로 구성된 구조물이 나타난다.

- GUI: Mesh 우클릭 → Insert 클릭 → Sizing 클릭 → (Graphic 창에서) 선 1~2 클릭 (다중선택) → Apply 클릭 → Type을 Number of Divisions로 설정 → 1 입력 → Generate Mesh 클릭

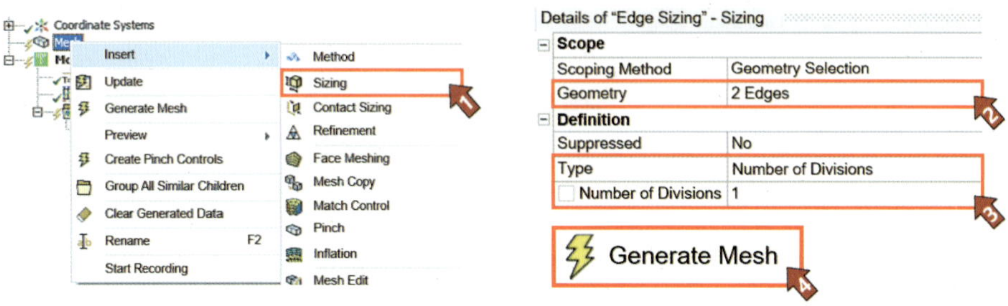

그림 15 요소 생성

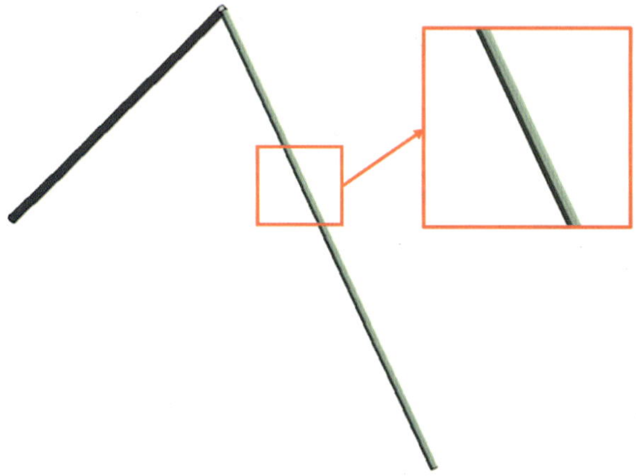

그림 16 요소 생성 확인

⑨ 경계조건 및 하중조건 입력

예제의 경계조건은 그림 17과 같이 절점 2, 3은 완전구속 형태의 구속조건, 절점 1에는 50 kN의 하중조건이 작용하고 있다. 구속조건 입력 시 각 절점의 반력을 도출하기 위해 각각 구속조건을 설정하여야 한다. 기하모델에 경계조건 입력을 위한 방법은 그림 18, 19와 같다.

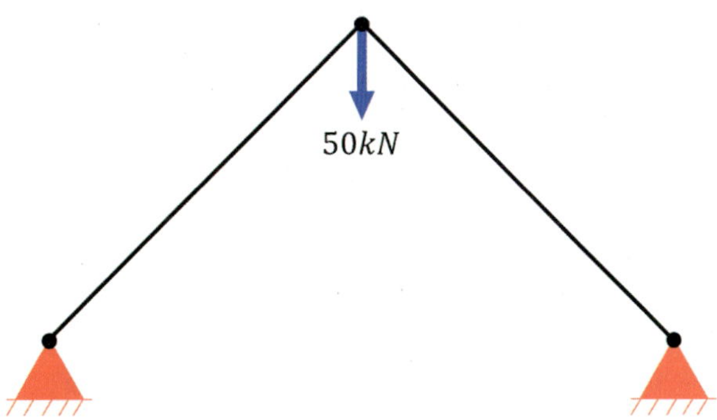

그림 17 경계조건

- GUI: Static Structural 우클릭 → Insert 클릭 → Displacement 클릭 → (Graphic 창에서) 절점 2 클릭 → Apply 클릭 → X Component 0, Y Component 0, Z Component 0 입력

  Static Structural 우클릭 → Insert 클릭 → Displacement 클릭 → (Graphic 창에서) 절점 3 클릭 → Apply 클릭 → X Component 0, Y Component 0, Z Component 0 입력

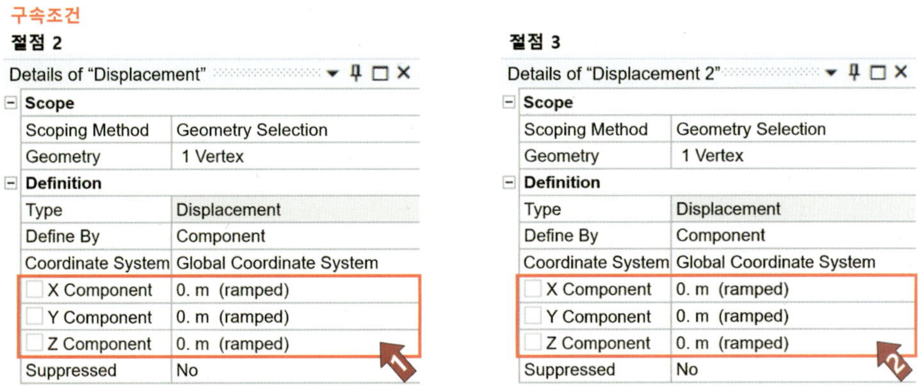

그림 18 구속조건 입력

- GUI: Static Structural 우클릭 → Insert 클릭 → Force 클릭 → (Graphic 창에서) 절점 1 클릭 → Apply 클릭 → Components 선택 → Y Component −50000 입력

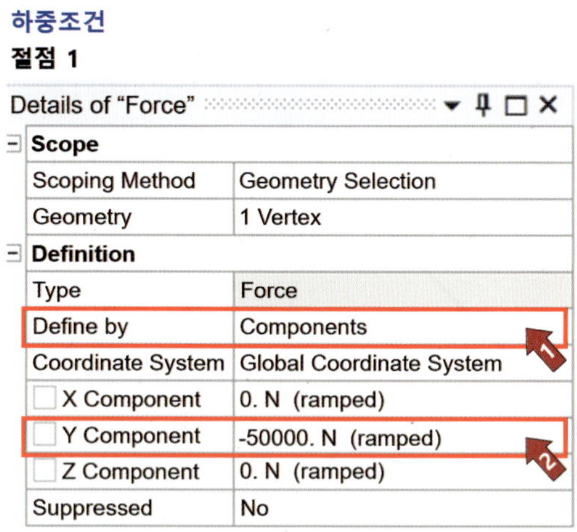

Details of "Force"	
Scope	
Scoping Method	Geometry Selection
Geometry	1 Vertex
Definition	
Type	Force
Define by	Components
Coordinate System	Global Coordinate System
X Component	0. N (ramped)
Y Component	-50000. N (ramped)
Z Component	0. N (ramped)
Suppressed	No

그림 19 하중조건 입력

⑩ 후처리 결과 설정

구속조건과 하중조건을 입력하면 정적해석을 위한 작업을 완료하였다. 본 예제는 보의 절점 1에서의 최대 처짐과 절점 2, 3에서의 반력, 각 부재에 작용하는 응력을 도출해야 한다. 이에 결과 확인을 위한 도출할 결과를 선택하여야 한다. 이때 부재에 발생하는 축방향 응력 결과는 힘의 단위(N)로 나타나며, 응력으로 나타내기 위해서는 단면적으로 나눠야 한다.

- GUI: Solution 우클릭 → Insert 클릭 → Deformation 클릭 → Directional 클릭 → 절점 1 클릭 → Apply 클릭 → Orientation Y Axis 선택

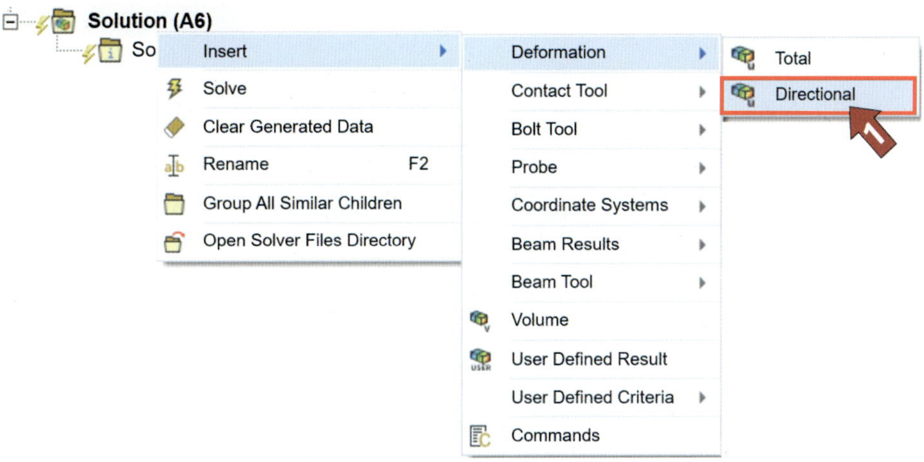

그림 20 최대 처짐 결과 설정

- GUI: Solution 우클릭 → Insert 클릭 → Probe 클릭 → Force Reaction 클릭 → Displacement 클릭
  Solution 우클릭 → Insert 클릭 → Probe 클릭 → Force Reaction 클릭 → Displacement 2 클릭

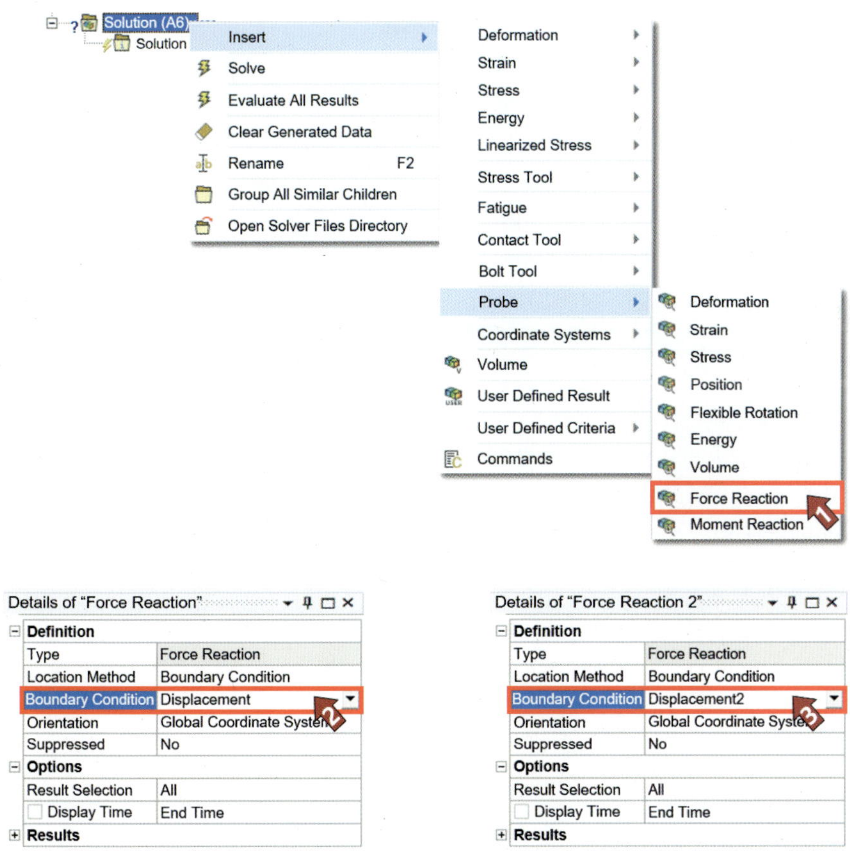

그림 21 반력 결과 설정

- GUI: Solution 우클릭 → Insert 클릭 → Beam Results 클릭 → Axial Force 클릭 →
  (Graphic 창에서) 부재 1-2 클릭 → Apply 클릭
  Solution 우클릭 → Insert 클릭 → Beam Results 클릭 → Axial Force 클릭 →
  (Graphic 창에서) 부재 1-3 클릭 → Apply 클릭

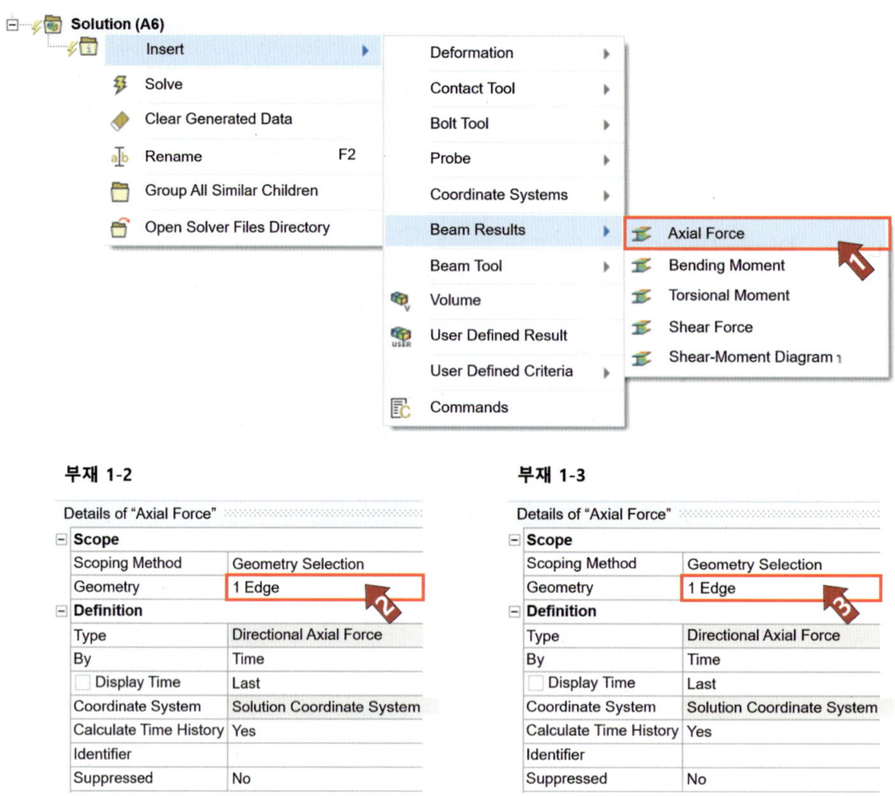

그림 22 축방향 응력 결과 설정

(2) 구조해석 수행

① 구조해석 수행

정적해석을 위한 방법은 그림 23과 같다.

• GUI: Solution 우클릭 → Solve 클릭

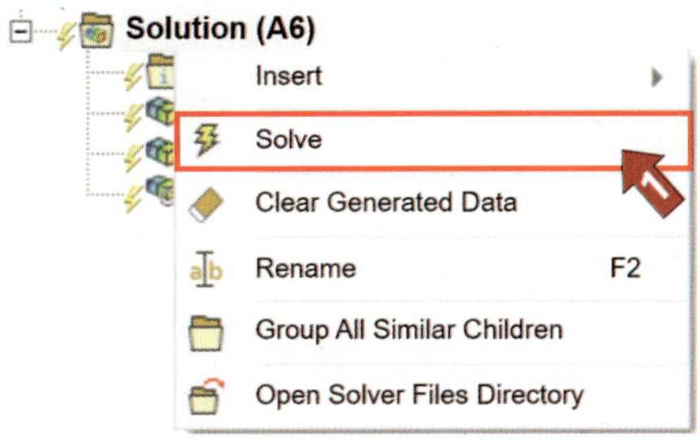

그림 23 구조해석 수행

(3) 후처리 과정

① 결과 확인

Directional Deformation, Force Reaction을 클릭하여 구조해석 결과를 확인한다.

• GUI: Directional Deformation 클릭 → 최대 처짐 결과 확인

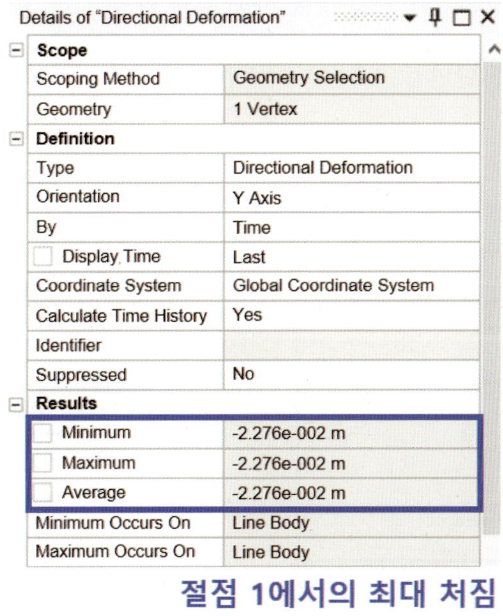

그림 24 절점 1에서의 최대 처짐 결과

• GUI: Force Reaction 클릭 → 반력 결과 확인

Details of "Force Reaction"	
Definition	
Type	Force Reaction
Location Method	Boundary Condition
Boundary Condition	Displacement
Orientation	Global Coordinate System
Suppressed	No
Options	
Result Selection	All
Display Time	End Time
Results	
Maximum Value Over Time	
X Axis	18750 N
Y Axis	25000 N
Z Axis	0. N
Total	31250 N

절점 2에서의 반력

Details of "Force Reaction 2"	
Definition	
Type	Force Reaction
Location Method	Boundary Condition
Boundary Condition	Displacement 2
Orientation	Global Coordinate System
Suppressed	No
Options	
Result Selection	All
Display Time	End Time
Results	
Maximum Value Over Time	
X Axis	-18750 N
Y Axis	25000 N
Z Axis	0. N
Total	31250 N

절점 3에서의 반력

그림 25 절점 2, 3에서 반력 결과

• GUI: Axial Force 클릭 → 축방향 하중 결과 확인

* 축방향 하중을 트러스 단면적으로 나누어주면 응력값이 도출된다.

Details of "Axial Force"	
Scope	
Scoping Method	Geometry Selection
Geometry	1 Edge
Definition	
Type	Directional Axial Force
By	Time
Display Time	Last
Coordinate System	Solution Coordinate System
Calculate Time History	Yes
Identifier	
Suppressed	No
Integration Point Results	
Display Option	Unaveraged
Results	
Minimum	-31250 N
Maximum	-31250 N
Total	-62500 N

부재 1-2의 축하중

$$\sigma = \frac{P}{A} = \frac{31250\ N}{\pi \times 0.01^2\ m^2} = 99\ MPa$$

$99\ MPa$ < $110\ MPa$

부재 1-2의 응력 / 안전 / 알루미늄 항복강도

그림 26 부재 1-2 응력 결과

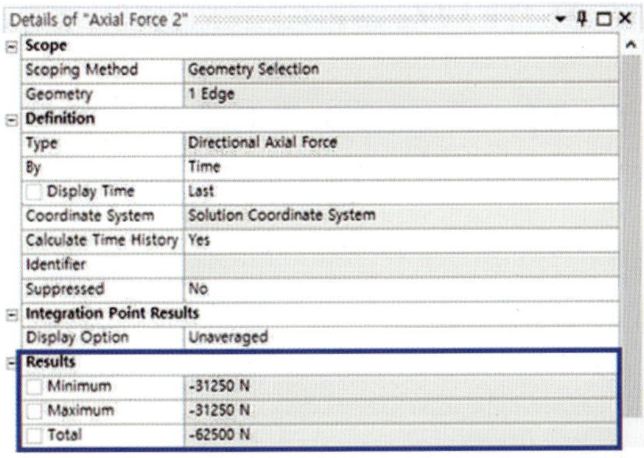

부재 1-3의 축하중

$$\sigma = \frac{P}{A} = \frac{31250N}{\pi \times 0.008^2 m^2} = 155MPa$$

$155MPa$ (부재 1-3의 응력) > $110MPa$ (알루미늄 항복응력)

파손

그림 27 부재 1-3 응력 결과

5.5 봉 문제 (1)

예제 길이 15 m, 단면의 반지름이 0.05 m인 봉(Bar)이 100 kN의 축하중을 받고 있다. 절점 1에서의 반력, 부재 1-2에서 발생하는 변형률을 구하라. 단, 부재의 탄성계수는 70×10^9 N/m²이다.

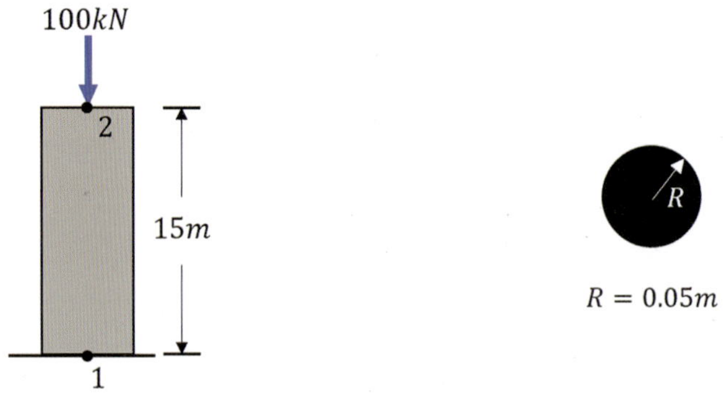

그림 1 봉 문제

(1) 전처리 과정

① 단위계 설정 및 해석 종류 설정

다양한 단위계 중 SI 단위계(Metric)로 설정하며, 정적구조(static structural) 해석 시스템 생성을 위해 ANSYS System Toolbox로부터 독립적인 시스템을 생성한다.

- GUI: Units 클릭 → Metric 클릭 → Static Structural 더블클릭 → 이름 설정

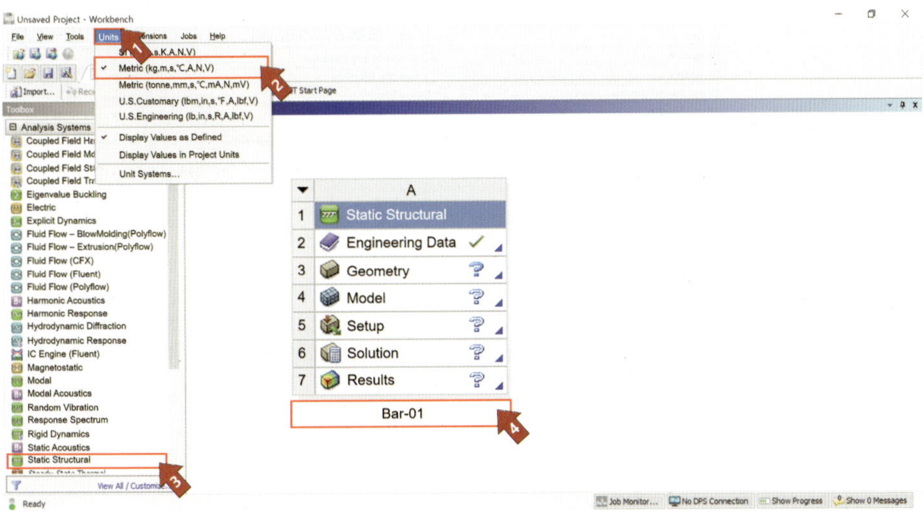

그림 2 단위계 및 해석 종류 설정

② 기계적 물성 입력

봉은 알루미늄으로 구성되며, 기계적 물성의 입력이 필요하다.

- GUI: Engineering Data 더블클릭 → 소재 이름 입력(Aluminum) → 엔터 → (좌측 툴박스) Linear Elastic 클릭 → Isotropic Elasticity 더블클릭 → Young's Modulus 입력(70×10^9 N/m^2) → Poisson's Ratio 입력(0.3)

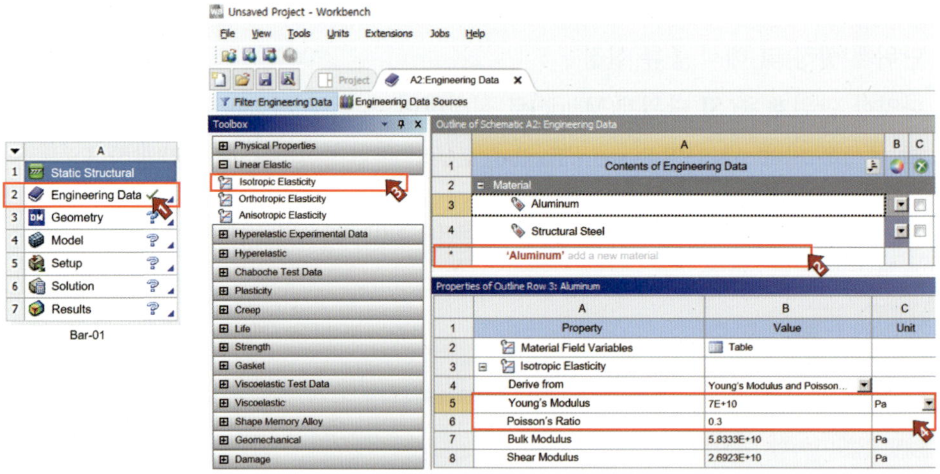

그림 3 알루미늄 기계적 물성 입력

③ DesignModeler Geometry 환경 진입

기하모델 생성을 위해 DesignModeler Geometry 프로그램을 시작한다.

- GUI: Geometry에서 우클릭 → New DesignModeler Geometry 클릭

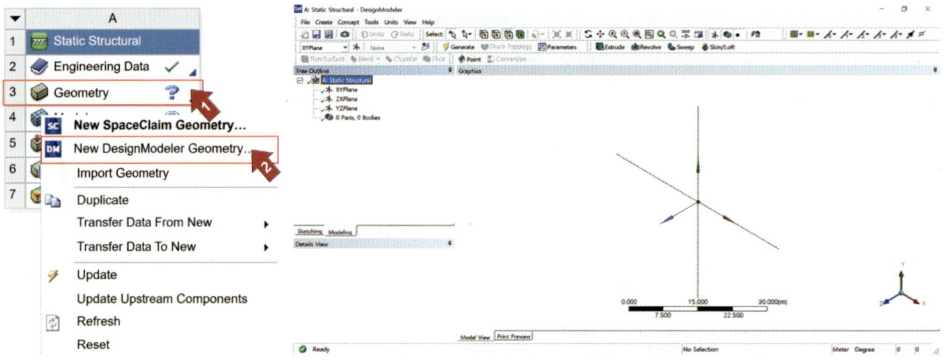

그림 4 DesignModeler Geometry GUI 환경 진입

④ 스케치 평면 설정

기하모델 생성에 앞서 사용자가 모델링을 수행할 평면에 대한 정의가 필요하다.

- GUI: XYPlane 클릭 → Look at Plane 클릭

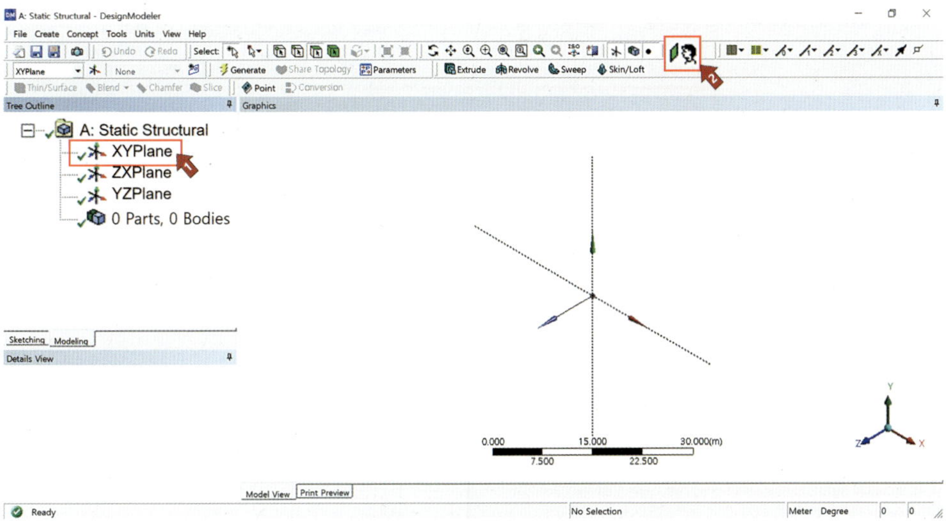

그림 5 스케치 평면 설정

⑤ 기하모델 생성

본 예제는 그림 6과 같은 모델링이 필요하다. Draw 탭에서 1개의 Line을 모델링한다. Sketching 탭으로 전환하면, Tree Outline의 XYPlane 밑에 새로운 이름의 Sketch1이 생성된다. Dimensions 탭에서 치수에 대한 정의가 필요하다.

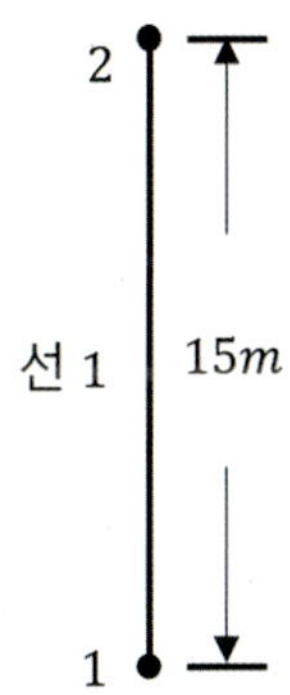

그림 6 기하모델

기하모델 생성을 위한 작업은 그림 7과 같다. Graphics 창에서 1개의 선을 만들기 위해 시작점과 끝점을 클릭하며, 선 1을 작도한다.

- GUI: Sketching 클릭 → Draw 클릭 → Line 클릭 → 기하모델 생성

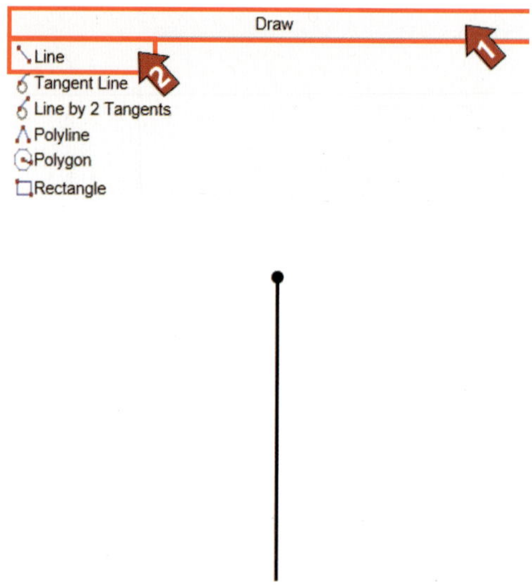

그림 7 기하모델 생성 방법

작도된 기하모델의 치수 정의를 위한 방법은 그림 8과 같다. 작도한 1개의 선을 클릭하여 치수를 입력한다.

- GUI: Sketching 클릭 → Dimensions 클릭 → General 클릭 → 선 1 치수 정의

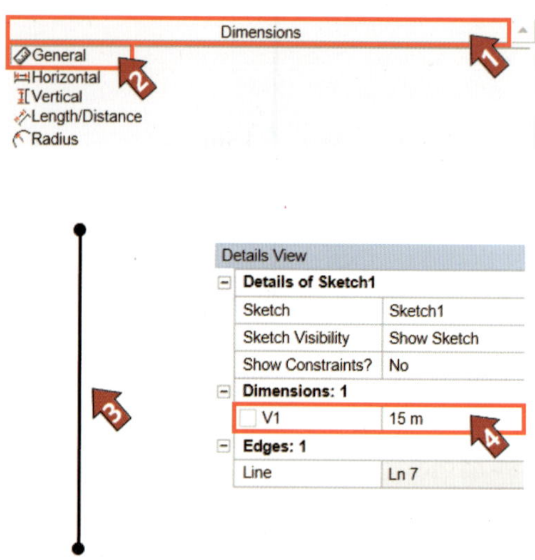

그림 8 기하모델 치수 입력

치수 정의가 완료된 Sketch는 Line Body의 정의가 필요하다. Concept 메뉴에서 Lines From Sketches를 선택한다. Sketch1을 선택 후 Generate를 클릭하여 Line Body 정의를 완료한다. 그림 9는 Line Body의 정의 방법을 보여준다.

- GUI: Concept 클릭 → Lines From Sketches 클릭 → Sketch1 클릭 → Apply 클릭 → Line1 우클릭 → Generate 클릭

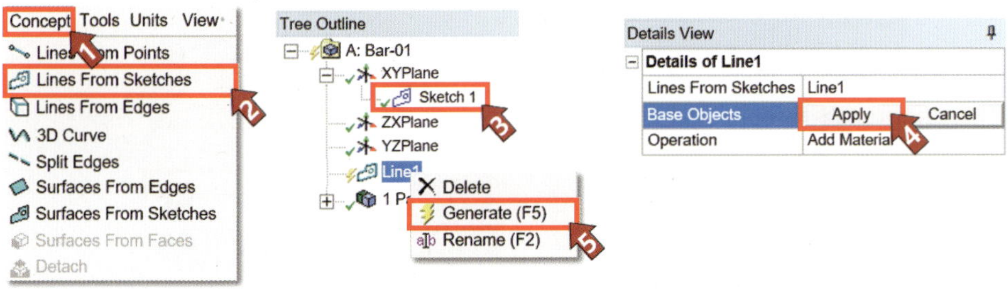

그림 9 Line Body 정의

⑥ 단면 형상 생성 및 입력

단면 형상의 생성 및 입력이 필요하다. Concept 메뉴의 Cross Section에서 단면 형상과 동일한 Circular를 선택하여 치수를 입력한다. 생성된 단면 형상을 모델링 파트에 입력하기 위해 Cross Section에 Circular1을 부여한다.

$$R = 0.05m$$

그림 10 봉 단면 형상

- GUI: Concept 클릭 → Cross Section 클릭 → Circular 클릭 → Circular1 클릭 → 치수 입력 → Line Body 클릭 → Circular1 선택

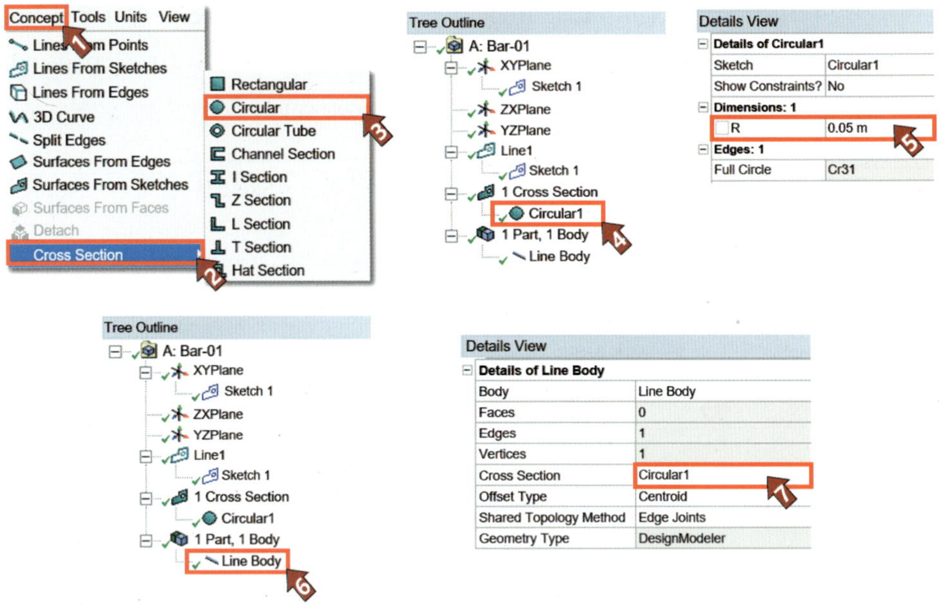

그림 11 단면 형상 생성 및 입력

프레임을 입체로 된 구조물로 시각적으로 확인하기 위해 View 메뉴에서 Cross Section Solids를 클릭한다.

- GUI: View 클릭 → Cross Section Solids 클릭하여 단면 형상 확인

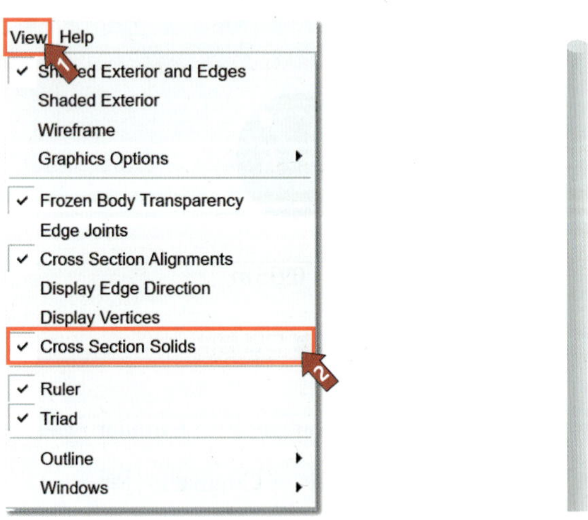

그림 12 단면 형상 확인

⑦ 요소 설정 및 물성 입력

단면 형상 입력 후 요소 설정 및 물성 입력을 위해 Model 환경으로 진입한다. 트러스 요소는 Link/Truss, 물성은 Aluminum 입력이 필요하다. 그림 13은 요소 설정 및 물성 입력 방법을 보여준다.

- GUI: Model 더블클릭 → Geometry 클릭 → Line Body 클릭 → Model Type을 Link/Truss로 설정 → Material 탭의 Assignment를 Aluminum으로 선택

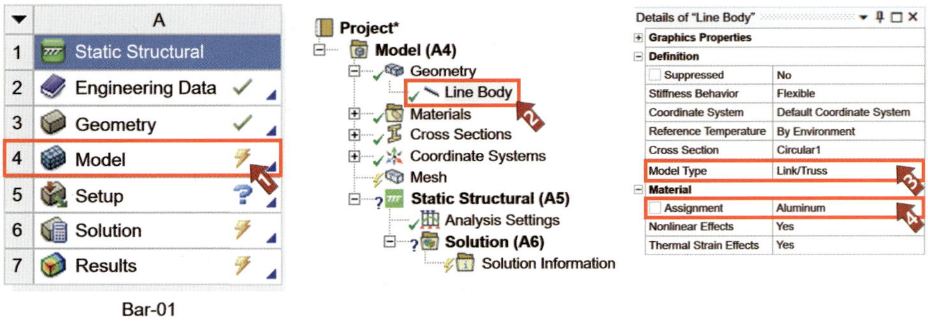

그림 13 요소 설정 및 물성 입력

⑧ 요소 생성

유한요소 모델 생성을 위한 요소 생성단계로 기하모델에 절점과 요소를 생성한다. Link/Truss 요소는 생성 시 반드시 1개의 요소로 나누어질 수 있도록 설정해야 한다. 이에 Number of Divisions를 1로 입력하여 요소를 생성한다. 요소는 그림 14와 같은 방법으로 생성한다. 완료 후 그림 15와 같이 Graphics 창에 요소로 구성된 구조물이 나타난다.

- GUI: Mesh 우클릭 → Insert 클릭 → Sizing 클릭 → (Graphic 창에서) 선 1 클릭 → Apply 클릭 → Type을 Number of Divisions로 설정 → 1 입력 → Generate Mesh 클릭

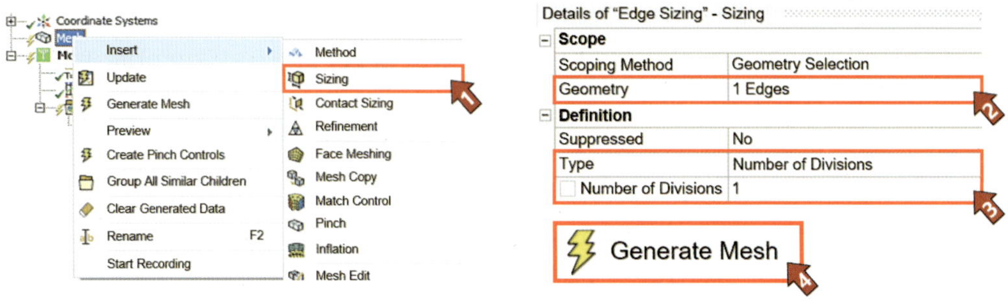

그림 14 요소 생성

그림 15 요소 생성 확인

⑨ 경계조건 및 하중조건 입력

예제의 경계조건은 그림 16과 같이 절점 1은 완전구속 형태의 구속조건, 절점 2에는 100 kN의 하중조건이 작용하고 있다. 기하모델에 경계조건 입력을 위한 방법은 그림 17, 18과 같다.

그림 16 경계조건

- GUI: Static Structural 우클릭 → Insert 클릭 → Displacement 클릭 → (Graphic 창에서) 절점 1 클릭 → Apply 클릭 → X Component 0, Y Component 0, Z Component 0 입력

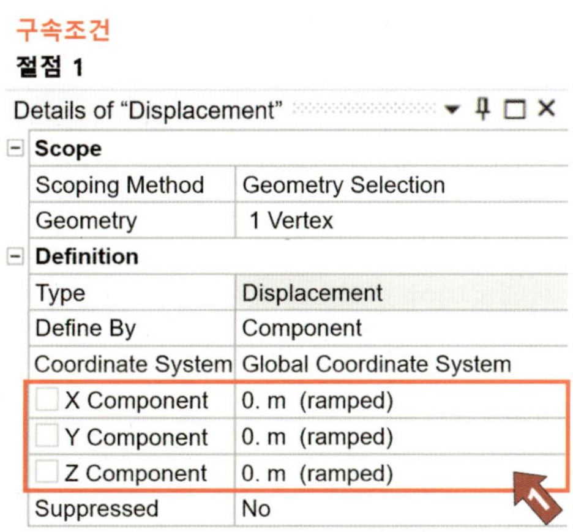

그림 17 구속조건 입력

- GUI: Static Structural 우클릭 → Insert 클릭 → Force 클릭 → (Graphic 창에서) 절점 2 클릭 → Apply 클릭 → Components 선택 → Y Component －100e3 입력

하중조건
절점 2

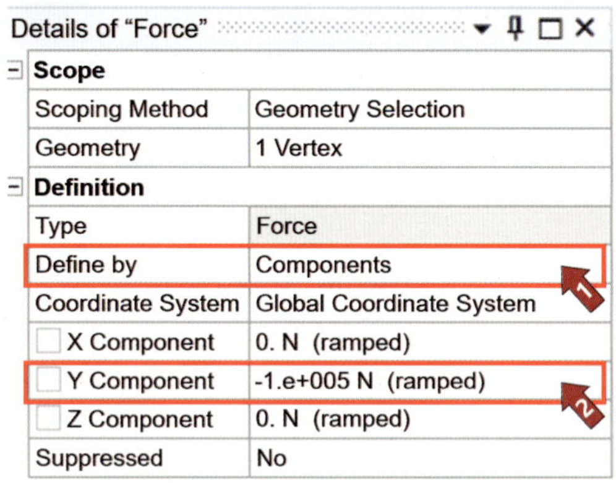

Details of "Force"

Scope	
Scoping Method	Geometry Selection
Geometry	1 Vertex
Definition	
Type	Force
Define by	Components
Coordinate System	Global Coordinate System
X Component	0. N (ramped)
Y Component	-1.e+005 N (ramped)
Z Component	0. N (ramped)
Suppressed	No

그림 18 하중조건 입력

⑩ 후처리 결과 설정

구속조건과 하중조건을 입력하면 정적해석을 위한 작업을 완료하였다. 본 예제는 절점 1에서의 반력, 부재 1-2에서 발생하는 변형률을 도출해야 한다. 이에 결과 확인을 위한 도출할 결과를 선택하여야 한다. 이때 부재에 발생하는 축방향 응력 결과는 힘의 단위(N)로 나타나며, 응력으로 나타내기 위해서는 반드시 면적과 탄성계수로 나눠줄 필요가 있다.

• GUI: Solution 우클릭 → Insert 클릭 → Probe 클릭 → Force Reaction 클릭 → Displacement 클릭

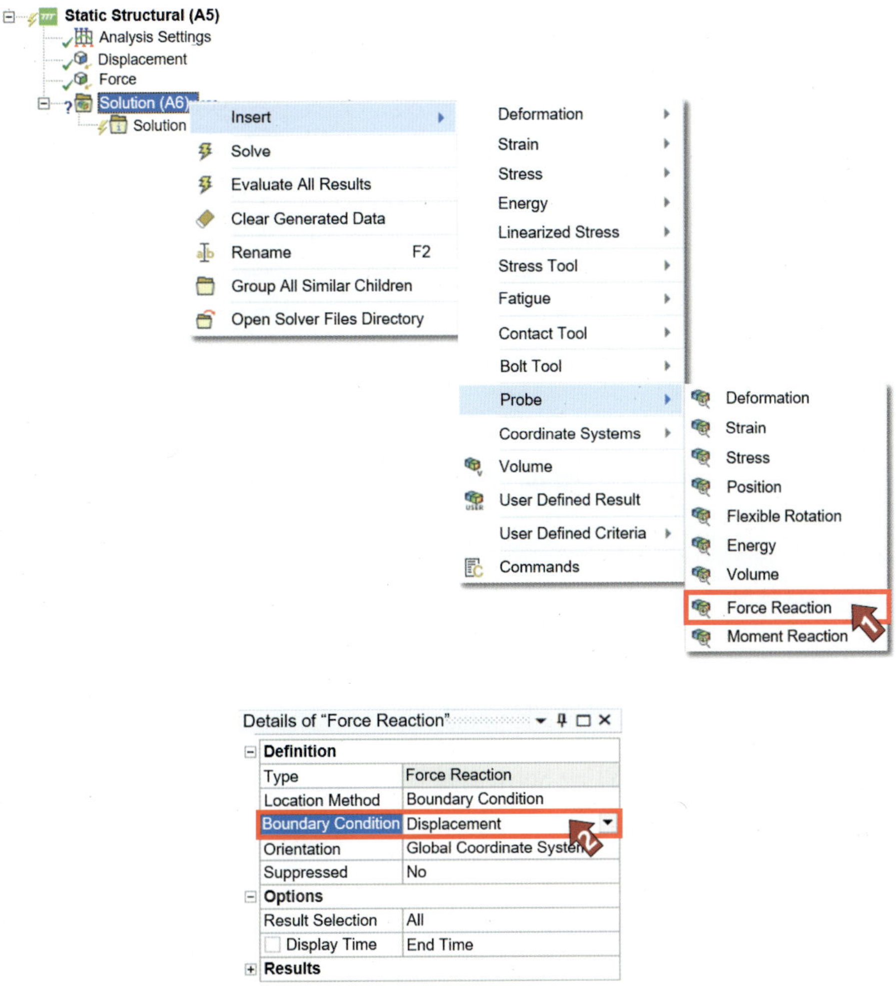

그림 19 반력 결과 설정

• GUI: Solution 우클릭 → Insert 클릭 → Beam Results 클릭 → Axial Force 클릭 → (Graphic 창에서) 부재 1-2 클릭 → Apply 클릭

그림 20 부재 1-2 축하중 결과 설정

(2) 구조해석 수행

① 구조해석 수행

정적해석을 위한 방법은 그림 21과 같다.

• GUI: Solution 우클릭 → Solve 클릭

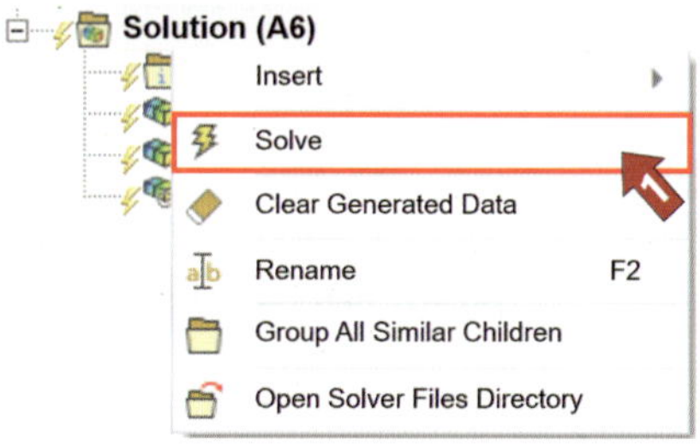

그림 21 구조해석 수행

(3) 후처리 과정

① 결과 확인

Axial Force, Force Reaction을 클릭하여 구조해석 결과를 확인한다.

- GUI: Axial Force 클릭 → 결과 확인

Details of "Axial Force"	
Scope	
Scoping Method	Geometry Selection
Geometry	1 Edge
Definition	
Type	Directional Axial Force
By	Time
Display Time	Last
Coordinate System	Solution Coordinate System
Calculate Time History	Yes
Identifier	
Suppressed	No
Integration Point Results	
Display Option	Unaveraged
Results	
Minimum	-1.e+005 N
Maximum	-1.e+005 N
Total	-2.e+005 N

부재 1-2의 축하중

$$\sigma = E\varepsilon \qquad \varepsilon = \frac{P}{AE}$$

$$\varepsilon = \frac{1{,}000{,}000\ N}{0.78563 \times 10^{-2}\ m^2 \times 70 \times 10^9\ N/m^2}$$

$$= 0.0001819$$

그림 22 부재 1-2의 변형률 결과

- GUI: Force Reaction 클릭 → 결과 확인

Details of "Force Reaction"	
Definition	
Type	Force Reaction
Location Method	Boundary Condition
Boundary Condition	Displacement
Orientation	Global Coordinate System
Suppressed	No
Options	
Result Selection	All
Display Time	End Time
Results	
Maximum Value Over Time	
X Axis	0. N
Y Axis	100000 N
Z Axis	0. N
Total	100000 N

절점 1에서의 반력

그림 23 절점 1에서의 반력 결과

5.6 봉 문제 (2)

예제 면적이 서로 다른 강 봉(Bar)에 하중이 작용하고 있다. 이때 절점 1과 4에서의 반력, 부재 2-3에서의 변형률을 구하라. 단, 부재의 탄성계수는 210×10^9 N/m²이다.

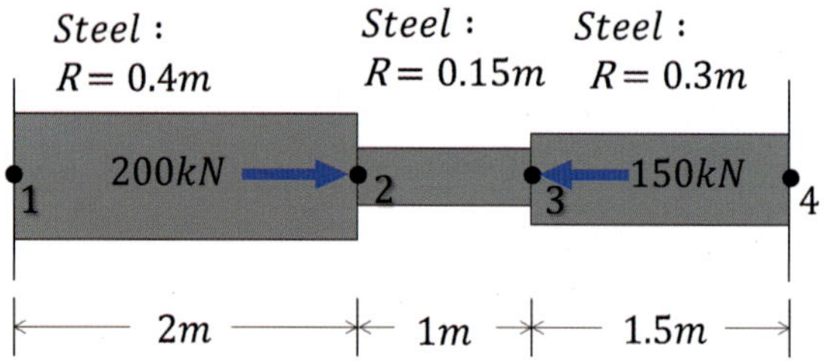

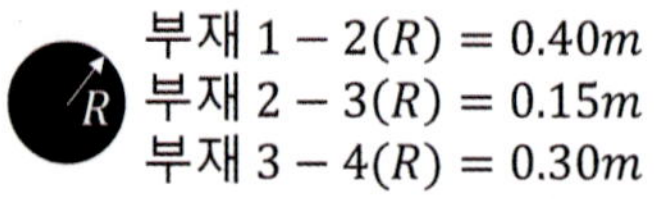

그림 1 봉 문제

(1) 전처리 과정

① 단위계 설정 및 해석 종류 설정

다양한 단위계 중 SI 단위계(Metric)로 설정하며, 정적구조(static structural) 해석 시스템 생성을 위해 ANSYS System Toolbox로부터 독립적인 시스템을 생성한다.

- GUI: Units 클릭 → Metric 클릭 → Static Structural 더블클릭 → 이름 설정

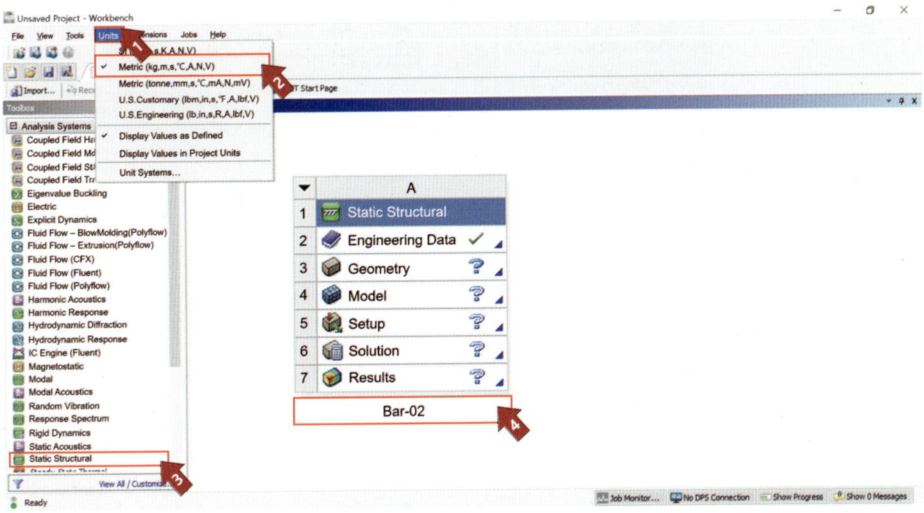

그림 2 단위계 및 해석 종류 설정

② 기계적 물성 입력

봉은 강재로 구성되며, 기계적 물성의 입력이 필요하다.

- GUI: Engineering Data 더블클릭 → 소재 이름 입력(Steel) → 엔터 → (좌측 툴박스) Linear Elastic 클릭 → Isotropic Elasticity 더블클릭 → Young's Modulus 입력(210×10^9 N/m^2) → Poisson's Ratio 입력(0.3)

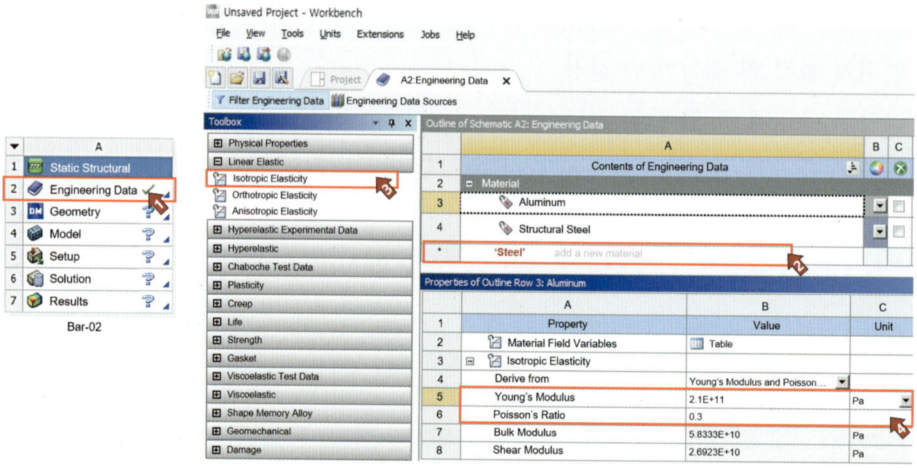

그림 3 강재 기계적 물성 입력

③ DesignModeler Geometry 환경 진입

기하모델 생성을 위해 DesignModeler Geometry 프로그램을 시작한다.

- GUI: Geometry에서 우클릭 → New DesignModeler Geometry 클릭

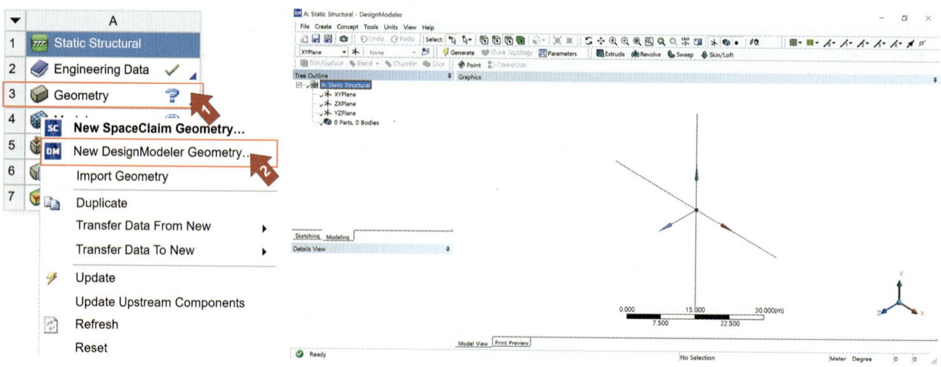

그림 4 DesignModeler Geometry GUI 환경 진입

④ 스케치 평면 설정

기하모델 생성에 앞서 사용자가 모델링을 수행할 평면에 대한 정의가 필요하다.

- GUI: XYPlane 클릭 → Look at Plane 클릭

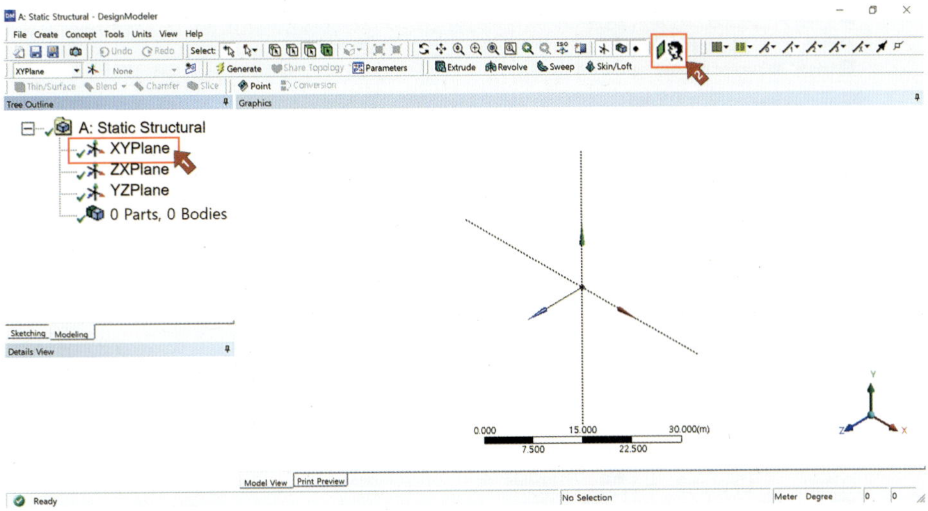

그림 5 스케치 평면 설정

⑤ 기하모델 생성

본 예제의 기하모델은 그림 6과 같은 모델링이 필요하다. Draw 탭에서 3개의 Line을 모델링한다.

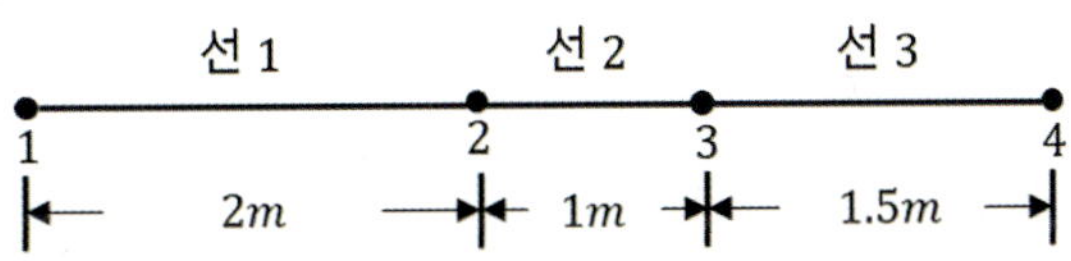

그림 6 기하모델

기하모델 생성을 위한 작업은 그림 7과 같다. Graphics 창에서 3개의 선을 만들기 위해 시작점과 끝점을 클릭하며, 선 1, 2, 3을 작도한다. 이때, 단면형상이 서로 다르기 때문에 각각 새로운 Sketch에 생성이 필요하다.

- GUI: Sketching 클릭 → Draw 클릭 → Line 클릭 → 선 1 생성
  New Sketch 클릭 → Sketching 클릭 → Draw 클릭 → Line 클릭 → 선 2 생성
  New Sketch 클릭 → Sketching 클릭 → Draw 클릭 → Line 클릭 → 선 3 생성

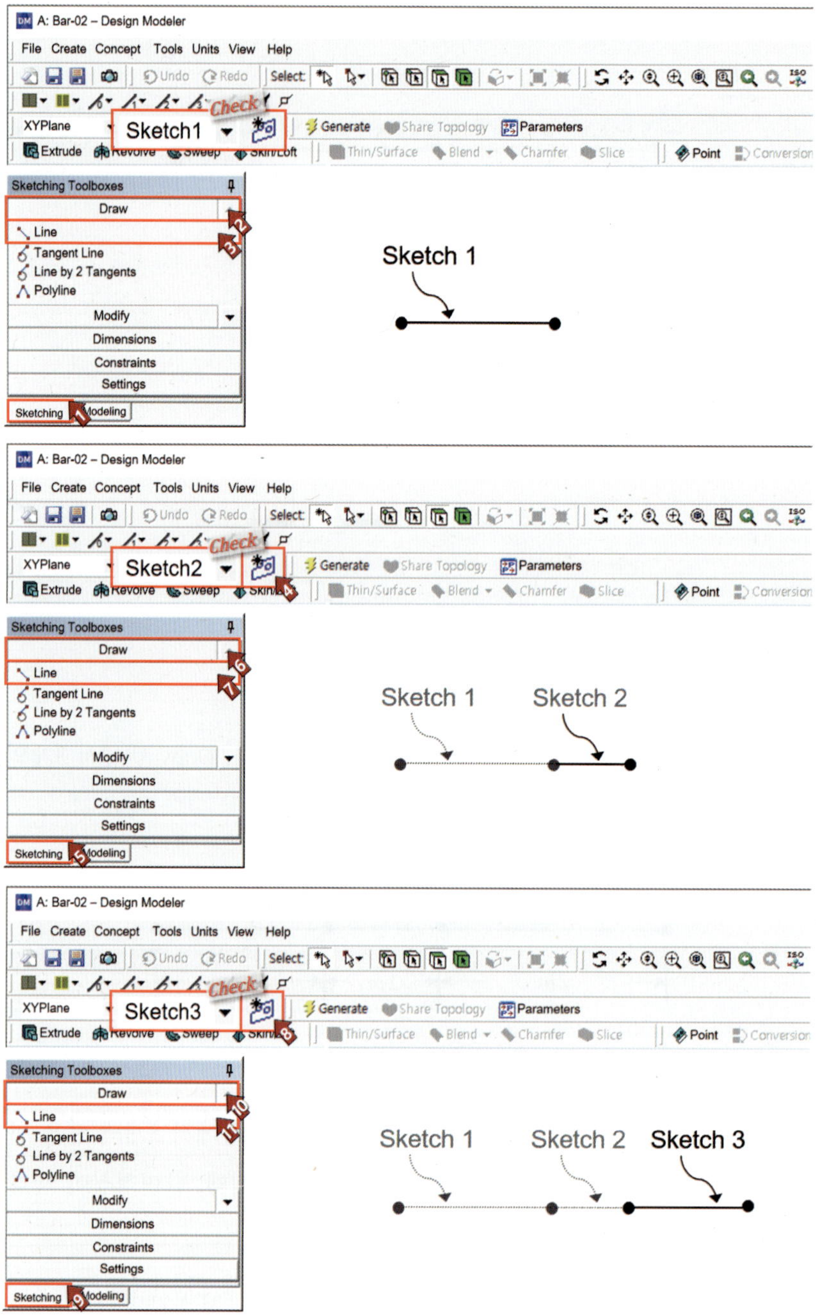

그림 7 기하모델 생성 방법

작도된 기하모델의 치수 정의를 위한 방법은 그림 8과 같다. 작도한 3개의 선을 클릭하여 치수를 입력한다.

- GUI: Sketching 클릭→ Dimensions 클릭 → General 클릭 → 선 1, 2, 3 치수 정의

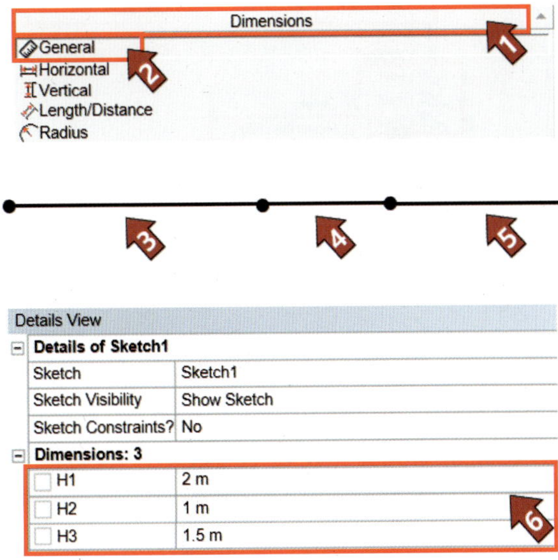

그림 8 기하모델 치수 입력

본 예제는 각각 다른 부재로 이루어져 있기 때문에 Line Body를 부재별로 각각 정의해주어야 한다. Concept 메뉴에서 Lines From Sketches를 선택하여 Line Body의 정의를 완료한다. 이때 Line Body의 Details View에서 Add Frozen으로 설정해주어 각각의 단면을 부여할 수 있도록 설정하여야 한다.

- GUI: Concept 클릭 → Lines From Sketches 클릭 → Sketch1 클릭 → Apply 클릭 → Add Frozen 설정 → Line1 우클릭 → Generate 클릭

* 위와 같은 방법으로 Sketch2, Sketch3을 이용해 Line2, Line3을 추가로 정의한다.

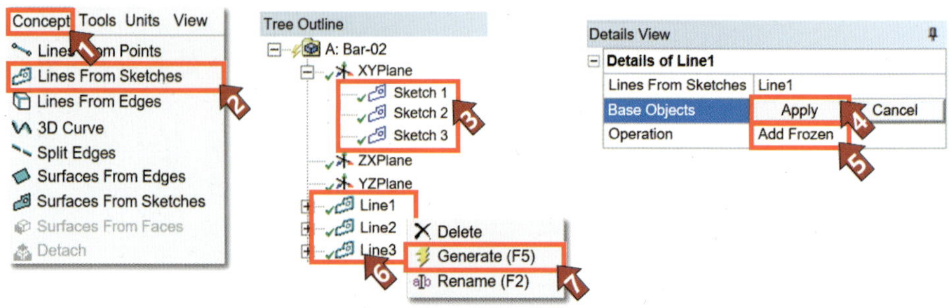

그림 9 Line Body 정의

⑥ 단면 형상 생성 및 입력

단면 형상의 생성 및 입력이 필요하다. Concept 메뉴의 Cross Section에서 단면 형상과 동일한 Circular를 선택하여 치수를 입력한다. 생성된 단면 형상을 모델링 파트에 입력하기 위해 Cross Section에 각각 단면을 지정한다.

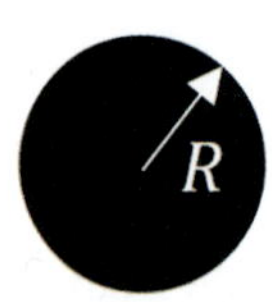

$$부재\ 1\text{-}2(R) = 0.4m$$

$$부재\ 2\text{-}3(R) = 0.15m$$

$$부재\ 3\text{-}4(R) = 0.3m$$

그림 10 봉 단면 형상

- GUI: Concept 클릭 → Cross Section 클릭 → Circular 클릭 → Circular1 클릭 → 치수 입력 → Line Body 클릭 → Circular1 선택

* 위와 같은 방법으로 Circular2, 3 생성

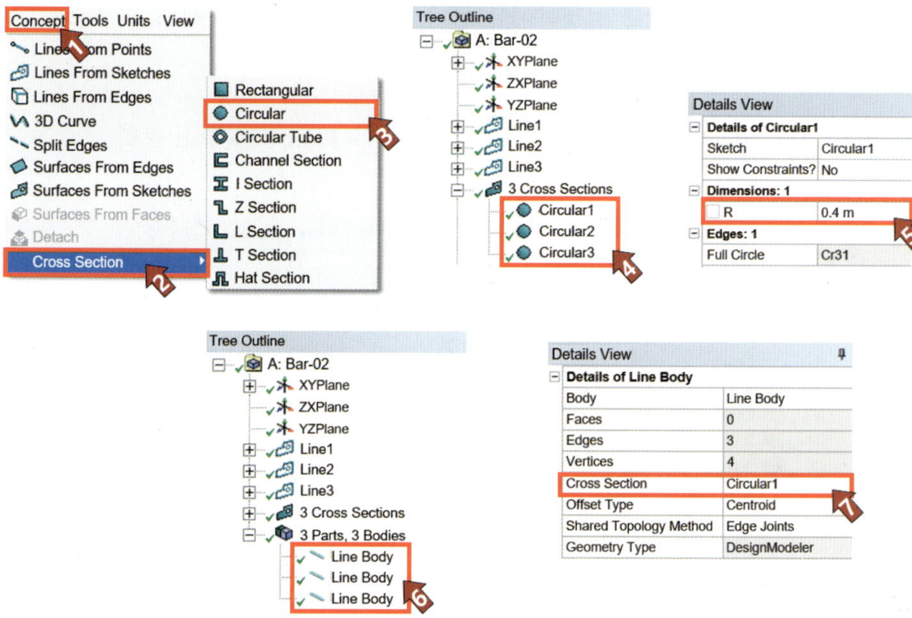

그림 11 단면 형상 생성 및 입력

프레임을 입체로 된 구조물로 시각적으로 확인하기 위해 View 메뉴에서 Cross Section Solids를 클릭한다.

- GUI: View 클릭 → Cross Section Solids 클릭하여 단면 형상 확인

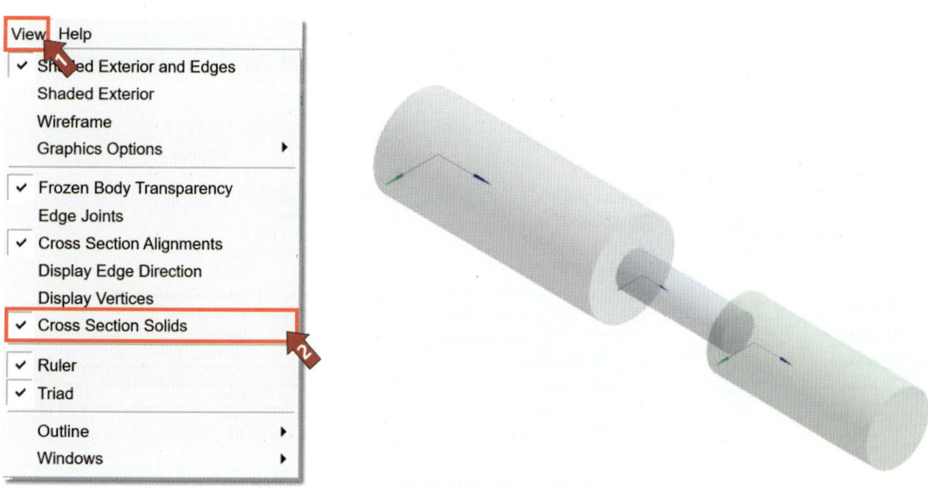

그림 12 단면 형상 확인

Line Body를 하나의 Part로 설정하여야 한다. Line Body를 다중선택 후 Tools 탭의 From New Part를 클릭하여 하나의 Part로 설정한다.

- GUI: Line Body 다중 클릭 → Tools 탭 클릭 → From New Part 클릭

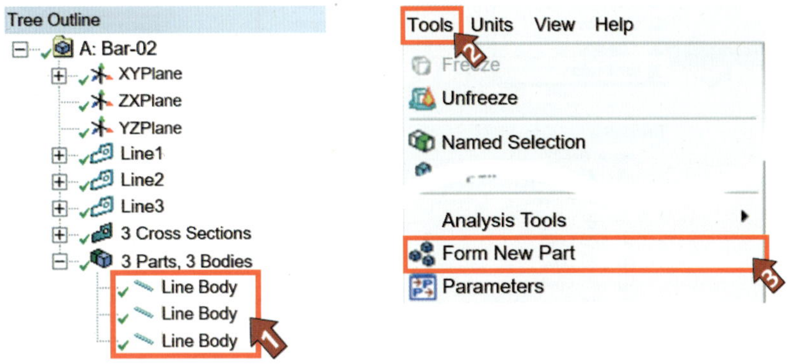

그림 13 Part 생성

⑦ 요소 설정 및 물성 입력

단면 형상 입력 후 요소 설정 및 물성 입력을 위해 Model 환경으로 진입한다. 트러스 요소는 Link/Truss, 물성은 Steel 입력이 필요하다. 그림 14는 요소 설정 및 물성 입력 방법을 보여준다.

- GUI: Model 더블클릭 → Geometry 클릭 → Part 클릭 → Line Body 클릭 → Model Type을 Link/Truss로 설정 → Material 탭의 Assignment를 Steel로 선택

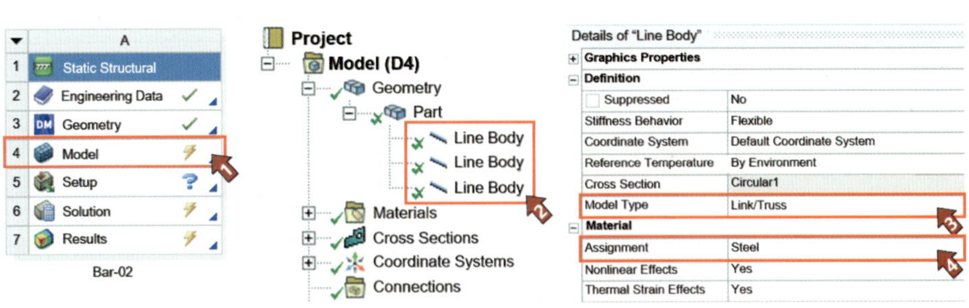

그림 14 요소 설정 및 물성 입력

⑧ 요소 생성

유한요소 모델 생성을 위한 요소 생성단계로 기하모델에 절점과 요소를 생성한다. Link/Truss 요소는 생성 시 반드시 1개의 요소로 나누어질 수 있도록 설정해야 한다. 이에 Number of Divisions를 1로 입력하여 요소를 생성한다. 요소는 그림 15와 같은 방법으로 생성한다. 완료 후 그림 16과 같이 Graphics 창에 요소로 구성된 구조물이 나타난다.

- GUI: Mesh 우클릭 → Insert 클릭 → Sizing 클릭 → (Graphic 창에서) 선 1~3 클릭 (다중선택) → Apply 클릭 → Type을 Number of Divisions로 설정 → 1 입력 → Generate Mesh 클릭

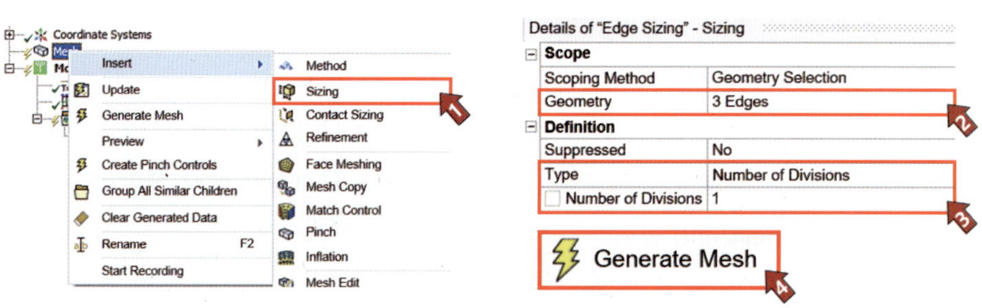

그림 15 요소 생성

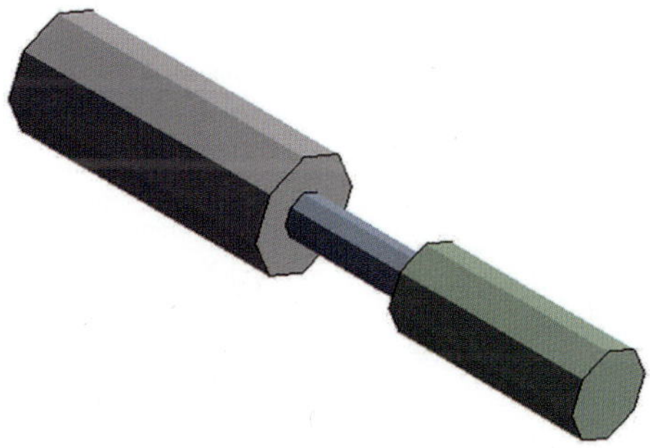

그림 16 요소 생성 확인

⑨ 경계조건 및 하중조건 입력

예제의 경계조건은 그림 17과 같이 절점 1, 4는 완전구속 형태의 구속조건, 절점 2, 3에는 각각 200 kN, 150 kN의 하중조건이 작용하고 있다. 기하모델에 경계조건 입력을 위한 방법은 그림 18, 19와 같다.

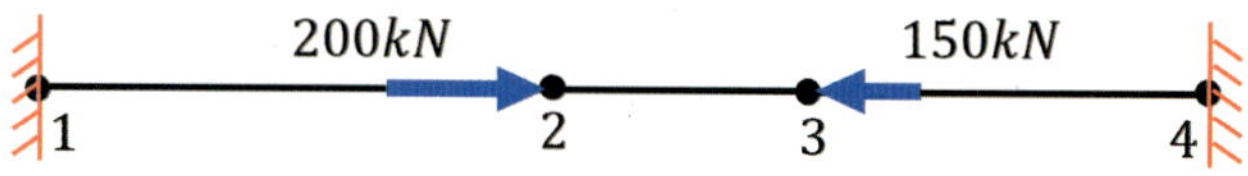

그림 17 경계조건

- GUI: Static Structural 우클릭 → Insert 클릭 → Displacement 클릭 → (Graphic 창에서) 절점 1 클릭 → Apply 클릭 → X Component 0, Y Component 0, Z Component 0 입력

  Static Structural 우클릭 → Insert 클릭 → Displacement 클릭 → (Graphic 창에서) 절점 4 클릭 → Apply 클릭 → X Component 0, Y Component 0, Z Component 0 입력

구속조건

절점 1

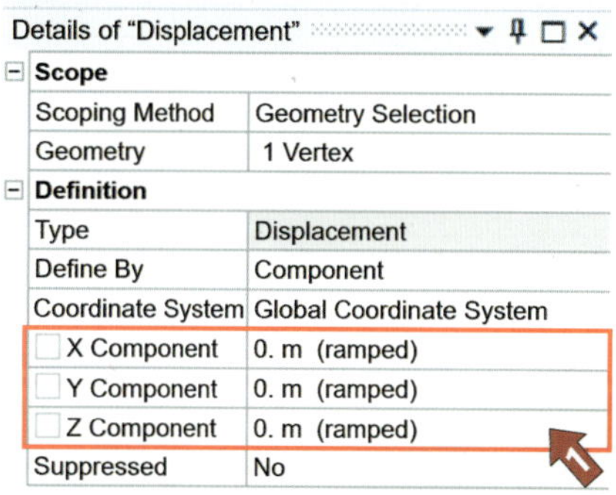

절점 4

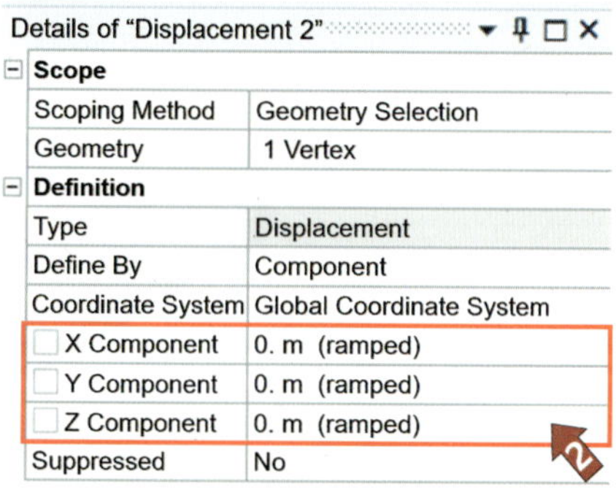

그림 18 구속조건 입력

- GUI: Static Structural 우클릭 → Insert 클릭 → Force 클릭 → (Graphic 창에서) 절점 2 클릭 → Apply 클릭 → Components 선택 → X Component 200000 입력

  Static Structural 우클릭 → Insert 클릭 → Force 클릭 → (Graphic 창에서) 절점 3 클릭 → Apply 클릭 → Components 선택 → X Component −150000 입력

하중조건

절점 2

Details of "Force"	
Scope	
Scoping Method	Geometry Selection
Geometry	1 Vertex
Definition	
Type	Force
Define by	Components
Coordinate System	Global Coordinate System
X Component	200000 N (ramped)
Y Component	0. N (ramped)
Z Component	0. N (ramped)
Suppressed	No

절점 3

Details of "Force 2"	
Scope	
Scoping Method	Geometry Selection
Geometry	1 Vertex
Definition	
Type	Force
Define by	Components
Coordinate System	Global Coordinate System
X Component	-150000 N (ramped)
Y Component	0. N (ramped)
Z Component	0. N (ramped)
Suppressed	No

그림 19 하중조건 입력

⑩ 후처리 결과 설정

구속조건과 하중조건을 입력하면 정적해석을 위한 작업을 완료하였다. 본 예제는 변위와 절점 1, 4에서의 반력을 도출해야 한다. 이에 결과 확인을 위한 도출할 결과를 선택하여야 한다.

- GUI: Solution 우클릭 → Insert 클릭 → Probe 클릭 → Force Reaction 클릭 → Displacement 클릭

  Solution 우클릭 → Insert 클릭 → Probe 클릭 → Force Reaction 클릭 → Displacement 2 클릭

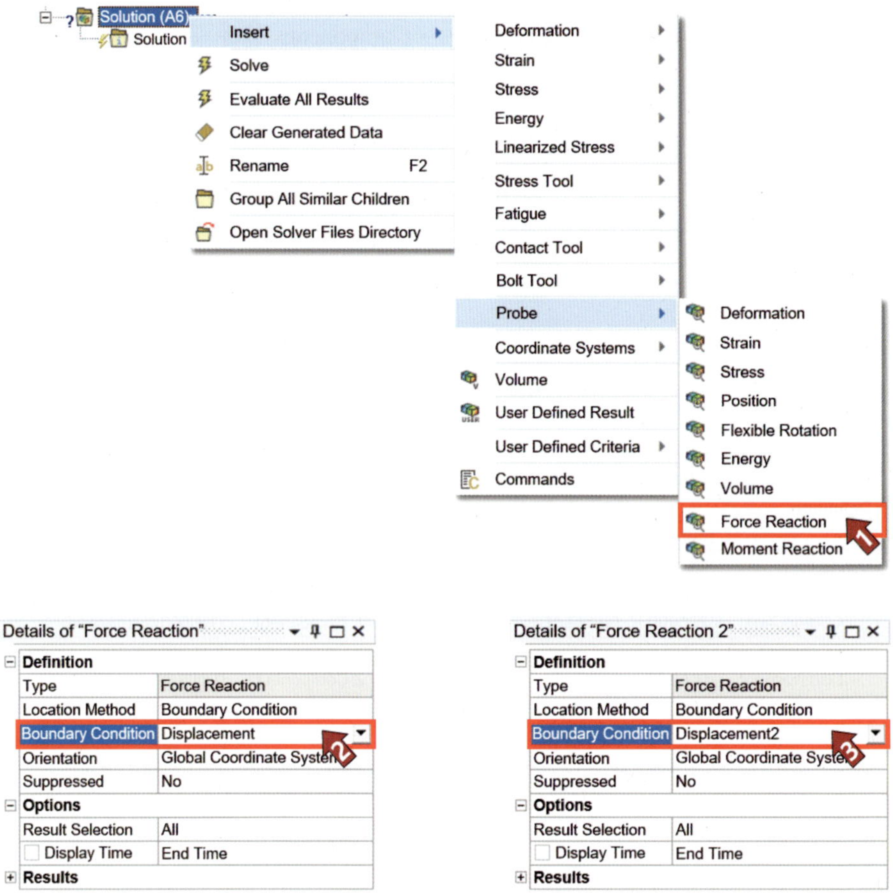

그림 20 반력 결과 설정

- GUI: Solution 우클릭 → Insert 클릭 → Beam Results 클릭 → Axial Force 클릭 → (Graphic 창에서) 부재 2-3 클릭 → Apply 클릭

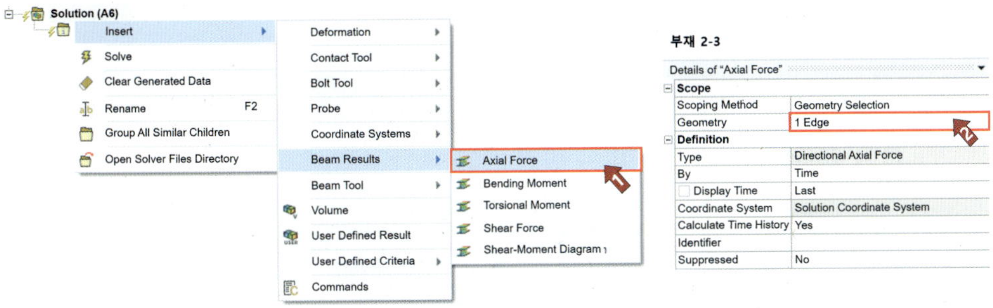

그림 21 부재 2-3 축하중 결과 설정

(2) 구조해석 수행

① 구조해석 수행

정적 해석을 위한 방법은 그림 22와 같다.

- GUI: Solution 우클릭 → Solve 클릭

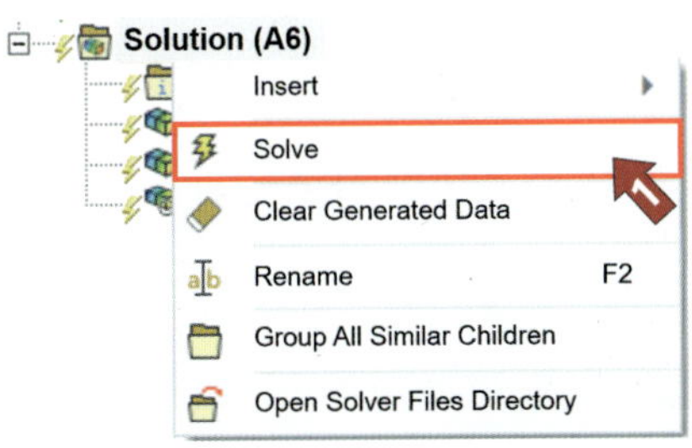

그림 22 구조해석 수행

(3) 후처리 과정

① 결과 확인

Force Reaction, Axial Force를 클릭하여 구조해석 결과를 확인한다.

- GUI: Force Reaction 클릭 → 반력 결과 확인

Details of "Force Reaction"

Definition	
Type	Force Reaction
Location Method	Boundary Condition
Boundary Condition	Displacement
Orientation	Global Coordinate System
Suppressed	No
Options	
Result Selection	All
Display Time	End Time
Results	
Maximum Value Over Time	
X Axis	-1.3208e+005 N
Y Axis	0. N
Z Axis	0. N
Total	-1.3208e+005 N

절점 1에서의 반력

Details of "Force Reaction 2"

Definition	
Type	Force Reaction
Location Method	Boundary Condition
Boundary Condition	Displacement 2
Orientation	Global Coordinate System
Suppressed	No
Options	
Result Selection	All
Display Time	End Time
Results	
Maximum Value Over Time	
X Axis	82075 N
Y Axis	0. N
Z Axis	0. N
Total	82075 N

절점 4에서의 반력

그림 23 절점 1, 4에서의 반력 결과

- GUI: Axial Force 클릭 → 축방향 하중 결과 확인

Details of "Axial Force"

Scope	
Scoping Method	Geometry Selection
Geometry	1 Edge
Definition	
Type	Directional Axial Force
By	Time
Display Time	Last
Coordinate System	Solution Coordinate System
Calculate Time History	Yes
Identifier	
Suppressed	No
Integration Point Results	
Display Option	Unaveraged
Results	
Minimum	-67925 N
Maximum	-67925 N
Total	-1.3585e+005 N

부재 2-3의 축하중

$$\sigma = E\varepsilon \qquad \varepsilon = \frac{P}{AE}$$

$$\varepsilon = \frac{-67{,}925\ N}{7.0682 \times 10^{-2}\ m^2 \times 210 \times 10^9\ N/m^2}$$

$$= 0.4576 \times 10^{-5}$$

그림 24 부재 2-3의 변형률 결과

5.7 봉 문제 (3)

예제 단면적과 재료가 서로 다른 봉(Bar)이 있다. 축하중이 작용하고 있을 때, 절점 1에서의 반력, 부재 2-3에서 발생하는 변형률, 최대 변위를 구하라. 단, 목재(Timber)의 물성은 등방성으로 가정한다.

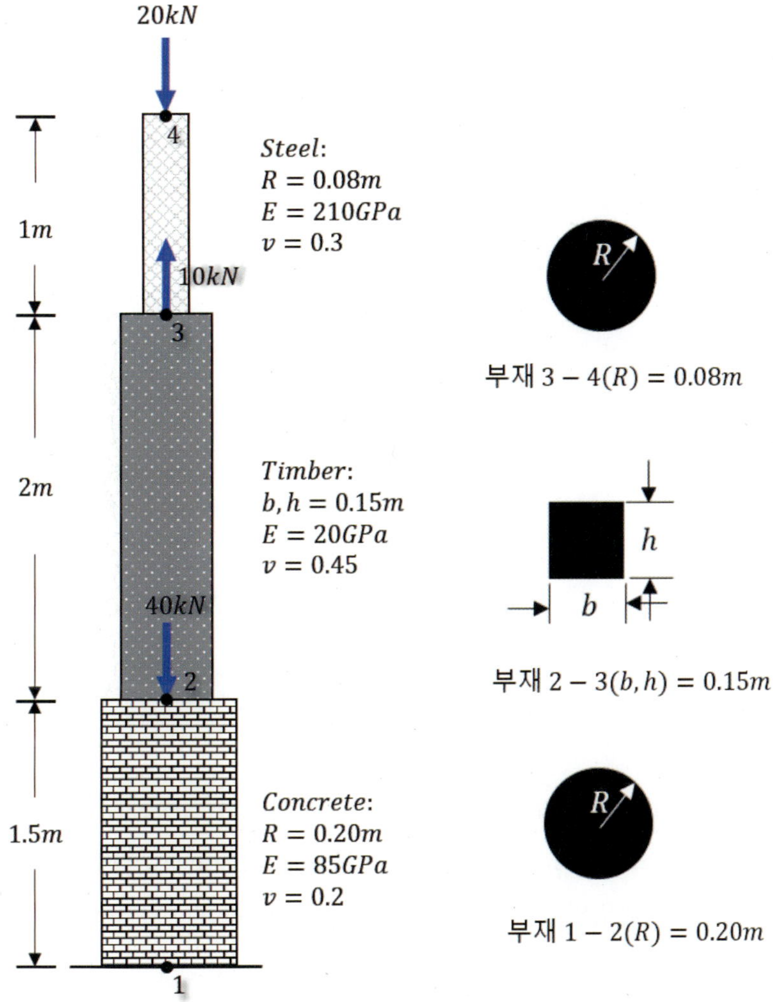

그림 1 봉 문제

(1) 전처리 과정

① 단위계 설정 및 해석 종류 설정

다양한 단위계 중 SI 단위계(Metric)로 설정하며, 정적구조(static structural) 해석 시스템 생성을 위해 ANSYS System Toolbox로부터 독립적인 시스템을 생성한다.

- GUI: Units 클릭 → Metric 클릭 → Static Structural 더블클릭 → 이름 설정

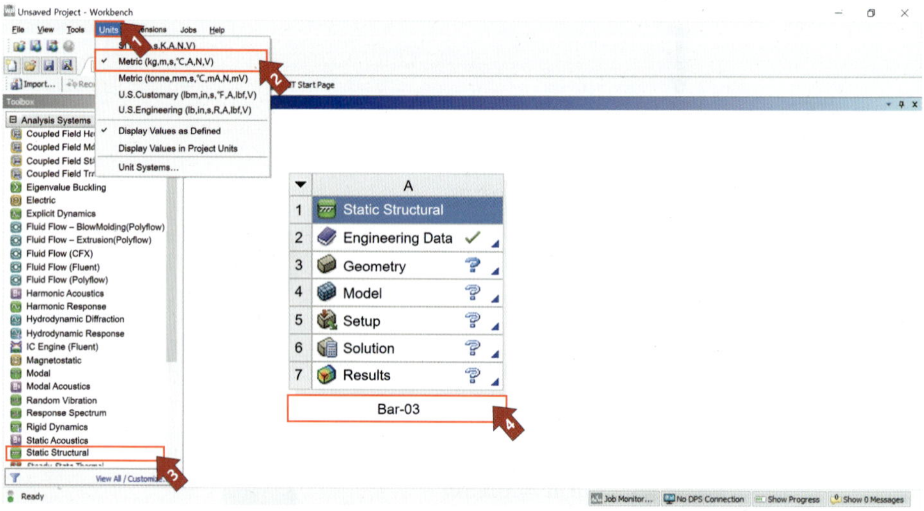

그림 2 단위계 및 해석 종류 설정

② 기계적 물성 입력

예제의 봉은 강재, 나무, 콘크리트로 구성되며, 기계적 물성의 입력이 필요하다.

- GUI: Engineering Data 더블클릭 → 소재 이름 입력(Steel) → 엔터 → (좌측 툴박스) Linear Elastic 클릭 → Isotropic Elasticity 더블클릭 → Young's Modulus 입력(210×10^9 N/m^2) → Poisson's Ratio 입력(0.3)

* 위와 같은 방법으로 목재 및 콘크리트 기계적 물성 추가

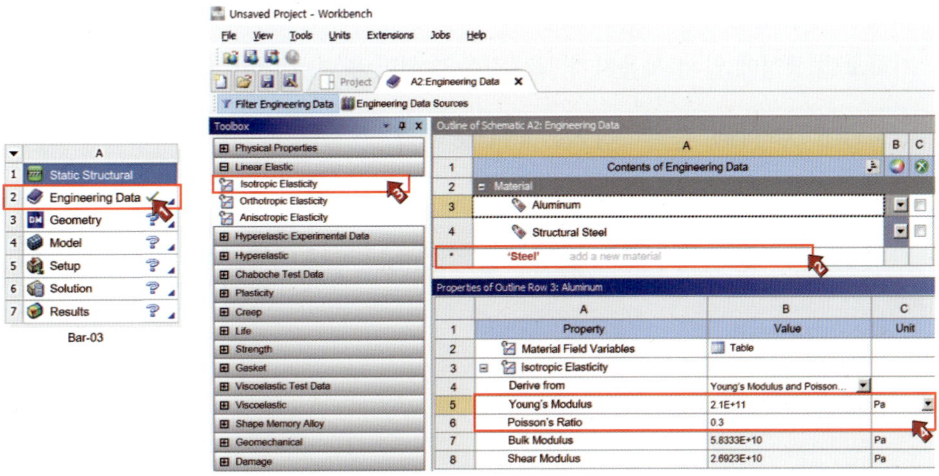

그림 3 기계적 물성 입력

③ DesignModeler Geometry 환경 진입

기하모델 생성을 위해 DesignModeler Geometry 프로그램을 시작한다.

- GUI: Geometry에서 우클릭 → New DesignModeler Geometry 클릭

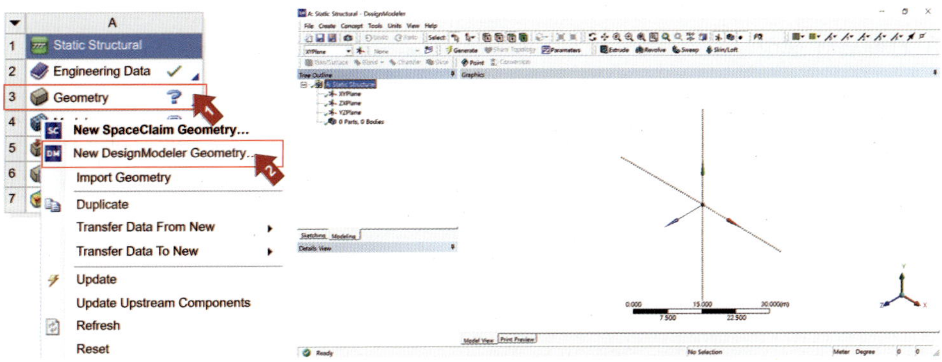

그림 4 DesignModeler Geometry GUI 환경 진입

④ 스케치 평면 설정

기하모델 생성에 앞서 사용자가 모델링을 수행할 평면에 대한 정의가 필요하다.

- GUI: XYPlane 클릭 → Look at Plane 클릭

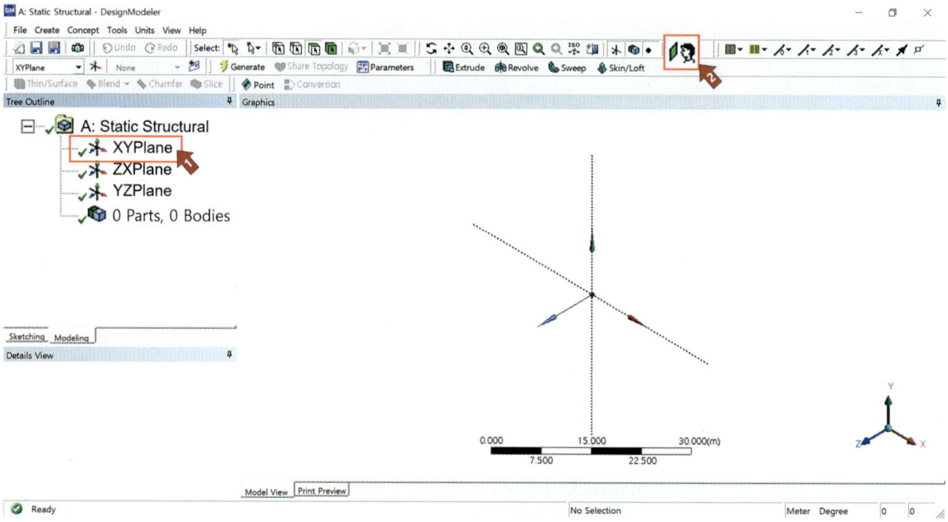

그림 5 스케치 평면 설정

⑤ 기하모델 생성

본 예제의 기하모델은 그림 6과 같은 모델링이 필요하다. Draw 탭에서 3개의 Line을 모델링한다. Sketching 탭으로 전환하면, Tree Outline의 XYPlane 밑에 새로운 이름의 Sketch1이 생성된다. Dimensions 탭에서 치수에 대한 정의가 필요하다.

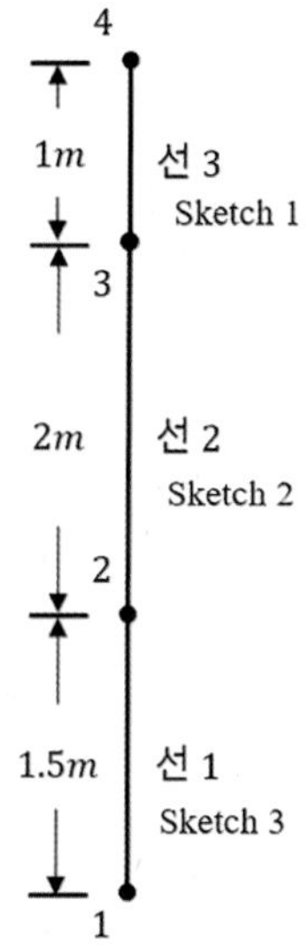

그림 6 기하모델

기하모델 생성을 위한 작업은 그림 7과 같다. Graphics 창에서 3개의 선을 만들기 위해 시작점과 끝점을 클릭하며, 선 1, 2, 3을 작도한다.

- GUI: Sketching 클릭 → Draw 클릭 → Line 클릭 → 선 1 생성
  New Sketch 클릭 → Sketching 클릭 → Draw 클릭 → Line 클릭 → 선 2 생성
  New Sketch 클릭 → Sketching 클릭 → Draw 클릭 → Line 클릭 → 선 3 생성

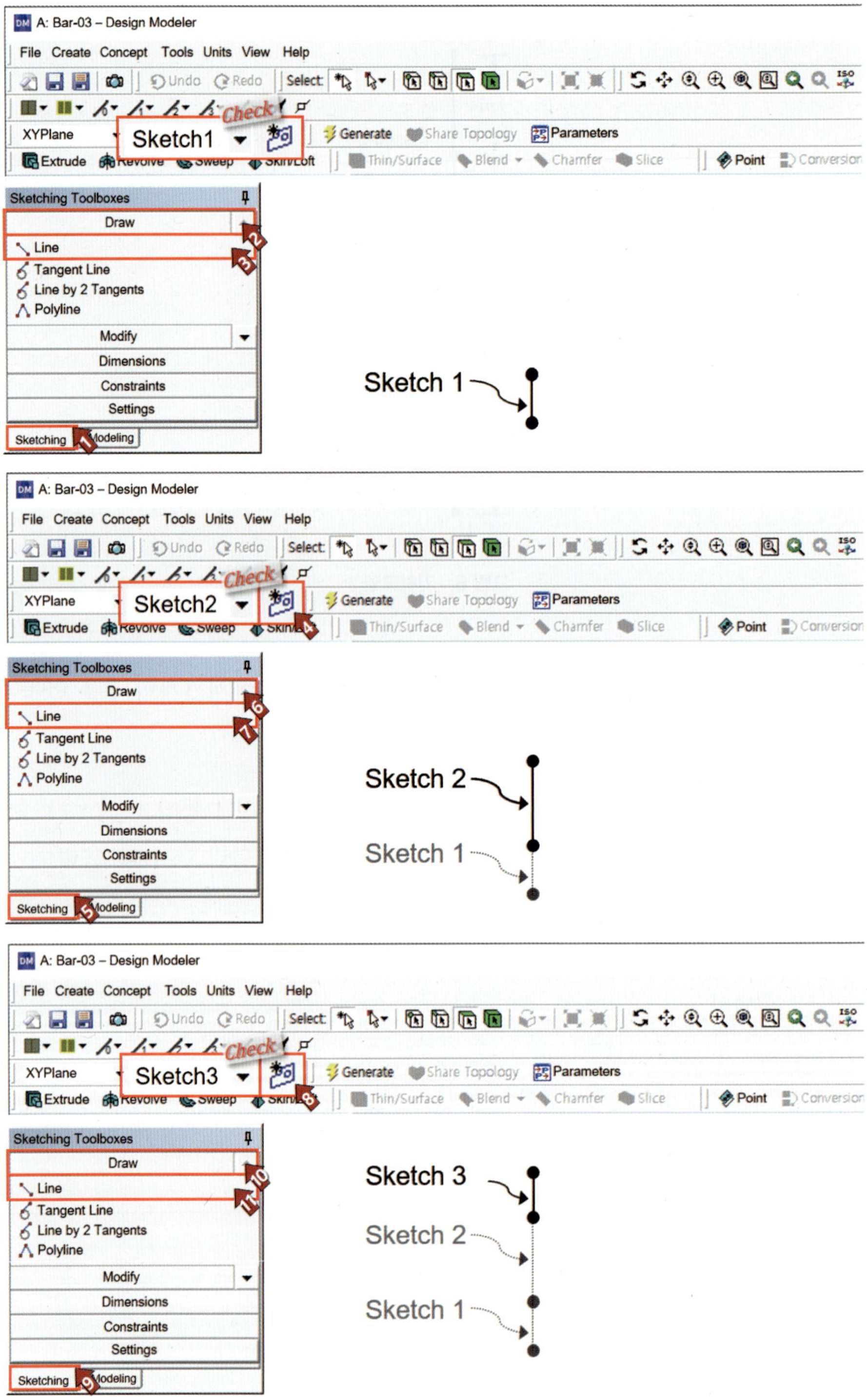

그림 7 기하모델 생성 방법

작도된 기하모델의 치수 정의를 위한 방법은 그림 8과 같다. 작도한 3개의 선을 클릭하여 치수를 입력한다.

- GUI: Sketching 클릭 → Dimensions 클릭 → General 클릭 → 선 1, 2, 3 치수 정의

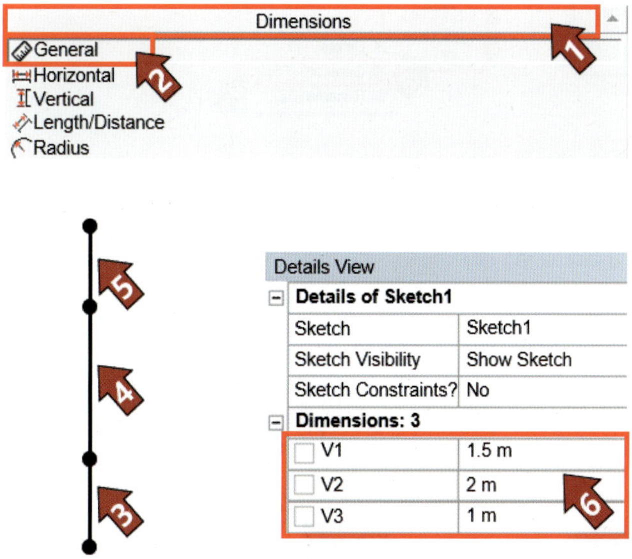

그림 8 기하모델 치수 입력

치수 정의가 완료된 Sketch는 Line Body의 정의가 필요하다. Concept 메뉴에서 Lines From Sketches를 선택한다. 작도된 점을 선택 후 Generate를 클릭하여 Line Body 정의를 완료한다.

- GUI: Concept 클릭 → Lines From Sketches 클릭 → Sketch1 클릭 → Apply 클릭 → Add Fronzen 클릭 → Line1 우클릭 → Generate 클릭

* 위와 같은 방법으로 Sketch2, 3을 이용해 Line2, 3을 추가로 정의한다.

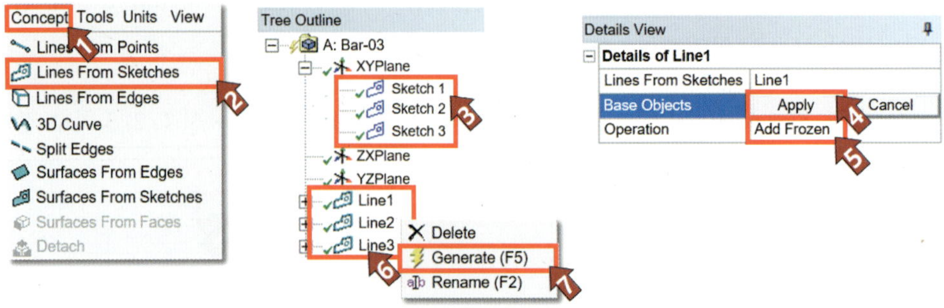

그림 9 Line Body 정의

⑥ 단면 형상 생성 및 입력

단면 형상의 생성 및 입력이 필요하다. Concept 메뉴의 Cross Section에서 단면 형상과 동일한 Circular를 선택하여 치수를 입력한다. 생성된 단면 형상을 모델링 파트에 입력하기 위해 Cross Section에 각각 단면을 지정한다.

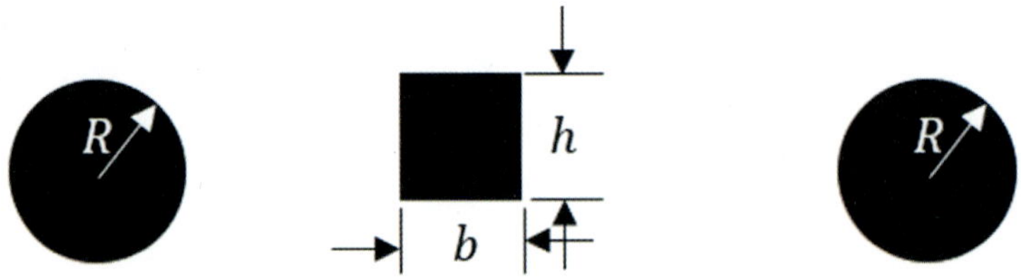

부재 1-2$(R) = 0.20m$　부재 2-3$(b, h) = 0.15m$　부재 3-4$(R) = 0.08m$

그림 10 단면 형상

- GUI: Concept 클릭 → Cross Section 클릭 → Circular 클릭 → Circular1 클릭 → 치수 입력 → Line Body 클릭 → Circular1 선택

* 유사한 방법으로 Rect1과 Circular2 추가 생성 및 입력

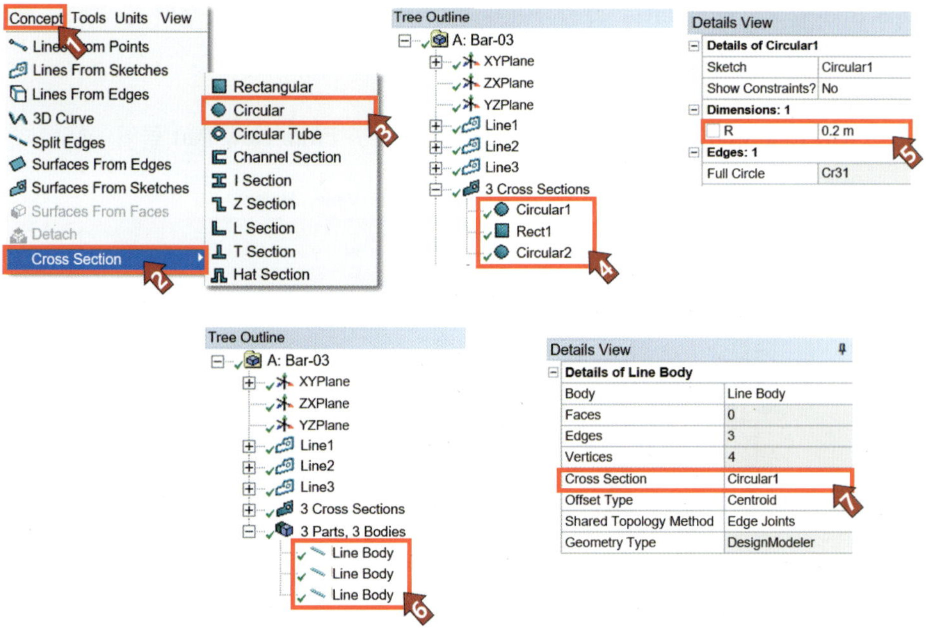

그림 11 단면 형상 생성 및 입력

프레임을 입체로 된 구조물로 시각적으로 확인하기 위해 View 메뉴에서 Cross Section Solids를 클릭한다.

- GUI: View 클릭 → Cross Section Solids 클릭하여 단면 형상 확인

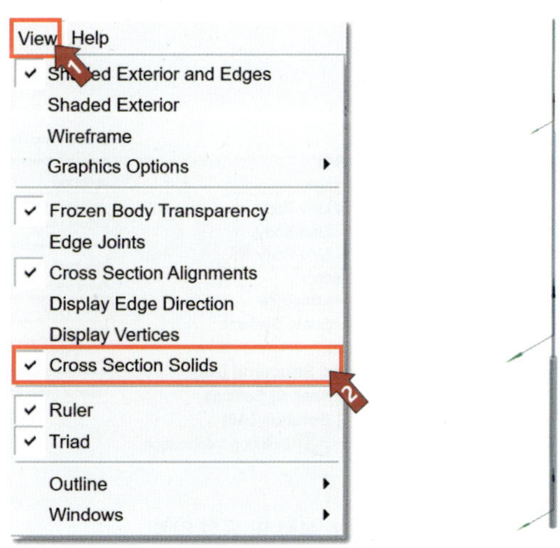

그림 12 단면 형상 확인

Line Body를 하나의 Part로 설정하여야 한다. Line Body를 다중선택 후 Tools 탭의 From New Part를 클릭하여 하나의 Part로 설정한다.

- GUI: Line Body 다중 클릭 → Tools 탭 클릭 → From New Part 클릭

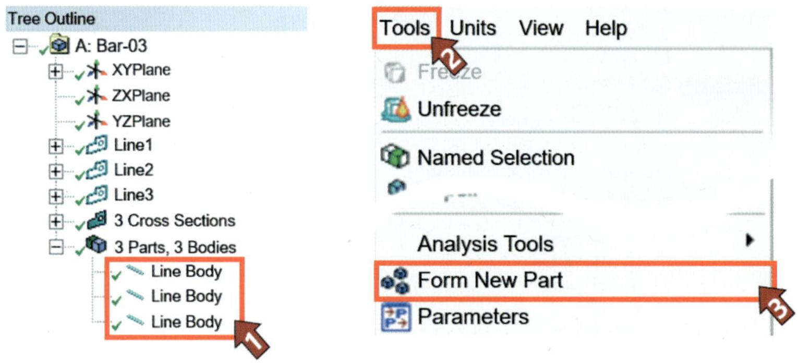

그림 13 Part 생성

⑦ 요소 설정 및 물성 입력

단면 형상 입력 후 요소 설정 및 물성 입력을 위해 Model 환경으로 진입한다. 트러스 요소는 Link/Truss, 물성은 각각의 부재의 재료에 맞게 입력이 필요하다. 그림 14는 요소 설정 및 물성 입력 방법을 보여준다.

- GUI: Model 더블클릭 → Geometry 클릭 → Part 클릭 → Line Body 클릭 → Model Type을 Link/Truss로 설정 → Materials 탭의 Assignment에 각각의 물성 선택

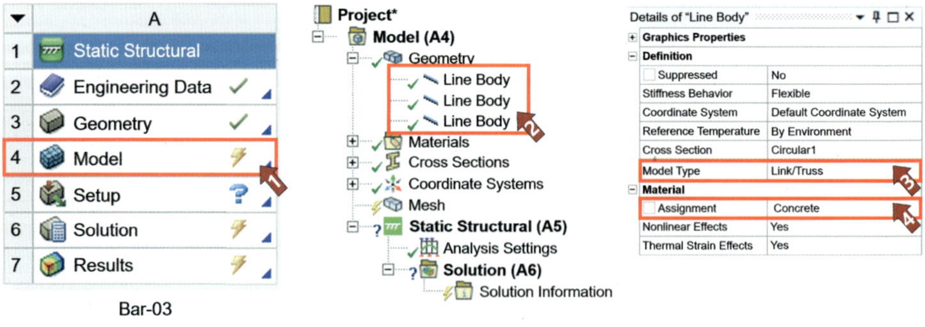

그림 14 요소 설정 및 물성 입력

⑧ 요소 생성

유한요소 모델 생성을 위한 요소 생성단계로 기하모델에 절점과 요소를 생성한다. Link/Truss 요소는 생성 시 반드시 1개의 요소로 나누어질 수 있도록 설정해야 한다. 이에 Number of Divisions를 1로 입력하여 요소를 생성한다. 요소는 그림 15와 같은 방법으로 생성한다. 완료 후 그림 16과 같이 Graphics 창에 요소로 구성된 구조물이 나타난다.

- GUI: Mesh 우클릭 → Insert 클릭 → Sizing 클릭 → (Graphic 창에서) 모델 선택 (다중선택) → Apply 클릭 → Type을 Number of Divisions로 설정 → 1 입력 → Generate Mesh 클릭

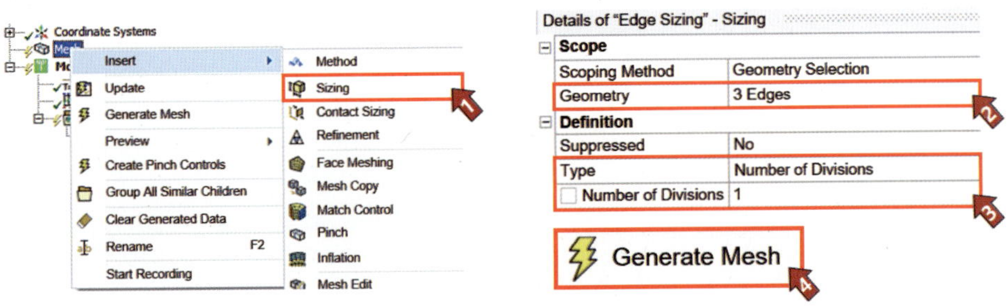

그림 15 요소 생성

그림 16 요소 생성 확인

⑨ 경계조건 및 하중조건 입력

예제의 경계조건은 그림 17과 같이 절점 1은 완전구속 형태의 구속조건, 절점 2, 3, 4에는 각각 40 kN, 10 kN, 20 kN의 하중조건이 작용하고 있다. 기하모델에 경계조건 입력을 위한 방법은 그림 18, 19와 같다.

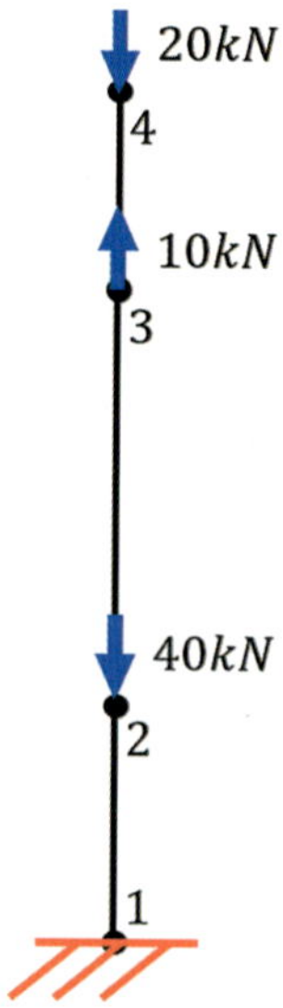

그림 17 경계조건

- GUI: Static Structural 우클릭 → Insert 클릭 → Displacement 클릭 → (Graphic 창에서) 절점 1 클릭 → Apply 클릭 → X Component 0, Y Component 0, Z Component 0 입력

구속조건

절점 1

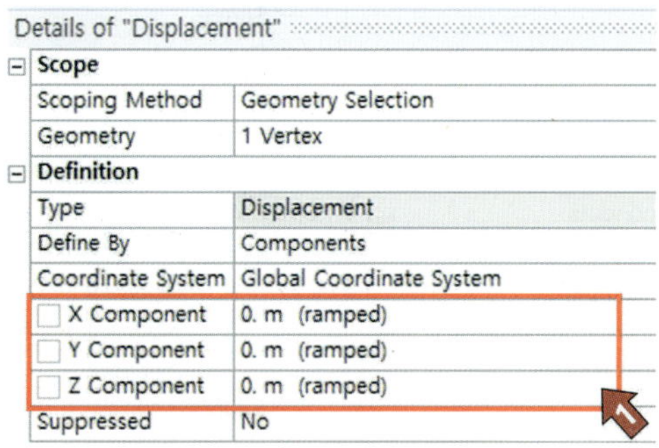

Details of "Displacement"

Scope	
Scoping Method	Geometry Selection
Geometry	1 Vertex
Definition	
Type	Displacement
Define By	Components
Coordinate System	Global Coordinate System
X Component	0. m (ramped)
Y Component	0. m (ramped)
Z Component	0. m (ramped)
Suppressed	No

그림 18 구속조건 입력

- GUI: Static Structural 우클릭 → Insert 클릭 → Force 클릭 → (Graphic 창에서) 절점 2 클릭 → Apply 클릭 → Components 선택 → Y Component −40000 입력

  Static Structural 우클릭 → Insert 클릭 → Force 클릭 → (Graphic 창에서) 절점 3 클릭 → Apply 클릭 → Components 선택 → Y Component 10000 입력

  Static Structural 우클릭 → Insert 클릭 → Force 클릭 → (Graphic 창에서) 절점 4 클릭 → Apply 클릭 → Components 선택 → Y Component −20000 입력

하중조건

절점 2

Details of "Force"	
Scope	
Scoping Method	Geometry Selection
Geometry	1 Vertex
Definition	
Type	Force
Define by	Components
Coordinate System	Global Coordinate System
X Component	0. N (ramped)
Y Component	-40000 N (ramped)
Z Component	0. N (ramped)
Suppressed	No

절점 3

Details of "Force 2"	
Scope	
Scoping Method	Geometry Selection
Geometry	1 Vertex
Definition	
Type	Force
Define by	Components
Coordinate System	Global Coordinate System
X Component	0. N (ramped)
Y Component	10000 N (ramped)
Z Component	0. N (ramped)
Suppressed	No

절점 4

Details of "Force 3"	
Scope	
Scoping Method	Geometry Selection
Geometry	1 Vertex
Definition	
Type	Force
Define by	Components
Coordinate System	Global Coordinate System
X Component	0. N (ramped)
Y Component	-20000 N (ramped)
Z Component	0. N (ramped)
Suppressed	No

그림 19 하중조건 입력

⑩ 후처리 결과 설정

구속조건과 하중조건을 입력하면 정적해석을 위한 작업을 완료하였다. 본 예제는 변위와 절점 1에서의 반력을 도출해야 한다. 이에 결과 확인을 위한 도출할 결과를 선택하여야 한다. 이때 부재에 발생하는 축방향 변형률 결과는 힘의 단위(N)로 나타나며, 변형률로 나타내기 위해서는 반드시 면적과 탄성계수로 나눠줄 필요가 있다.

- GUI: Solution 우클릭 → Insert 클릭 → Deformation 클릭 → Total 클릭

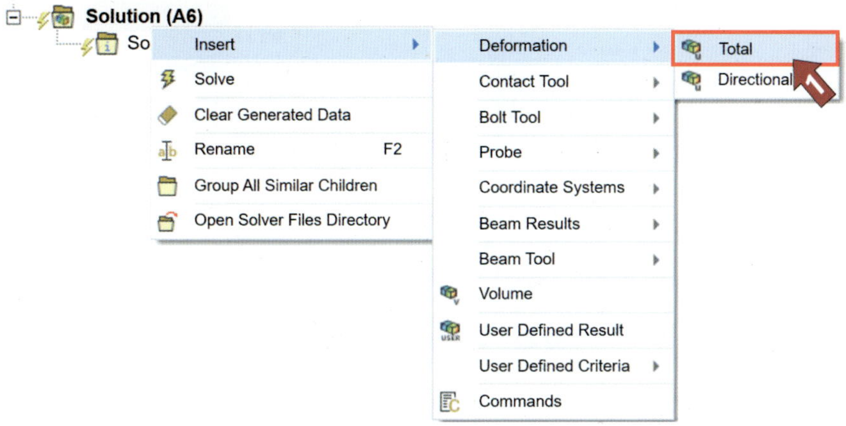

그림 20 최대 변위 결과 설정

- GUI: Solution 우클릭 → Insert 클릭 → Probe 클릭 → Force Reaction 클릭 → Displacement 클릭

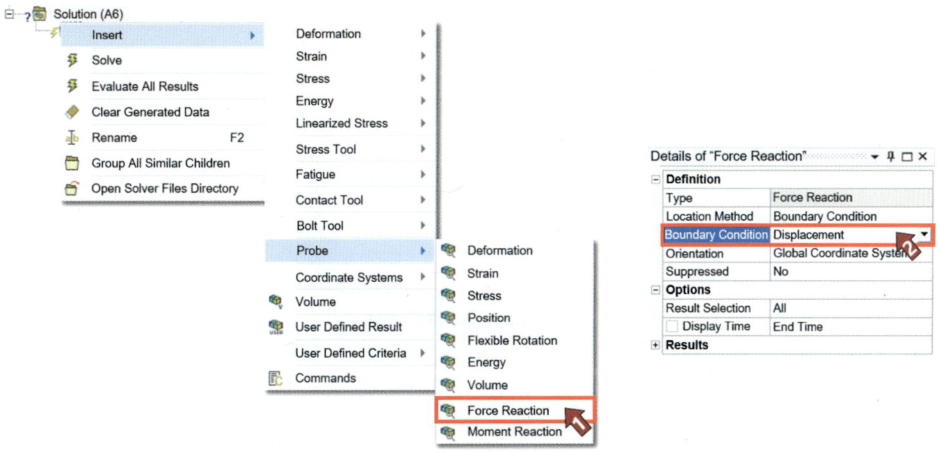

그림 21 반력 결과 설정

- GUI: Solution 우클릭 → Insert 클릭 → Beam Results 클릭 → Axial Force 클릭 → (Graphic 창에서) 부재 2-3 클릭 → Apply 클릭

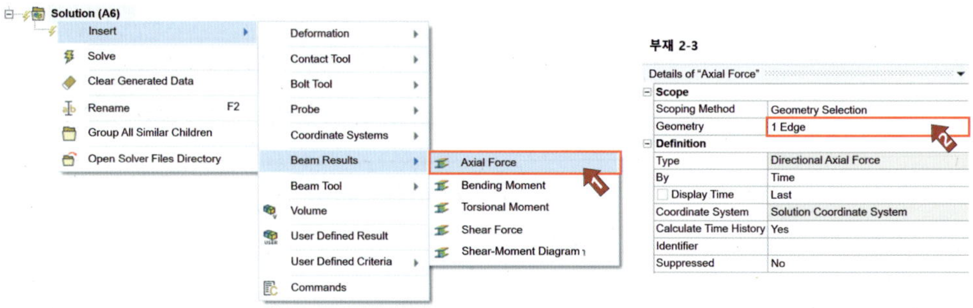

그림 22 축방향 응력 결과 설정

(2) 구조해석 수행

① 구조해석 수행

정적 해석을 위한 방법은 그림 23과 같다.

- GUI: Solution 우클릭 → Solve 클릭

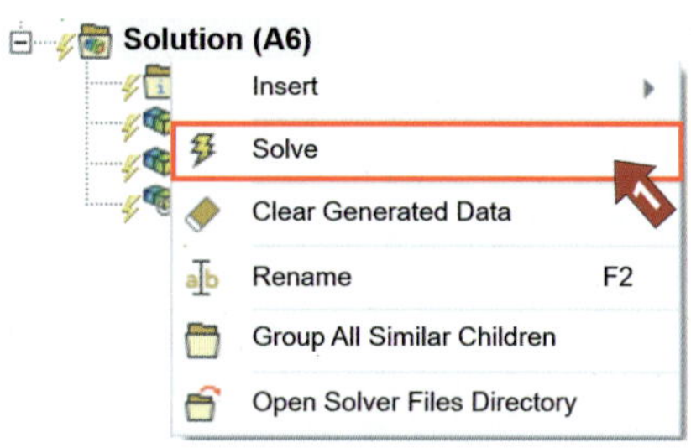

그림 23 구조해석 수행

(3) 후처리 과정

① 결과 확인

Total Deformation, Force Reaction, Axial Force를 클릭하여 구조해석 결과를 확인한다.

• GUI: Total Deformation 클릭 → 결과 확인

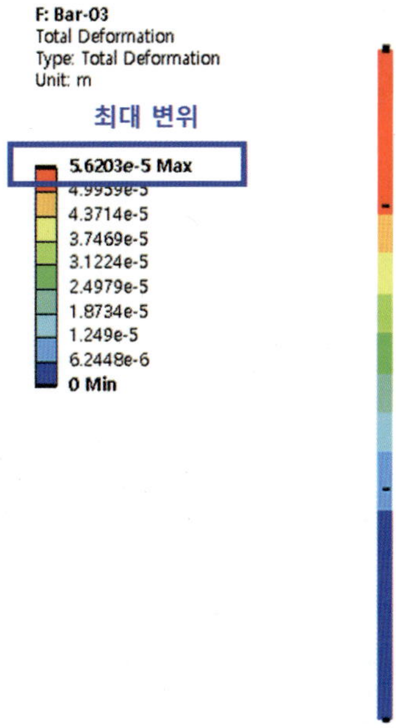

그림 24 최대 변위 결과

• GUI: Force Reaction 클릭 → 결과 확인

Details of "Force Reaction"	
Definition	
Type	Force Reaction
Location Method	Boundary Condition
Boundary Condition	Displacement
Orientation	Global Coordinate System
Suppressed	No
Options	
Result Selection	All
Display Time	End Time
Results	
Maximum Value Over Time	
X Axis	0. N
Y Axis	50000 N
Z Axis	0. N
Total	50000 N

절점 1에서의 반력

그림 25 절점 1에서의 반력 결과

- GUI: Axial Force 클릭 → 결과 확인

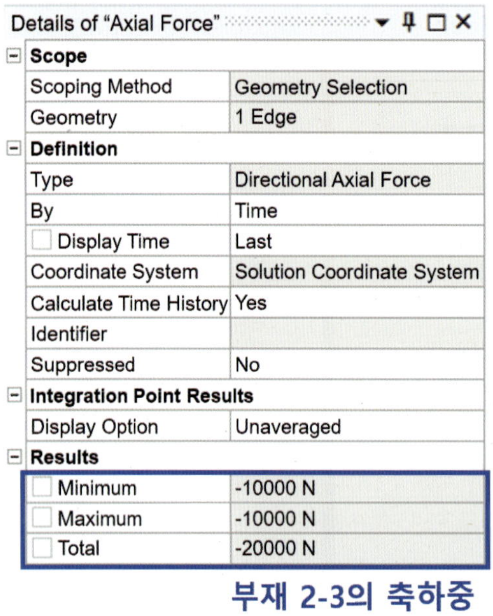

Details of "Axial Force"

Scope	
Scoping Method	Geometry Selection
Geometry	1 Edge
Definition	
Type	Directional Axial Force
By	Time
Display Time	Last
Coordinate System	Solution Coordinate System
Calculate Time History	Yes
Identifier	
Suppressed	No
Integration Point Results	
Display Option	Unaveraged
Results	
Minimum	-10000 N
Maximum	-10000 N
Total	-20000 N

$$\sigma = E\varepsilon \qquad \varepsilon = \frac{P}{AE}$$

$$\varepsilon = \frac{-10{,}000\ N}{4 \times 10^{-4}\ m^2 \times 20 \times 10^9\ N/m^2}$$

$$= -125 \times 10^{-5}$$

그림 26 부재 2-3에서의 변형률 결과

5.8 보(Beam) 문제 (1)

예제 길이 7 m의 보에 수직하중이 작용하고 있다. 보의 단면은 한 변이 0.05 m인 정사각 단면이다. 보의 최대 변위와 절점 1과 2에서의 반력과 모멘트를 구하라. 단, 부재는 알루미늄으로 구성되며 탄성계수는 70×10^9 N/m², 푸아송비는 0.3이다.

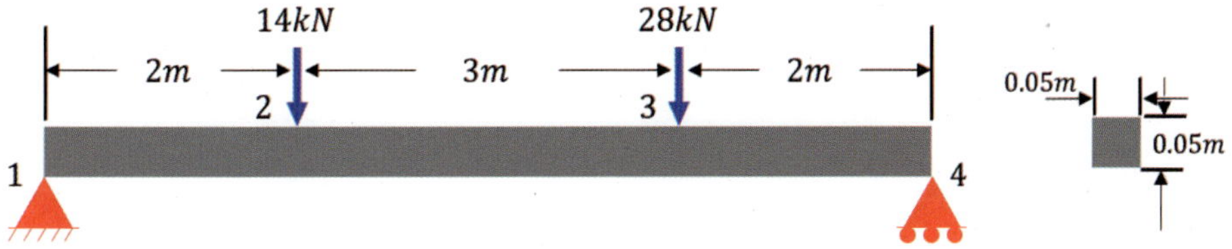

그림 1 보 모델

(1) 전처리 과정

① 단위계 설정 및 해석 종류 설정

다양한 단위계 중 SI 단위계(Metric)로 설정하며, 정적구조(static structural) 해석 시스템 생성을 위해 ANSYS System Toolbox로부터 독립적인 시스템을 생성한다.

- GUI: Units 클릭 → Metric 클릭 → Static Structural 더블클릭 → 이름 설정

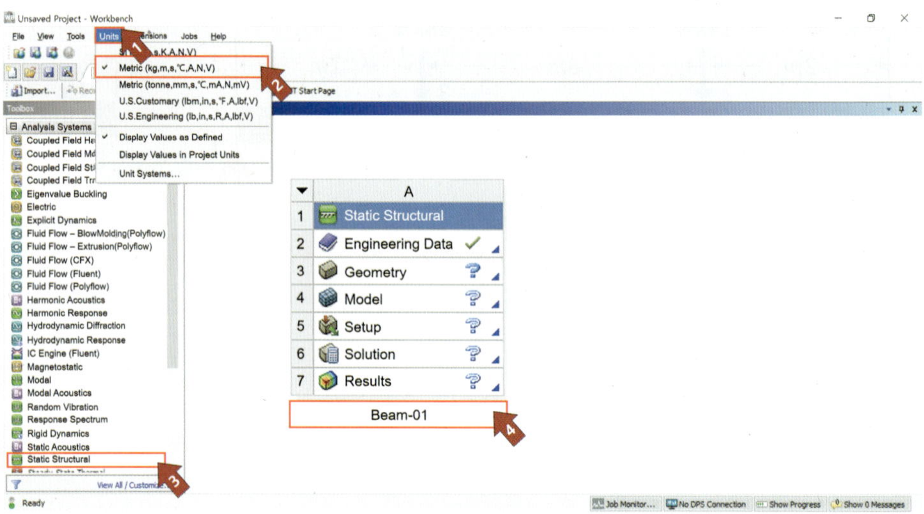

그림 2 단위계 및 해석 종류 설정

② 기계적 물성 입력

보는 알루미늄으로 구성되며, 기계적 물성의 입력이 필요하다.

- GUI: Engineering Data 더블클릭 → 소재 이름 입력(Aluminum) → 엔터 → (좌측 툴박스) Linear Elastic 클릭 → Isotropic Elasticity 더블클릭 → Young's Modulus 입력(70×10^9 N/m^2) → Poisson's Ratio 입력(0.3)

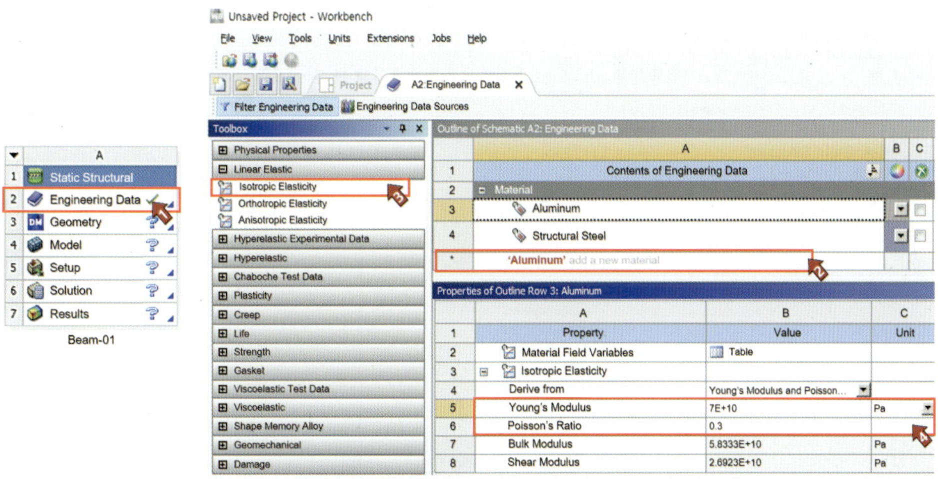

그림 3 알루미늄 기계적 물성 입력

③ DesignModeler Geometry 환경 진입

기하모델 생성을 위해 DesignModeler Geometry 프로그램을 시작한다.

- GUI: Geometry에서 우클릭 → New DesignModeler Geometry 클릭

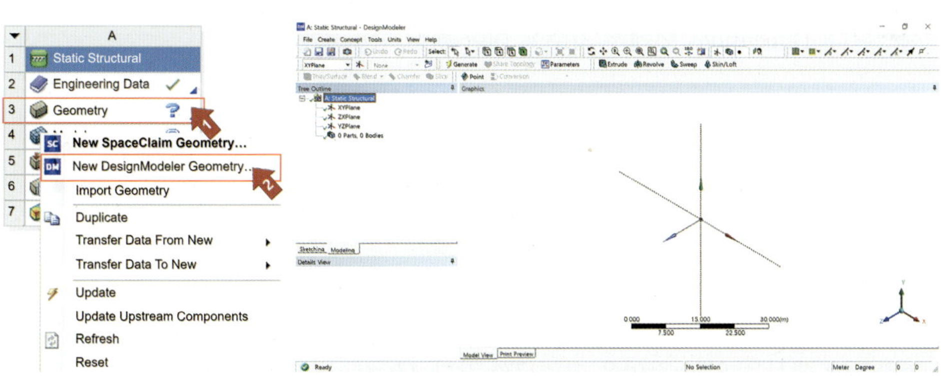

그림 4 DesignModeler Geometry GUI 환경 진입

④ 스케치 평면 설정

기하모델 생성에 앞서 사용자가 모델링을 수행할 평면에 대한 정의가 필요하다.

- GUI: XYPlane 클릭 → Look at Plane 클릭

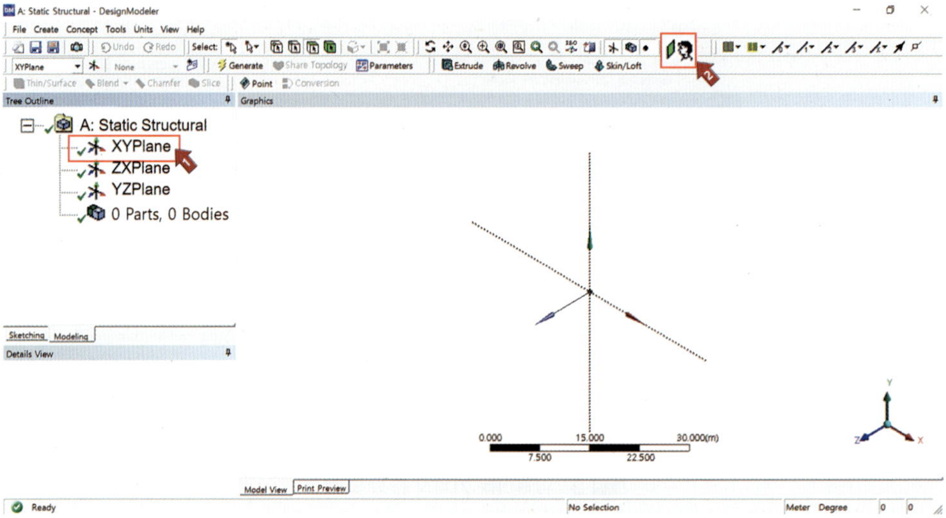

그림 5 스케치 평면 설정

⑤ 기하모델 생성

본 예제는 그림 6과 같은 모델링이 필요하다. Draw 탭에서 3개의 Line을 모델링한다. Sketching 탭으로 전환하면, Tree Outline의 XYPlane 밑에 새로운 이름의 Sketch1이 생성된다. Dimensions 탭에서 치수에 대한 정의가 필요하다.

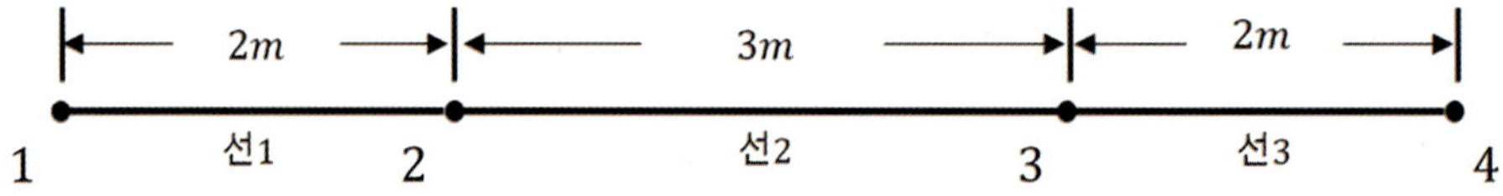

그림 6 기하모델

기하모델 생성을 위한 작업은 그림 7과 같다. Graphics 창에서 3개의 선을 만들기 위해 시작점과 끝점을 클릭하며, 선 1~3을 작도한다.

• GUI: Sketching 클릭 → Draw 클릭 → Line 클릭 → 기하모델 생성

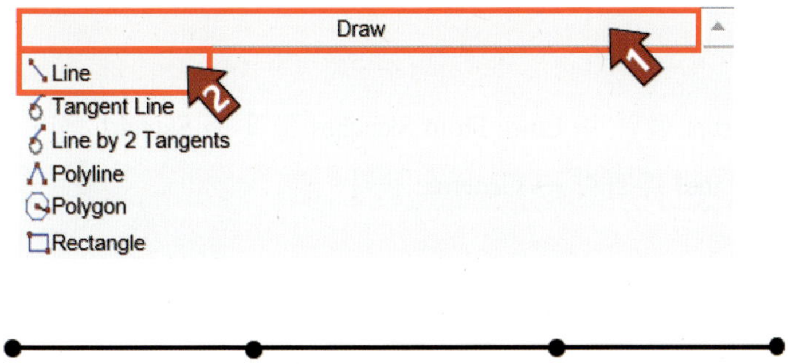

그림 7 기하모델 생성 방법

작도된 기하모델의 치수 정의를 위한 방법은 그림 8과 같다. 작도한 3개의 선을 클릭하여 치수를 입력한다.

• GUI: Sketching 클릭 → Dimensions 클릭 → General 클릭 → 선 1, 2, 3 치수 정의

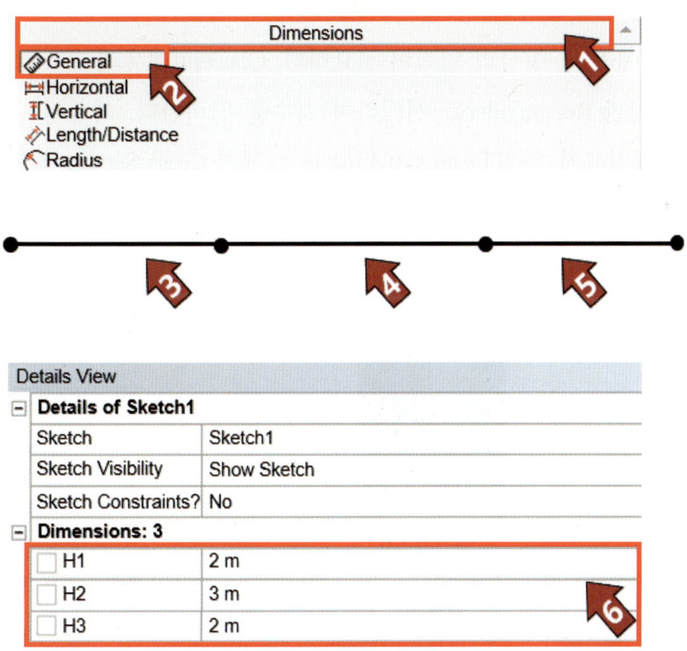

그림 8 기하모델 치수 입력

치수 정의가 완료된 Sketch는 Line Body의 정의가 필요하다. Concept 메뉴에서 Lines From Sketches를 선택한다. 작도된 점을 선택 후 Generate를 클릭하여 Line Body 정의를 완료한다.

- GUI: Concept 클릭 → Lines From Sketches 클릭 → Sketch1 클릭 → Apply 클릭 → Line1 우클릭 → Generate 클릭

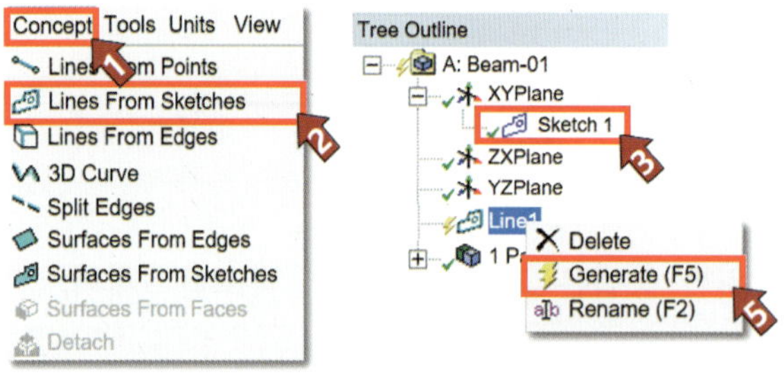

그림 9 Line Body 정의

⑥ 단면 형상 입력 및 좌표계 설정

모델링한 파트에 단면 형상의 입력이 필요하다. Concept 메뉴의 Cross Section에서 단면 형상과 동일한 Rectangular를 선택하여 치수를 입력한다. 생성된 단면 형상을 모델링 파트에 입력하기 위해 Details of Line Body에서 Cross Section에 Rect1을 부여한다. 보 모델의 단면은 기본적으로 Z축을 기준으로 입력되기 때문에 단면 방향이 알맞게 들어갔는지 확인하여야 한다.

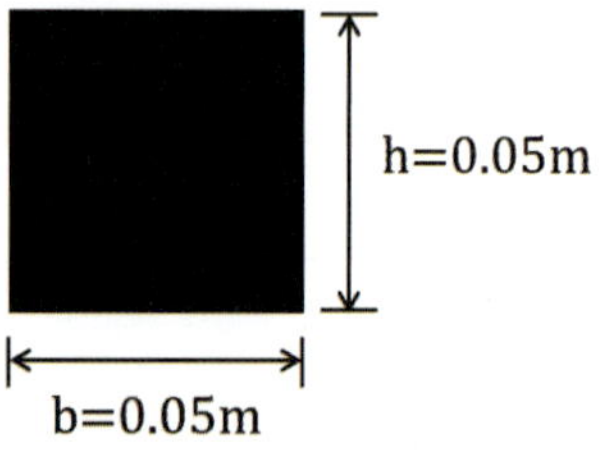

그림 10 사각형 단면 형상

- GUI: Concept 클릭 → Cross Section 클릭 → Rectangular 클릭 → Rect1 클릭 → 치수 입력 → Line Body 클릭 → Rect1 선택

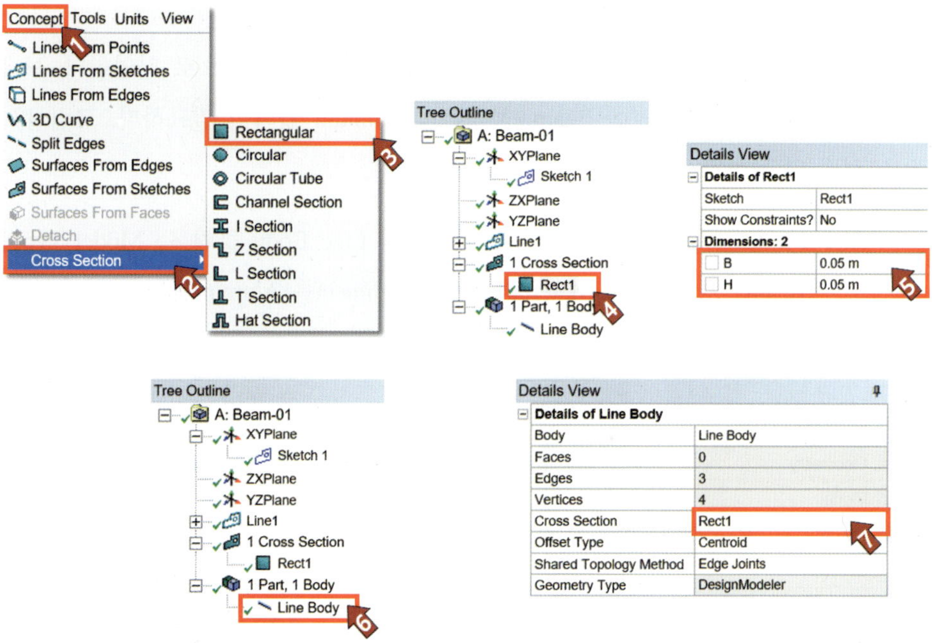

그림 11 단면 형상 생성 및 입력

프레임을 입체로 된 구조물로 시각적으로 확인하기 위해 View 메뉴에서 Cross Section Solids를 클릭한다.

- GUI: View 클릭 → Cross Section Solids 클릭하여 단면 형상 확인

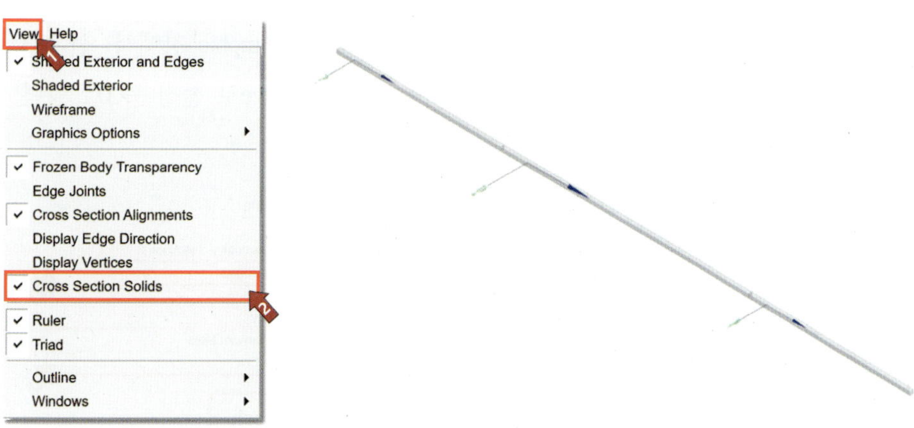

그림 12 단면 형상 확인

⑦ 요소 설정 및 물성 입력

단면 형상 입력 후 요소 설정 및 물성 입력을 위해 Model 환경으로 진입한다. 보 문제를 풀기 위해 모델 타입을 Beam, 물성은 Aluminum 입력이 필요하다. 그림 13은 요소 설정 및 물성 입력 방법을 보여준다.

- GUI: Model 더블클릭 → Geometry 클릭 → Line Body 클릭 → Model Type을 Beam으로 설정 → Material 탭의 Assignment를 Aluminum으로 선택

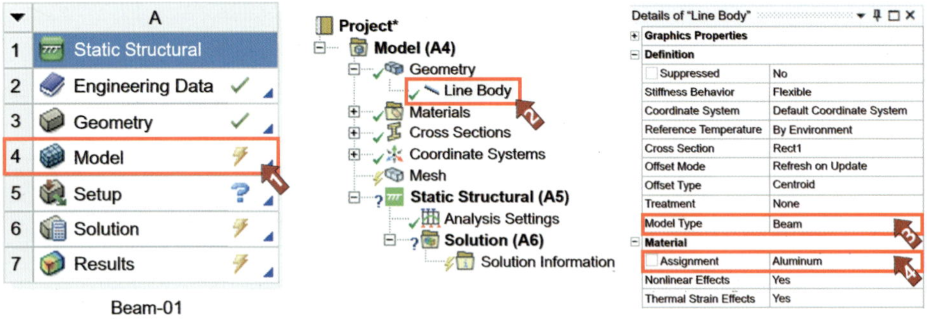

그림 13 요소 설정 및 물성 입력

⑧ 요소 생성

유한요소 모델 생성을 위한 요소 생성단계로 기하모델에 절점과 요소를 생성한다. 요소 크기는 0.1 m로 입력하여 생성한다. 요소는 그림 14와 같은 방법으로 생성한다. 완료 후 그림 15와 같이 Graphics 창에 요소로 구성된 구조물이 나타난다.

- GUI: Mesh 우클릭 → Insert 클릭 → Sizing 클릭 → (Graphic 창에서) 선 1~3 클릭(다중선택) → Apply 클릭 → Type을 Element Size로 설정 → 0.1 입력 → Generate Mesh 클릭

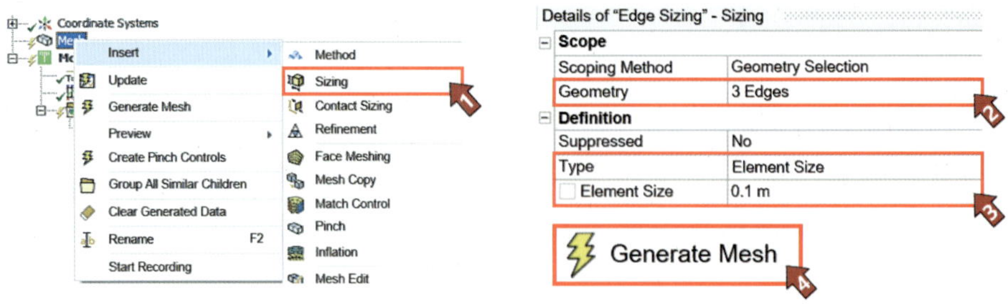

그림 14 요소 생성

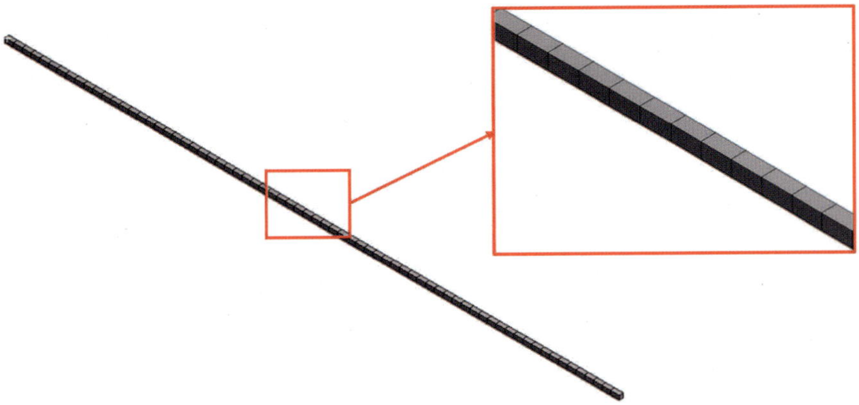

그림 15 요소 생성 확인

⑨ 경계조건 및 하중조건 입력

예제의 경계조건은 그림 16과 같이 절점 1은 핀지지 형태의 경계조건, 절점 4는 롤러 지지 형태의 경계조건을 갖고 있으며, 절점 2, 3에는 각각 14 kN, 28 kN의 집중하중이 작용하고 있다. 기하모델에 경계조건 입력을 위한 방법은 그림 17, 18과 같다.

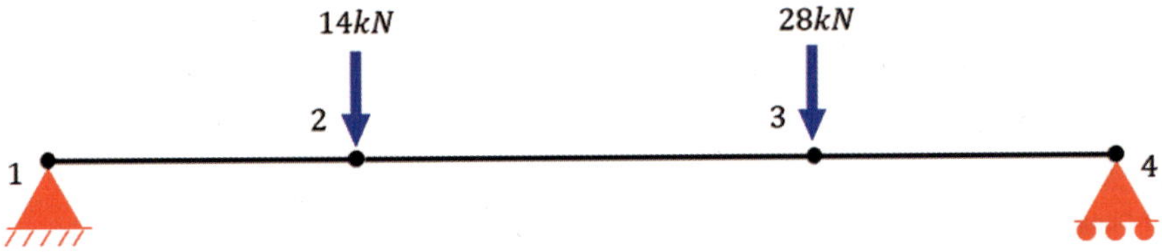

그림 16 경계조건

• GUI: Static Structural 우클릭 → Insert 클릭 → Displacement 클릭 → (Graphic 창에서) 절점 1 클릭 → Apply 클릭 → X Component 0, Y Component 0, Z Component 0 입력

Static Structural 우클릭 → Insert 클릭 → Displacement 클릭 → (Graphic 창에서) 절점 4 클릭 → Apply 클릭 → X Component Free, Y Component 0, Z Component 0 입력

Static Structural 우클릭 → Insert 클릭 → Fixed Rotation 클릭 → (Graphic 창에서) 절점 1 클릭 → Apply 클릭 → X Component Fixed, Y Component Fixed, Z Component Free 입력

Static Structural 우클릭 → Insert 클릭 → Fixed Rotation 클릭 → (Graphic 창에서) 절점 4 클릭 → Apply 클릭 → X Component Fixed, Y Component Fixed, Z Component Free 입력

구속조건

절점 1

Details of "Displacement"

Scope	
Scoping Method	Geometry Selection
Geometry	1 Vertex
Definition	
Type	Displacement
Define By	Component
Coordinate System	Global Coordinate System
X Component	0. m (ramped)
Y Component	0. m (ramped)
Z Component	0. m (ramped)
Suppressed	No

1

절점 4

Details of "Displacement 2"

Scope	
Scoping Method	Geometry Selection
Geometry	1 Vertex
Definition	
Type	Displacement
Define By	Component
Coordinate System	Global Coordinate System
X Component	Free
Y Component	0. m (ramped)
Z Component	0. m (ramped)
Suppressed	No

2

절점 1

Details of "Fixed Rotation"

Scope	
Scoping Method	Geometry Selection
Geometry	1 Vertex
Definition	
Type	Fixed Rotation
Coordinate System	Global Coordinate System
Rotation X	Fixed
Rotation Y	Fixed
Rotation Z	Free
Suppressed	No

3

절점 4

Details of "Fixed Rotation 2"

Scope	
Scoping Method	Geometry Selection
Geometry	1 Vertex
Definition	
Type	Fixed Rotation
Coordinate System	Global Coordinate System
Rotation X	Fixed
Rotation Y	Fixed
Rotation Z	Free
Suppressed	No

4

그림 17 구속조건 입력

- GUI: Static Structural 우클릭 → Insert 클릭 → Force 클릭 → (Graphic 창에서) 절점 2 클릭 → Apply 클릭 → Components 선택 → Y Component −14000 입력
  Static Structural 우클릭 → Insert 클릭 → Force 클릭 → (Graphic 창에서) 절점 3 클릭 → Apply 클릭 → Components 선택 → Y Component −28000 입력

하중조건

절점 2 **절점 3**

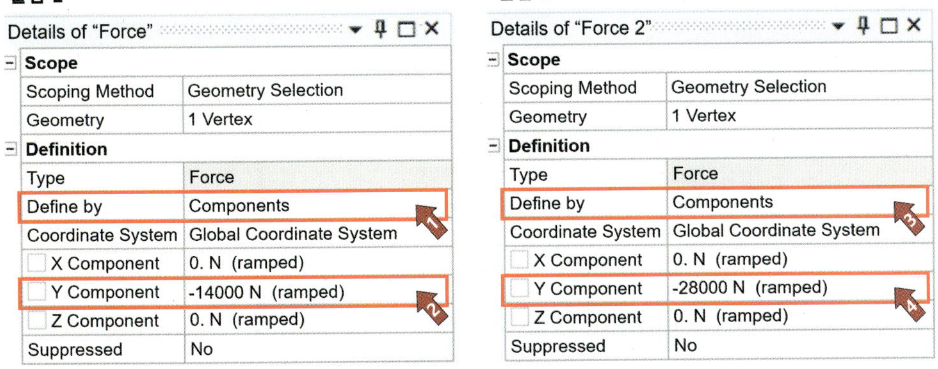

그림 18 하중조건 입력

⑩ 후처리 결과 설정

구속조건과 하중조건을 입력하면 정적해석을 위한 작업을 완료하였다. 본 예제는 보의 최대 처짐과 절점 1과 4에서의 반력을 도출해야 한다. 이에 결과 확인을 위한 도출할 결과를 선택하여야 한다.

- GUI: Solution 우클릭 → Insert 클릭 → Deformation 클릭 → Total 클릭

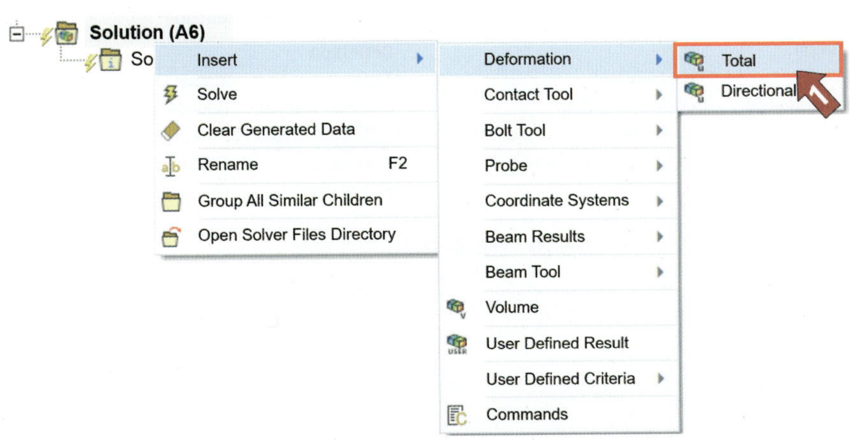

그림 19 최대 변위 결과 설정

- GUI: Solution 우클릭 → Insert 클릭 → Probe 클릭 → Force Reaction 클릭 → Displacement 선택

  Solution 우클릭 → Insert 클릭 → Probe 클릭 → Moment Reaction 클릭 → Fixed Rotation 선택

* 위와 같은 방법으로 절점 4에 대한 반력과 모멘트 결과를 추가로 정의한다.

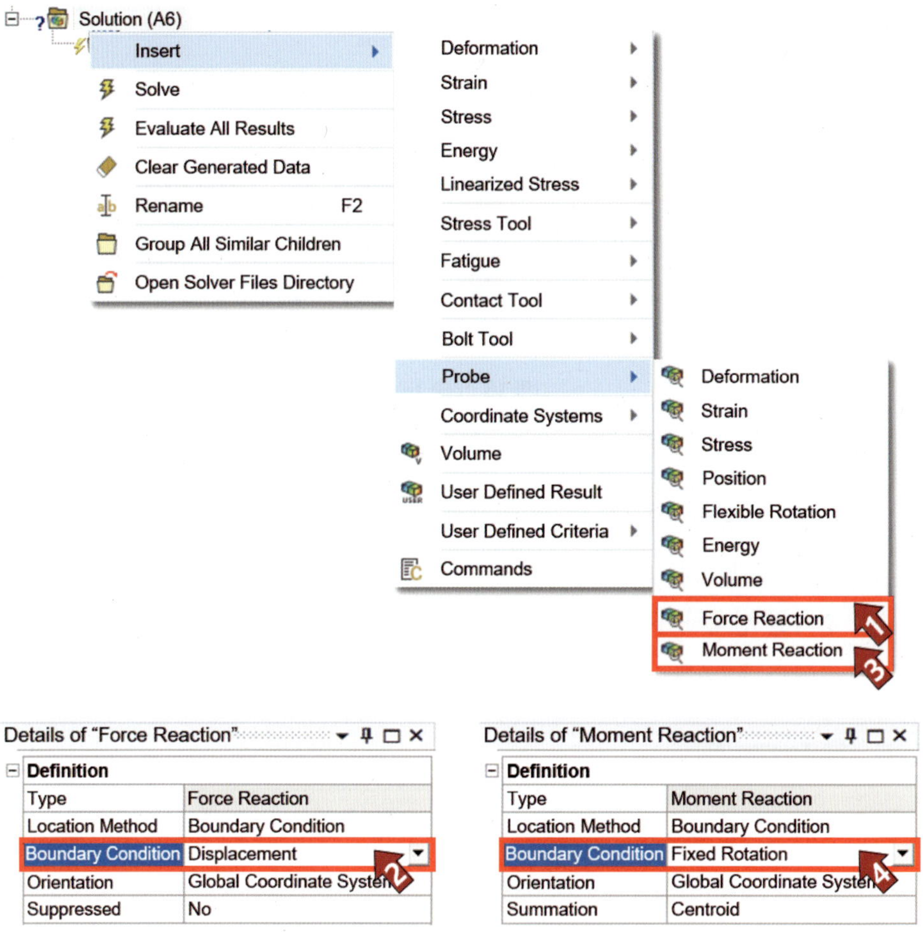

그림 20 반력 및 모멘트 결과 설정

(2) 구조해석 수행

① 구조해석 수행

정적 해석을 위한 방법은 그림 21과 같다.

- GUI: Solution 우클릭 → Solve 클릭

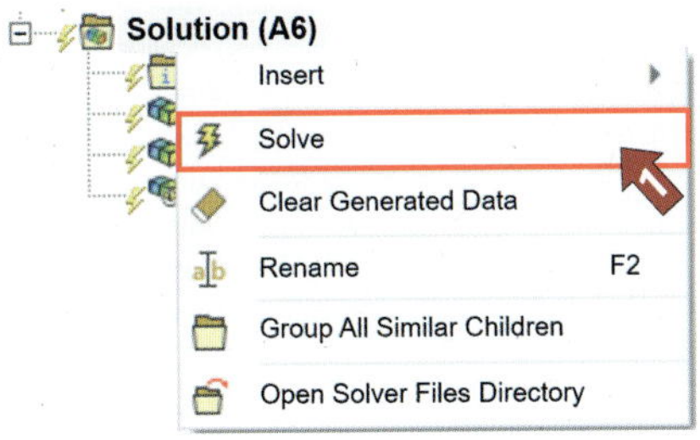

그림 21 구조해석 수행

(3) 후처리 과정

① 결과 확인

Total Deformation, Force Reaction을 클릭하여 구조해석 결과를 확인한다.

- GUI: Total Deformation 클릭 → 결과 확인

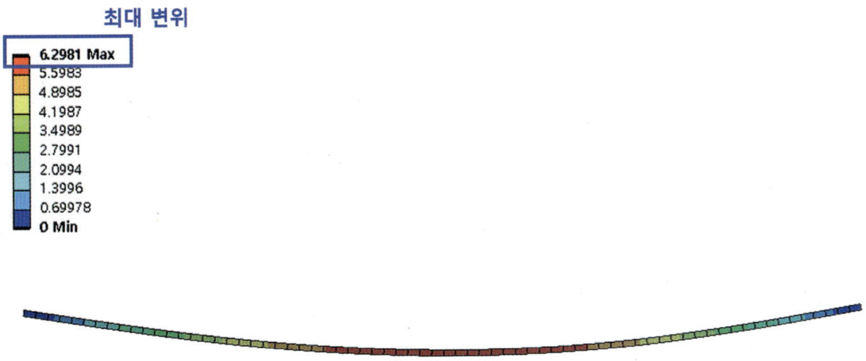

그림 22 최대 변위 결과

- GUI: Force Reaction 클릭 → 반력 결과 확인

  Moment Reaction 클릭 → 모멘트 반력 결과 확인

* 위와 같은 방법으로 절점 4에 대한 반력, 모멘트를 확인한다.

Details of "Force Reaction"

Definition	
Type	Force Reaction
Location Method	Boundary Condition
Boundary Condition	Displacement
Orientation	Global Coordinate System
Suppressed	No
Options	
Result Selection	All
Display Time	End Time
Results	
Maximum Value Over Time	
X Axis	0. N
Y Axis	18000 N
Z Axis	0. N
Total	18000 N

절점 1에서의 반력

Details of "Moment Reaction"

Definition	
Type	Moment Reaction
Location Method	Boundary Condition
Boundary Condition	Fixed Rotation
Orientation	Global Coordinate System
Summation	Centroid
Suppressed	No
Options	
Result Selection	All
Display Time	End Time
Results	
Maximum Value Over Time	
X Axis	-3.7263e-014 N·m
Y Axis	-7.6233e-015 N·m
Z Axis	0. N·m
Total	3.8035e-014 N·m

절점 1에서의 모멘트 반력

그림 23 절점 1에서의 반력 결과

5.9 보(Beam) 문제 (2)

예제 I보에 분포하중이 작용하고 있다. 보의 최대 처짐과 절점 3에서의 반력과 모멘트를 구하라. 단, 부재는 알루미늄으로 구성되며 탄성계수는 70×10^9 N/m^2, 푸아송비는 0.3이다.

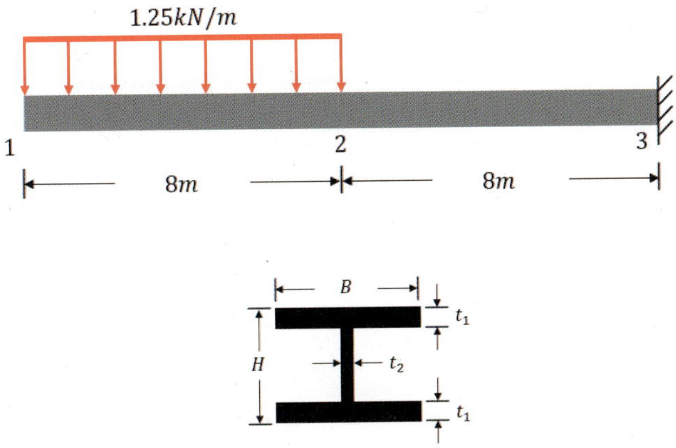

공칭치수 (mm)	표준단면치수 (mm)		
	$H \times B$	t_1	t_2
150×150	150×150	7	10

그림 1 보 모델

(1) 전처리 과정

① 단위계 설정 및 해석 종류 설정

다양한 단위계 중 SI 단위계(Metric)로 설정하며, 정적구조(Static Structural) 해석 시스템 생성을 위해 ANSYS System Toolbox로부터 독립적인 시스템을 생성한다.

- GUI: Units 클릭 → Metric 클릭 → Static Structural 더블클릭 → 이름 설정

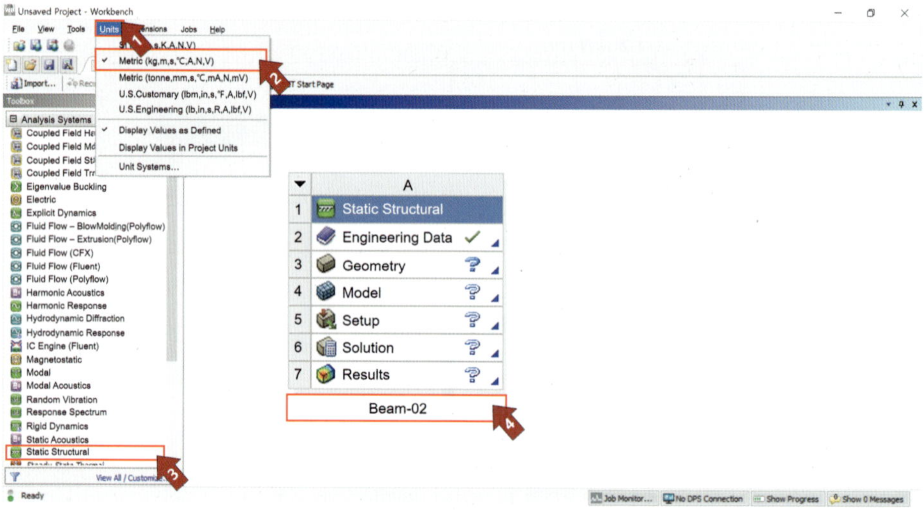

그림 2 단위계 및 해석 종류 설정

② 기계적 물성 입력

보는 알루미늄으로 구성되며, 기계적 물성의 입력이 필요하다.

- GUI: Engineering Data 더블클릭 → 소재 이름 입력(Aluminum) → 엔터 → (좌측 툴박스) Linear Elastic 클릭 → Isotropic Elasticity 더블클릭 → Young's Modulus 입력(70×10^9 N/m^2) → Poisson's Ratio 입력(0.3)

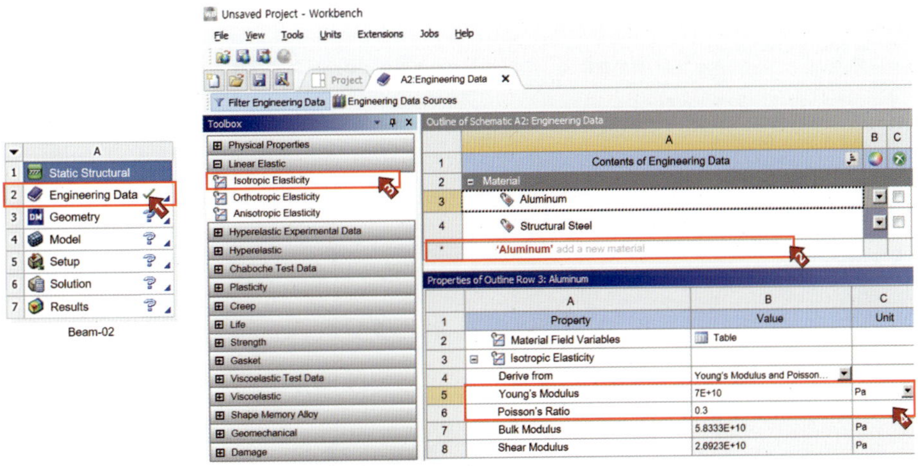

그림 3 알루미늄 기계적 물성 입력

③ DesignModeler Geometry 환경 진입

기하모델 생성을 위해 DesignModeler Geometry 프로그램을 시작한다.

- GUI: Geometry에서 우클릭 → New DesignModeler Geometry 클릭

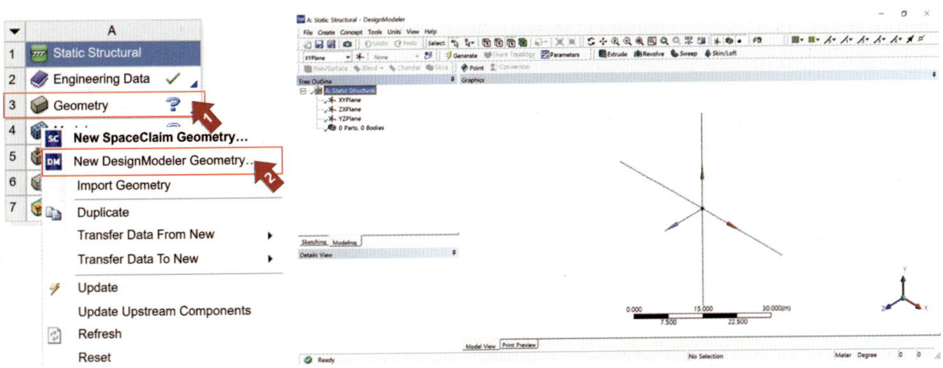

그림 4 DesignModeler Geometry GUI 환경 진입

④ 스케치 평면 설정

기하모델 생성에 앞서 사용자가 모델링을 수행할 평면에 대한 정의가 필요하다.

- GUI: XYPlane 클릭 → Look at Plane 클릭

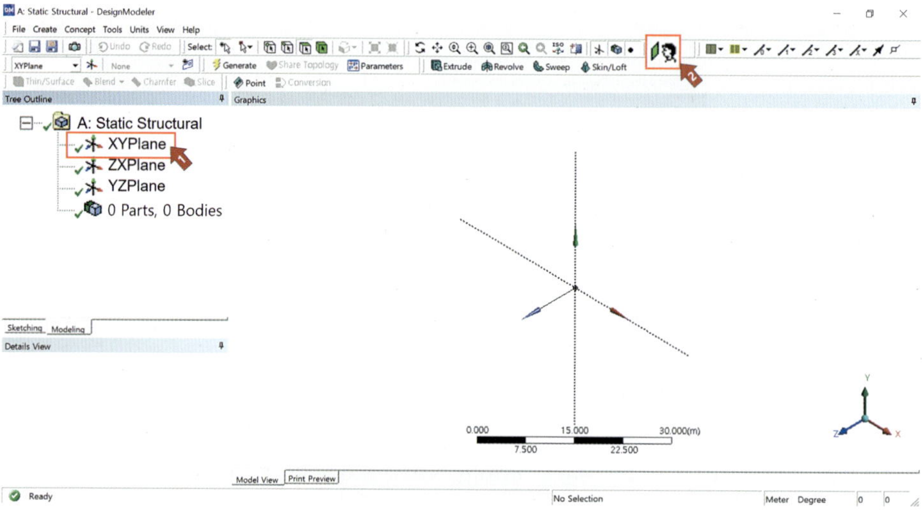

그림 5 스케치 평면 설정

⑤ 기하모델 생성

본 예제는 그림 6과 같은 모델링이 필요하다. Draw 탭에서 2개의 Line을 모델링한다. Sketching 탭으로 전환하면, Tree Outline의 XYPlane 밑에 새로운 이름의 Sketch1이 생성된다. Dimensions 탭에서 치수에 대한 정의가 필요하다.

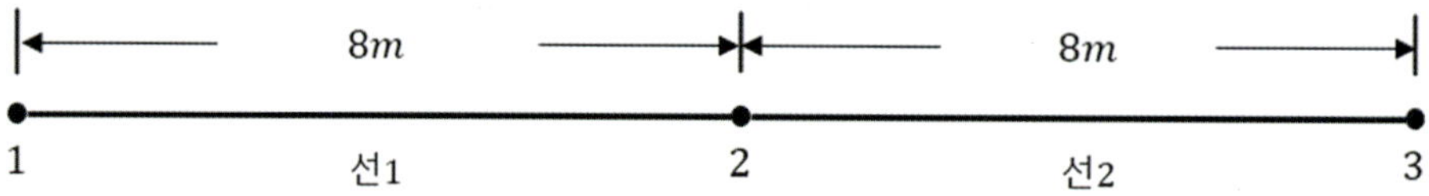

그림 6 기하모델

기하모델 생성을 위한 작업은 그림 7과 같다. Graphics 창에서 2개의 선을 만들기 위해 시작점과 끝점을 클릭하며, 선 1과 2를 작도한다.

- GUI: Sketching 클릭 → Draw 클릭 → Line 클릭 → 기하모델 생성

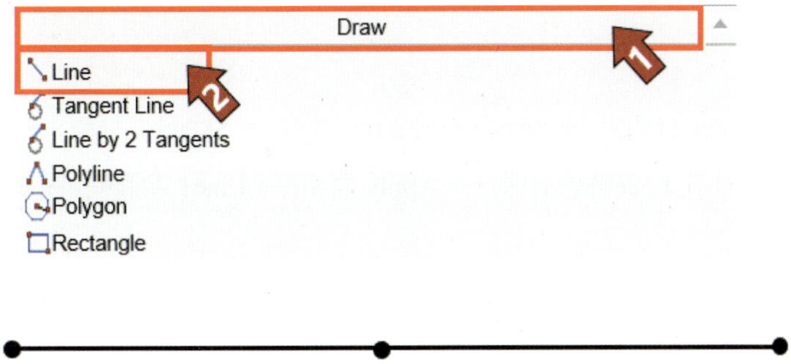

그림 7 기하모델 생성 방법

작도된 기하모델의 치수 정의를 위한 방법은 그림 8과 같다. 작도한 2개의 선을 클릭하여 치수를 입력한다.

- GUI: Sketching 클릭 → Dimensions 클릭 → General 클릭 → 선 1, 2 치수 정의

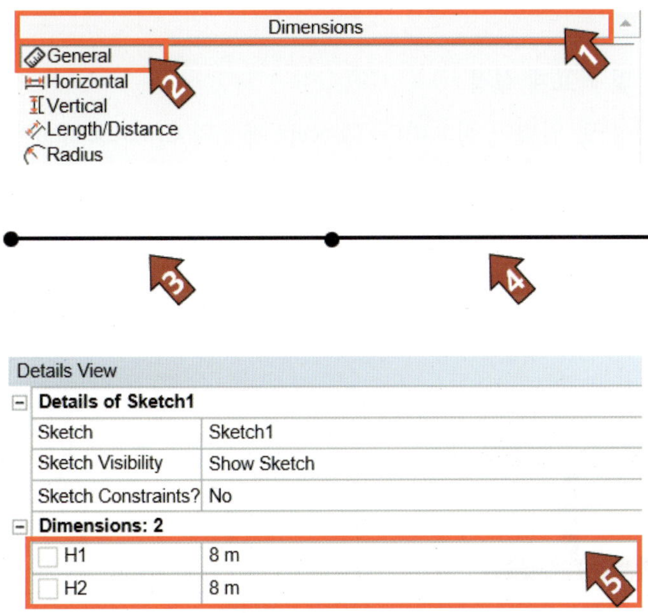

그림 8 기하모델 치수 입력

치수 정의가 완료된 Sketch는 Line Body의 정의가 필요하다. Concept 메뉴에서 Lines From Points를 선택한다. 작도된 점을 선택 후 Generate를 클릭하여 Line Body 정의를 완료한다.

- GUI: Concept 클릭 → Lines From Points 클릭 → Sketch1 클릭 → (Graphic 창에서) 절점 1, 2(다중선택) → Apply 클릭 → Line1 우클릭 → Generate 클릭

* 위와 같은 방법으로 절점 2, 3을 이용하여 Line2를 추가로 정의한다.

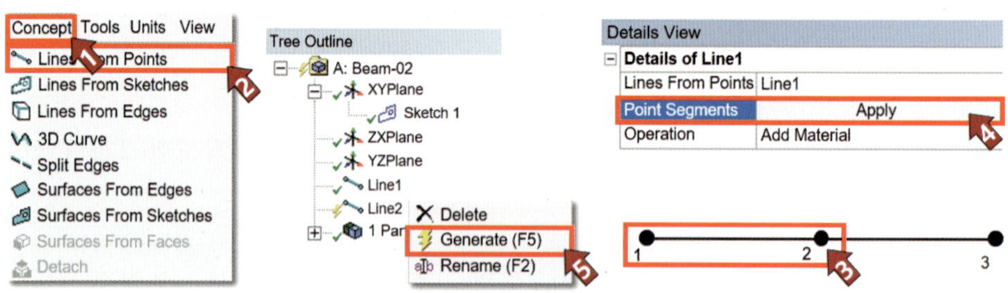

그림 9 Line Body 정의

⑥ 단면 형상 입력 및 좌표계 설정

단면 형상의 생성 및 입력이 필요하다. Concept 메뉴의 Cross Section에서 단면 형상과 동일한 I Section을 선택하여 치수를 입력한다. 생성된 단면 형상을 모델링 파트에 입력하기 위해 Details of Line Body에서 Cross Section에 I1을 부여한다. 보 모델의 단면은 기본적으로 Z축을 기준으로 입력되기 때문에 단면 방향을 하중 방향인 Y방향으로 설정이 필요하다.

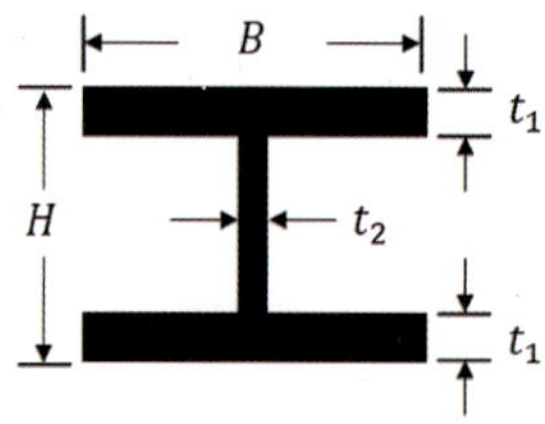

공칭치수 (mm)	표준단면치수 (mm)		
	$H \times B$	t_1	t_2
150 × 150	150 × 150	7	10

그림 10 I보 단면 형상

- GUI: Concept 클릭 → Cross Section 클릭 → I Section 클릭 → I1 클릭 → 치수 입력 → Line Body 클릭 → Cross Section에 I1 입력 → Line Body 우클릭 → Select Unaligned Line Edges 클릭 → Cross Section Alignment 클릭 → 화면의 Y축 클릭 → Apply 클릭

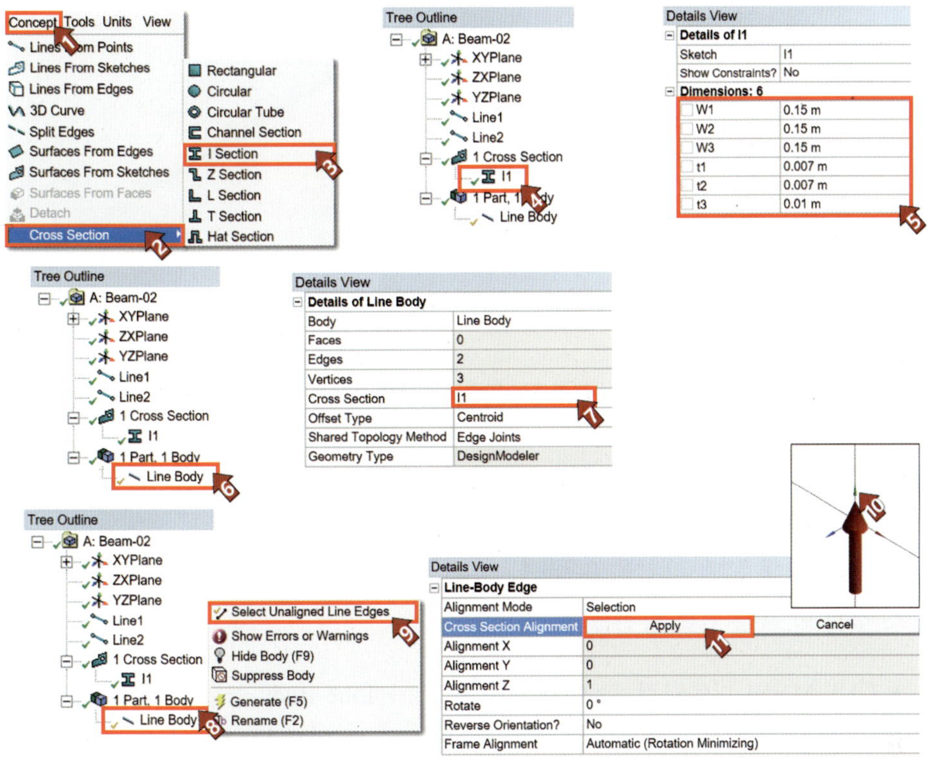

그림 11 단면 형상 생성, 입력 및 좌표계 설정

프레임을 입체로 된 구조물로 시각적으로 확인하기 위해 View 메뉴에서 Cross Section Solids를 클릭한다. 보 모델의 단면이 하중 방향인 Y방향으로 올바르게 입력되었는지 확인한다.

• GUI: View 클릭 → Cross Section Solids 클릭하여 단면 형상 확인

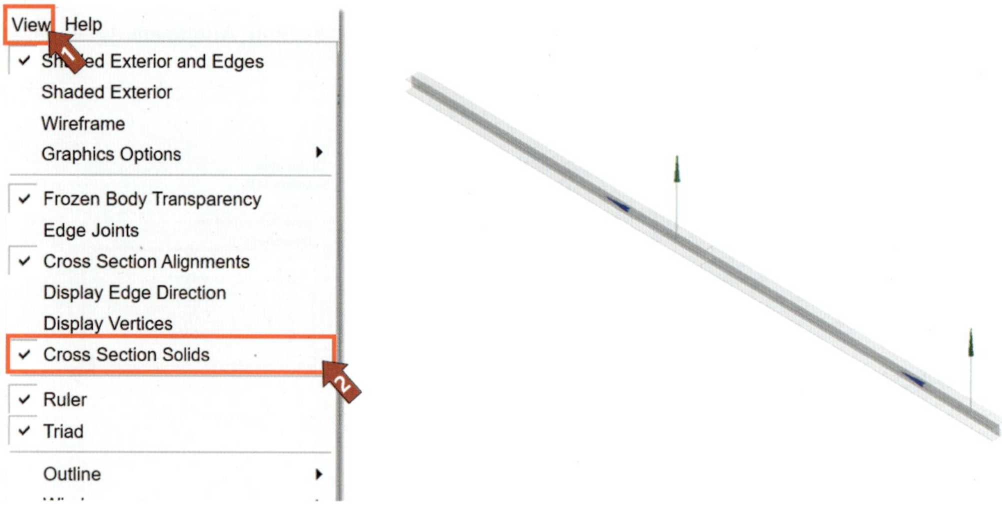

그림 12 단면 형상 확인

⑦ 요소 설정 및 물성 입력

단면 형상 입력 후 요소 설정 및 물성 입력을 위해 Model 환경으로 진입한다. 보 문제를 풀기 위해 모델 타입을 Beam, 물성은 Aluminum 입력이 필요하다. 그림 13은 요소 설정 및 물성 입력 방법을 보여준다.

• GUI: Model 더블클릭 → Geometry 클릭 → Line Body 클릭 → Model Type을 Beam으로 설정 → Materials 탭의 Assignment를 Aluminum으로 선택

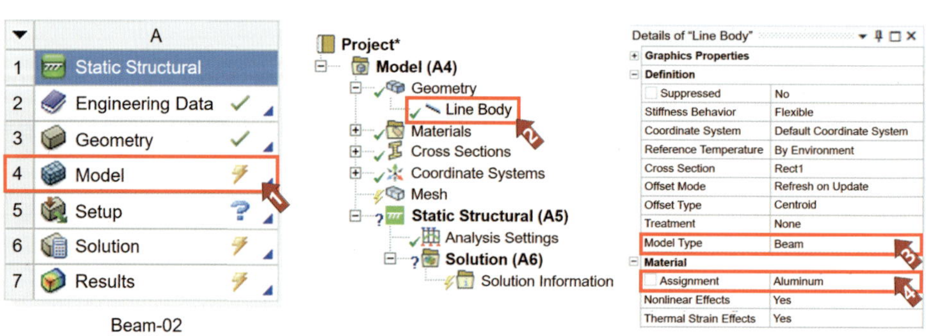

그림 13 요소 설정 및 물성 입력

⑧ 요소 생성

유한요소 모델 생성을 위한 요소 생성단계로 기하모델에 절점과 요소를 생성한다. 요소 크기는 0.1 m로 입력하여 생성한다. 요소는 그림 14와 같은 방법으로 생성한다. 완료 후 그림 15와 같이 Graphics 창에 요소로 구성된 구조물이 나타난다.

- GUI: Mesh 우클릭 → Insert 클릭 → Sizing 클릭 → (Graphic 창에서) 선 1~2 클릭(다중선택) → Apply 클릭 → Type을 Element Size로 설정 → 0.1 입력 → Generate Mesh 클릭

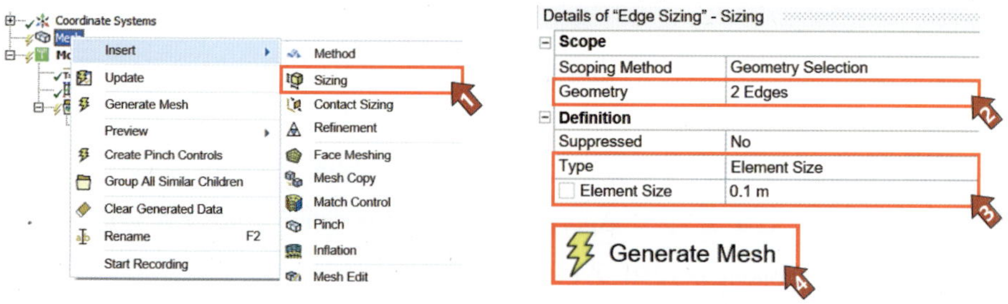

그림 14 요소 생성

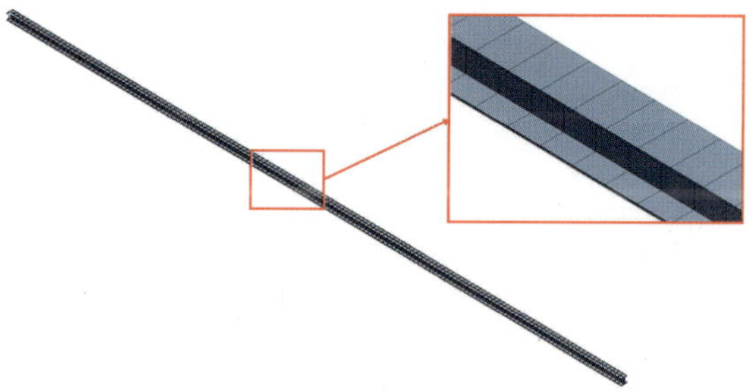

그림 15 요소 생성 확인

⑨ 경계조건 및 하중조건 입력

예제의 경계조건은 그림 16과 같이 절점 3이 완전구속된 외팔보 형태의 경계조건을 갖고 있으며, 선 1에는 1.25 kN/m의 분포하중이 작용하고 있다. 이때 분포하중은 Line Pressure를 이용하여 하중조건을 부여한다. 기하모델에 경계조건 입력을 위한 방법은 그림 17, 18과 같다.

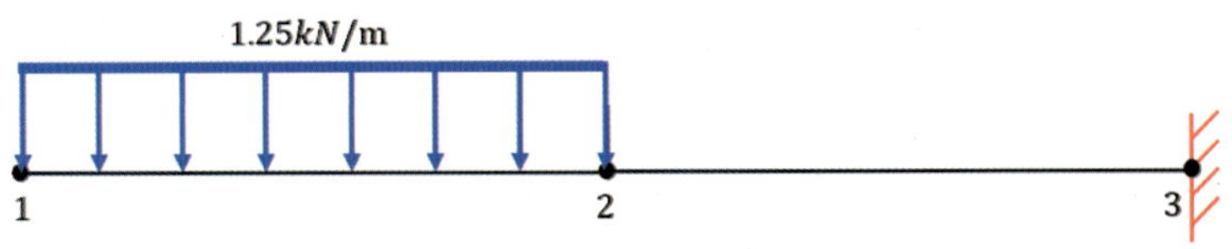

그림 16 경계조건

- GUI: Static Structural 우클릭 → Insert 클릭 → Line Pressure 클릭 → (Graphic 창에서) 선 1 클릭 → Apply 클릭 → Components 선택 → X Component 0, Y Component −1250, Z Component 0 입력

* 화면에서 하중 방향을 꼭 확인한다. 만약 화면의 방향이 반대라면 하중 부호를 변경해야 한다.

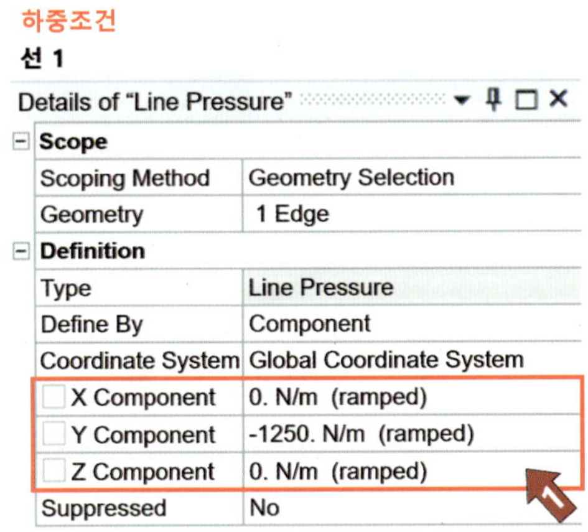

그림 17 하중조건 입력

• GUI: Static Structural 우클릭 → Insert 클릭 → Displacement 클릭 → (Graphic 창에서) 절점 3 클릭 → Apply 클릭 → X Component 0, Y Component 0, Z Component 0 입력

Static Structural 우클릭 → Insert 클릭 → Fixed Rotation 클릭 → (Graphic 창에서) 절점 3 클릭 → Apply 클릭 → X Component Fixed, Y Component Fixed, Z Component Fixed 입력

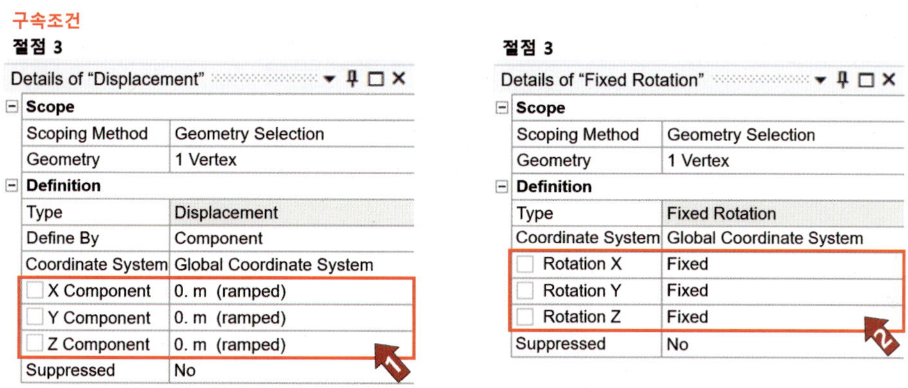

그림 18 구속조건 입력

⑩ 후처리 결과 설정

구속조건과 하중조건을 입력하면 정적해석을 위한 작업을 완료하였다. 본 예제는 보의 최대 처짐과 절점 3에서의 반력을 도출해야 한다. 이에 결과 확인을 위한 도출할 결과를 선택하여야 한다.

• GUI: Solution 우클릭 → Insert 클릭 → Deformation 클릭 → Directional 클릭 → (Graphic 창에서) 절점 3 클릭 → Apply 클릭 → Orientation Y Axis 선택

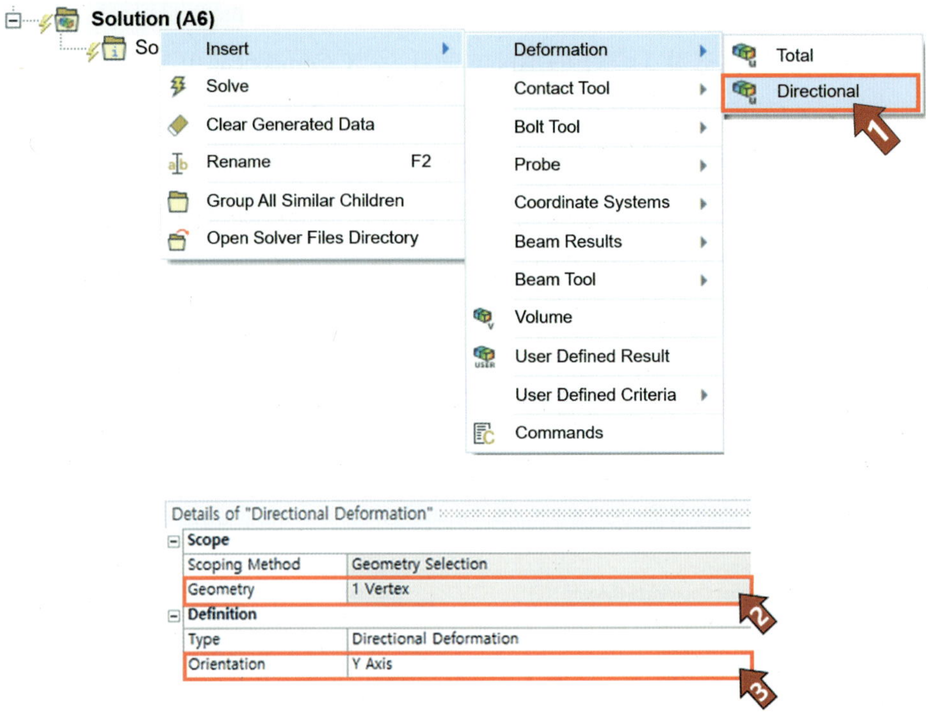

그림 19 최대 처짐 결과 설정

- GUI: Solution 우클릭 → Insert 클릭 → Probe 클릭 → Force Reaction 클릭 → Displacement 선택

  Solution 우클릭 → Insert 클릭 → Probe 클릭 → Moment Reaction 클릭 → Fixed Rotation 선택

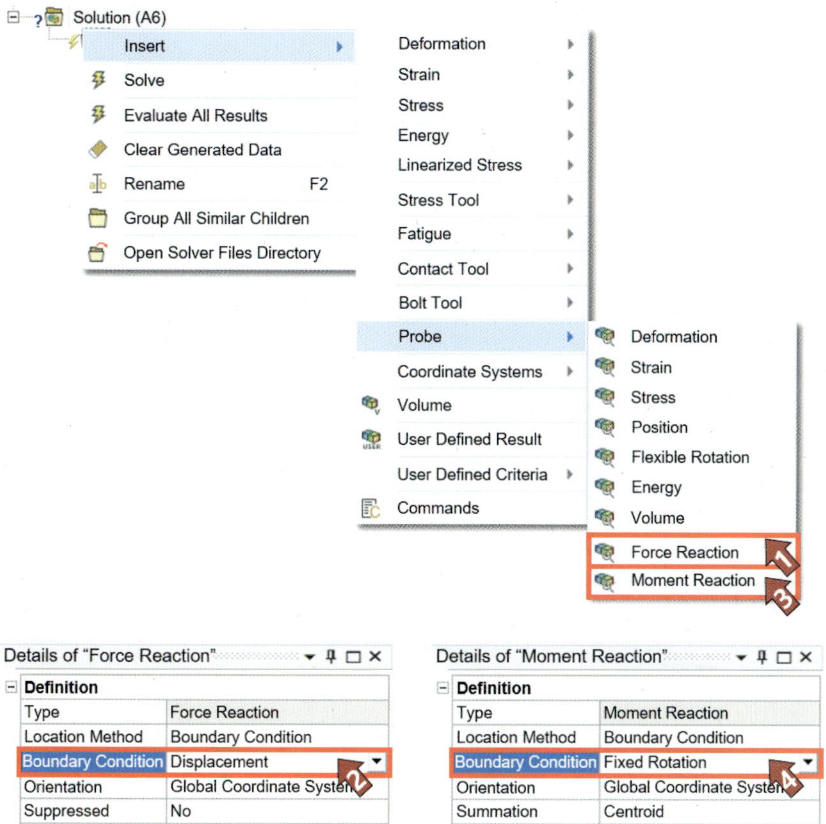

그림 20 반력 및 모멘트 결과 설정

(2) 구조해석 수행

① 구조해석 수행

정적 해석을 위한 방법은 그림 21과 같다.

- GUI: Solution 우클릭 → Solve 클릭

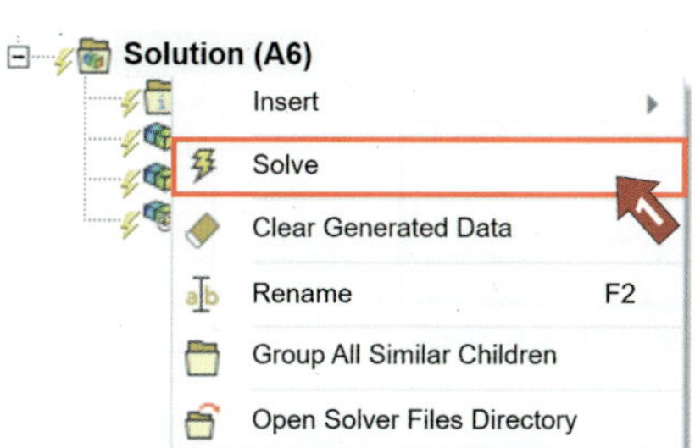

그림 21 구조해석 수행

(3) 후처리 과정

① 결과 확인

Directional Deformation, Force Reaction, Moment Reaction을 클릭하여 구조해석 결과를 확인한다.

- GUI: Directional Deformation 클릭 → 결과 확인

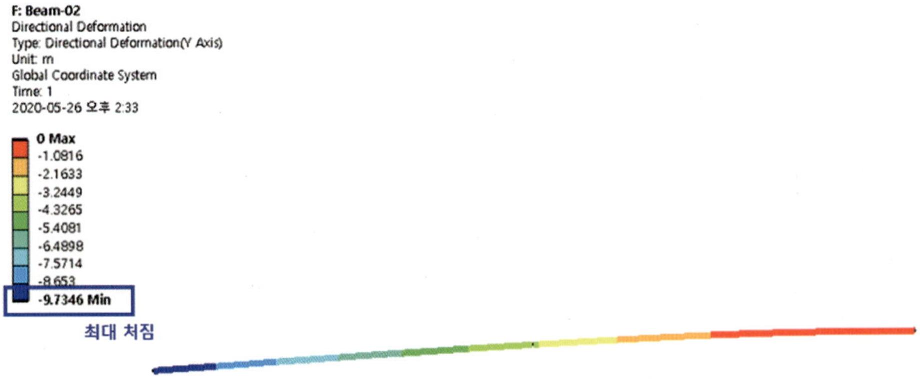

그림 22 최대 처짐 결과

- GUI: Force Reaction 클릭 → 반력 결과 확인

  Moment Reation 클릭 → 모멘트 반력 결과 확인

Details of "Force Reaction"

Definition	
Type	Force Reaction
Location Method	Boundary Condition
Boundary Condition	Displacement
Orientation	Global Coordinate System
Suppressed	No
Options	
Result Selection	All
Display Time	End Time
Results	
Maximum Value Over Time	
X Axis	0. N
Y Axis	10000 N
Z Axis	-8.3045e-009 N
Total	10000 N

절점 3에서의 반력

Details of "Moment Reaction"

Definition	
Type	Moment Reaction
Location Method	Boundary Condition
Boundary Condition	Fixed Rotation
Orientation	Global Coordinate System
Summation	Centroid
Suppressed	No
Options	
Result Selection	All
Display Time	End Time
Results	
Maximum Value Over Time	
X Axis	4.2136e-003 N·m
Y Axis	-8.775e-008 N·m
Z Axis	-1.2e+005 N·m
Total	1.2e+005 N·m

절점 3에서의 모멘트 반력

그림 23 절점 3에서의 반력 결과

5.10 보(Beam) 문제 (3)

예제 I보에 분포하중과 집중하중이 작용하고 있다. 보의 최대 변위와 절점 3에서의 반력과 모멘트를 구하라. 단, 부재는 알루미늄으로 구성되며 탄성계수는 70×10^9 N/m^2, 푸아송비는 0.3이다.

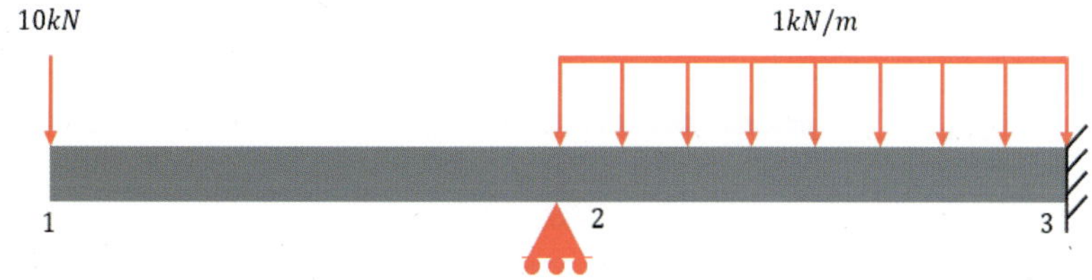

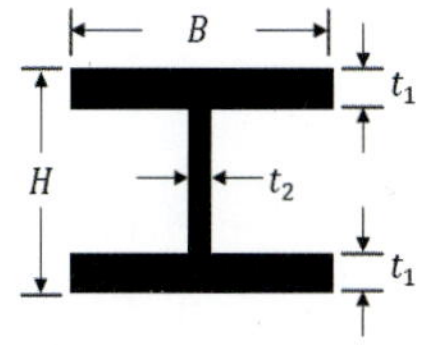

공칭치수 (mm)	표준단면치수 (mm)		
	$H \times B$	t_1	t_2
200 × 150	194 × 150	5	9

그림 1 보 모델

(1) 전처리 과정

① 단위계 설정 및 해석 종류 설정

다양한 단위계 중 SI 단위계(Metric)로 설정하며, 정적구조(static structural) 해석 시스템 생성을 위해 ANSYS System Toolbox로부터 독립적인 시스템을 생성한다.

- GUI: Units 클릭 → Metric 클릭 → Static Structural 더블클릭 → 이름 설정

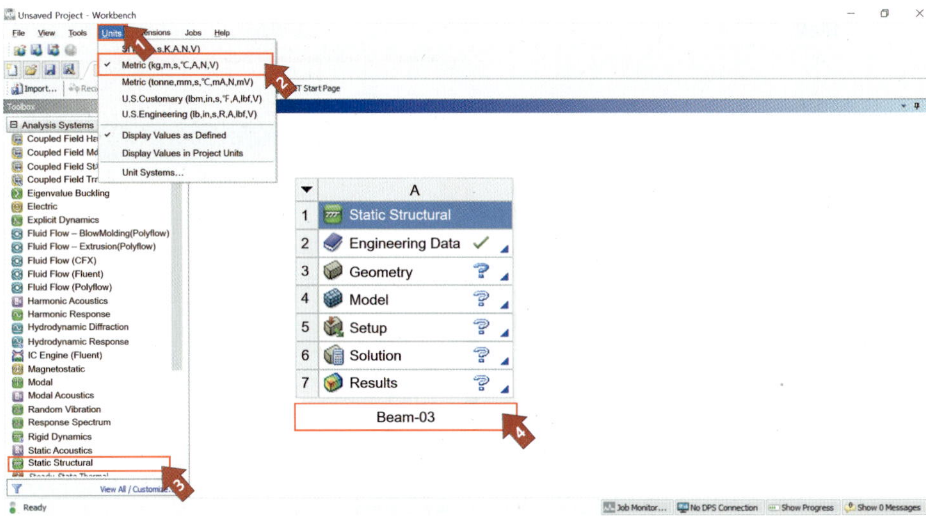

그림 2 단위계 및 해석 종류 설정

② 기계적 물성 입력

보는 알루미늄으로 구성되며, 기계적 물성의 입력이 필요하다.

- GUI: Engineering Data 더블클릭 → 소재 이름 입력(Aluminum) → 엔터 → (좌측 툴박스) Linear Elastic 클릭 → Isotropic Elasticity 더블클릭 → Young's Modulus 입력(70×10^9 N/m^2) → Poisson's Ratio 입력(0.3)

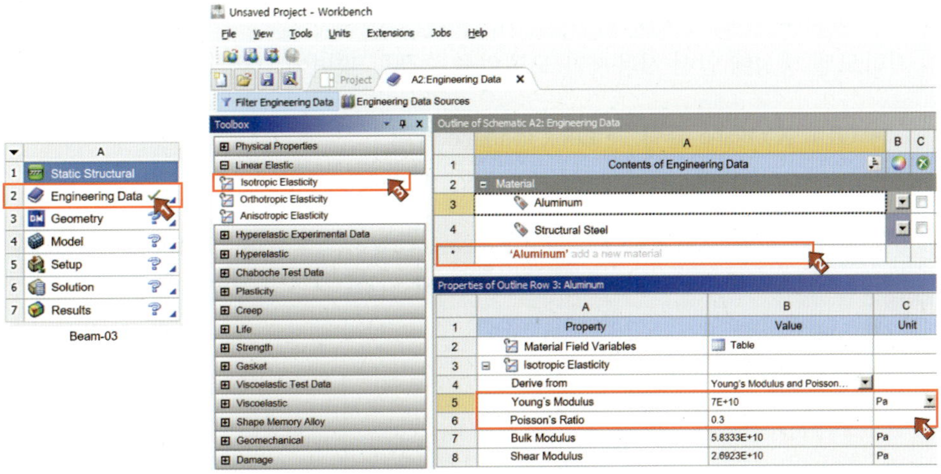

그림 3 알루미늄 기계적 물성 입력

③ DesignModeler Geometry 환경 진입

기하모델 생성을 위해 DesignModeler Geometry 프로그램을 시작한다.

- GUI: Geometry에서 우클릭 → New DesignModeler Geometry 클릭

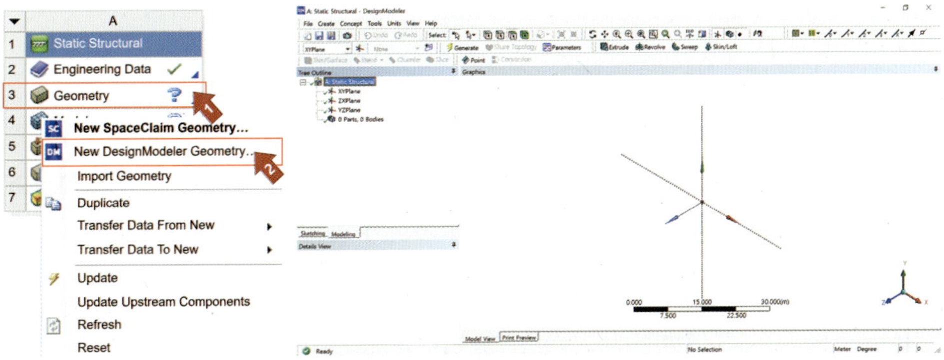

그림 4 DesignModeler Geometry GUI 환경 진입

④ 스케치 평면 설정

기하모델 생성에 앞서 사용자가 모델링을 수행할 평면에 대한 정의가 필요하다.

- GUI: XYPlane 클릭 → Look at Plane 클릭

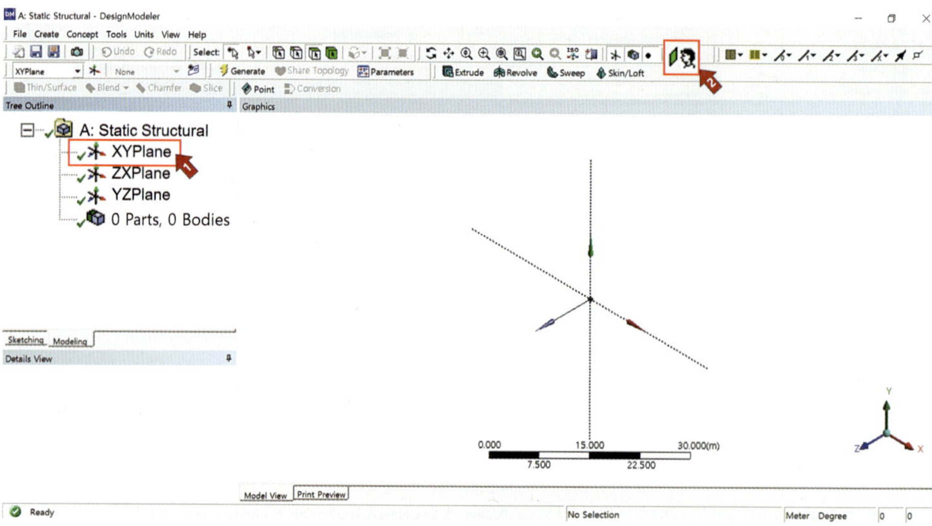

그림 5 스케치 평면 설정

⑤ 기하모델 생성

본 예제는 그림 6과 같은 모델링이 필요하다. Draw 탭에서 2개의 Line을 모델링한다. Sketching 탭으로 전환하면, Tree Outline의 XYPlane 밑에 새로운 이름의 Sketch1이 생성된다. Dimensions 탭에서 치수에 대한 정의가 필요하다.

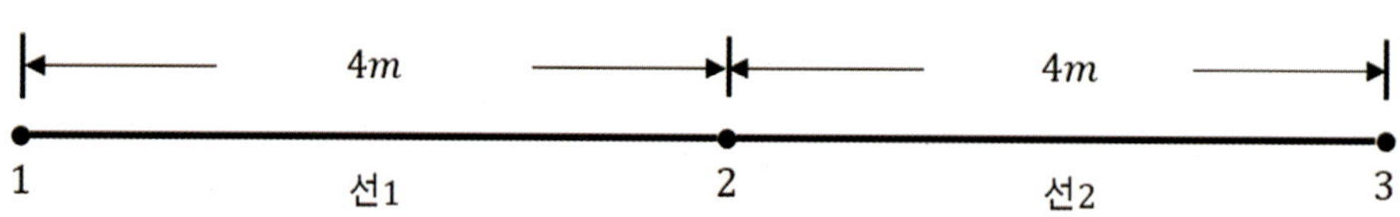

그림 6 기하모델

기하모델 생성을 위한 작업은 그림 7과 같다. Graphics 창에서 2개의 선을 만들기 위해 시작점과 끝점을 클릭하며, 선 1과 2를 작도한다.

• GUI: Sketching 클릭 → Draw 클릭 → Line 클릭 → 기하모델 생성

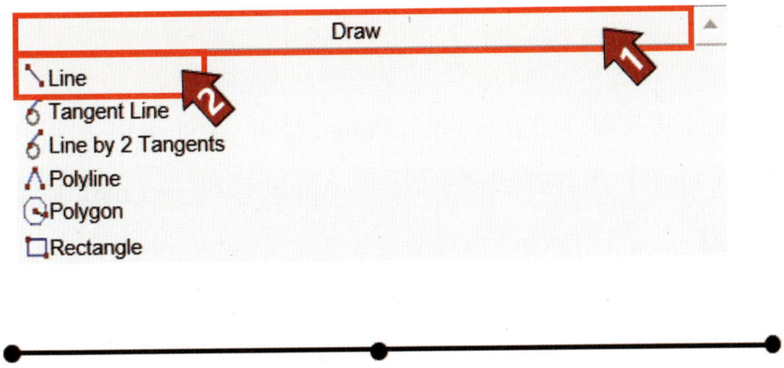

그림 7 기하모델 생성 방법

작도된 기하모델의 치수 정의를 위한 방법은 그림 8과 같다. 작도한 2개의 선을 클릭하여 치수를 입력한다.

• GUI: Sketching 클릭 → Dimensions 클릭 → General 클릭 → 선 1, 2 치수 정의

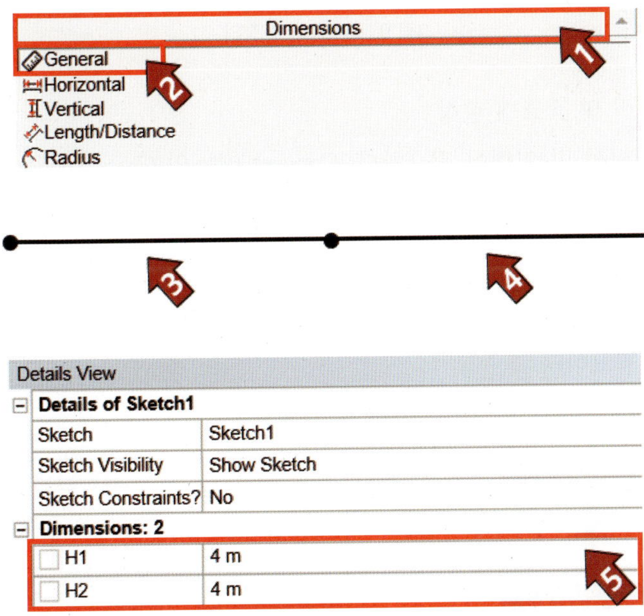

그림 8 기하모델 치수 입력

치수 정의가 완료된 Sketch는 Line Body의 정의가 필요하다. Concept 메뉴에서 Lines From Points를 선택한다. 작도된 점을 선택 후 Generate를 클릭하여 Line Body 정의를 완료한다.

- GUI: Concept 클릭 → Lines From Points 클릭 → Sketch1 클릭 → (Graphic 창에서) 절점 1, 2 클릭(다중선택) → Apply 클릭 → Line1 우클릭 → Generate 클릭

* 위와 같은 방법으로 절점 2, 3을 이용해 Line2를 추가로 정의한다.

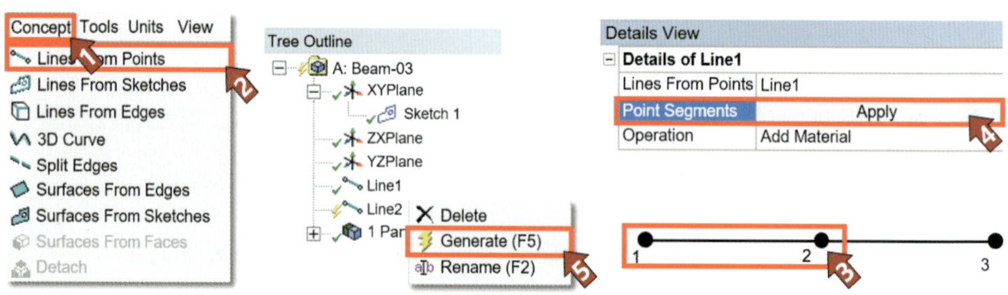

그림 9 Line Body 정의

⑥ 단면 형상 입력 및 좌표계 설정

단면 형상의 생성 및 입력이 필요하다. Concept 메뉴의 Cross Section에서 단면 형상과 동일한 I Section을 선택하여 치수를 입력한다. 생성된 단면 형상을 모델링 파트에 입력하기 위해 Details of Line Body에서 Cross Section에 I1을 부여한다. 보 모델의 단면은 기본적으로 Z축을 기준으로 입력되기 때문에 단면 방향을 하중 방향인 Y방향으로 설정이 필요하다.

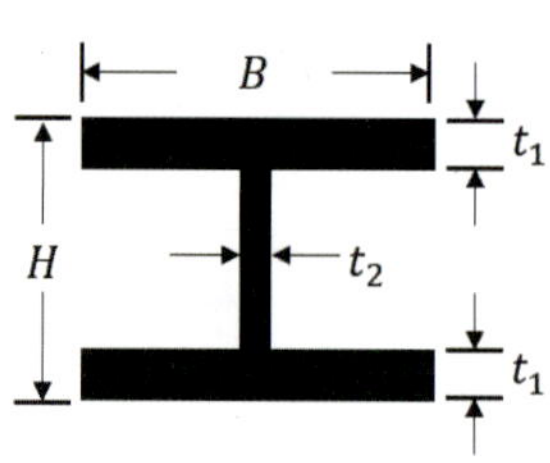

공칭치수 (mm)	표준단면치수 (mm)		
	$H \times B$	t_1	t_2
200 × 150	194 × 150	5	9

그림 10 I빔 단면 형상

- GUI: Concept 클릭 → Cross Section 클릭 → I Section 클릭 → I1 클릭 → 치수 입력 → Line Body 클릭 → Cross section에 I1 입력 → Line Body 우클릭 → Select Unaligned Line Edges 클릭 → Cross Section Alignment 클릭 → 화면의 Y축 클릭 → Apply 클릭

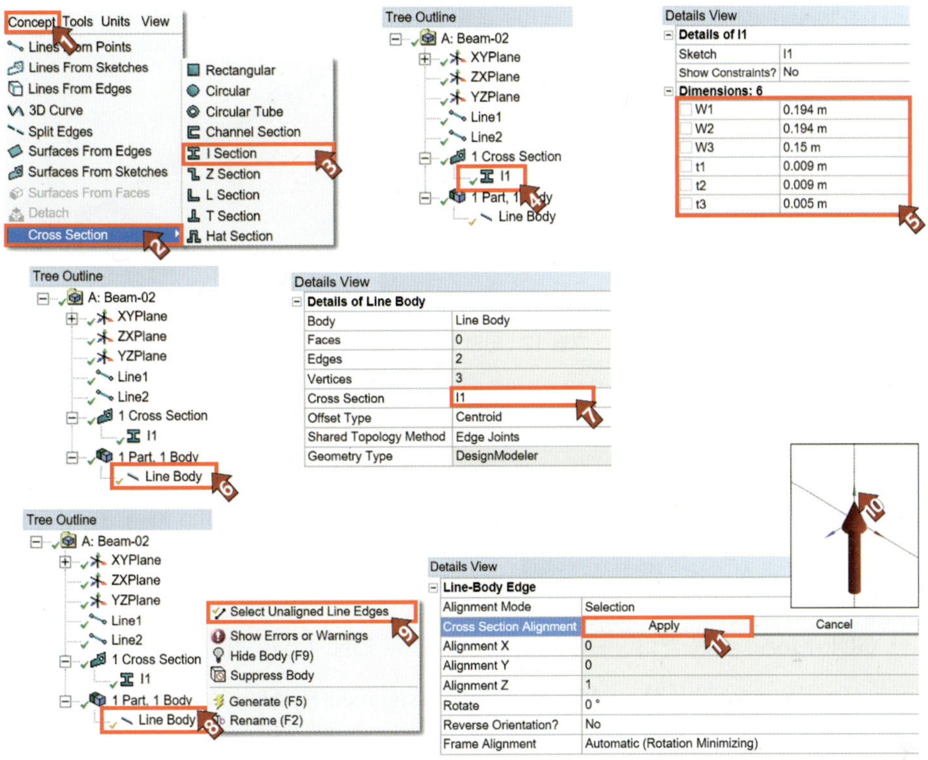

그림 11 단면 형상 생성, 입력 및 좌표계 설정

프레임을 입체로 된 구조물로 시각적으로 확인하기 위해 View 메뉴에서 Cross Section Solids를 클릭한다. 보 모델의 단면이 하중 방향인 Y방향으로 올바르게 입력되었는지 확인한다.

• GUI: View 클릭 → Cross Section Solids 클릭하여 단면 형상 확인

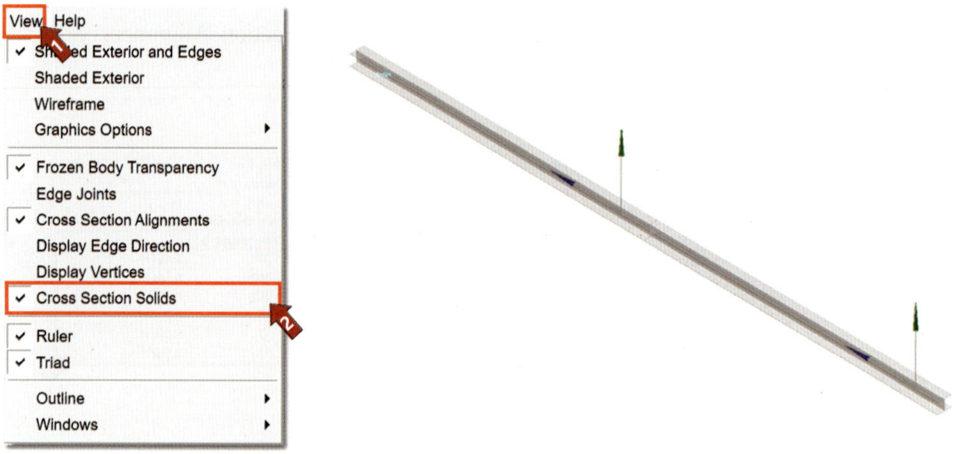

그림 12 단면 형상 확인

⑦ 요소 설정 및 물성 입력

단면 형상 입력 후 요소 설정 및 물성 입력을 위해 Model 환경으로 진입한다. 보 문제를 풀기 위해 모델 타입을 Beam, 물성은 Aluminum 입력이 필요하다. 그림 13은 요소 설정 및 물성 입력 방법을 보여준다.

• GUI: Model 더블클릭 → Geometry 클릭 → Line Body 클릭 → Model Type을 Beam으로 설정 → Material 탭의 Assignment를 Aluminum으로 선택

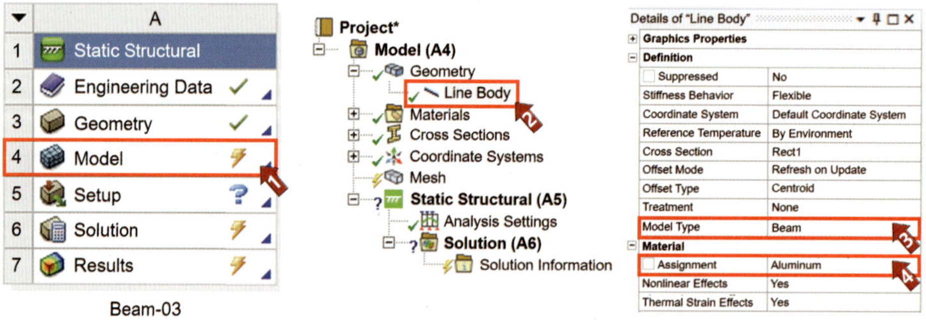

그림 13 요소 설정 및 물성 입력

⑧ 요소 생성

유한요소 모델 생성을 위한 요소 생성단계로 기하모델에 절점과 요소를 생성한다. 요소 크기는 0.1 m로 입력하여 생성한다. 요소는 그림 14와 같은 방법으로 생성한다. 완료 후 그림 15와 같이 Graphics 창에 요소로 구성된 구조물이 나타난다.

- GUI: Mesh 우클릭 → Insert 클릭 → Sizing 클릭 → (Graphic 창에서) 선 1~2 클릭(다중선택) → Apply 클릭 → Type을 Element Size로 설정 → 0.1 입력 → Generate Mesh 클릭

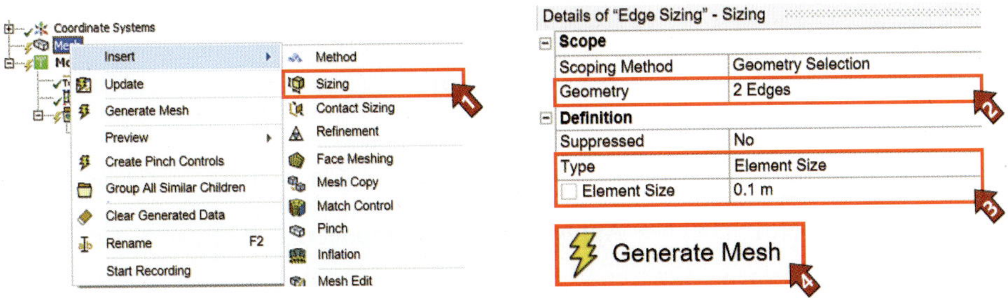

그림 14 요소 생성

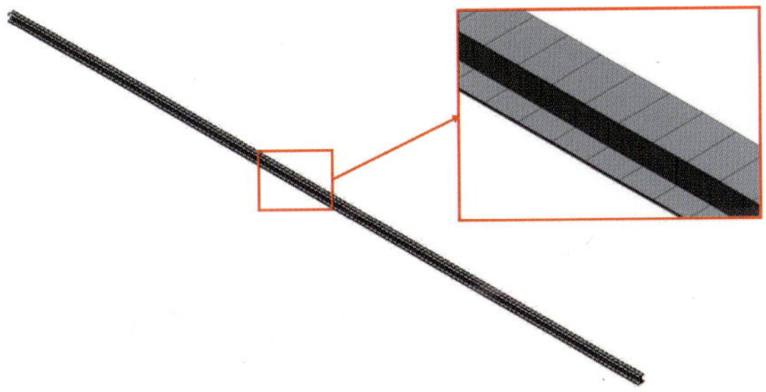

그림 15 요소 생성 확인

⑨ 경계조건 및 하중조건 입력

예제의 경계조건은 그림 16과 같이 절점 3에 완전구속, 절점 2에 롤러지지 형태의 경계조건을 갖고 있으며, 절점 1에는 집중하중, 절점 2와 3에는 1 kN/m의 분포하중이 작용하고 있다. 이때 분포하중은 Line Pressure를 이용하여 하중조건을 부여한다. 기하모델에 경계조건 입력을 위한 방법은 그림 17, 18과 같다.

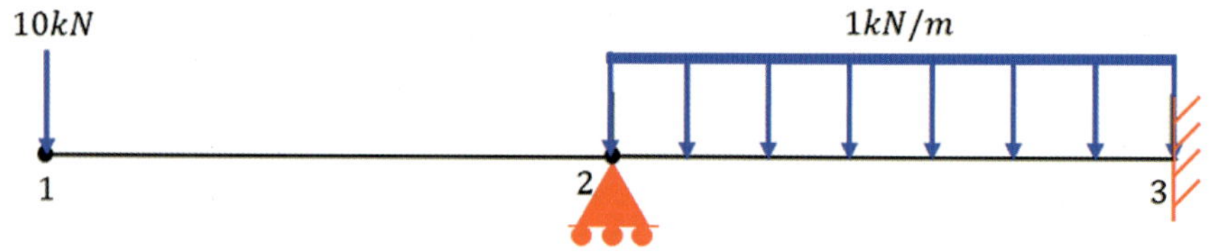

그림 16 경계조건

- GUI: Static Structural 우클릭 → Insert 클릭 → Force 클릭 → (Graphic 창에서) 절점 1 클릭 → Apply 클릭 → Components 선택 → Y Component −10000 입력

  Static Structural 우클릭 → Insert 클릭 → Line Pressure 클릭 → (Graphic 창에서) 선 2 클릭 → Apply 클릭 → Components 선택 → Y Component −1000 입력

* 화면에서 하중 방향을 꼭 확인한다. 만약 화면의 방향이 반대라면 하중 부호를 변경해야 한다.

하중조건

절점 1

Details of "Force"	
Scope	
Scoping Method	Geometry Selection
Geometry	1 Vertex
Definition	
Type	Force
Define by	Components
Coordinate System	Global Coordinate System
X Component	0. N (ramped)
Y Component	-10000 N (ramped)
Z Component	0. N (ramped)
Suppressed	No

선 2

Details of "Line Pressure"	
Scope	
Scoping Method	Geometry Selection
Geometry	1 Edges
Definition	
Type	Line Pressure
Define By	Component
Coordinate System	Global Coordinate System
X Component	0. N/m (ramped)
Y Component	-1000 N/m (ramped)
Z Component	0. N/m (ramped)
Suppressed	No

그림 17 하중조건 입력

- GUI: Static Structural 우클릭 → Insert 클릭 → Displacement 클릭 → (Graphic 창에서) 절점 2 클릭 → Apply 클릭 → X Component Free, Y Component 0, Z Component 0 입력
  Static Structural 우클릭 → Insert 클릭 → Displacement 클릭 → (Graphic 창에서) 절점 3 클릭 → Apply 클릭 → X Component 0, Y Component 0, Z Component 0 입력
  Static Structural 우클릭 → Insert 클릭 → Fixed Rotation 클릭 → (Graphic 창에서) 절점 2 클릭 → Apply 클릭 → X Component Fixed, Y Component Fixed, Z Component Free 입력
  Static Structural 우클릭 → Insert 클릭 → Fixed Rotation 클릭 → (Graphic 창에서) 절점 3 클릭 → Apply 클릭 → X Component Fixed, Y Component Fixed, Z Component Fixed 입력

구속조건

절점 2

Details of "Displacement"	
Scope	
Scoping Method	Geometry Selection
Geometry	1 Vertex
Definition	
Type	Displacement
Define By	Component
Coordinate System	Global Coordinate System
X Component	Free
Y Component	0. m (ramped)
Z Component	0. m (ramped)
Suppressed	No

1

절점 3

Details of "Displacement 2"	
Scope	
Scoping Method	Geometry Selection
Geometry	1 Vertex
Definition	
Type	Displacement
Define By	Component
Coordinate System	Global Coordinate System
X Component	0. m (ramped)
Y Component	0. m (ramped)
Z Component	0. m (ramped)
Suppressed	No

2

절점 2

Details of "Fixed Rotation"	
Scope	
Scoping Method	Geometry Selection
Geometry	1 Vertex
Definition	
Type	Fixed Rotation
Coordinate System	Global Coordinate System
Rotation X	Fixed
Rotation Y	Fixed
Rotation Z	Free
Suppressed	No

3

절점 3

Details of "Fixed Rotation 2"	
Scope	
Scoping Method	Geometry Selection
Geometry	1 Vertex
Definition	
Type	Fixed Rotation
Coordinate System	Global Coordinate System
Rotation X	Fixed
Rotation Y	Fixed
Rotation Z	Fixed
Suppressed	No

4

그림 18 구속조건 입력

⑩ 후처리 결과 설정

구속조건과 하중조건을 입력하면 정적해석을 위한 작업을 완료하였다. 본 예제는 보의 최대 변위와 절점 3에서의 반력을 도출해야 한다. 이에 결과 확인을 위한 도출할 결과를 선택하여야 한다.

- GUI: Solution 우클릭 → Insert 클릭 → Deformation 클릭 → Total 클릭

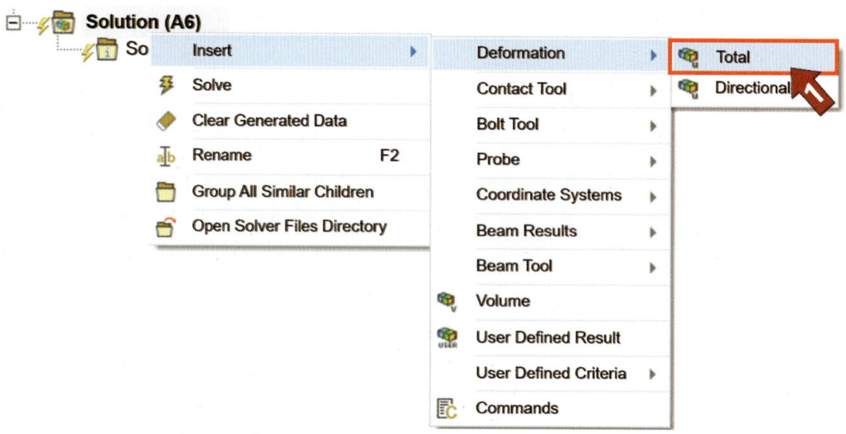

그림 19 최대 변위 결과 설정

• GUI: Solution 우클릭 → Insert 클릭 → Probe 클릭 → Force Reaction 클릭 → Displacement 2 클릭

Solution 우클릭 → Insert 클릭 → Probe 클릭 → Moment Reaction 클릭 → Fixed Rotation 2 클릭

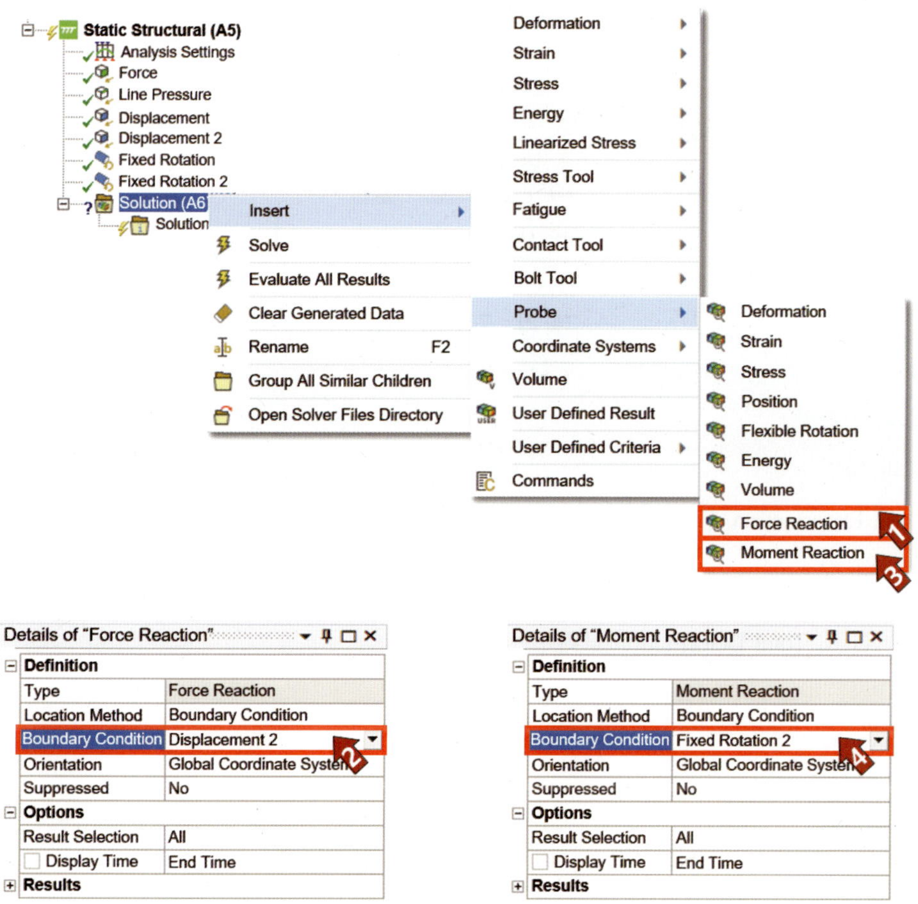

그림 20 반력 및 모멘트 결과 설정

(2) 구조해석 수행

① 구조해석 수행

정적 해석을 위한 방법은 그림 21과 같다.

- GUI: Solution 우클릭 → Solve 클릭

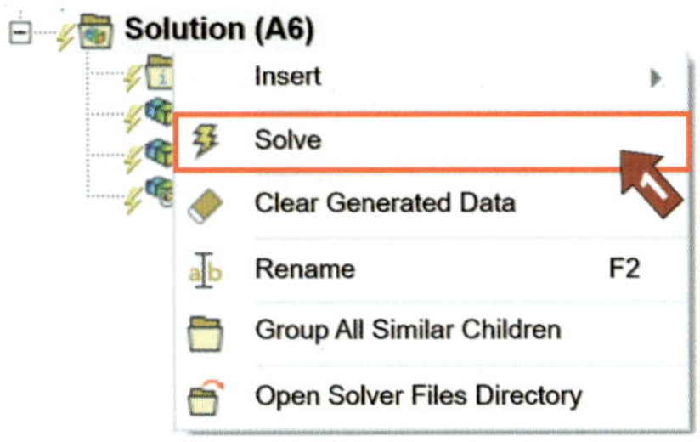

그림 21 구조해석 수행

(3) 후처리 과정

① 결과 확인

Total Deformation, Force Reaction, Moment Reaction을 클릭하여 구조해석 결과를 확인한다.

- GUI: Total Deformation 클릭 → 결과 확인

그림 22 최대 변위 결과

- GUI: Force Reaction 클릭 → 반력 결과 확인

  Moment Reaction 클릭 → 모멘트 반력 결과 확인

Details of "Force Reaction"

Definition	
Type	Force Reaction
Location Method	Boundary Condition
Boundary Condition	Displacement 2
Orientation	Global Coordinate System
Suppressed	No
Options	
Result Selection	All
Display Time	End Time
Results	
Maximum Value Over Time	
X Axis	0. N
Y Axis	-12417 N
Z Axis	1.4313e-013 N
Total	12417 N

절점 3에서의 반력

Details of "Moment Reaction"

Definition	
Type	Moment Reaction
Location Method	Boundary Condition
Boundary Condition	Fixed Rotation 2
Orientation	Global Coordinate System
Summation	Centroid
Suppressed	No
Options	
Result Selection	All
Display Time	End Time
Results	
Maximum Value Over Time	
X Axis	-5.5826e-007 N·m
Y Axis	3.5973e-012 N·m
Z Axis	17669 N·m
Total	17669 N·m

절점 3에서의 모멘트 반력

그림 23 절점 3에서의 반력 결과

CHAPTER

6

ANSYS를 이용한 해석 예제 2D, 3D 요소

6.1 평면 응력/변형률 문제 (1)

예제 작은 구멍이 고정되어 있는 알루미늄 물체에 분포하중이 작용하고 있다. 물체의 최대 변위와 최대 주응력을 구하라. 부재의 탄성계수는 70×10^9 N/m²이고, 푸아송비는 0.3이다.

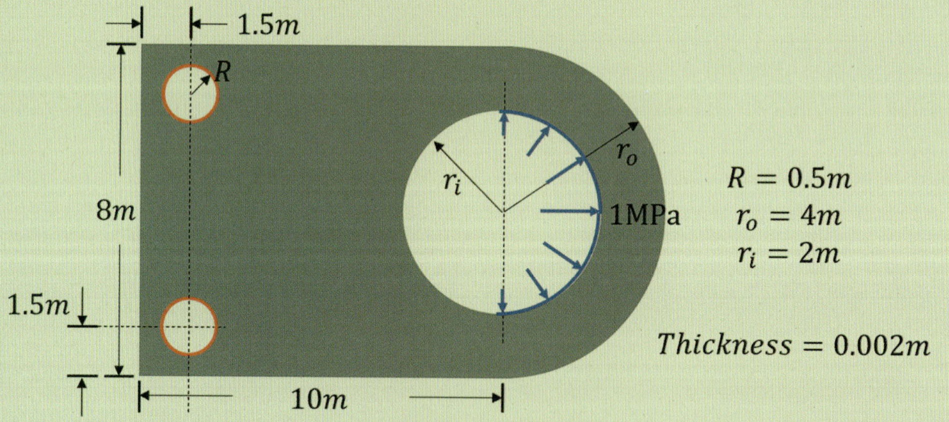

그림 1 Plane Stress 문제

(1) 전처리 과정

① 단위계 설정 및 해석 종류 설정

다양한 단위계 중 SI 단위계(Metric)로 설정하며, 정적구조(static structural) 해석 시스템 생성을 위해 ANSYS System Toolbox로부터 독립적인 시스템을 생성한다.

- GUI: Units 클릭 → Metric 클릭 → Static Structural 더블클릭 → 이름 설정

그림 2 단위계 및 해석 종류 설정

② 기계적 물성 입력

Plane Stress 예제는 알루미늄으로 구성되어 있으며, 탄성계수와 푸아송비를 입력해야 한다. 그림 3은 기계적 물성 입력 방법을 보여준다.

- GUI: Engineering Data 더블클릭 → 소재 이름 입력(Aluminum) → 엔터 → (좌측 툴박스) Linear Elastic 클릭 → Isotropic Elasticity 더블클릭 → Young's Modulus 입력(70×10^9 N/m^2) → Poisson's Ratio 입력(0.3)

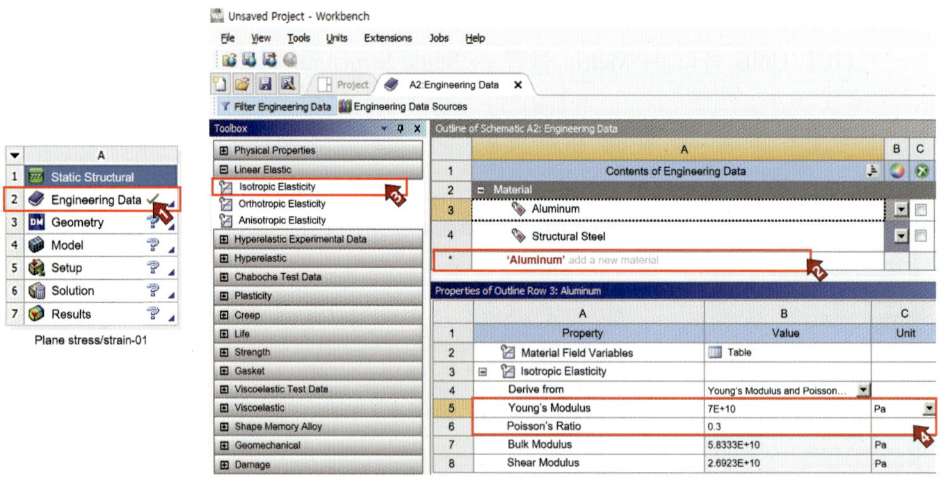

그림 3 알루미늄 기계적 물성 입력

③ DesignModeler Geometry 환경 진입

기하모델 생성을 위해 DesignModeler Geometry 프로그램을 시작한다.

- GUI: Geometry에서 우클릭 → New DesignModeler Geometry 클릭

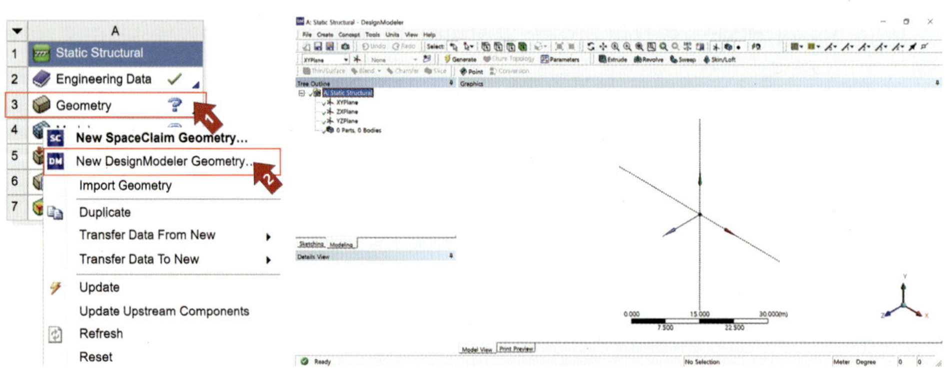

그림 4 DesignModeler Geometry GUI 환경 진입

④ 스케치 평면 설정

기하모델 생성에 앞서 사용자가 모델링을 수행할 평면에 대한 정의가 필요하다.

- GUI: XYPlane 클릭 → Look at Plane 클릭

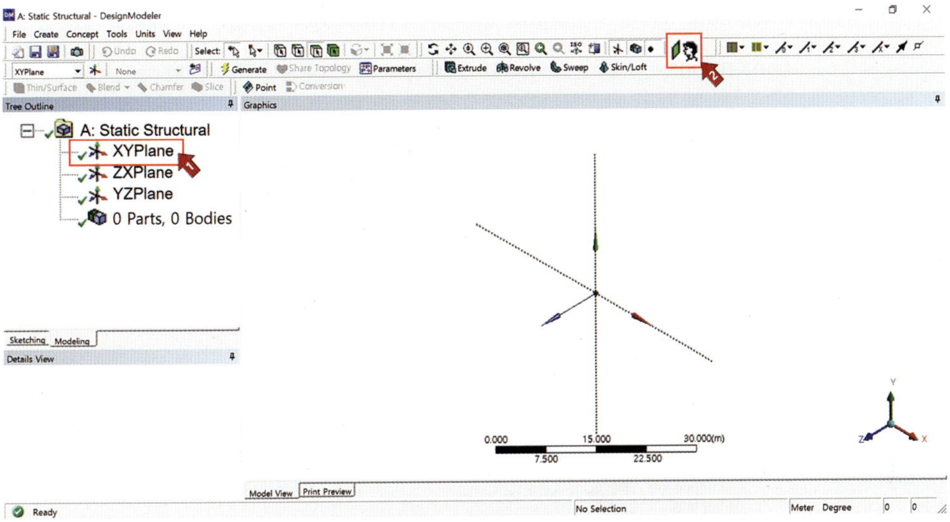

그림 5 스케치 평면 설정

⑤ 기하모델 생성

예제의 기하모델은 그림 6과 같은 모델링이 필요하다. Draw 탭에서 모델링하고, Dimensions 탭에서 치수에 대한 정의가 필요하다.

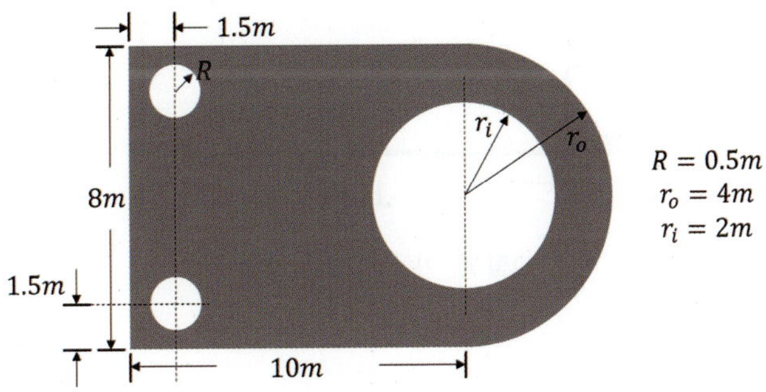

그림 6 기하모델

기하모델 생성을 위한 순서는 그림 7과 같다. Graphics 창에서 원형과 사각형을 이용하여 모델링을 작도한다.

- GUI: Sketching 클릭 → Draw 클릭 → Rectangle 클릭 → 기하모델 생성 → Dimensions 클릭 → General 클릭 → 기하모델 치수 입력

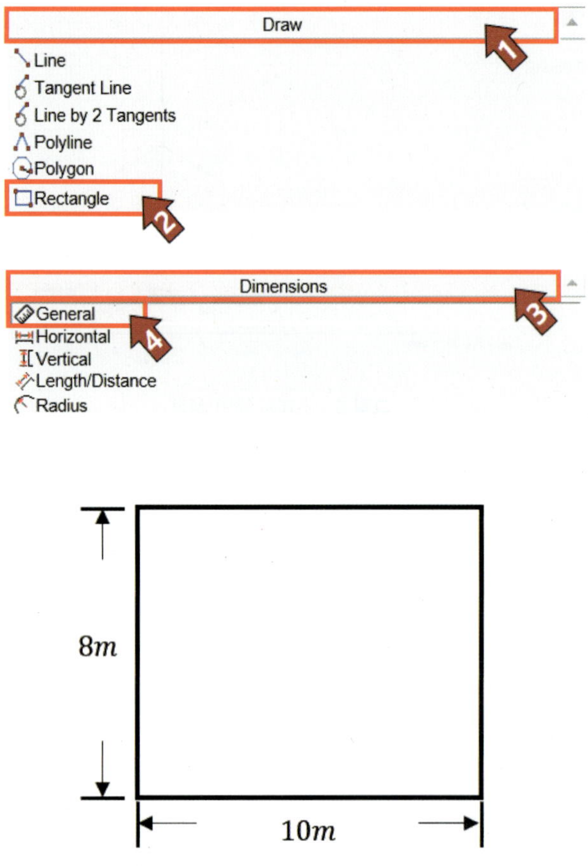

그림 7 기하모델 생성 방법 1

• GUI: Sketching 클릭→ Draw 클릭 → Circle 클릭 → 기하모델 생성 → Constraints 클릭 → Tangent 클릭 → 사각형과 원형 모델 접선조건 부여

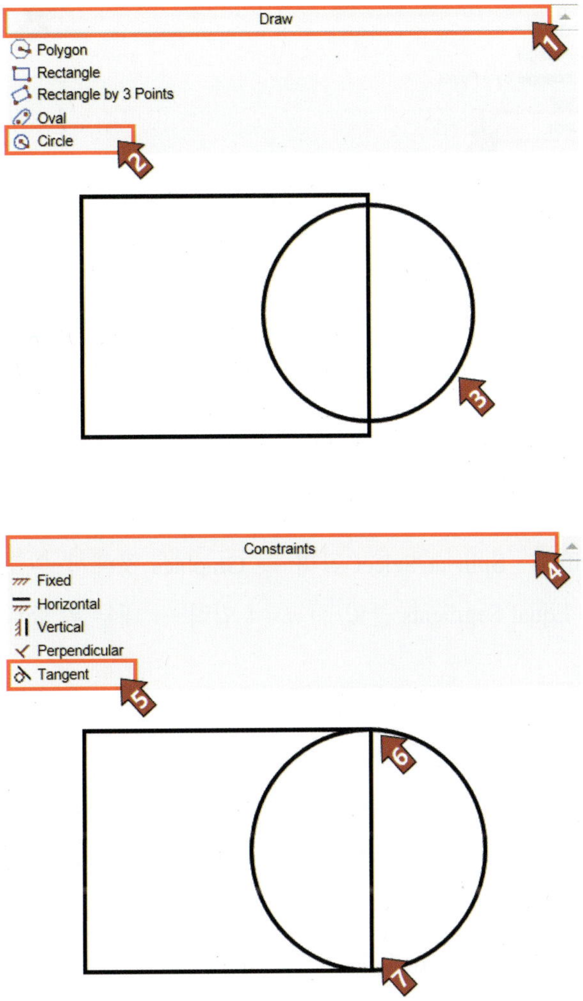

그림 8 기하모델 생성 방법 2

- GUI: Sketching 클릭 → Draw 클릭 → Circle 클릭 → 기하모델 생성 → Dimensions 클릭 → Radius 클릭 → 기하모델 치수 입력

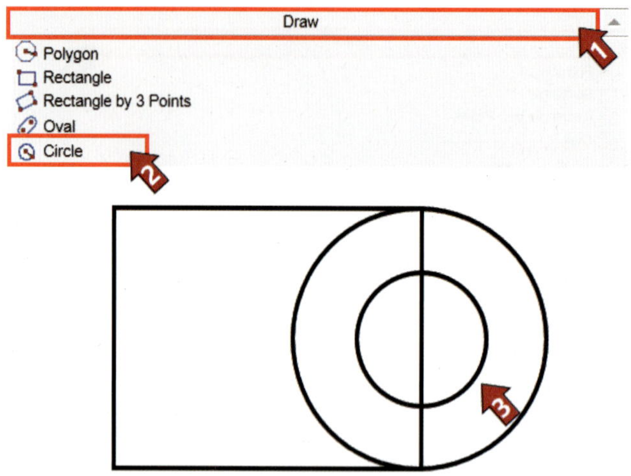

그림 9

- GUI: Modify → Split at Select 클릭 → Graphics 창에서 우클릭 → Split Edge into n Equal Segments 클릭 → $n=4$ 입력 → 내부 원 클릭하여 절점 생성

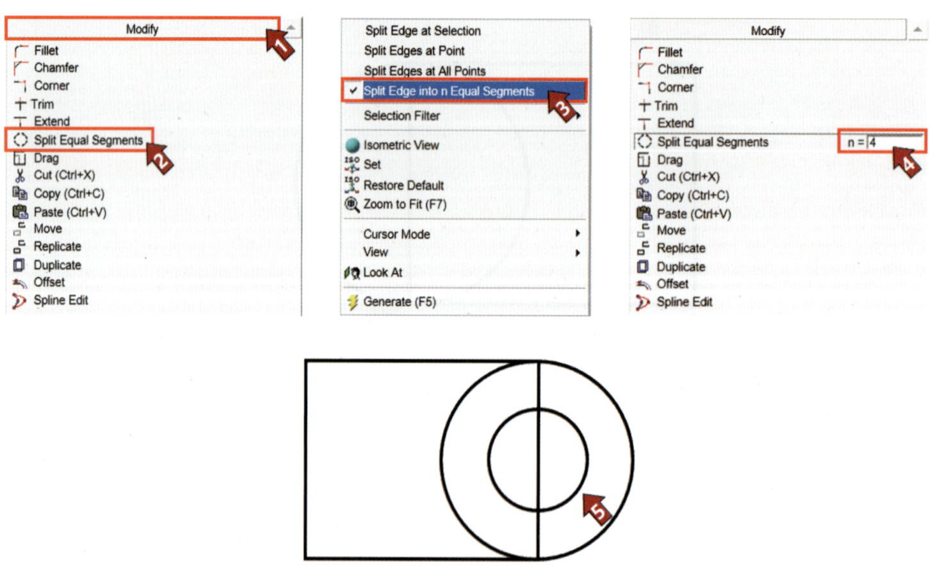

그림 10 기하모델 생성 방법 3

• GUI: Modify 클릭 → Trim 클릭 → 불필요한 모델링 제거

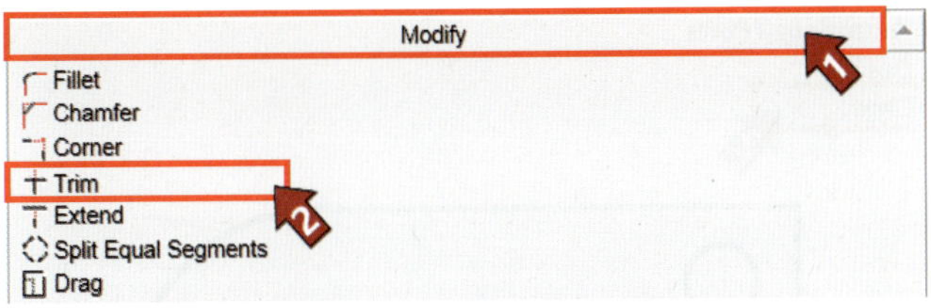

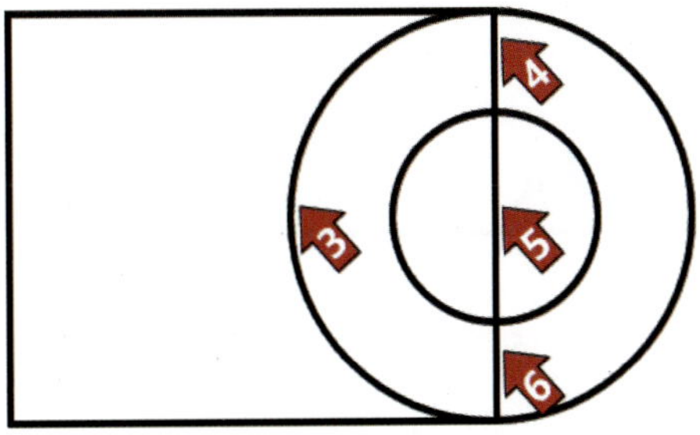

그림 11 기하모델 생성 방법 4

• GUI: Sketching 클릭 → Draw 클릭 → Circle 클릭 → 기하모델 생성 → Dimensions 클릭 → General 클릭 → Horizontal, Vertical 클릭 → 홀 위치 구속조건 입력 → Radius 클릭 → 홀 반지름 입력

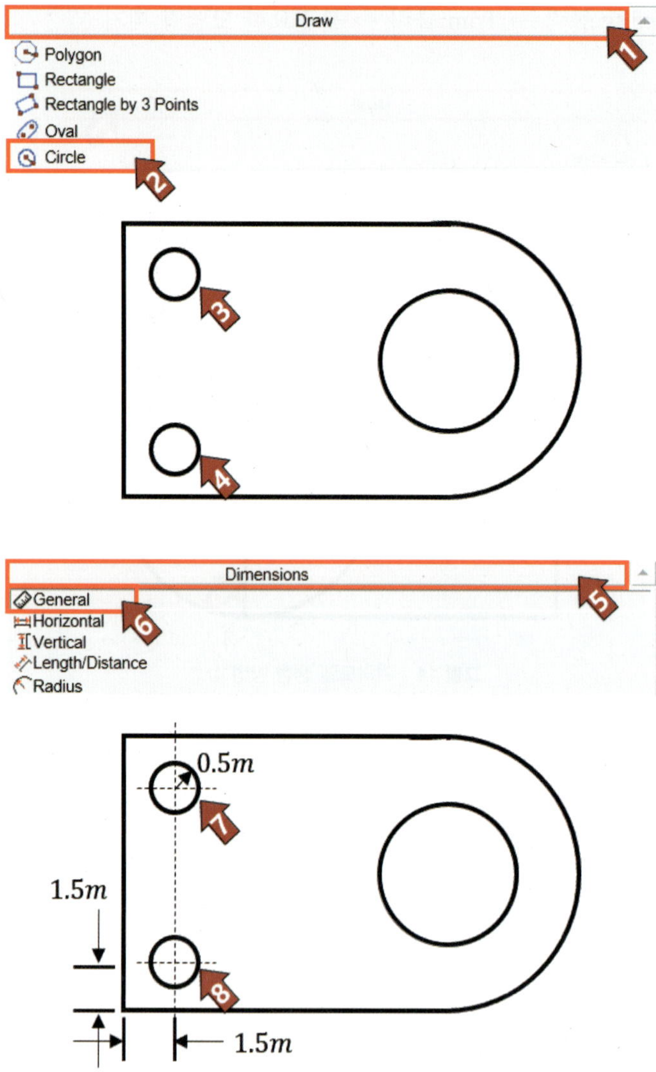

그림 12 기하모델 치수 입력 및 수정

Tree Outline의 XYPlane 밑에 새로운 이름의 Sketch1이 생성된다. Concept 메뉴에서 Surfaces From Sketches를 통해 생성된 면을 클릭하여 Surface Body 정의를 완료한다.

- GUI: Concept 클릭 → Surface From Sketches 클릭 → Sketch1 클릭 → Apply 클릭 → SurfaceSk1 우클릭 → Generate 클릭

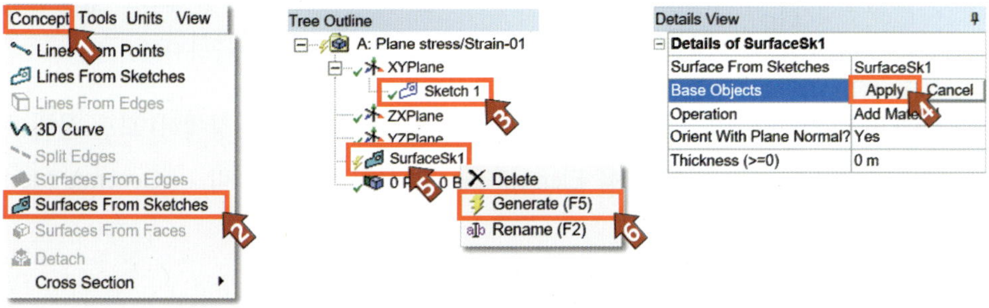

그림 13 Surface Body 정의

⑥ 요소 설정 및 물성, 두께 정보 입력

Surface Body 생성 후 두께 정보를 부여하기 위해 Model 환경으로 진입한다. Plane Stress로 요소 설정 및 Aluminum 물성 입력이 필요하다. Plane Stress 요소는 두께 입력이 반드시 필요하며, 예제는 0.002 m의 두께 입력한다. 그림 14는 요소 설정 및 물성, 두께 입력 방법을 보여준다.

- GUI: Model 더블클릭 → Surface Body 클릭 → Dimension을 2D로 설정 → 2D Behavior를 Plane Stress로 설정 → Thickness에 0.002 입력 → Material 탭의 Assignment를 Aluminum으로 선택

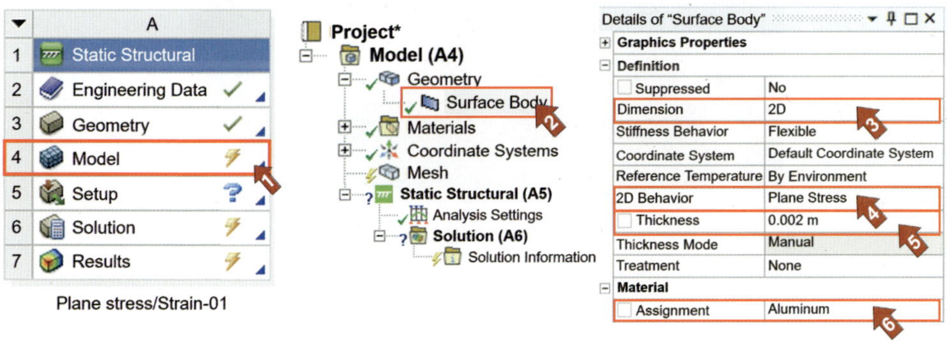

그림 14 요소 설정 및 물성, 두께 입력

⑦ 요소 생성

유한요소 모델 생성을 위한 요소 생성단계로 기하모델에 절점과 요소를 생성한다. 요소 크기는 0.1 m로 입력하여 생성한다. 요소는 그림 15와 같은 방법으로 생성한다. 완료 후 그림 16과 같이 Graphics 창에 요소로 구성된 구조물이 나타난다.

- GUI: Mesh 우클릭 → Insert 클릭 → Sizing 클릭 → (Graphic 창에서) 모델 선택 → Apply 클릭 → Type을 Element Size로 설정 → 0.1 입력 → Generate Mesh 클릭

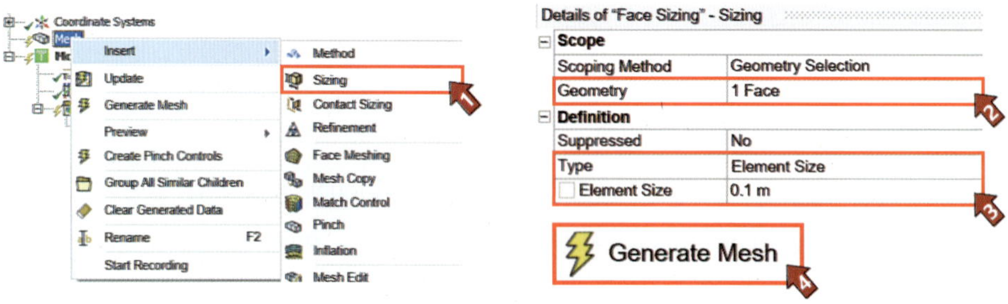

그림 15 요소 생성

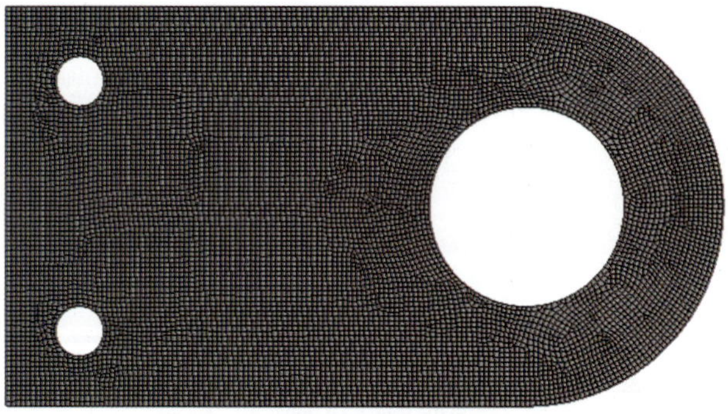

그림 16 요소 생성 확인

⑧ 경계조건 및 하중조건 입력

예제의 경계조건은 그림 17과 같이 작은 홀에 완전구속 형태의 구속조건, 큰 홀에 1 MPa의 하중조건을 갖고 있다. 기하모델에 경계조건 입력을 위한 방법은 그림 18, 19와 같다.

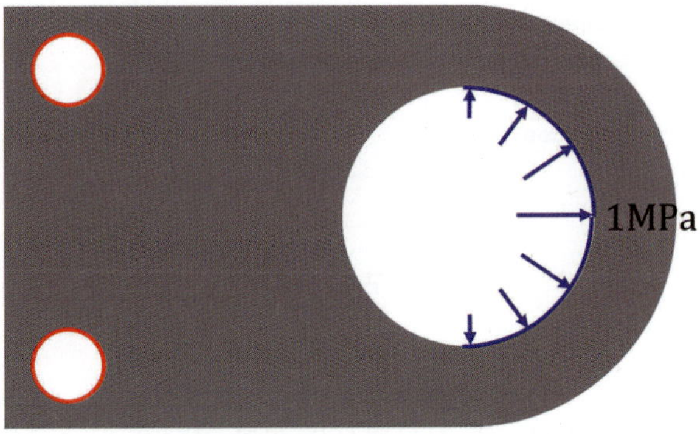

그림 17 경계조건

- GUI: Static Structural 우클릭 → Insert 클릭 → Pressure 클릭 → 큰 홀의 선 클릭 (그림 17 참조) → Apply 클릭 → Magnitude 1e6 입력

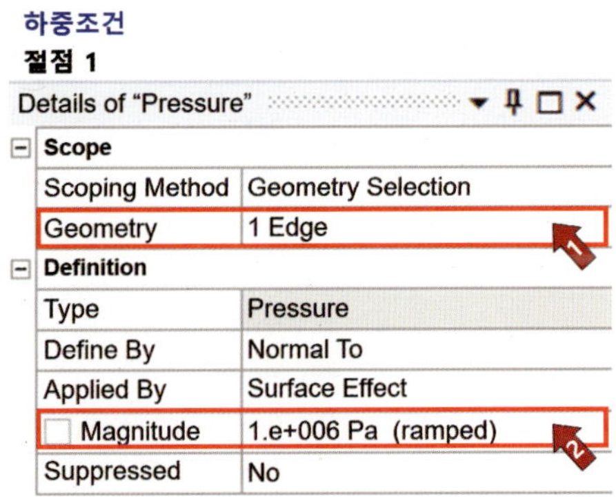

Scope	
Scoping Method	Geometry Selection
Geometry	1 Edge
Definition	
Type	Pressure
Define By	Normal To
Applied By	Surface Effect
Magnitude	1.e+006 Pa (ramped)
Suppressed	No

그림 18 하중조건 입력

• GUI: Static Structural 우클릭 → Insert 클릭 → Fixed Support 클릭 → (Graphic 창에서) 작은 홀 1, 2 클릭(다중선택) → Apply 클릭

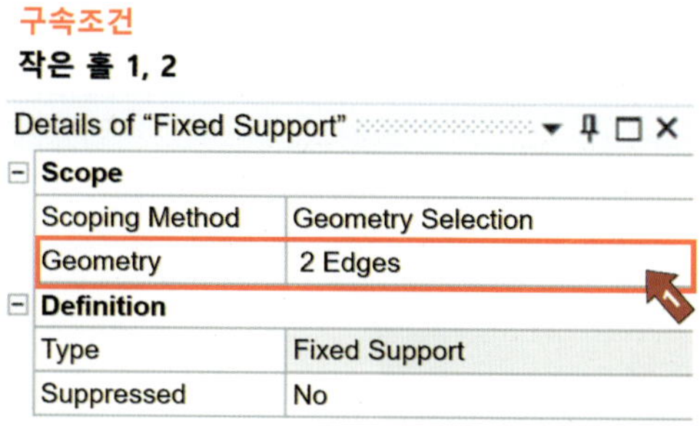

그림 19 구속조건 입력

⑨ 후처리 결과 설정

구속조건과 하중조건을 입력하면 정적해석을 위한 작업을 완료하였다. 본 예제는 알루미늄 물체의 최대 변위와 최대 주응력을 구하여야 한다. 이에 결과 확인을 위한 도출할 결과를 선택하여야 한다.

• GUI: Solution 우클릭 → Insert 클릭 → Deformation 클릭 → Total 클릭

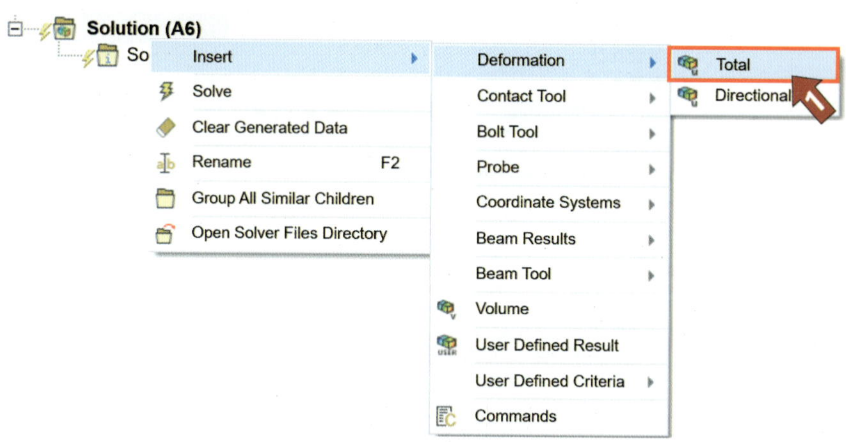

그림 20 최대 변위 결과 설정

• GUI: Solution 우클릭 → Insert 클릭 → Steress 클릭 → Maximum Principal 클릭

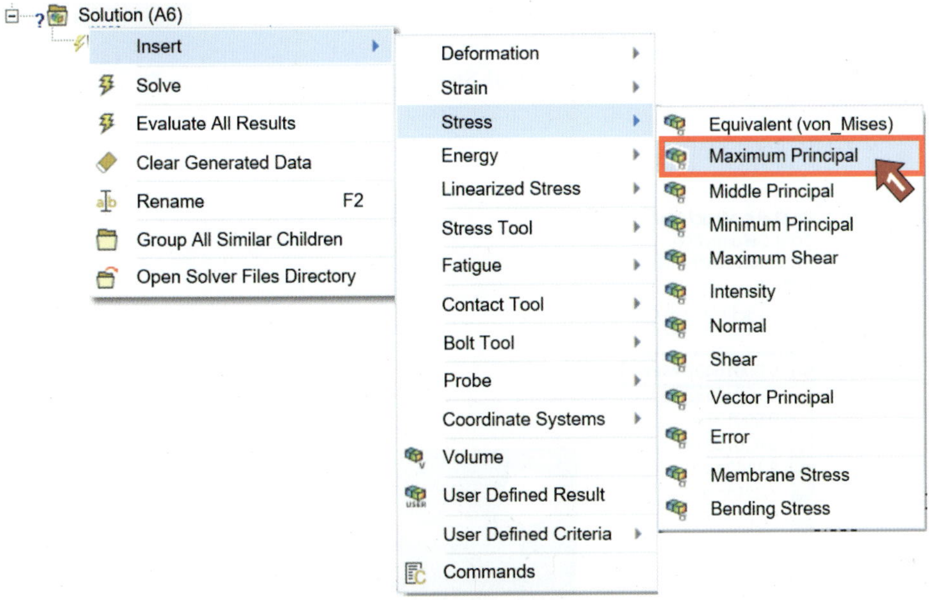

그림 21 최대 주응력 결과 설정

(2) 구조해석 수행

① 구조해석 수행

정적 해석을 위한 방법은 그림 22와 같다.

- GUI: Solution 우클릭 → Solve 클릭

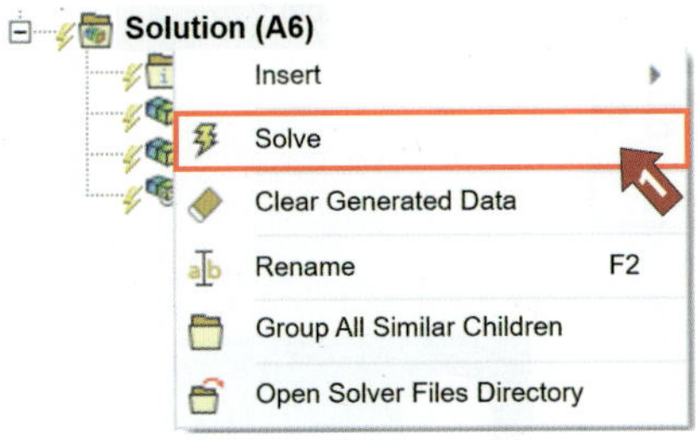

그림 22 구조해석 수행

(3) 후처리 과정

① 결과 확인

Total Deformation, Maximum Principal Stress를 클릭하여 구조해석 결과를 확인한다.

- GUI: Total Deformation 클릭 → 결과 확인

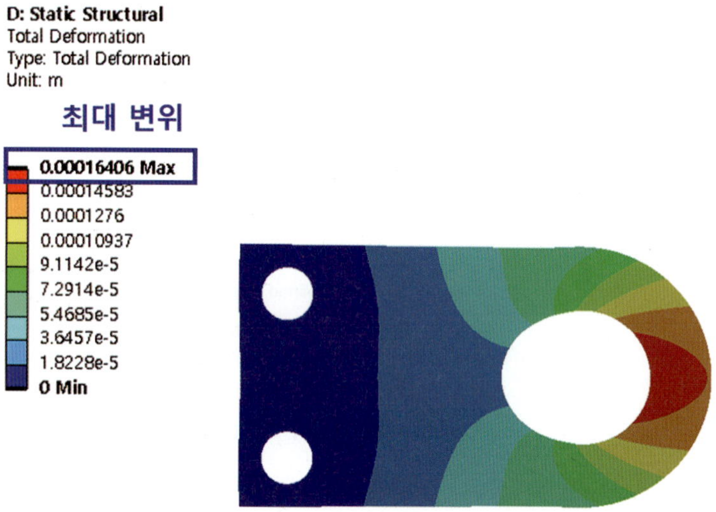

그림 23 최대 변위 결과

- GUI: Maximum Principal Stress 클릭 → 결과 확인

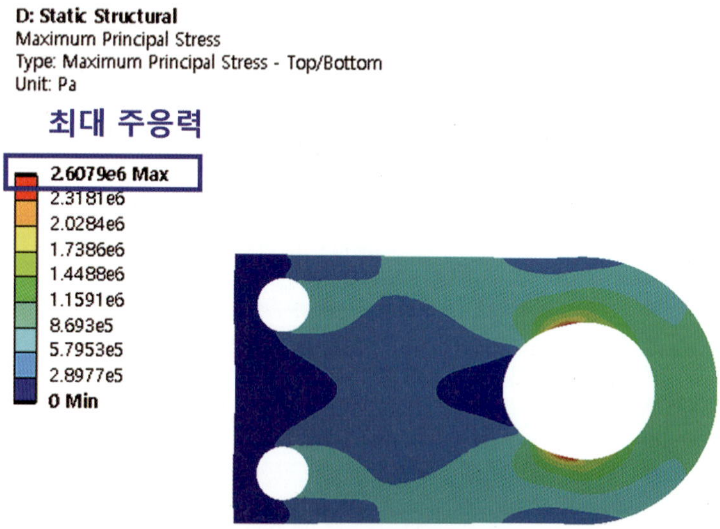

그림 24 최대 주응력 결과

6.2 평면 응력/변형률 문제 (2)

예제 알루미늄 내경(0.1 m), 외경(0.15 m)의 원형 파이프에 내압이 작용하고 있을 때, 최대 변위와 최대 주변형률을 구하라. 부재의 탄성계수는 70×10^9 N/m², 푸아송비는 0.3이다.

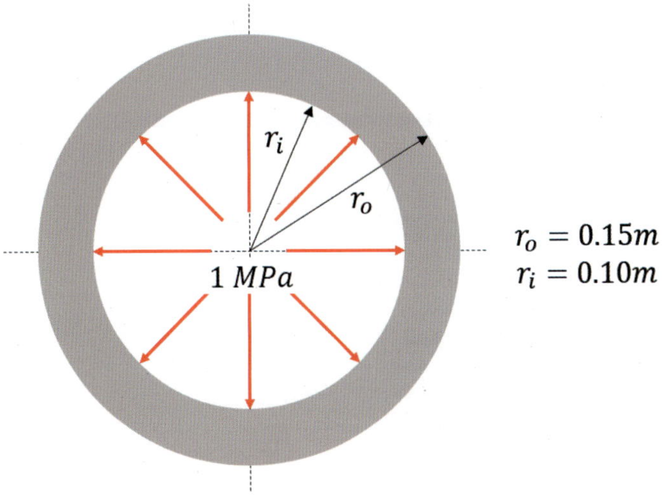

그림 1 Plane Strain 문제

(1) 전처리 과정

① 단위계 설정 및 해석 종류 설정

다양한 단위계 중 SI 단위계(Metric)로 설정하며, 정적구조(static structural) 해석 시스템 생성을 위해 ANSYS System Toolbox로부터 독립적인 시스템을 생성한다.

- GUI: Units 클릭 → Metric 클릭 → Static Structural 더블클릭 → 이름 설정

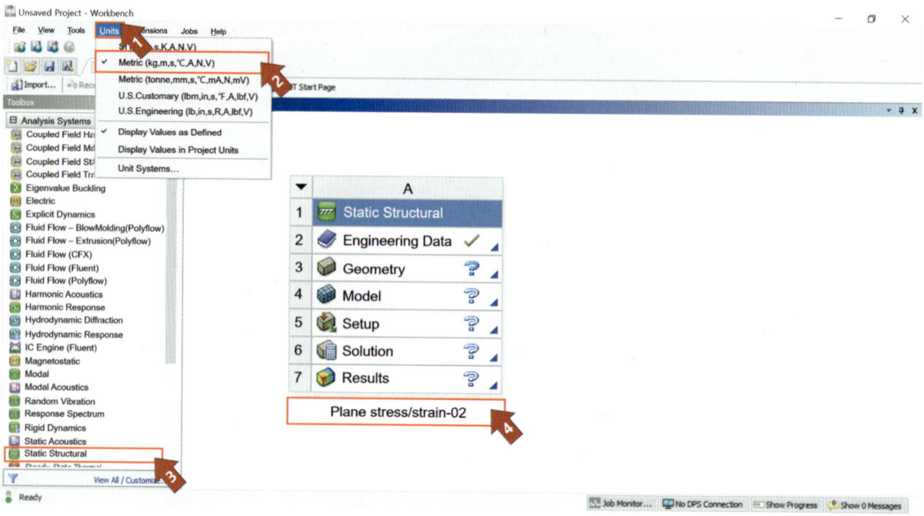

그림 2 단위계 및 해석 종류 설정

② 기계적 물성 입력

Plane Stress 예제는 알루미늄으로 구성되어 있으며, 탄성계수와 푸아송비를 입력해야 한다. 그림 3은 기계적 물성 입력 방법을 보여준다.

- GUI: Engineering Data 더블클릭 → 소재 이름 입력(Aluminum) → 엔터 → (좌측 툴박스) Linear Elastic 클릭 → Isotropic Elasticity 더블클릭 → Young's Modulus 입력(70×10^9 N/m^2) → Poisson's Ratio 입력(0.3)

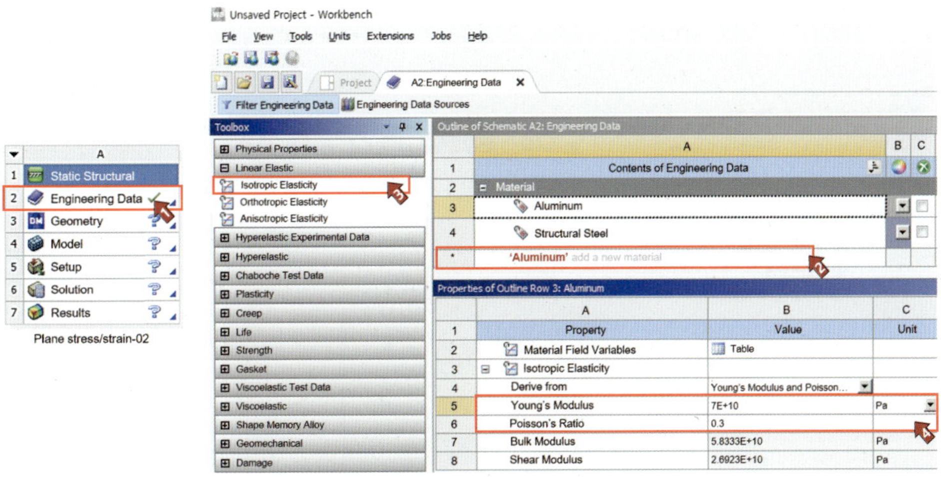

그림 3 알루미늄 기계적 물성 입력

③ DesignModeler Geometry 환경 진입

기하모델 생성을 위해 DesignModeler Geometry 프로그램을 시작한다.

- GUI: Geometry에서 우클릭 → New DesignModeler Geometry 클릭

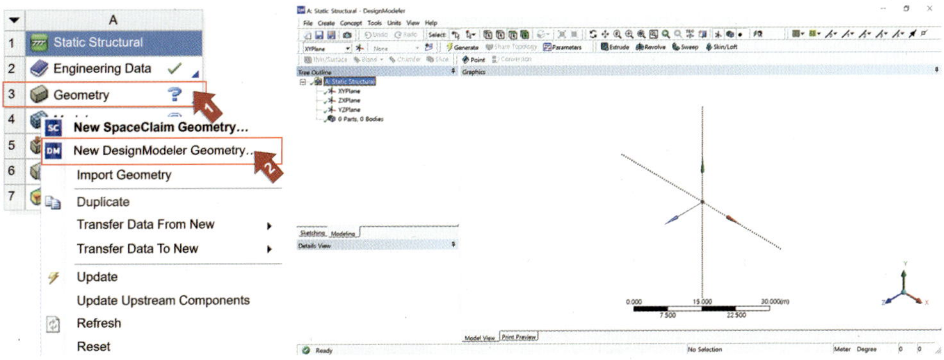

그림 4 DesignModeler Geometry GUI 환경 진입

④ 스케치 평면 설정

기하모델 생성에 앞서 사용자가 모델링을 수행할 평면에 대한 정의가 필요하다.

- GUI: XYPlane 클릭 → Look at Plane 클릭

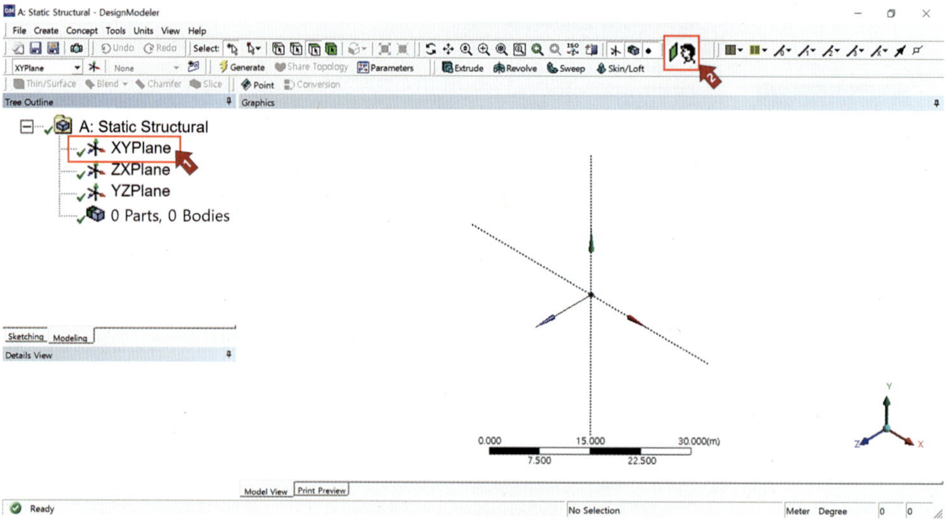

그림 5 스케치 평면 설정

⑤ 기하모델 생성

예제의 기하모델은 그림 6과 같은 모델링이 필요하다. Draw 탭에서 모델링하고, Dimensions 탭에서 치수에 대한 정의가 필요하다.

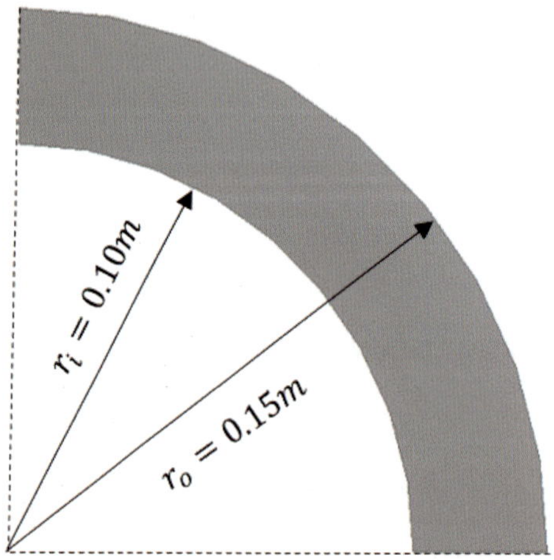

그림 6 기하모델

기하모델 생성을 위한 순서는 그림 7과 같다. Graphics 창에서 원 2개를 모델링하고 치수를 입력한다.

- GUI: Sketching 클릭 → Draw 클릭 → Circle 클릭 → 기하모델 생성

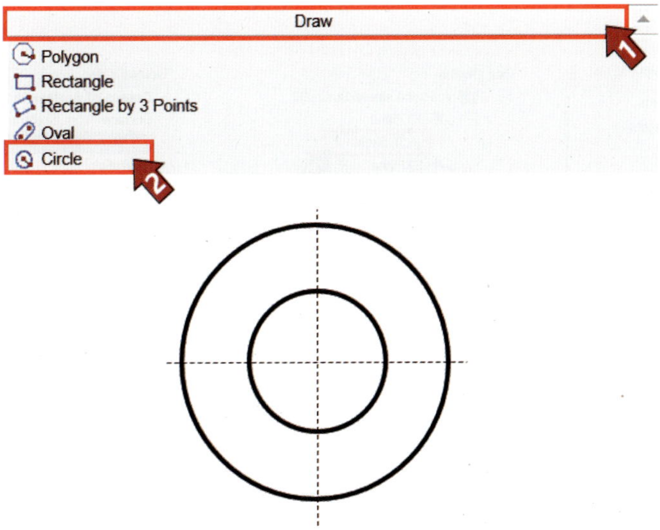

그림 7 기하모델 생성

- GUI: Sketching 클릭 → Dimensions 클릭 → Radius 클릭 → 치수 입력

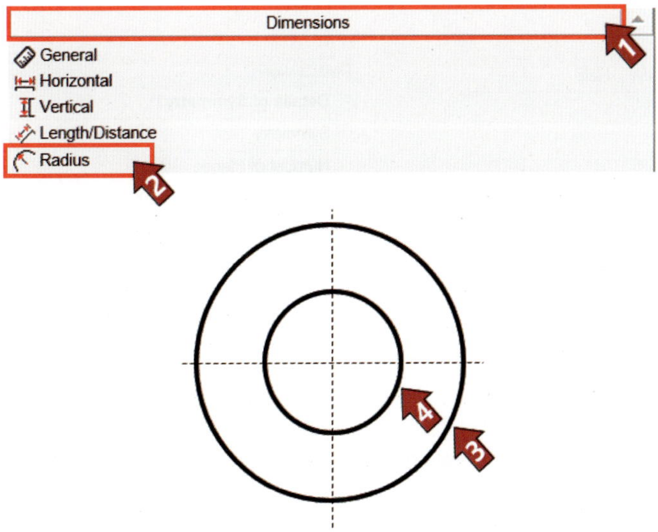

그림 8 기하모델 치수 입력

Tree Outline의 XYPlane 밑에 새로운 이름의 Sketch1이 생성된다. Concept 메뉴에서 Surfaces From Sketches를 통해 생성된 면을 클릭하여 Surface Body 정의를 완료한다.

- GUI: Concept 클릭 → Surfaces From Sketches 클릭 → Sketch1 클릭 → Apply 클릭 → SurfaceSk1 우클릭 → Generate 클릭

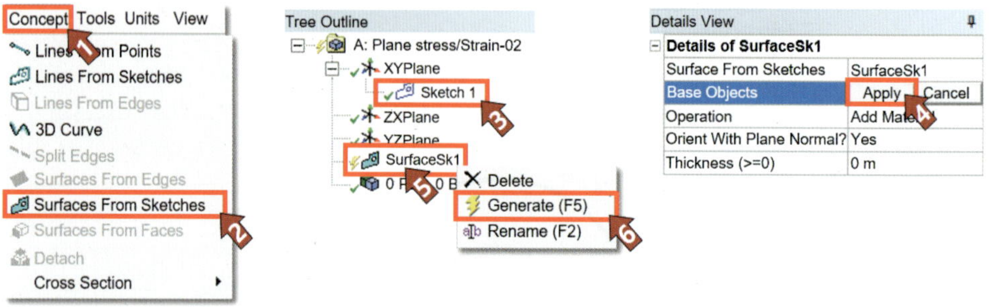

그림 9 Surface Body 정의

Model 탭으로 넘어가기 전 대칭 경계조건을 입력해야 한다. ZXPlane과 YZPlane으로 대칭 경계조건을 입력한다. 그림 10은 Symmetry 경계조건 입력 방법을 보여준다.

- GUI: Tools 탭 클릭 → Symmetry 클릭 → Number of Planes 2 입력 → ZXPlane 클릭 → Apply 클릭 → YZ Plane 클릭 → Apply 클릭 → Generate 클릭

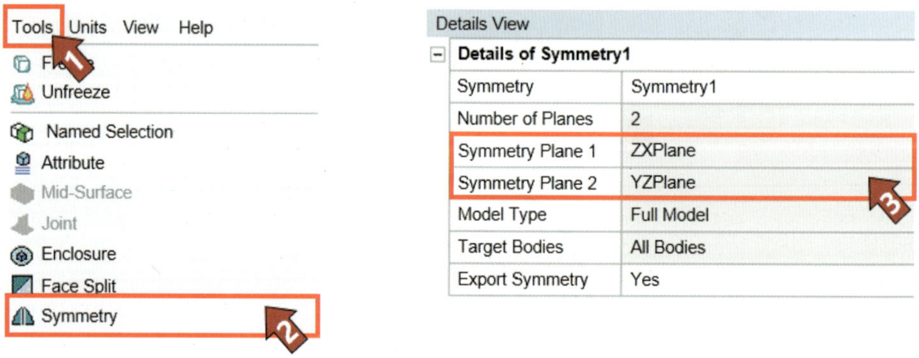

그림 10 Symmetry 경계조건 입력

⑥ 요소 설정 및 물성 입력

Surface Body 생성 후 요소를 입력하기 위해 Model 환경으로 진입한다. Plane Strain 요소 설정 및 Aluminum 물성 입력이 필요하다. Plane Stress 요소와 다르게 Plane Strain 요소는 두께 입력이 필요하지 않다. 그림 11은 요소 설정 방법을 보여준다.

- GUI: Model 더블클릭 → Surface Body 클릭 → Dimension을 2D로 설정 → 2D Behavior를 Plane Strain으로 설정 → Material 탭의 Assignment를 Aluminum으로 선택

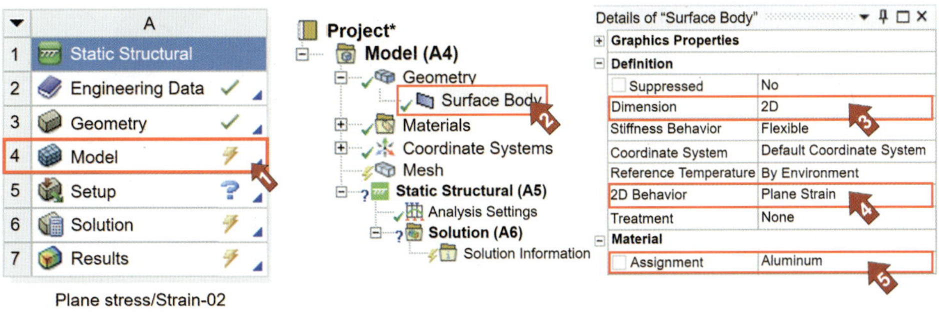

그림 11 요소 설정 및 물성 입력

⑦ 요소 생성

유한요소 모델 생성을 위한 요소 생성단계로 기하모델에 절점과 요소를 생성한다. 이상적인 요소 생성을 위해 Face Meshing 기능, Sizing 기능을 사용하여 요소를 생성한다. 그림 12와 같은 방법으로 생성한다. 완료 후 그림 13과 같이 Graphics 창에 요소로 구성된 구조물이 나타난다.

- GUI: Mesh 우클릭 → Insert 클릭 → Sizing 클릭 → (Graphic 창에서) 원의 잘린 선 클릭(다중선택) → Apply 클릭 → Type을 Number of Divisions로 설정 → 6 입력

  Mesh 우클릭 → Insert 클릭 → Face Meshing 클릭 → (Graphic 창에서) 모델의 면 선택 → Apply 클릭 → Mesh 우클릭 → Generate Mesh 클릭

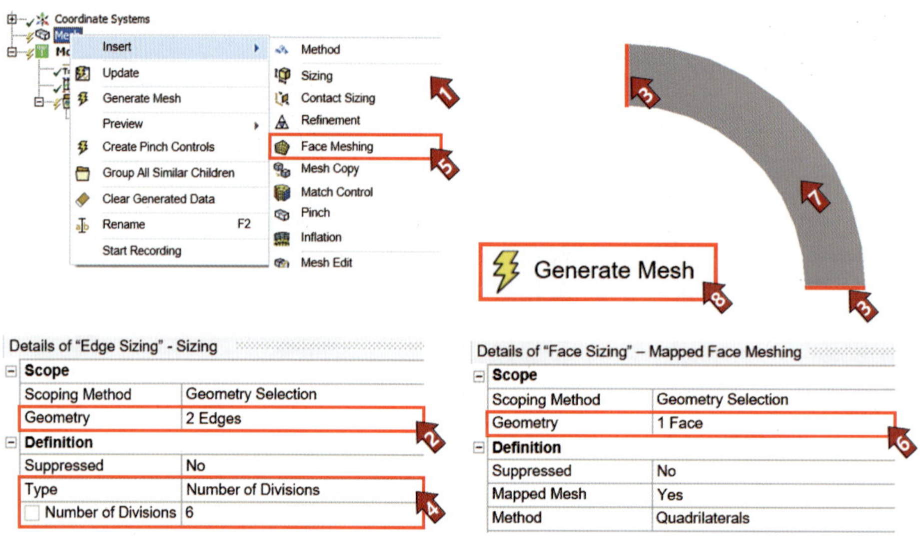

그림 12 요소 생성

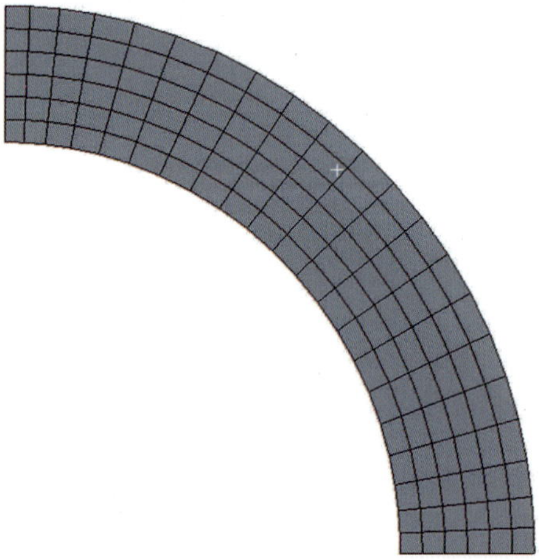

그림 13 요소 생성 확인

⑧ 경계조건 및 하중조건 입력

1/4 모델의 경계조건은 그림 14와 같이 X축과 Y축에 대한 대칭 구속조건을 Geometry 셀에서 부여하였다. 이에 하중조건만 입력이 필요하다. 하중조건은 내경에 1 MPa의 내압을 입력한다. 기하모델에 경계조건과 하중조건 입력을 위한 방법은 그림 15와 같다.

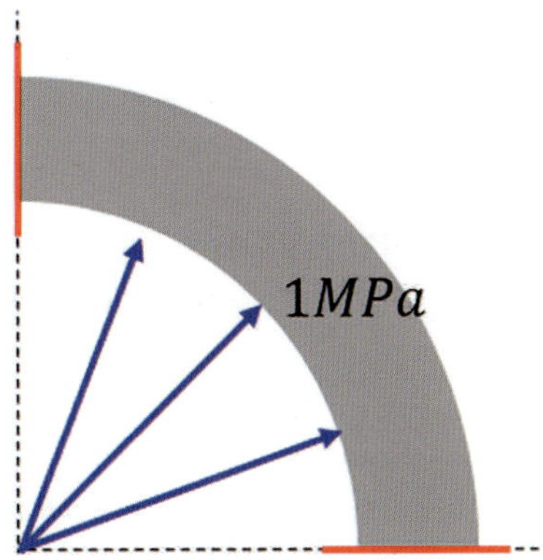

그림 14 경계조건

- GUI: Static Structural 우클릭 → Insert 클릭 → Pressure 클릭 → Edge 클릭 → (Graphic 창에서) 내경 선 클릭 → Apply 클릭 → Magnitude 1e6 입력

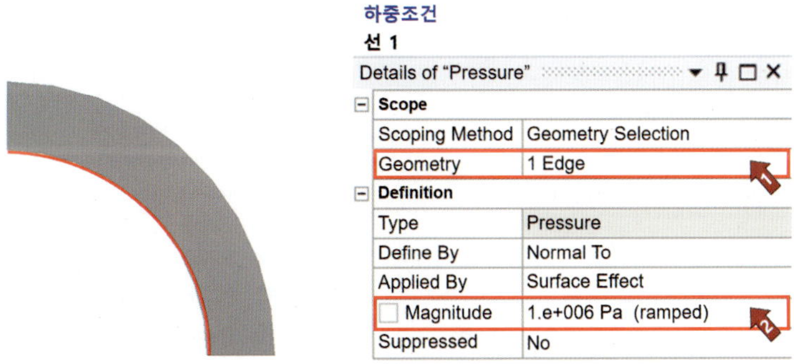

그림 15 하중조건 입력

⑨ 후처리 결과 설정

하중조건을 입력하면 정적해석을 위한 작업을 완료하였다. 본 예제는 보의 최대 변위와 최대 주변형률을 구하여야 한다. 이에 결과 확인을 위한 도출할 결과를 선택하여야 한다.

- GUI: Solution 우클릭 → Insert 클릭 → Deformation 클릭 → Total 클릭

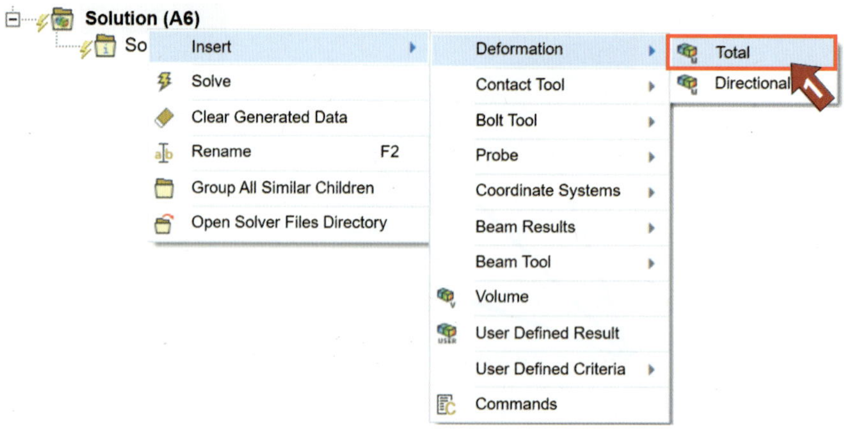

그림 16 최대 변위 결과 설정

- GUI: Solution 우클릭 → Insert 클릭 → Strain 클릭 → Maximum Principal 클릭

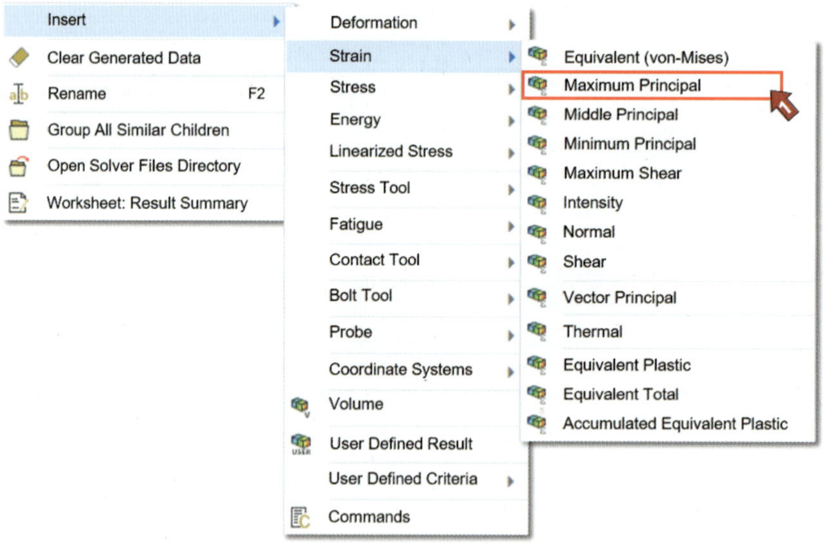

그림 17 최대 주변형률 결과 설정

(2) 구조해석 수행

① 구조해석 수행

정적 해석을 위한 방법은 그림 18과 같다.

- GUI: Solution 클릭 → Solve 클릭

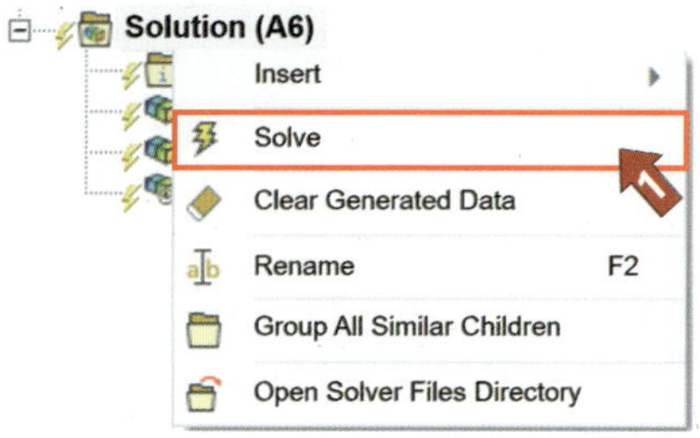

그림 18 구조해석 수행

(3) 후처리 과정

① 결과 확인

Total Deformation, Maximum Principal Strain을 클릭하여 구조해석 결과를 확인한다.

- GUI: Total Deformation 클릭 → 결과 확인

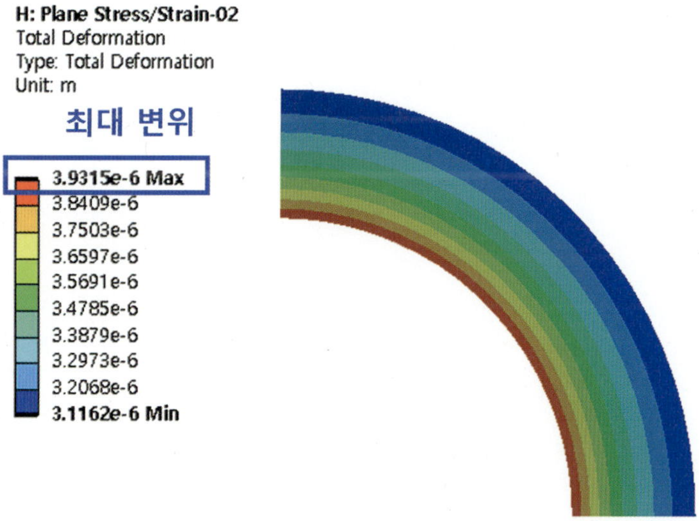

그림 19 최대 변위 결과

• GUI: Maximum Principal Elastic Strain 클릭 → 결과 확인

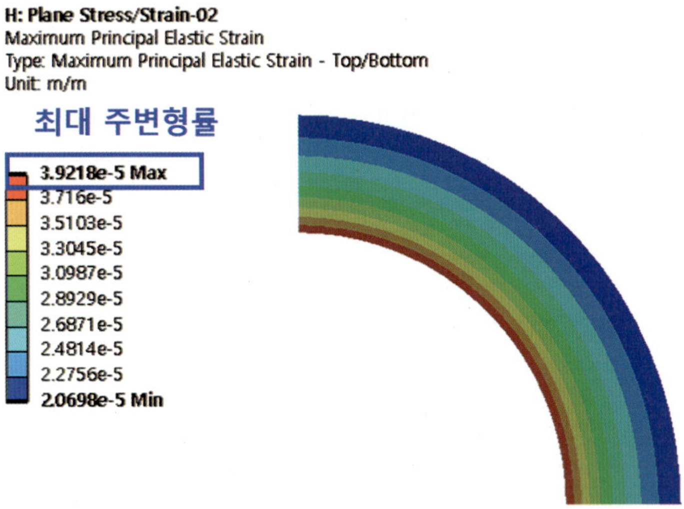

그림 20 최대 주변형률 결과

| 6.3 쉘 문제 (1) |

예제 두께가 0.005 m이고 한 변의 길이가 0.5 m인 정사각형 평면에 평면의 수직방향으로 압력이 가해지고 있다. 이때 Von-Mises Stress와 최대 변위를 구하라. 구조물의 가장자리는 모두 구속되었다고 가정하며, 부재는 알루미늄으로 구성되어 있고 탄성계수는 70×10^9 N/m^2, 푸아송비는 0.3이다.

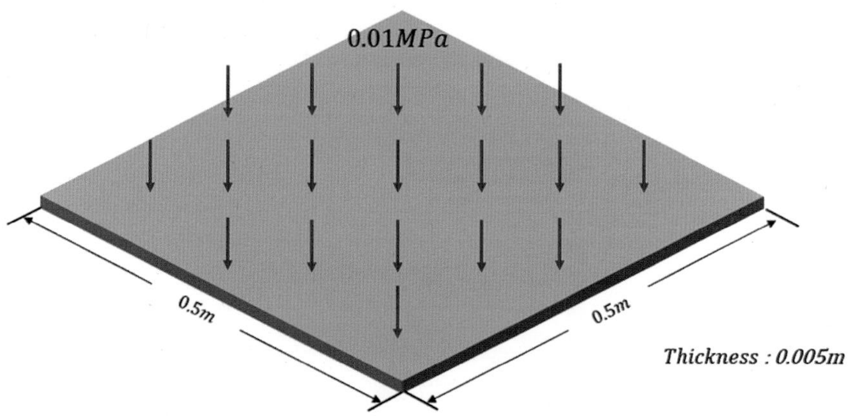

그림 1 쉘 문제

(1) 전처리 과정

① 단위계 설정 및 해석 종류 설정

다양한 단위계 중 SI 단위계(Metric)로 설정하며, 정적구조(static structural) 해석 시스템 생성을 위해 ANSYS System Toolbox로부터 독립적인 시스템을 생성한다.

- GUI: Units 클릭 → Metric 클릭 → Static Structural 더블클릭 → 이름 설정

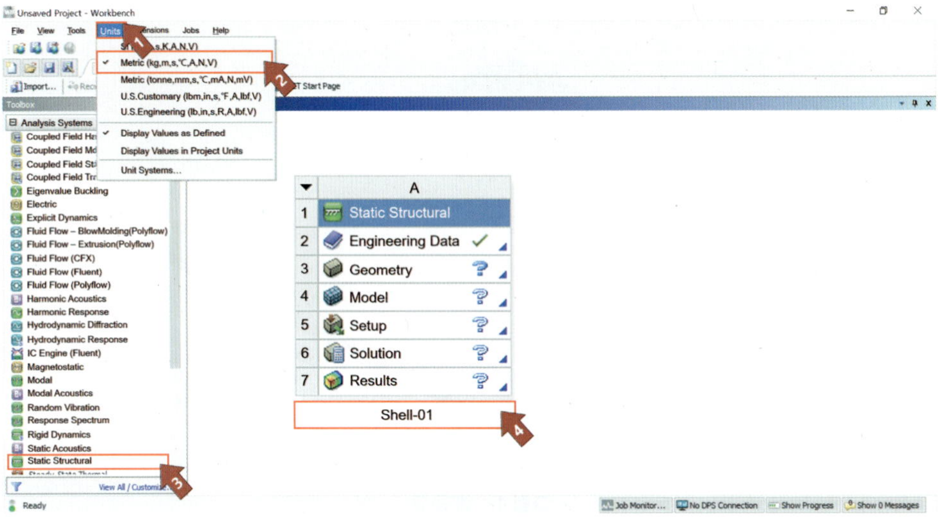

그림 2 단위계 및 해석 종류 설정

② 기계적 물성 입력

예제는 알루미늄으로 구성되어 있으며, 쉘 요소는 탄성계수와 푸아송비를 입력해야 한다. 그림 3은 기계적 물성 입력 방법을 보여준다.

- GUI: Engineering Data 더블클릭 → 소재 이름 입력(Aluminum) → 엔터 → (좌측 툴박스) Linear Elastic 클릭 → Isotropic Elasticity 더블클릭 → Young's Modulus 입력(70×10^9 N/m^2) → Poisson's Ratio 입력(0.3)

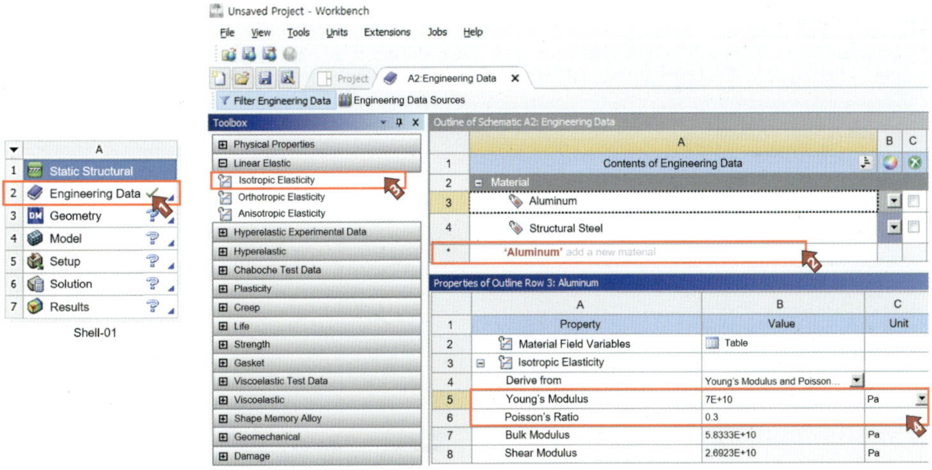

그림 3 알루미늄 기계적 물성 입력

③ DesignModeler Geometry 환경 진입

기하모델 생성을 위해 DesignModeler Geometry 프로그램을 시작한다.

- GUI: Geometry에서 우클릭 → New DesignModeler Geometry 클릭

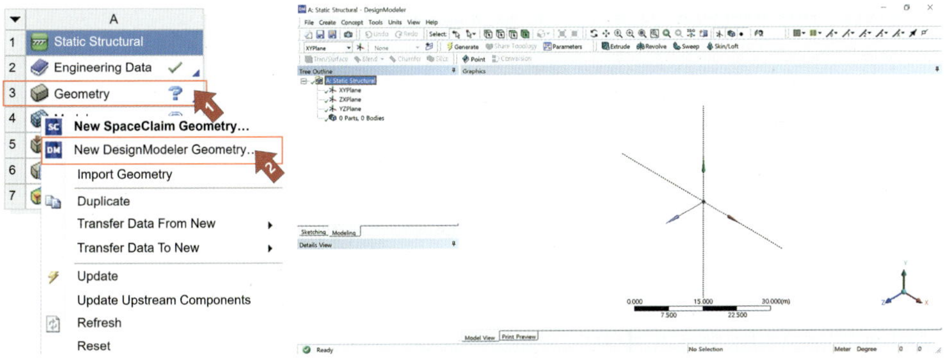

그림 4 DesignModeler Geometry GUI 환경 진입

④ 스케치 평면 설정

기하모델 생성에 앞서 사용자가 모델링을 수행할 평면에 대한 정의가 필요하다.

- GUI: ZXPlane 클릭 → Look at Plane 클릭

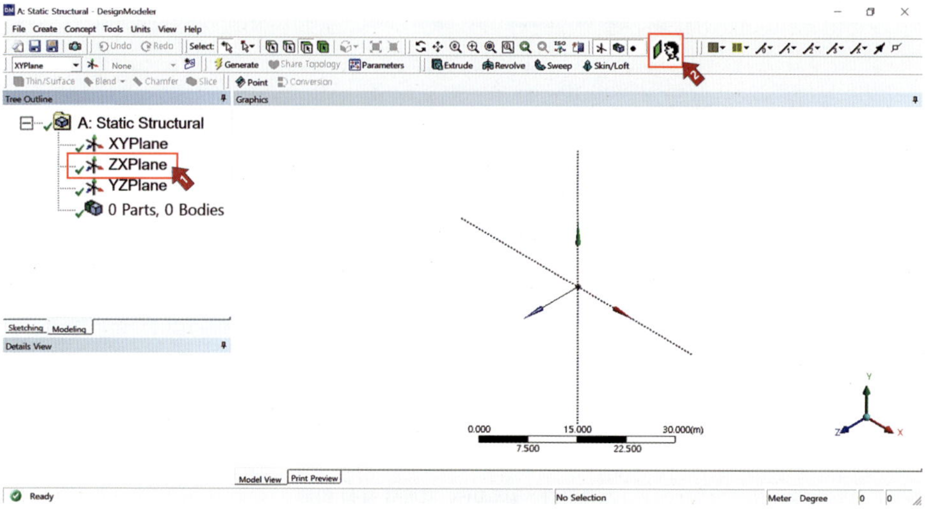

그림 5 스케치 평면 설정

⑤ 기하모델 생성

그림 6과 같은 모델링이 필요하다. Draw 탭에서 한 변이 0.5 m인 면을 모델링한다. Sketching 탭으로 전환하면, Tree Outline의 XYPlane 밑에 새로운 이름의 Sketch1이 생성된다. Dimensions 탭에서 치수에 대한 정의가 필요하다.

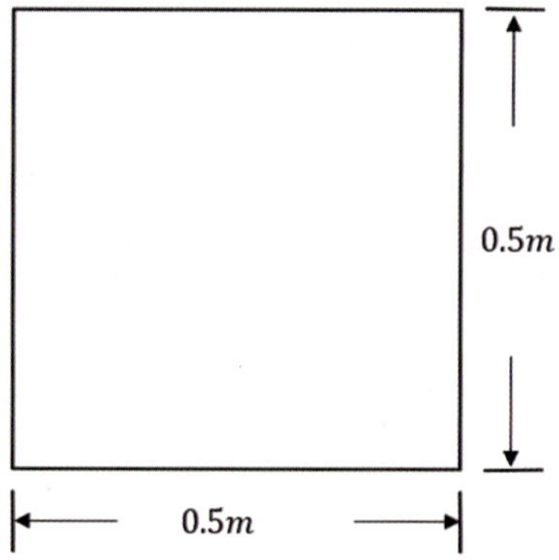

그림 6 기하모델

기하모델 생성을 위한 작업은 그림 7과 같다. Graphics 창에서 시작점과 끝점을 클릭하여 사각형을 생성한다.

- GUI: Sketching 클릭 → Draw 클릭 → Rectangle 클릭 → 기하모델 생성

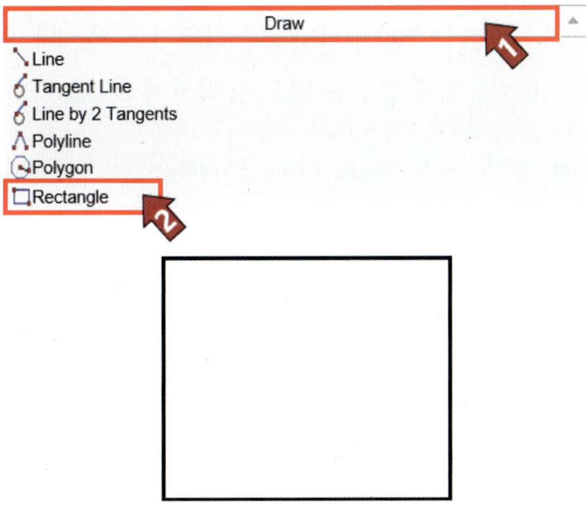

그림 7 기하모델 생성

작도된 기하모델의 치수 정의를 위한 방법은 그림 8과 같다. 작도한 사각형의 2개의 변을 클릭하여 치수를 입력한다.

- GUI: Sketching 클릭→ Dimensions 클릭 → General 클릭 → 치수 입력

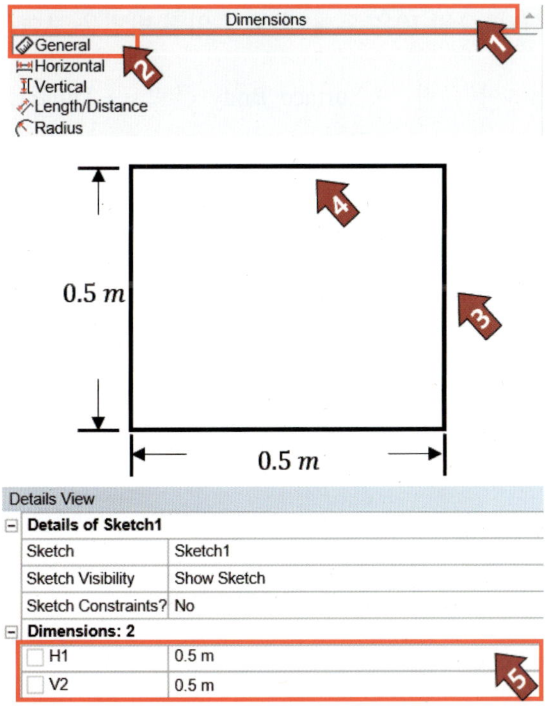

그림 8 기하모델 치수 입력

치수 정의가 완료된 Sketch는 Surface Body의 정의가 필요하다. 이후 Concept 메뉴에서 Surfaces From Sketches를 통해 생성된 면을 클릭하여 Surface Body 정의를 완료한다.

- GUI: Concept 클릭 → Surfaces From Sketches 클릭 → Sketch1 클릭 → Apply 클릭 → SurfaceSk1 우클릭 → Generate 클릭

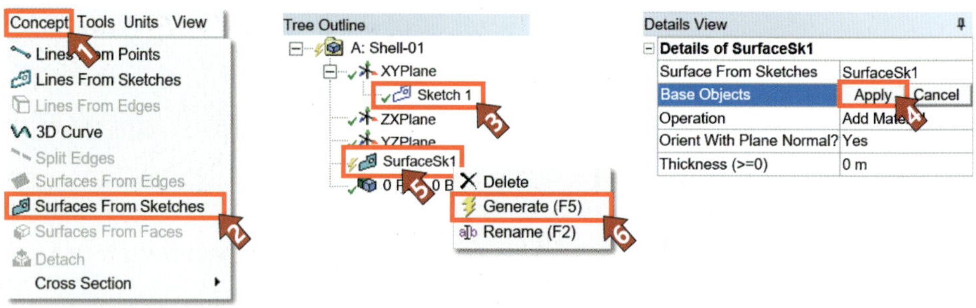

그림 9 Surface Body 정의

⑥ 두께 및 물성 입력

Surface Body 생성 후 두께 정보를 입력하기 위해 Model 환경으로 진입한다. 두께 0.005 m를 입력한다. 그림 10은 두께 및 물성 입력 방법을 보여준다.

- GUI: Model 더블클릭 → Surface Body 클릭 → Dimension을 3D로 설정 → Thickness에 0.005 입력 → Material 탭의 Assignment를 Aluminum으로 선택

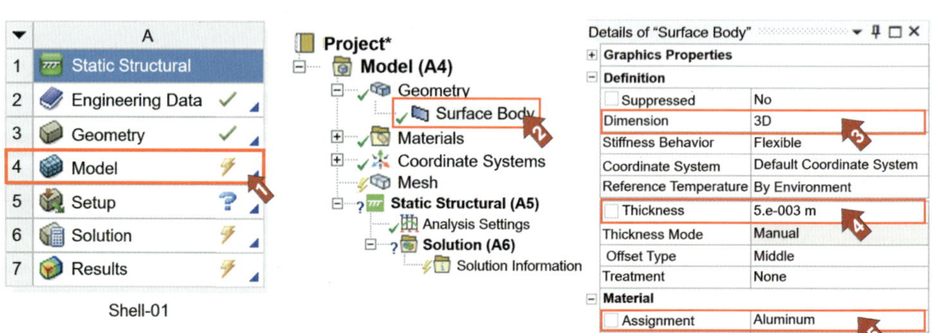

그림 10 두께 및 물성 입력

⑦ 요소 생성

유한요소 모델 생성을 위한 요소 생성단계로 기하모델에 절점과 요소를 생성한다. 요소 크기는 0.01 m로 입력하여 생성한다. 요소는 그림 11과 같은 방법으로 생성한다. 완료 후 그림 12와 같이 Graphics 창에 요소로 구성된 구조물이 나타난다.

- GUI: Mesh 우클릭 → Insert 클릭 → Sizing 클릭 → (Graphic 창에서) 모델 선택 → Apply 클릭 → Type을 Element Size로 설정 → 0.01 입력 → Generate Mesh 클릭

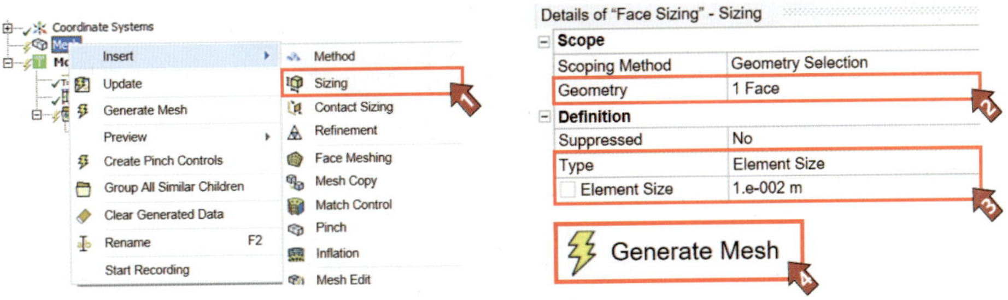

그림 11 요소 생성

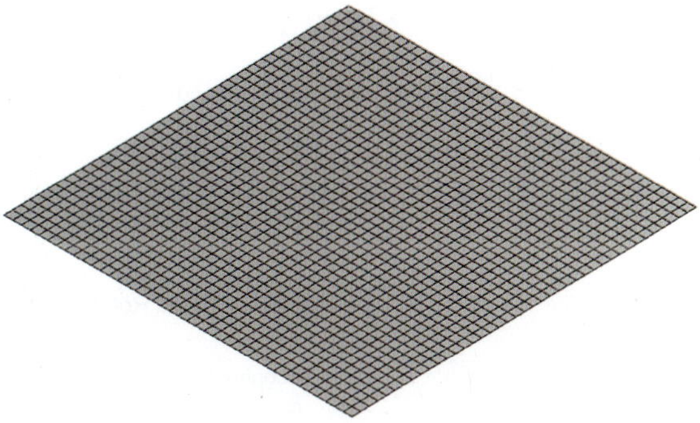

그림 12 요소 생성 확인

⑧ 경계조건 및 하중조건 입력

예제의 경계조건은 그림 13과 같이 면의 가장자리가 완전구속 형태의 구속조건이며, 평면에 수직방향으로 0.01 MPa의 하중조건이 작용하고 있다. 기하모델에 경계조건 입력을 위한 방법은 그림 14, 15와 같다.

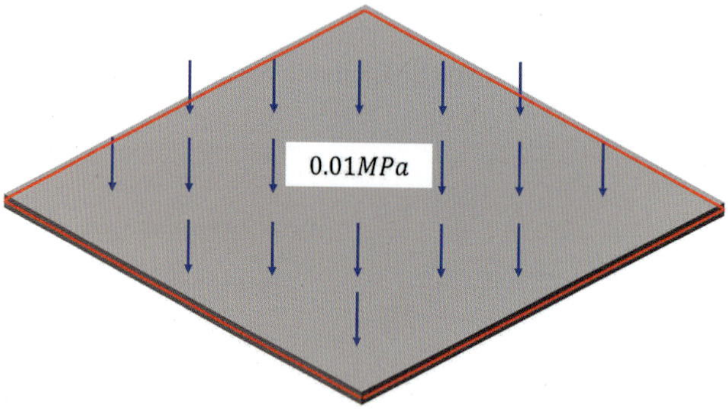

그림 13 경계조건

- GUI: Static Structural 우클릭 → Insert 클릭 → Displacement 클릭 → (Graphic 창에서) 4개의 모서리(다중선택) → Apply 클릭 → X, Y, Z Component 0 입력

  Static Structural 우클릭 → Insert 클릭 → Fixed Rotation 클릭 → (Graphic 창에서) 4개의 모서리(다중선택) → Apply 클릭 → Rotation X, Y, Z Fixed 입력

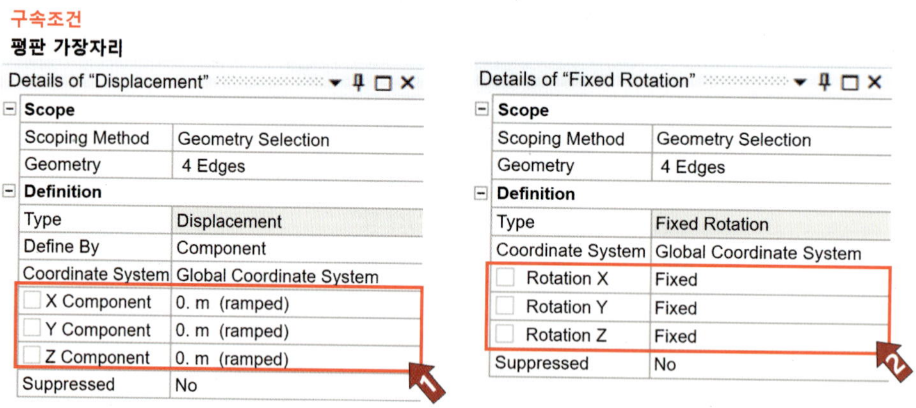

그림 14 구속조건 입력

• GUI: Static Structural 우클릭 → Insert 클릭 → Pressure 클릭 → (Graphic 창에서) 모델 선택 → Apply 클릭 → Magnitude 10000 입력

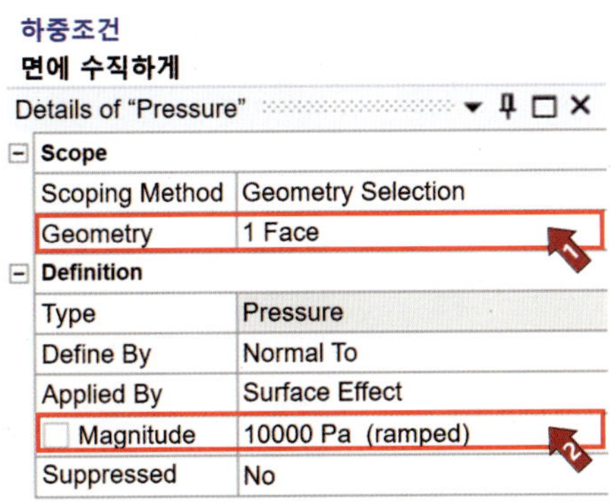

그림 15 하중조건 입력

⑨ 후처리 결과 설정

구속조건과 하중조건을 입력하면 정적해석을 위한 작업을 완료하였다. 본 예제는 쉘 모델의 최대 변위와 Von-Mises Stress를 구하여야 한다. 이에 결과 확인을 위한 도출할 결과를 선택하여야 한다.

• GUI: Solution 우클릭 → Insert 클릭 → Deformation 클릭 → Total 클릭

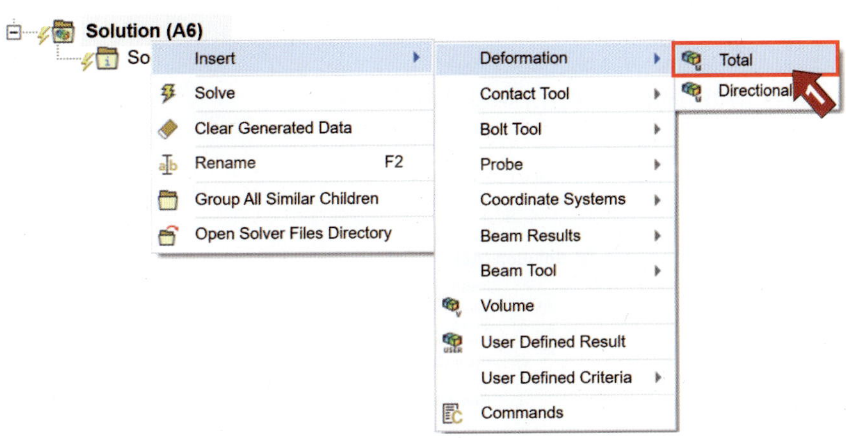

그림 16 최대 변위 결과 설정

- GUI: Solution 우클릭 → Insert 클릭 → Stress 클릭 → Equivalent (von-Mises) 클릭

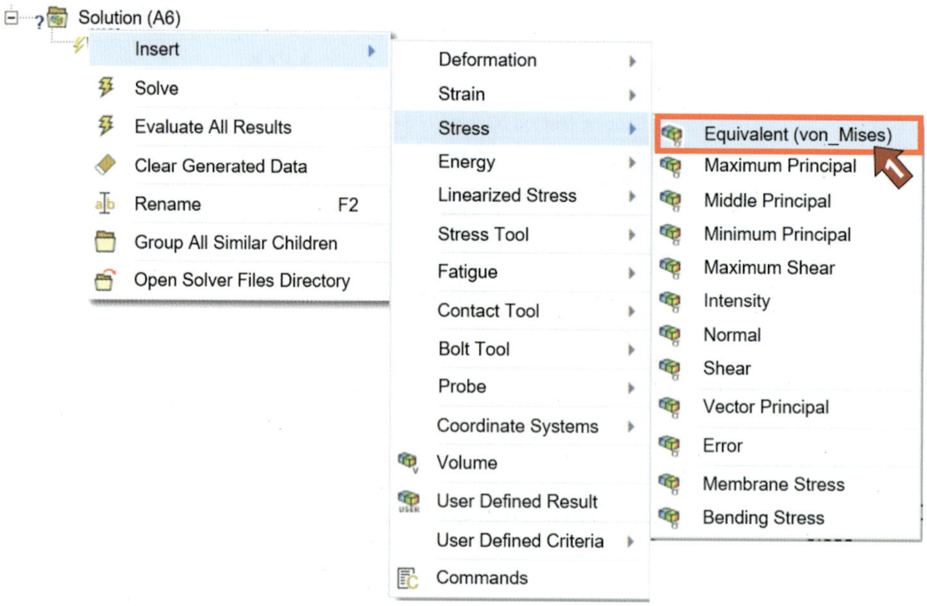

그림 17 Von-Mises Stress 결과 설정

(2) 구조해석 수행

① 구조해석 수행

정적해석을 위한 방법은 그림 18과 같다.

- GUI: Solution 우클릭 → Solve 클릭

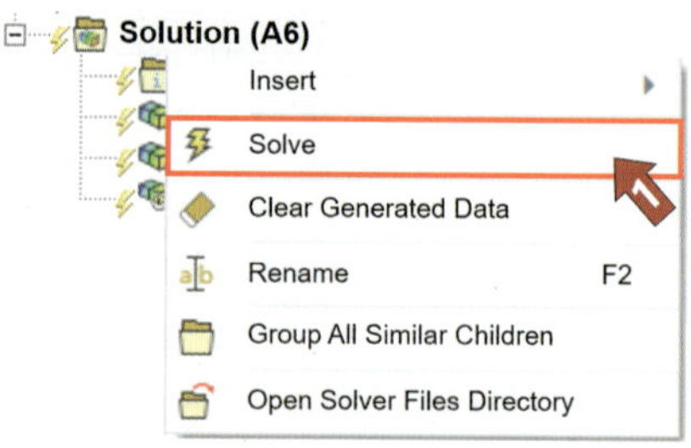

그림 18 구조해석 수행

(3) 후처리 과정

① 결과 확인

Total Deformation, Equivalent Stress를 클릭하여 구조해석 결과를 확인한다.

- GUI: Total Deformation 클릭 → 결과 확인

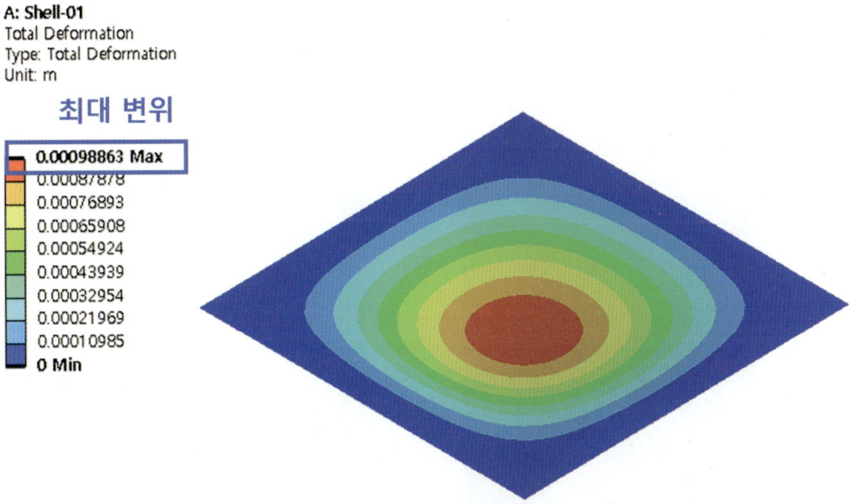

그림 19 최대 변위 결과

- GUI: Equivalent Stress 클릭 → 결과 확인

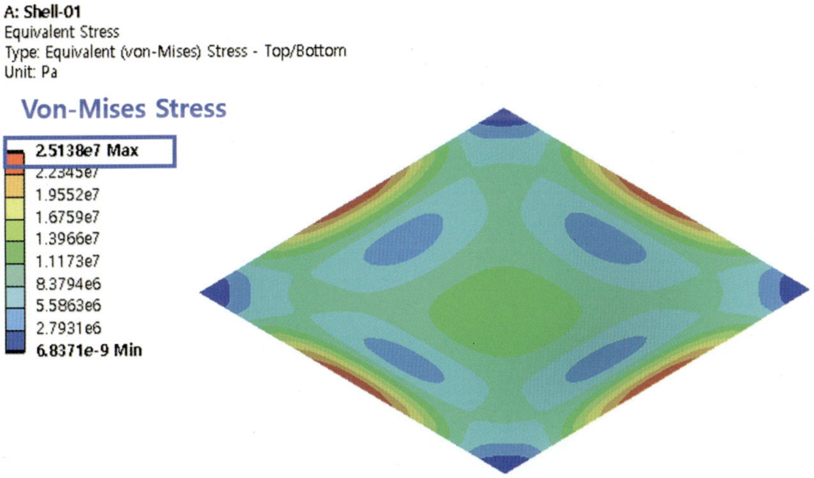

그림 20 Von-Mises Stress 결과

6.4 쉘 문제 (2)

예제 사각관 윗면에 3 MPa의 압력이 가해지고 있다. 이때 최대 변위와 Von-Mises Stress를 구하라. 단, 구조물의 아랫면은 바닥에 고정되어 있다. 부재는 알루미늄으로 구성되어 있으며, 탄성계수는 70×10^9 N/m^2, 푸아송비는 0.3이다.

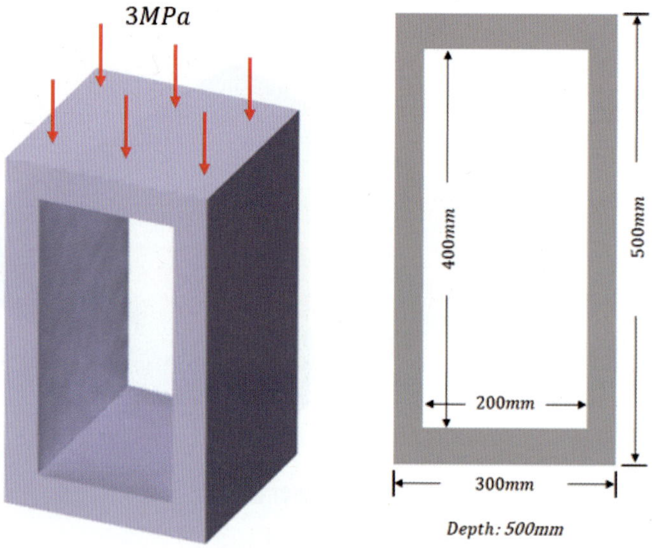

그림 1 쉘 문제

(1) 전처리 과정

① 단위계 설정 및 해석 종류 설정

다양한 단위계 중 SI 단위계(Metric)로 설정하며, 정적구조(static structural) 해석 시스템 생성을 위해 ANSYS System Toolbox로부터 독립적인 시스템을 생성한다.

- GUI: Units 클릭 → Metric 클릭 → Static Structural 더블클릭 → 이름 설정

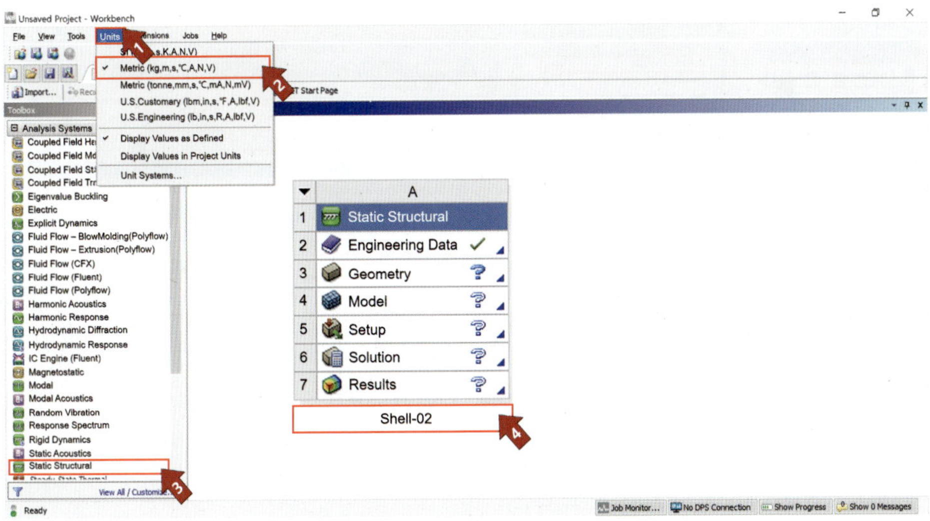

그림 2 단위계 및 해석 종류 설정

② 기계적 물성 입력

예제는 알루미늄으로 구성되어 있으며, 쉘 요소는 탄성계수와 푸아송비를 입력해야 한다. 그림 3은 기계적 물성 입력 방법을 보여준다.

- GUI: Engineering Data 더블클릭 → 소재 이름 입력(Aluminum) → 엔터 → (좌측 툴박스) Linear Elastic 클릭 → Isotropic Elasticity 더블클릭 → Young's Modulus 입력(70×10^9 N/m^2) → Poisson's Ratio 입력(0.3)

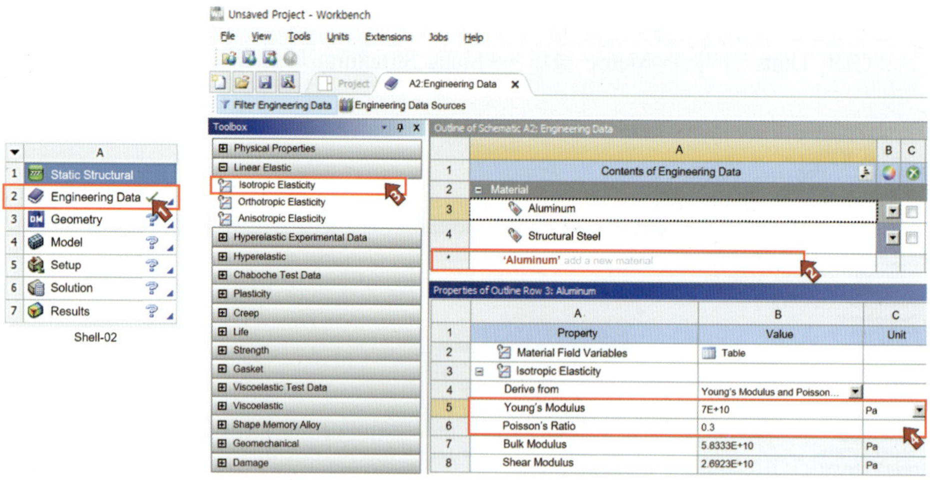

그림 3 알루미늄 기계적 물성 입력

③ DesignModeler Geometry 환경 진입

기하모델 생성을 위해 DesignModeler Geometry 프로그램을 시작한다.

- GUI: Geometry에서 우클릭 → New DesignModeler Geometry 클릭

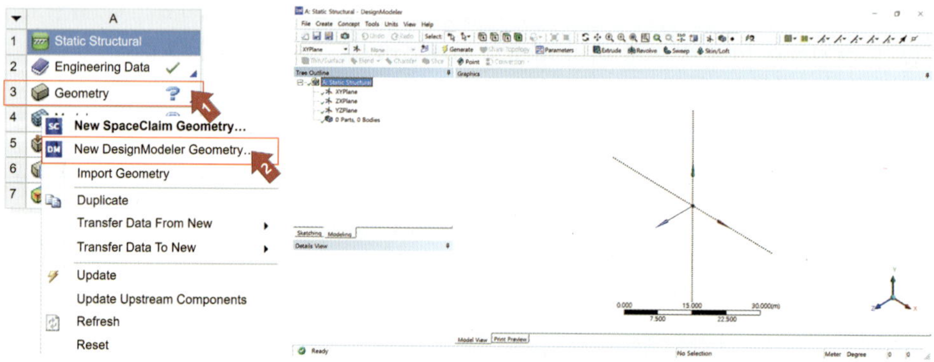

그림 4 DesignModeler Geometry GUI 환경 진입

④ 스케치 평면 설정

기하모델 생성에 앞서 사용자가 모델링을 수행할 평면에 대한 정의가 필요하다.

- GUI: XYPlane 클릭 → Look at Plane 클릭

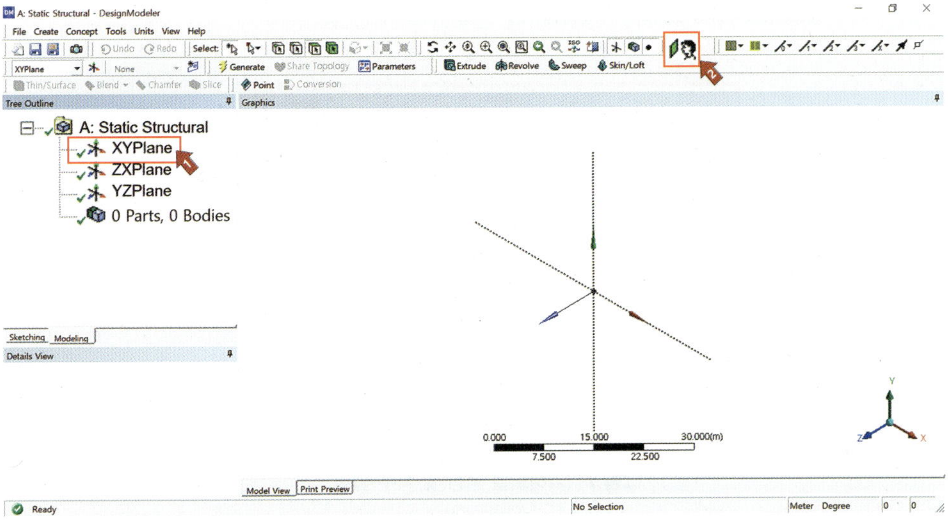

그림 5 스케치 평면 설정

⑤ 기하모델 생성

그림 6과 같은 모델링이 필요하다. Draw 탭에서 Rectangular를 이용하여 사각형을 모델링한다. Sketching 탭으로 전환하면, Tree Outline의 XYPlane 밑에 새로운 이름의 Sketch1이 생성된다. Dimensions 탭에서 한 변이 0.25 m와 0.45 m인 사각형 치수에 대한 정의가 필요하다.

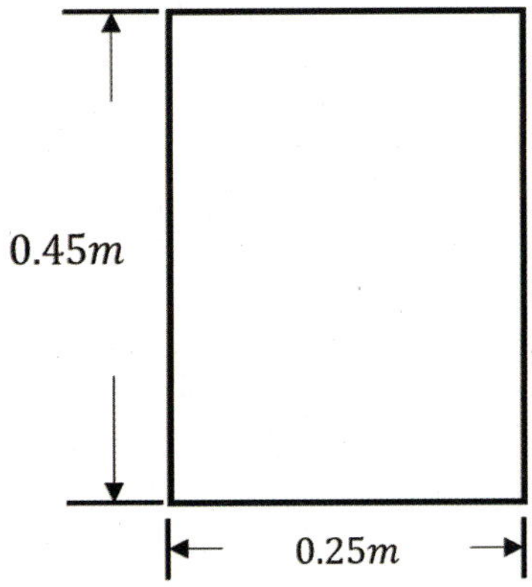

그림 6 기하모델

기하모델 생성 및 치수 입력을 위한 작업은 그림 7과 같다. Graphics 창에서 시작점과 끝점을 클릭하여 사각형을 생성한다.

- GUI: Sketching 클릭 → Draw 클릭 → Rectangle 클릭 → 기하모델 생성 → Dimensions 클릭 → General 클릭 → 치수 입력

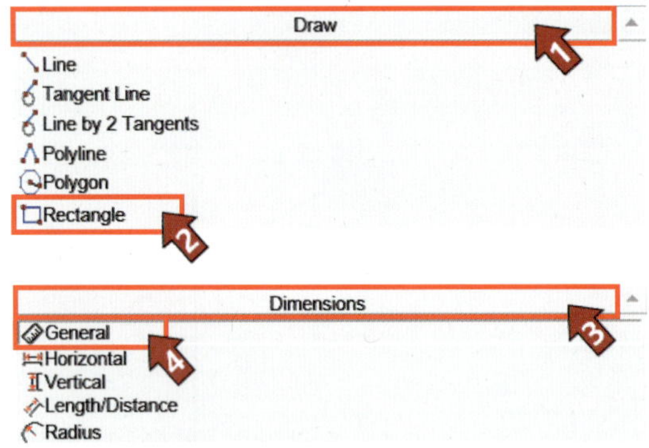

그림 7 기하모델 생성 및 치수 입력

기하모델 생성을 위한 Sketch 작업을 마쳤다면 Extrude 기능을 이용하여 두께 방향으로 Depth 0.5 m를 입력하여 Surface를 생성한다. As Thin/Surface를 Yes로 설정 후 두께 0 m를 입력하여 완전한 2D Surface 모델로 생성한다. Surface 생성 방법은 그림 8과 같다.

- GUI: Create 클릭 → Extrude 클릭 → Sketch1 클릭 → Apply 클릭 → Depth에 0.5 입력 → As Thin/Surface를 Yes로 설정 → Inward Thickness에 0 입력 → Extrude1 우클릭 → Generate 클릭

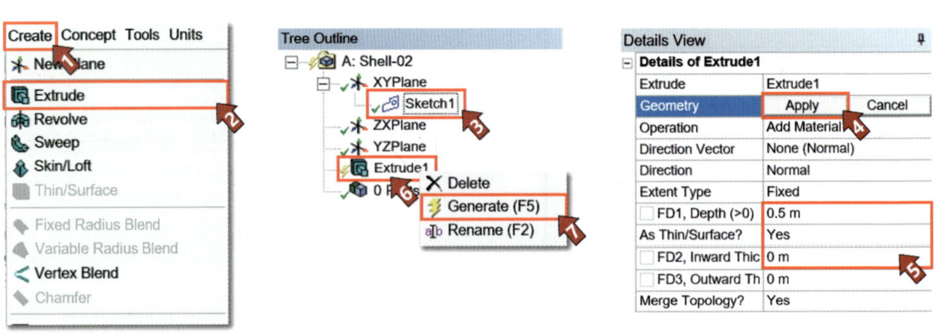

그림 8 Surface Body 정의

⑥ 두께 및 물성 입력

Surface Body 생성 후 두께 및 물성 정보를 입력하기 위해 Model 환경으로 진입한다. 두께 0.05 m를 입력한다. 그림 9는 두께 및 물성 입력 방법을 보여준다.

- GUI: Model 더블클릭 → Surface Body 클릭 → Dimension을 3D로 설정 → Thickness에 0.05 입력 → Material 탭의 Assignment를 Aluminum으로 선택

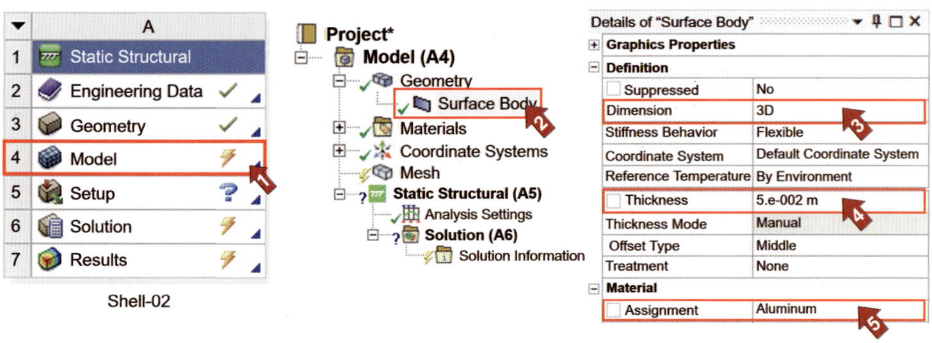

그림 9 두께 및 물성 입력

⑦ 요소 생성

유한요소 모델 생성을 위한 요소 생성단계로 기하모델에 절점과 요소를 생성한다. 요소 크기는 0.01 m로 입력하여 생성한다. 요소는 그림 10과 같은 방법으로 생성한다. 완료 후 그림 11과 같이 Graphics 창에 요소로 구성된 구조물이 나타난다.

- GUI: Mesh 우클릭 → Insert 클릭 → Sizing 클릭 → (Graphic 창에서) 모델 선택 → Apply 클릭 → Type을 Element Size로 설정 → 0.01 입력 → Generate Mesh 클릭

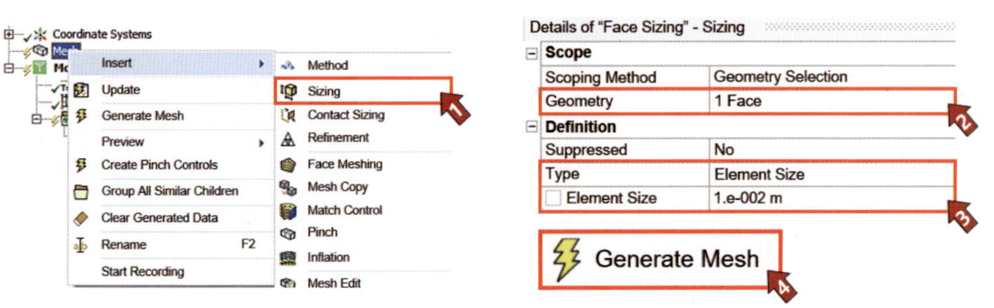

그림 10 요소 생성

그림 11 요소 생성 확인

⑧ 경계조건 및 하중조건 입력

예제의 경계조건은 그림 12와 같이 아랫면 완전구속 형태의 구속조건이며, 윗면에 수직방향으로 3 MPa의 하중조건이 작용하고 있다. 기하모델에 경계조건 입력을 위한 방법은 그림 13, 14와 같다.

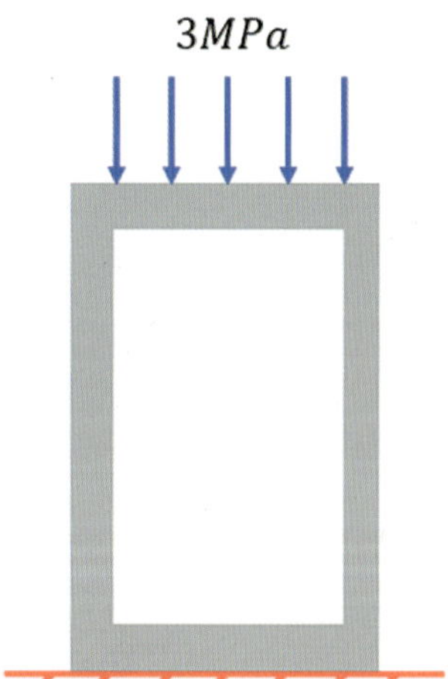

그림 12 경계조건

- GUI: Static Structural 우클릭 → Insert 클릭 → Displacement 클릭 → (Graphic 창에서) 아랫면 클릭 → Apply 클릭 → X Component 0, Y Component 0, Z Component 0 입력

  Static Structural 우클릭 → Insert 클릭 → Fixed Rotation 클릭 → (Graphic 창에서) 아랫면 클릭 → Apply 클릭 → X Component Fixed, Y Component Fixed, Z Component Fixed 입력

구속조건

아랫면

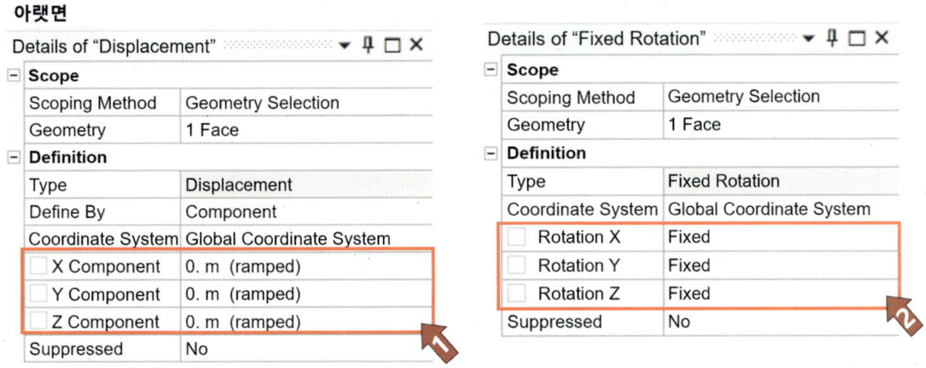

그림 13 구속조건 입력

- GUI: Static Structural 우클릭 → Insert 클릭 → Pressure 클릭 → (Graphic 창에서) 윗면 클릭 → Apply 클릭 → Magnitude 3000000 입력

하중조건

윗면

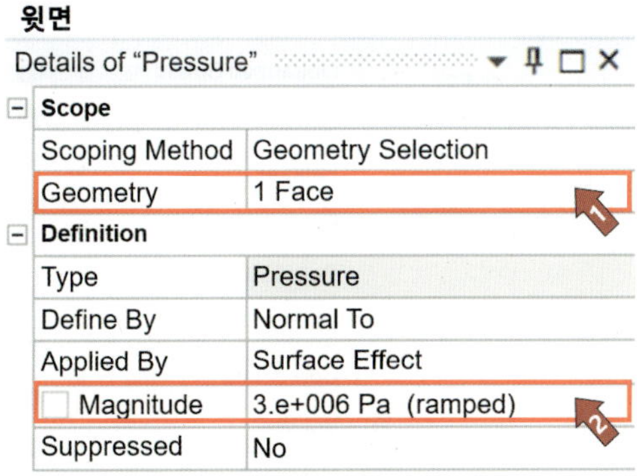

그림 14 하중조건 입력

⑨ 후처리 결과 설정

구속조건과 하중조건을 입력하면 정적해석을 위한 작업을 완료하였다. 본 예제는 쉘 모델의 최대 변위와 Von-Mises Stress를 구하여야 한다. 이에 결과 확인을 위한 도출할 결과를 선택하여야 한다.

- GUI: Solution 우클릭 → Insert 클릭 → Deformation 클릭 → Total 클릭

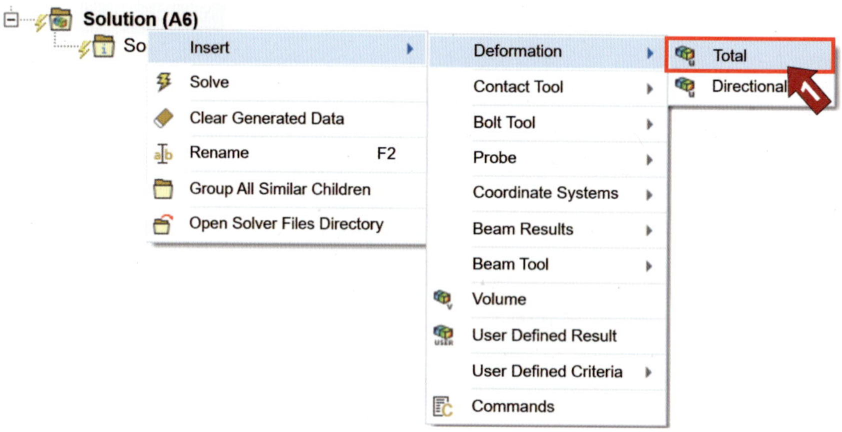

그림 15 최대 변위 결과 설정

- GUI: Solution 우클릭 → Insert 클릭 → Stress 클릭 → Equivalent (von-Mises) 클릭

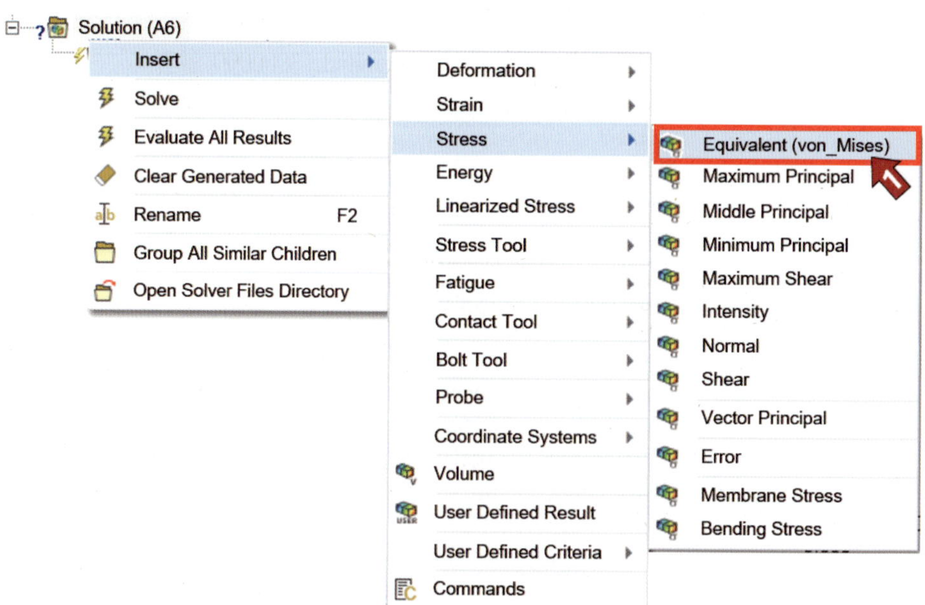

그림 16 Von-Mises Stress 결과 설정

(2) 구조해석 수행

① 구조해석 수행

정적해석을 위한 방법은 그림 17과 같다.

- GUI: Solution 우클릭 → Solve 클릭

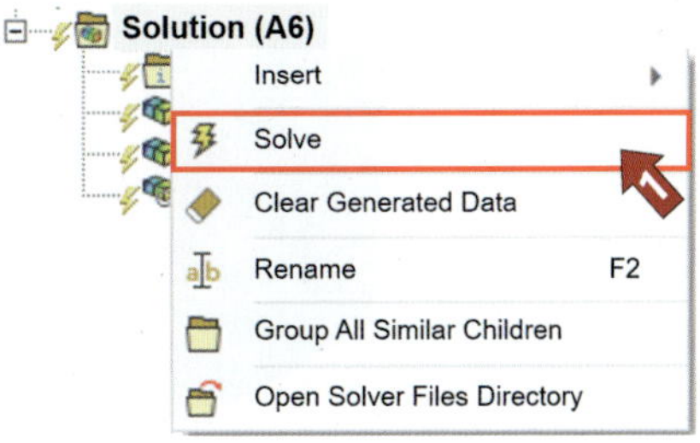

그림 17 구조해석 수행

(3) 후처리 과정

① 결과 확인

Total Deformation, Equivalent Stress를 클릭하여 구조해석 결과를 확인한다.

- GUI: Total Deformation 클릭 → 결과 확인

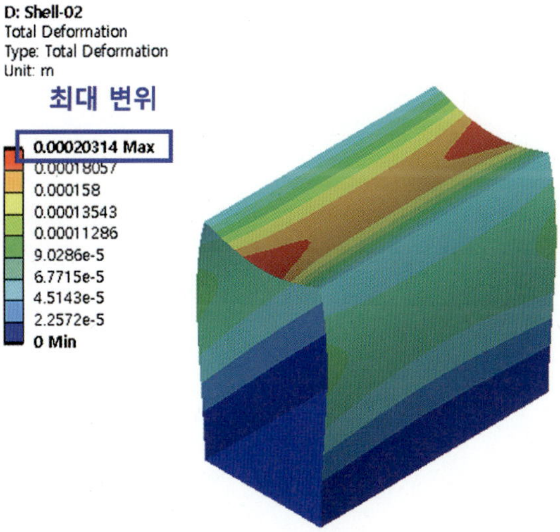

그림 18 최대 변위 결과

• GUI: Equivalent Stress 클릭 → 결과 확인

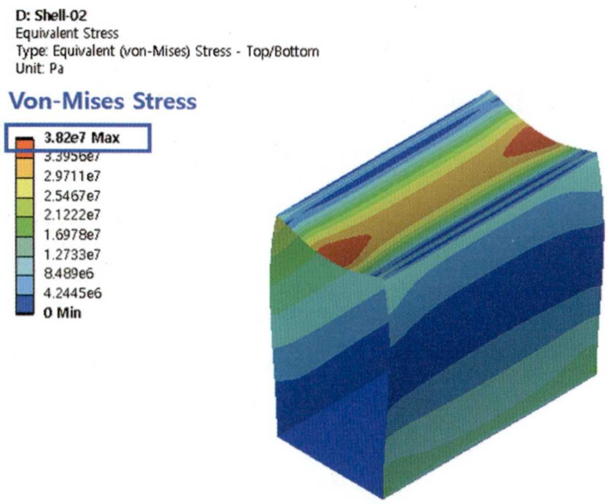

그림 19 Von-Mises Stress 결과

| 6.5 **쉘 문제 (3)** |

예제 두께가 0.005 m인 알루미늄 렌치 한쪽이 완전구속되어 있고, 몸체에 10,000 N/m의 분포하중이 작용할 때, 최대 변위와 Von-Mises Stress를 구하라. 부재는 알루미늄으로 구성되어 있으며, 탄성계수는 70×10^9 N/m^2, 푸아송비는 0.3이다.

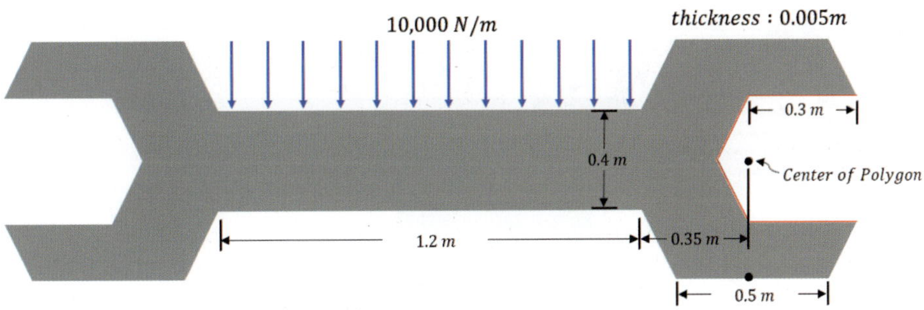

그림 1 쉘 문제

(1) 전처리 과정

① 단위계 설정 및 해석 종류 설정

다양한 단위계 중 SI 단위계(Metric)로 설정하며, 정적구조(Static Structural) 해석 시스템 생성을 위해 ANSYS System Toolbox로부터 독립적인 시스템을 생성한다.

- GUI: Units 클릭 → Metric 클릭 → Static Structural 더블클릭 → 이름 설정

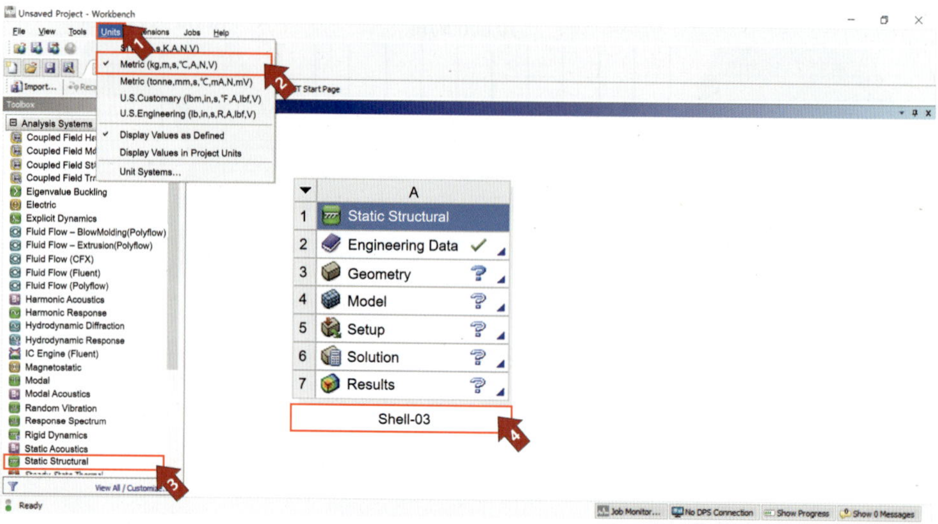

그림 2 단위계 및 해석 종류 설정

② 기계적 물성 입력

예제는 알루미늄으로 구성되어 있으며, 쉘 요소는 탄성계수와 푸아송비를 입력해야 한다. 그림 3은 기계적 물성 입력 방법을 보여준다.

• GUI: Engineering Data 더블클릭 → 소재 이름 입력(Aluminum) → 엔터 → (좌측 툴박스) Linear Elastic 클릭 → Isotropic Elasticity 더블클릭 → Young's Modulus 입력(70×10^9 N/m^2) → Poisson's Ratio 입력(0.3)

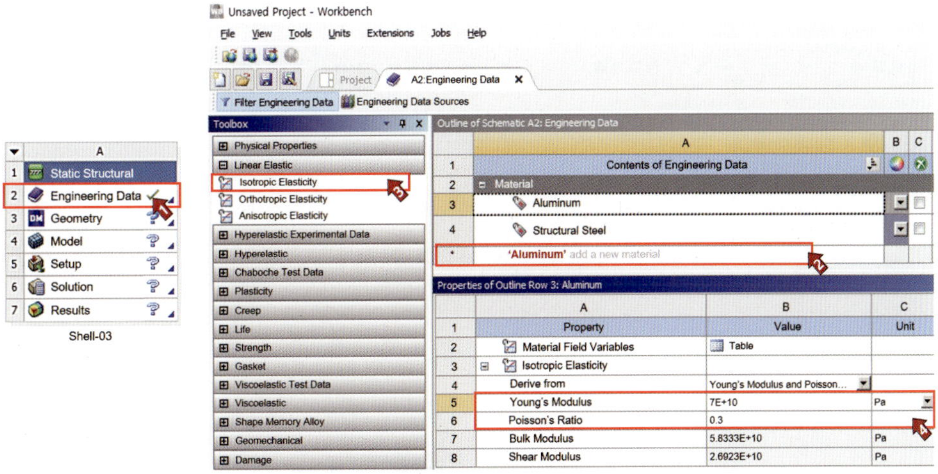

그림 3 알루미늄 기계적 물성 입력

③ DesignModeler Geometry 환경 진입

기하모델 생성을 위해 DesignModeler Geometry 프로그램을 시작한다.

• GUI: Geometry에서 우클릭 → New DesignModeler Geometry 클릭

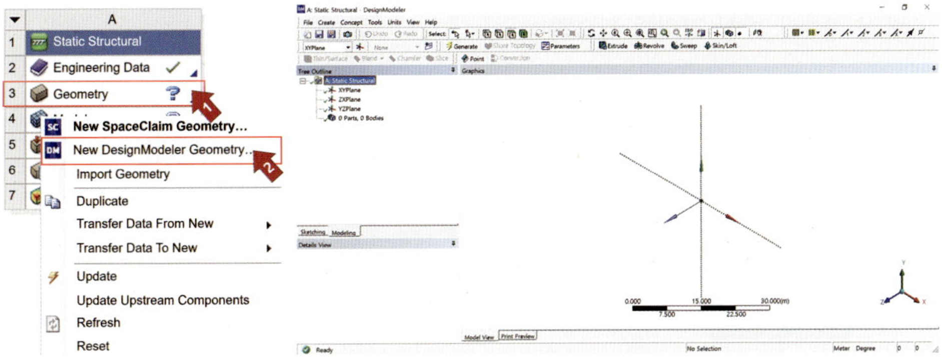

그림 4 DesignModeler Geometry GUI 환경 진입

④ 스케치 평면 설정

기하모델 생성에 앞서 사용자가 모델링을 수행할 평면에 대한 정의가 필요하다.

- GUI: XYPlane 클릭 → Look at Plane 클릭

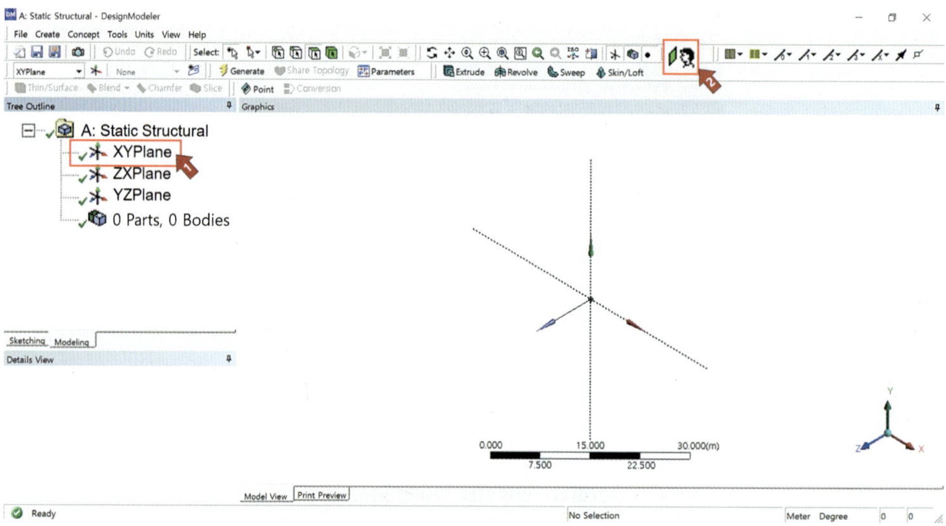

그림 5 스케치 평면 설정

⑤ 기하모델 생성

본 예제는 모델링 방법을 간편하게 하기 위해서 1/2 모델만 스케치하여 효율적으로 모델링하도록 한다. Draw 탭에서 Rectangluar와 Polygon을 이용하며, Dimensions 탭에서 치수에 대한 정의가 필요하다.

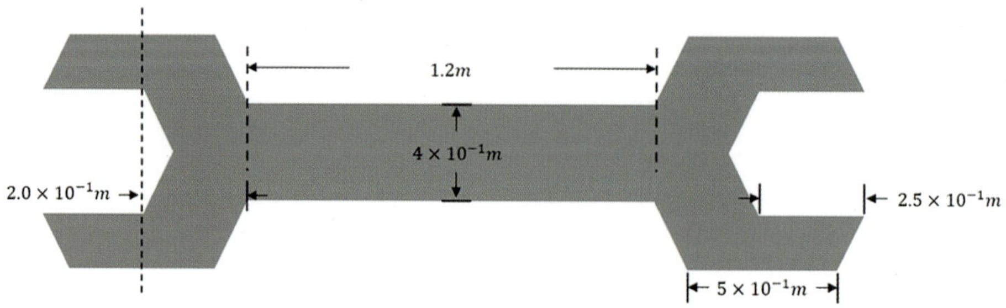

그림 6 기하모델

Graphics 창에서 시작점과 끝점을 클릭하여 사각형을 생성한다. 작도된 기하모델 생성 및 치수 정의를 위한 방법은 그림 7과 같다. 작도한 사각형의 2개의 변을 클릭하여 치수를 입력한다.

- GUI: Sketching 클릭 → Draw 클릭 → Rectangle 클릭 → 기하모델 생성 → Dimensions 클릭 → General 클릭 → 치수 입력

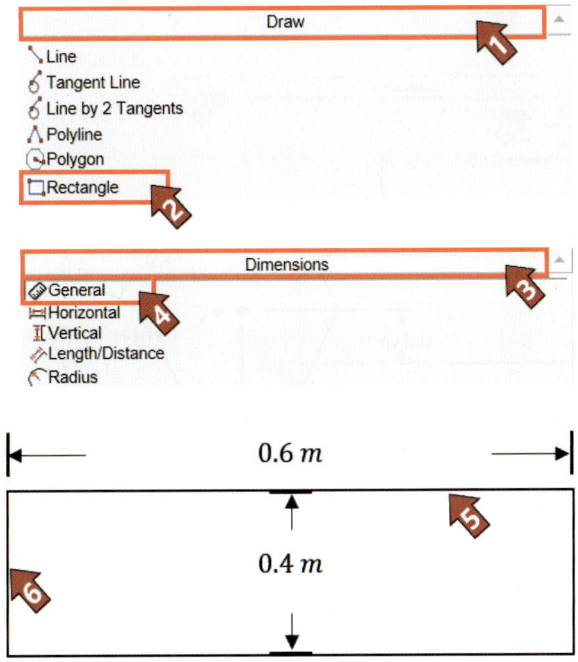

그림 7 기하모델 생성 및 치수 입력 1

새로운 Sketch를 생성한 후 x축에 육각형을 생성한다. 작도한 육각형의 한 변의 길이를 정의해주고 사각형으로부터 거리 구속을 부여하여 육각형의 치수 입력을 마친다. 기하모델 생성 및 치수 정의를 위한 방법은 그림 8과 같다.

- GUI: New Sketch 클릭 → Sketching 클릭 → Draw 클릭 → Polygon 클릭 → 기하모델 생성 → Dimensions 클릭 → General 클릭 → 치수 정의

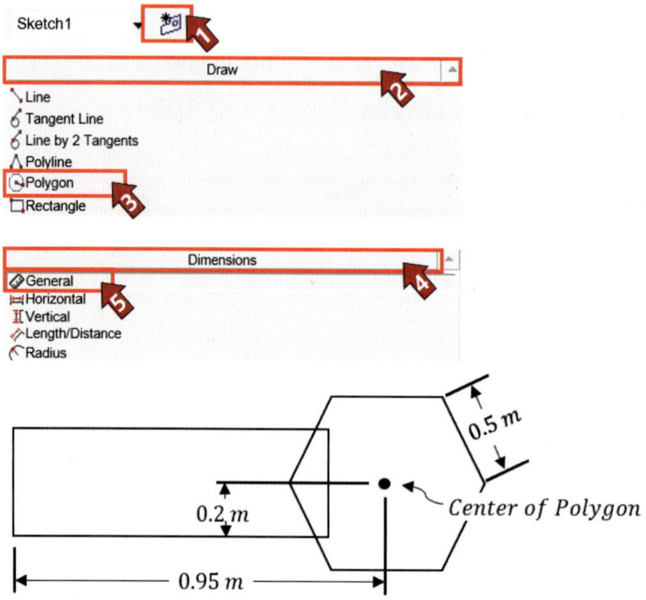

그림 8 기하모델 생성 및 치수 입력 2

치수 정의가 완료된 Sketch1, 2는 Surface Body의 정의가 필요하다. Concept 메뉴에서 Surfaces From Sketches를 통해 생성된 면을 클릭하여 Surface Body 정의를 완료한다.

- GUI: Concept 클릭 → Surfaces From Sketches 클릭 → Sketch1 클릭 → Apply 클릭 → SurfaceSk1 우클릭 → Generate 클릭

* 위와 같은 방법으로 Sketch2도 Surface Body를 정의한다.

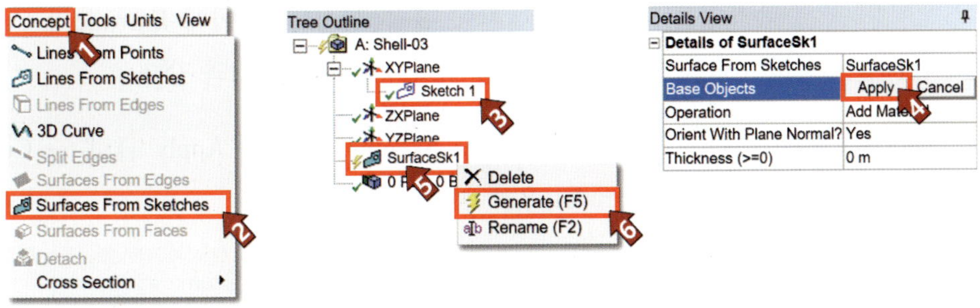

그림 9 Surface Body 정의

새로운 Sketch를 생성한 후 x축과 큰 육각형의 오른쪽 끝점에 맞도록 육각형을 생성한다. 작도한 육각형의 한 변의 길이를 정의하여 치수 입력을 마친다. 기하모델 생성 및 치수 정의를 위한 방법은 그림 10과 같다.

- GUI: New Sketch 클릭 → Sketching 클릭 → Draw 클릭 → Polygon 클릭 → 기하모델 생성 → Dimensions 클릭 → General 클릭 → 치수 정의

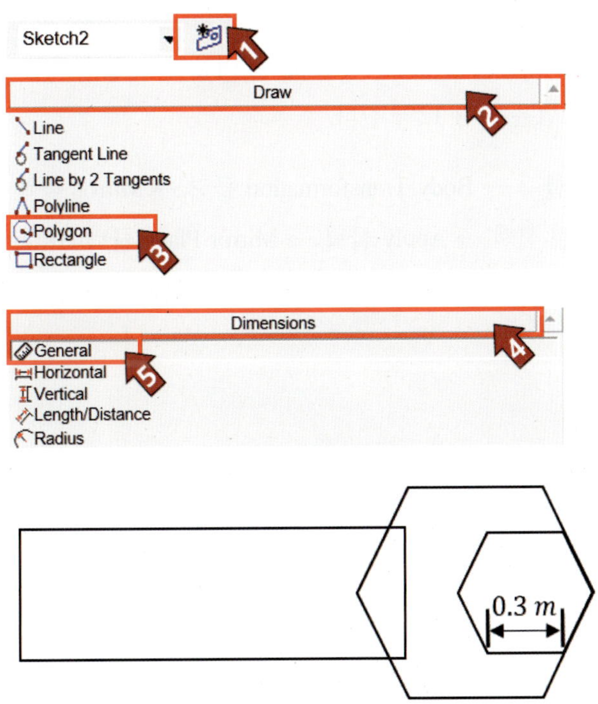

그림 10 기하모델 생성 및 치수 입력 3

스케치한 작은 육각형을 이용하여 렌치에 홀을 생성한다. 이때 Extrude의 Cut Material을 이용하여 홀을 생성한다. 육각홀 생성 방법은 그림 11과 같다.

- GUI: Create 클릭 → Extrude 클릭 → Sketch3 클릭 → Apply 클릭 → Cut Material 설정 → Extrude1 우클릭 → Generate 클릭

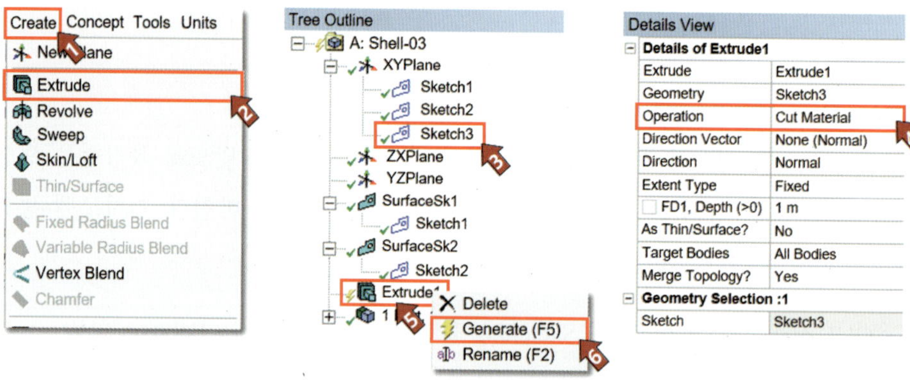

그림 11 육각홀 생성

1/2 모델을 생성하였기 때문에, Mirror 기능을 이용하여 전체 모델을 생성해야 한다. 전체 모델 생성 방법은 그림 12와 같다.

- GUI: Create 클릭 → Body Transformation 클릭 → Mirror 클릭 → (Graphic 창에서) 모델 선택 → Apply 클릭 → Mirror Plane 클릭 → (트리에서) YZPlane 클릭 → Apply 클릭 → Mirror1 우클릭 → Generate 클릭

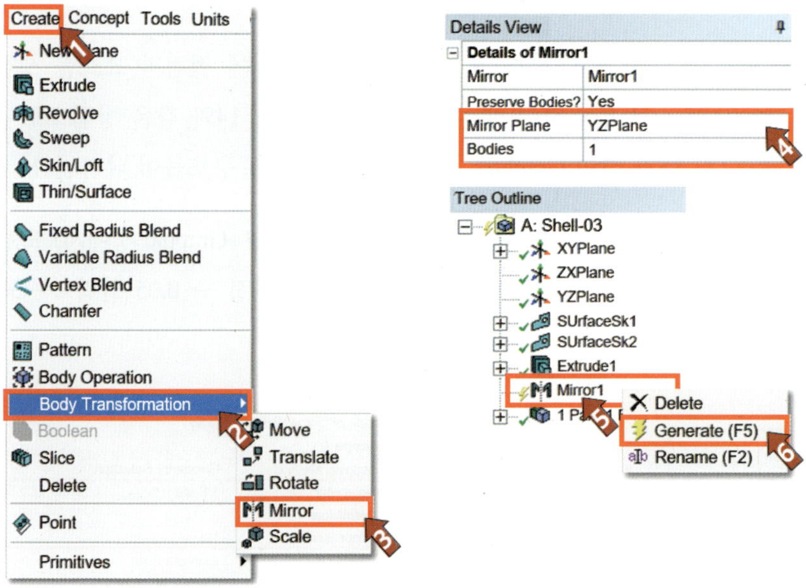

그림 12 전체 모델 생성

⑥ 두께 및 물성 입력

Surface Body 생성 후 두께 정보를 입력하기 위해 Model 환경으로 진입한다. 두께 0.005 m를 입력하고, Aluminum 물성을 입력한다. 그림 13은 두께 및 물성 입력 방법을 보여준다.

- GUI: Model 더블클릭 → Surface Body 클릭 → Dimension을 3D로 설정 → Thickness에 0.005 입력 → Material 탭의 Assignment를 Aluminum으로 선택

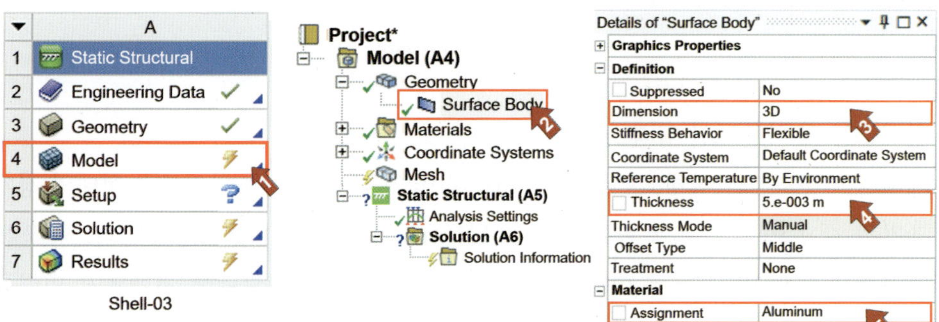

그림 13 두께 및 물성 입력

⑦ 요소 생성

유한요소 모델 생성을 위한 요소 생성단계로 기하모델에 절점과 요소를 생성한다. 요소 크기는 0.05 m로 입력하여 생성한다. 요소는 그림 14와 같은 방법으로 생성한다. 완료 후 그림 15과 같이 Graphics 창에 요소로 구성된 구조물이 나타난다.

- GUI: Mesh 우클릭 → Insert 클릭 → Sizing 클릭 → (Graphic 창에서) 모델 선택 → Apply 클릭 → Type을 Element Size로 설정 → 0.05 입력 → Generate Mesh 클릭

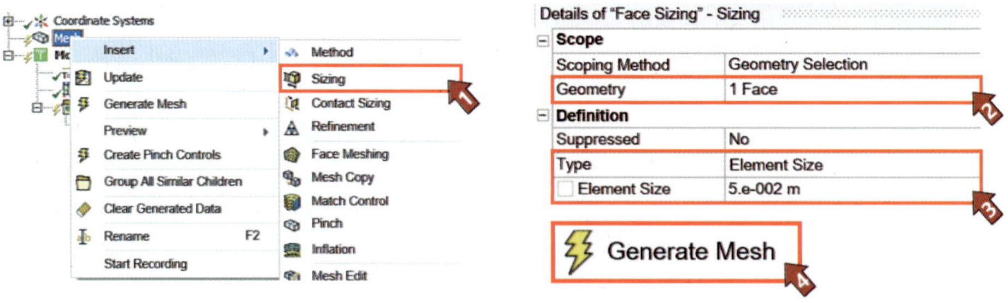

그림 14 요소 생성

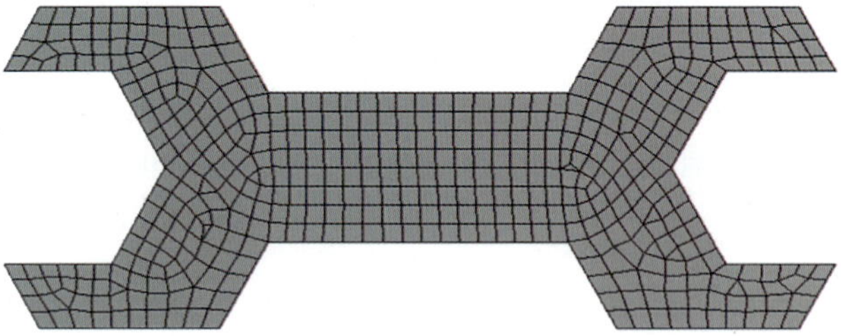

그림 15 요소 생성 확인

⑧ 경계조건 및 하중조건 입력

예제의 하중조건과 경계조건은 그림 16과 같이 렌치 오른쪽에 완전구속 형태의 경계조건을 갖고 있으며, 몸통 부분에는 10 kN/m의 분포하중이 작용하고 있다. 이때 분포하중은 Line Pressure를 이용하여 하중을 부여한다. 기하모델에 경계조건 입력을 위한 방법은 그림 17, 18과 같다.

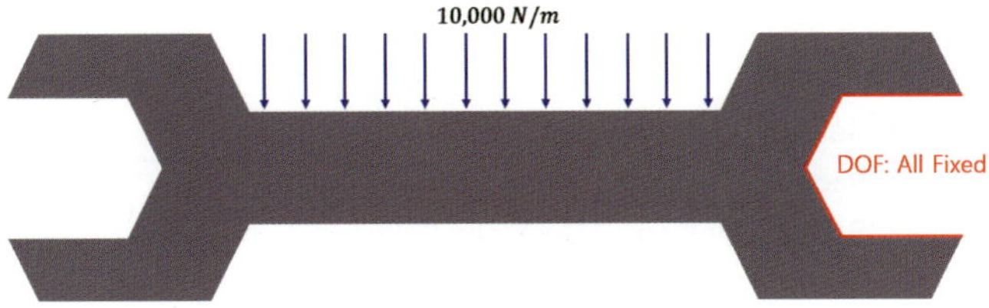

그림 16 하중조건 및 경계조건

- GUI: Static Structural 우클릭 → Insert 클릭 → Displacement 클릭 → (Graphic 창에서) 렌치 오른쪽 선 4개 클릭(다중선택) → Apply 클릭 → X, Y, Z Component 0 입력

  Static Structural 우클릭 → Insert 클릭 → Fixed Rotation 클릭 → (Graphic 창에서) 렌치 오른쪽 선 4개 클릭(다중선택) → Apply 클릭 → Rotation X, Y, Z Fixed 입력

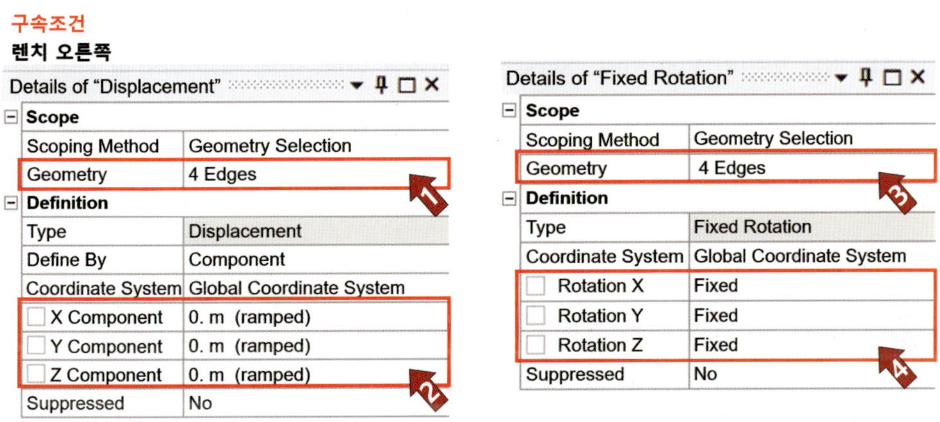

Details of "Displacement"

Scope	
Scoping Method	Geometry Selection
Geometry	4 Edges
Definition	
Type	Displacement
Define By	Component
Coordinate System	Global Coordinate System
X Component	0. m (ramped)
Y Component	0. m (ramped)
Z Component	0. m (ramped)
Suppressed	No

Details of "Fixed Rotation"

Scope	
Scoping Method	Geometry Selection
Geometry	4 Edges
Definition	
Type	Fixed Rotation
Coordinate System	Global Coordinate System
Rotation X	Fixed
Rotation Y	Fixed
Rotation Z	Fixed
Suppressed	No

그림 17 구속조건 입력

- GUI: Static Structural 우클릭 → Insert 클릭 → Line Pressure 클릭 → (Graphic 창에서) 하중 부여할 선 클릭 → Apply 클릭 → X Component 0, Y Component −10000, Z Component 0 입력

하중조건

렌치 윗몸

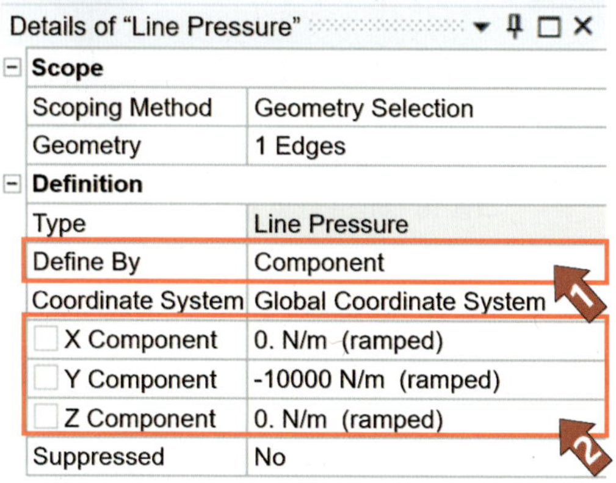

그림 18 하중조건 입력

⑨ 후처리 결과 설정

구속조건과 하중조건을 입력하면 정적해석을 위한 작업을 완료하였다. 본 예제는 쉘 모델의 최대 변위와 Von-Mises Stress를 구하여야 한다. 이에 결과 확인을 위한 도출할 결과를 선택하여야 한다.

- GUI: Solution 우클릭 → Insert 클릭 → Deformation 클릭 → Total 클릭

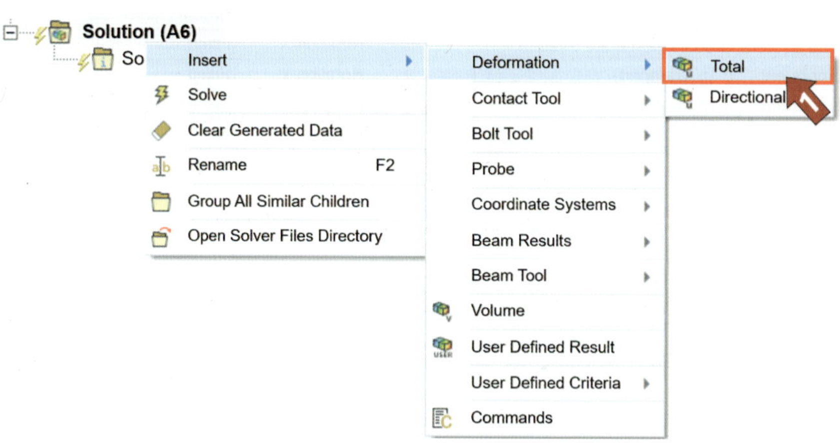

그림 19 최대 변위 결과 설정

• GUI: Solution 우클릭 → Insert 클릭 → Stress 클릭 → Equivalent (von-Mises) 클릭

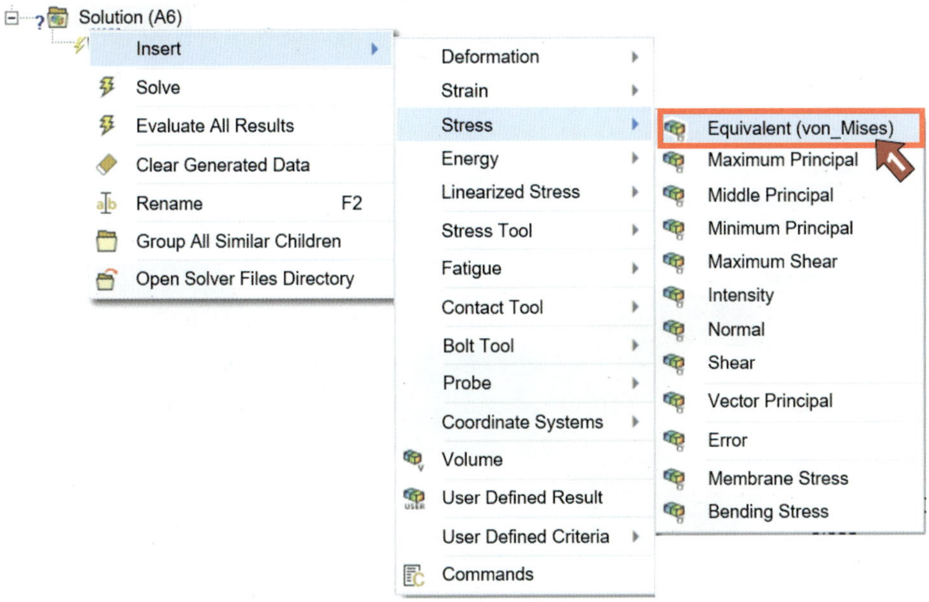

그림 20 Von-Mises Stress 결과 설정

(2) 구조해석 수행

① 구조해석 수행

정적해석을 위한 방법은 그림 21과 같다.

• GUI: Solution 우클릭 → Solve 클릭

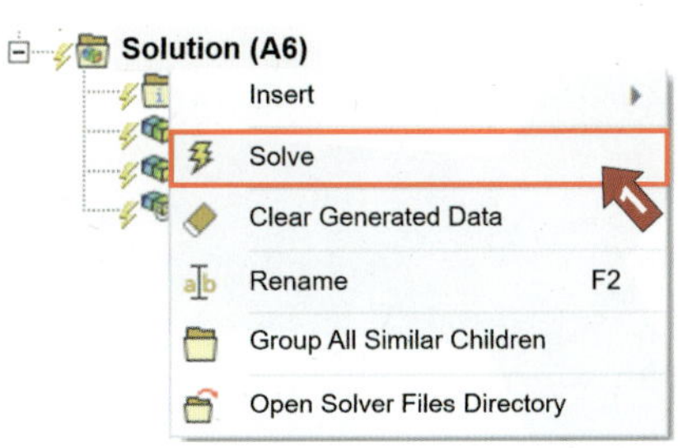

그림 21 구조해석 수행

(3) 후처리 과정

① 결과 확인

Total Deformation과 Equivalent Stress를 클릭하여 구조해석 결과를 확인한다.

- GUI: Total Deformation 클릭 → 결과 확인

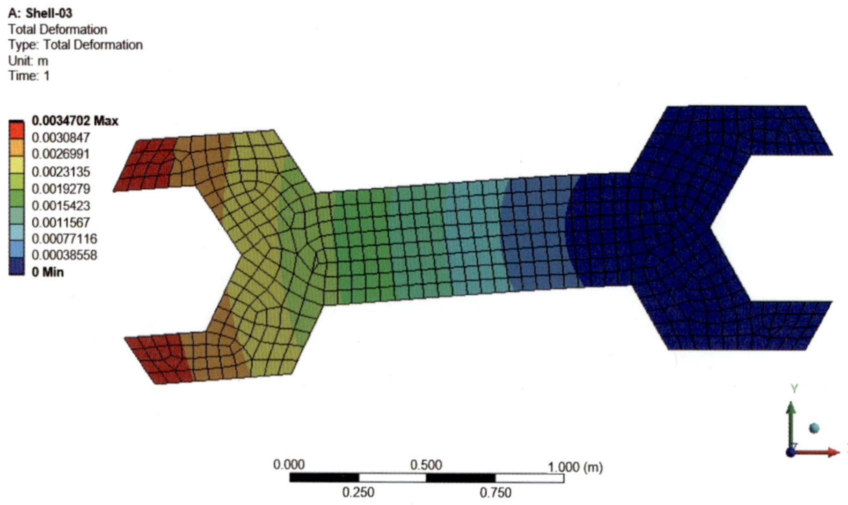

그림 22 최대 변위 결과

- GUI: Equivalent Stress 클릭 → 결과 확인

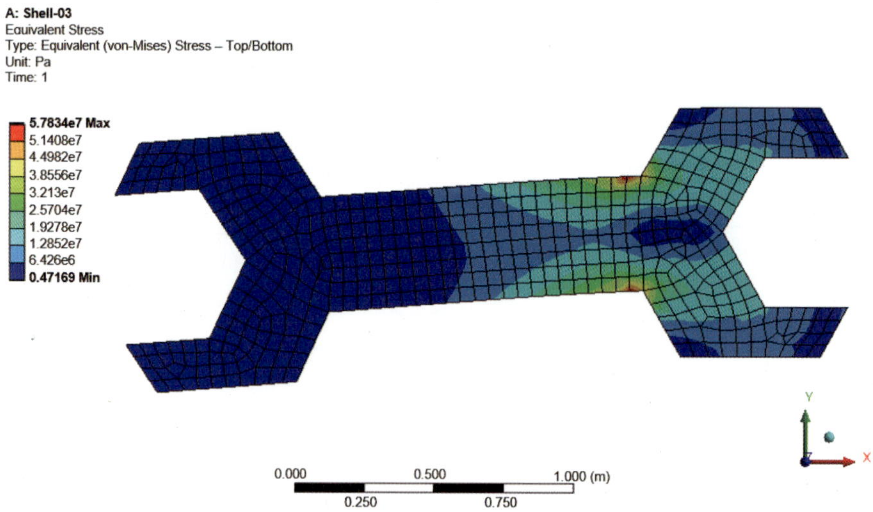

그림 23 Von-Mises Stress 결과

6.6 솔리드 문제 (1)

예제 두께가 0.005 m이고 한 변의 길이가 0.5 m인 정사각형 평면에 평면의 수직방향으로 압력이 가해지고 있다. 이때 Von-Mises Stress와 최대 변위를 구하라. 구조물의 가장자리는 모두 구속되었다고 가정하며, 부재는 알루미늄으로 구성되어 있고, 탄성계수는 70×10^9 N/m², 푸아송비는 0.3이다.

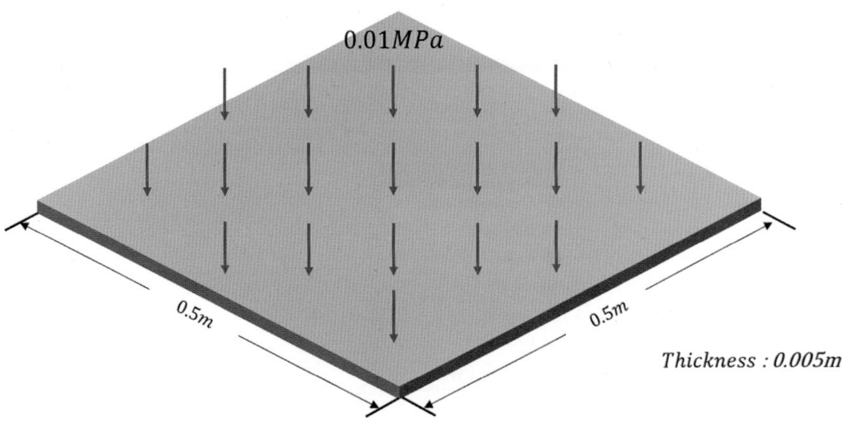

그림 1 솔리드 문제

(1) 전처리 과정

① 단위계 설정 및 해석 종류 설정

다양한 단위계 중 SI 단위계(Metric)로 설정하며, 정적구조(Static Structural) 해석 시스템 생성을 위해 ANSYS System Toolbox로부터 독립적인 시스템을 생성한다.

- GUI: Units 클릭 → Metric 클릭 → Static Structural 더블클릭 → 이름 설정

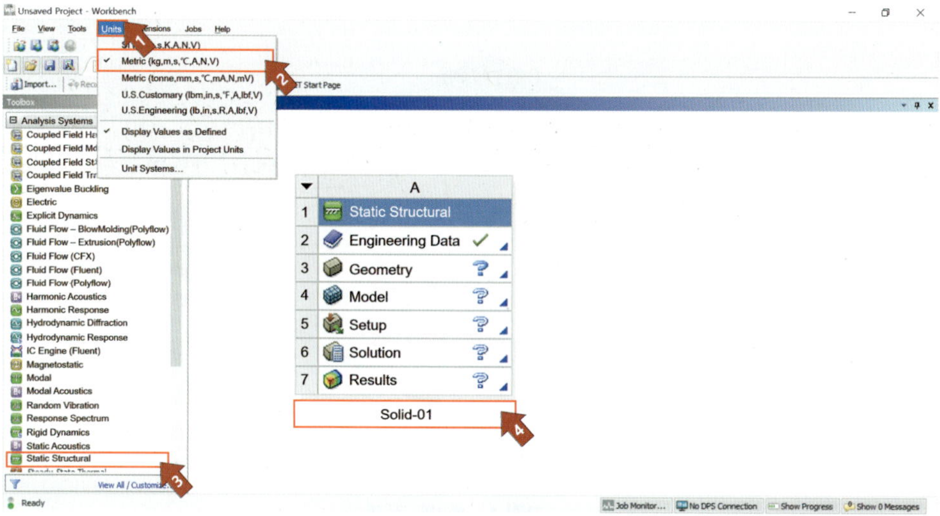

그림 2 단위계 및 해석 종류 설정

② 기계적 물성 입력

예제는 알루미늄으로 구성되어 있으며, 솔리드 요소는 탄성계수와 푸아송비를 입력해야한다. 그림 3은 기계적 물성 입력 방법을 보여준다.

- GUI: Engineering Data 더블클릭 → 소재 이름 입력(Aluminum) → 엔터 → (좌측 툴박스) Linear Elastic 클릭 → Isotropic Elasticity 더블클릭 → Young's Modulus 입력(70×10^9 N/m^2) → Poisson's Ratio 입력(0.3)

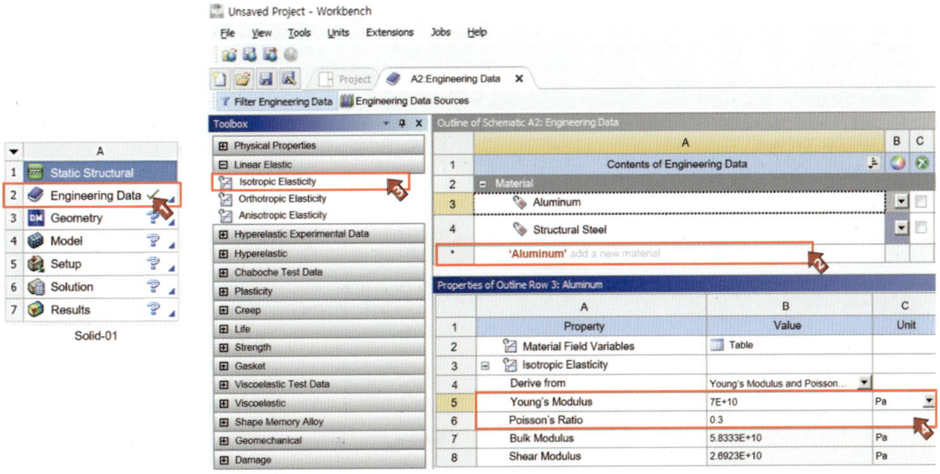

그림 3 알루미늄 기계적 물성 입력

③ DesignModeler Geometry 환경 진입

기하모델 생성을 위해 DesignModeler Geometry 프로그램을 시작한다.

- GUI: Geometry에서 우클릭 → New DesignModeler Geometry 클릭

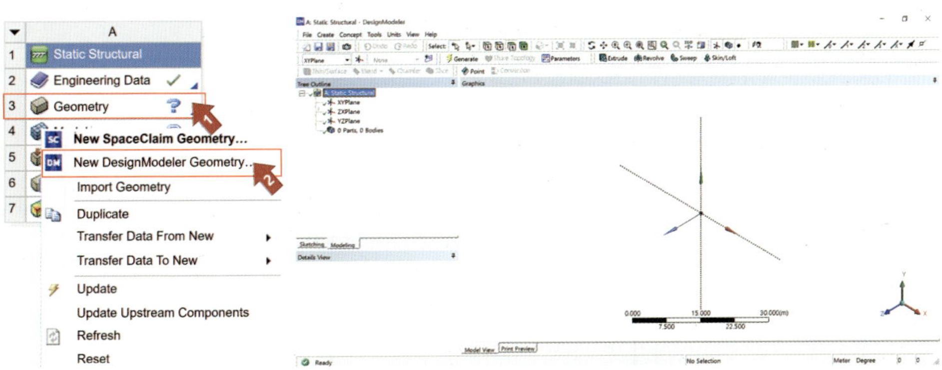

그림 4 DesignModeler Geometry GUI 환경 진입

④ 스케치 평면 설정

기하모델 생성에 앞서 사용자가 모델링을 수행할 평면에 대한 정의가 필요하다.

- GUI: ZXPlane 클릭 → Look at Plane 클릭

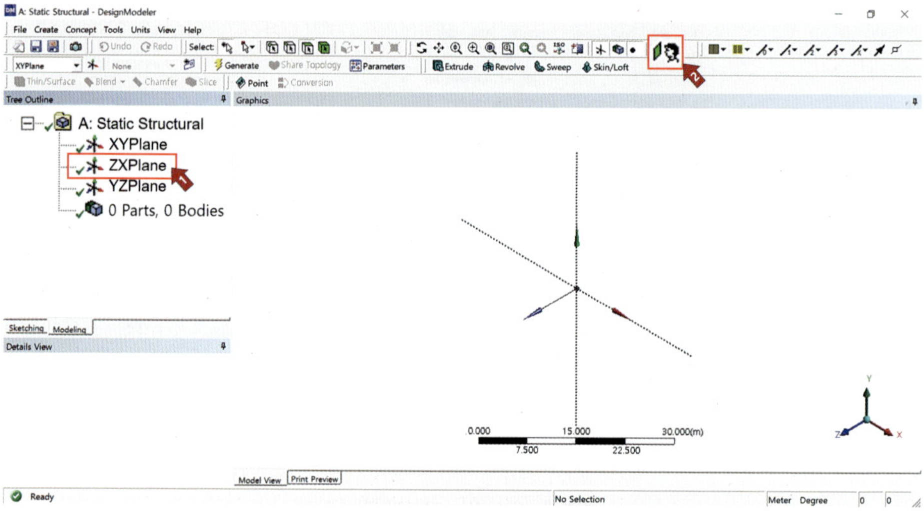

그림 5 스케치 평면 설정

⑤ 기하모델 생성

그림 6과 같은 모델링이 필요하다. Draw 탭에서 한 변이 0.5 m인 면을 모델링한다. Sketching 탭으로 전환하면, Tree Outline의 XYPlane 밑에 새로운 이름의 Sketch1이 생성된다. Dimensions 탭에서 치수에 대한 정의가 필요하다.

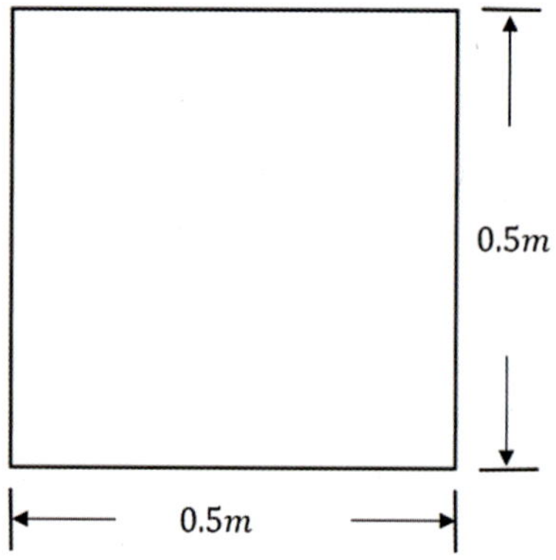

그림 6 기하모델

기하모델 생성을 위한 작업은 그림 7과 같다. Graphics 창에서 시작점과 끝점을 클릭하여 사각형을 생성한다.

- GUI: Sketching 클릭 → Draw 클릭 → Rectangle 클릭 → 기하모델 생성

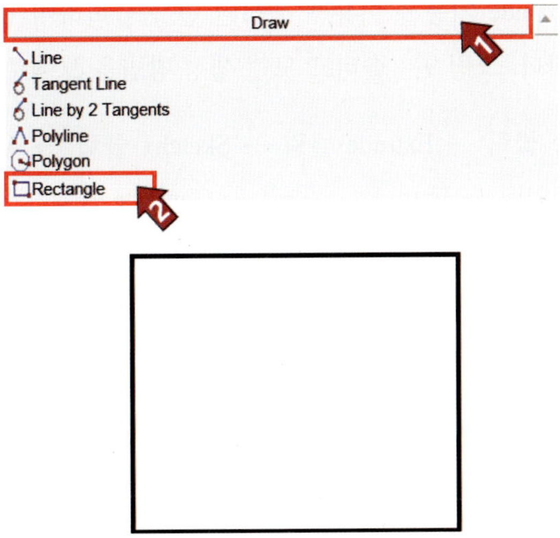

그림 7 기하모델 생성

작도된 기하모델의 치수 정의를 위한 방법은 그림 8과 같다. 작도한 사각형의 2개의 변을 클릭하여 치수를 입력한다.

- GUI: Sketching 클릭 → Dimensions 클릭 → General 클릭 → 치수 입력

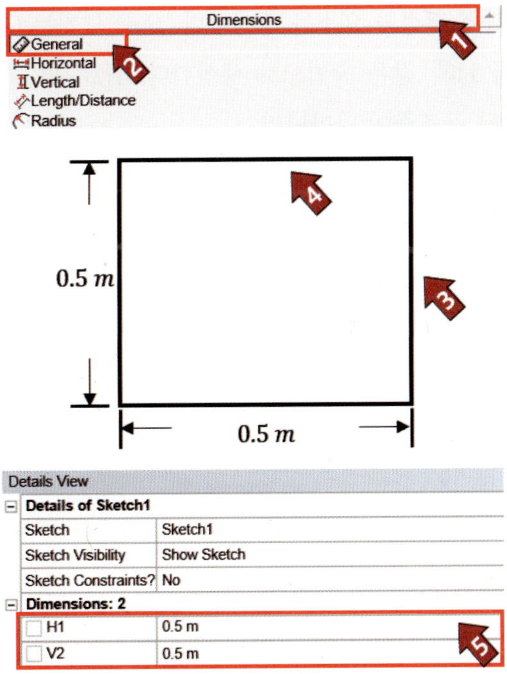

그림 8 기하모델 치수 입력

Create 메뉴의 Extrude 기능을 이용해 생성된 면을 클릭하여 깊이가 0.005 m인 솔리드 모델을 생성한다. 그림 9는 솔리드 모델 생성 방법을 보여준다.

- GUI: Create 클릭 → Extrude 클릭 → Sketch1 클릭 → Apply 클릭 → Depth에 0.005 입력 → Extrude1 우클릭 → Generate 클릭

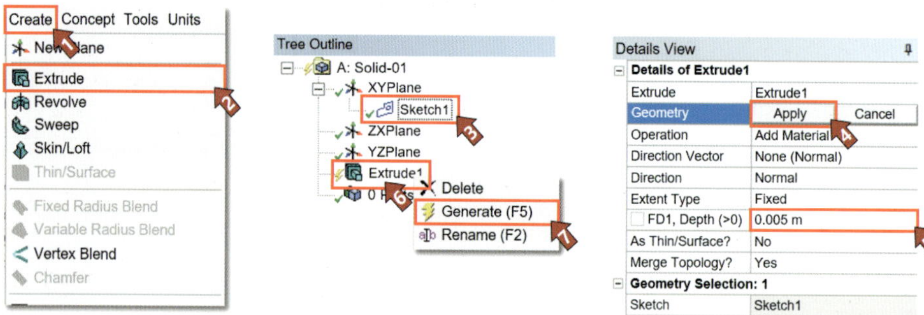

그림 9 솔리드 모델 생성

⑥ 요소 생성 및 물성 입력

Solid 생성 후 물성을 입력하기 위해 Model 환경으로 진입한다. Aluminum 물성을 입력한다. 그림 10은 물성 입력 방법을 보여준다. 유한요소 모델 생성을 위한 요소 생성단계로 기하모델에 절점과 요소를 생성한다. 요소 크기는 0.01 m로 입력하여 생성한다. 요소는 그림 11과 같은 방법으로 생성한다. 완료 후 그림 12와 같이 Graphics 창에 요소로 구성된 구조물이 나타난다.

- GUI: Model 더블클릭 → Solid 클릭 → Material 탭의 Assignment를 Aluminum으로 선택

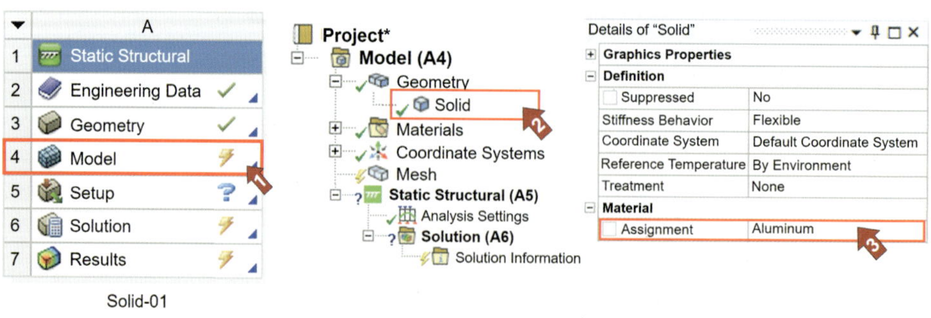

그림 10 물성 입력

- GUI: Mesh 우클릭 → Insert 클릭 → Sizing 클릭 → (Graphic 창에서) 모델 선택 → Apply 클릭 → Type을 Element Size로 설정 → 0.01 입력 → Generate Mesh 클릭

*Tip: 만약 모델(솔리드)이 선택되지 않는다면 모델을 삼중 클릭하면 선택된다.

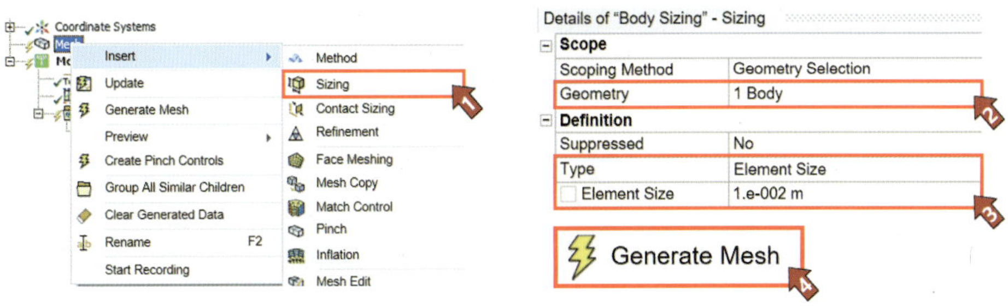

그림 11 요소 생성

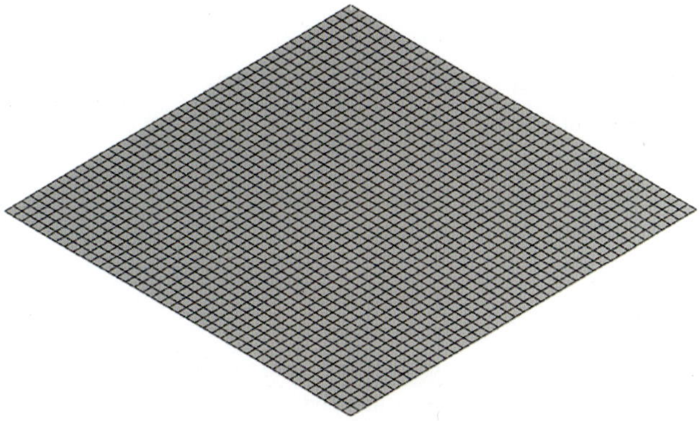

그림 12 요소 생성 확인

⑦ 경계조건 및 하중조건 입력

예제의 경계조건은 그림 13과 같이 평판의 가장자리 면은 완전구속 형태의 구속조건이며, 평면에 수직방향으로 0.01 MPa의 하중조건이 작용하고 있다. 기하모델에 경계조건 입력을 위한 방법은 그림 14, 15와 같다.

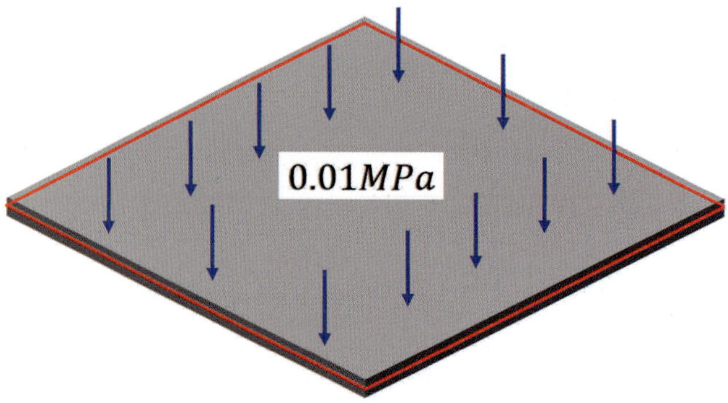

그림 13 경계조건

- GUI: Static Structural 우클릭 → Insert 클릭 → Displacement 클릭 → (Graphic 창에서) 모델의 모서리 면 선택(다중선택) → Apply 클릭 → X, Y, Z Component 0 입력

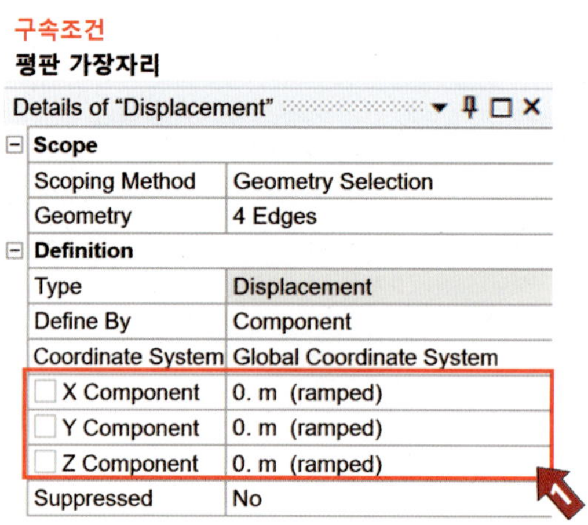

구속조건
평판 가장자리

Details of "Displacement"

Scope	
Scoping Method	Geometry Selection
Geometry	4 Edges
Definition	
Type	Displacement
Define By	Component
Coordinate System	Global Coordinate System
X Component	0. m (ramped)
Y Component	0. m (ramped)
Z Component	0. m (ramped)
Suppressed	No

그림 14 구속조건 입력

- GUI: Static Structural 우클릭 → Insert 클릭 → Pressure 클릭 → (Graphic 창에서) 모델의 윗면 선택 → Apply 클릭 → Magnitude 10000 입력

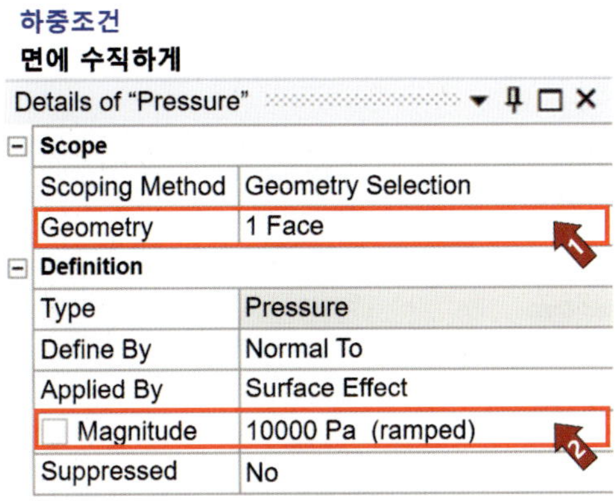

그림 15 하중조건 입력

⑧ 후처리 결과 설정

구속조건과 하중조건을 입력하면 정적해석을 위한 작업을 완료하였다. 본 예제는 솔리드 모델의 최대 변위와 Von-Mises Stress를 구하여야 한다. 이에 결과 확인을 위한 도출할 결과를 선택하여야 한다.

- GUI: Solution 우클릭 → Insert 클릭 → Deformation 클릭 → Total 클릭

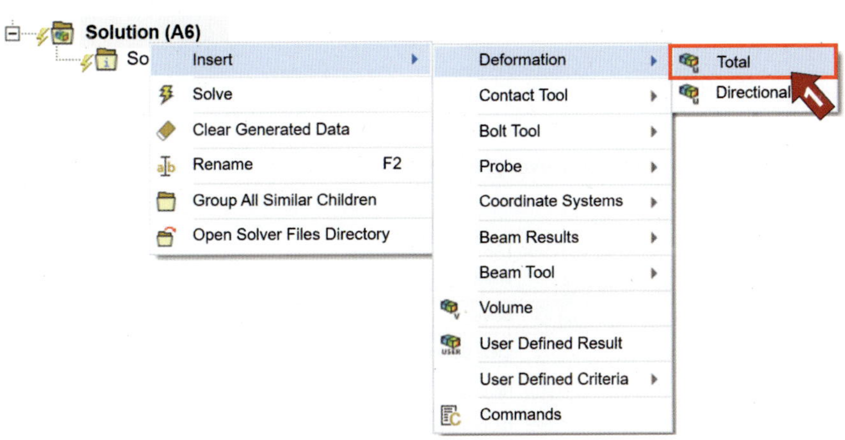

그림 16 최대 변위 결과 설정

• GUI: Solution 우클릭 → Insert 클릭 → Stress 클릭 → Equivalent (Von-Mises) 클릭

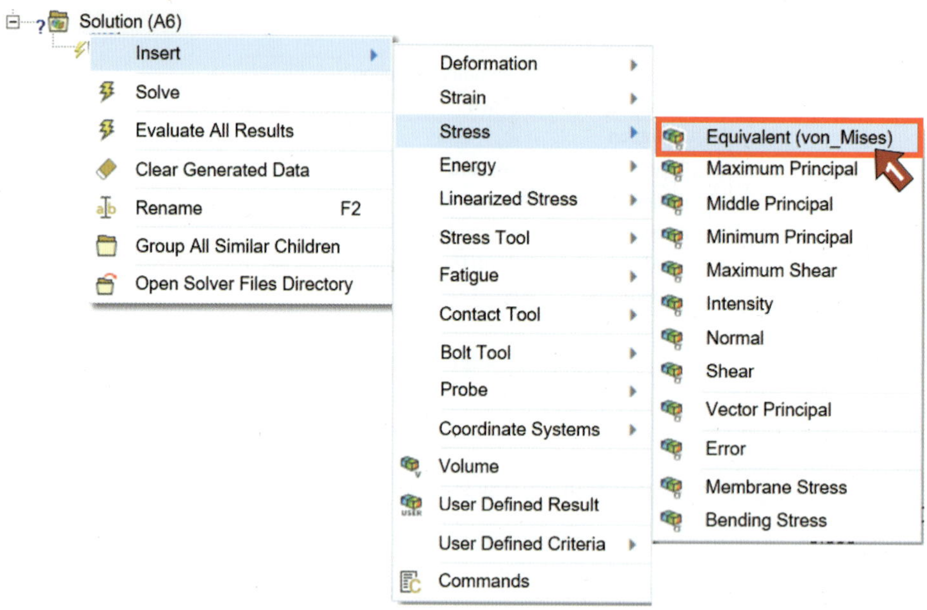

그림 17 Von-Mises Stress 결과 설정

(2) 구조해석 수행

① 구조해석 수행

정적해석을 위한 방법은 그림 18과 같다.

• GUI: Solution 우클릭 → Solve 클릭

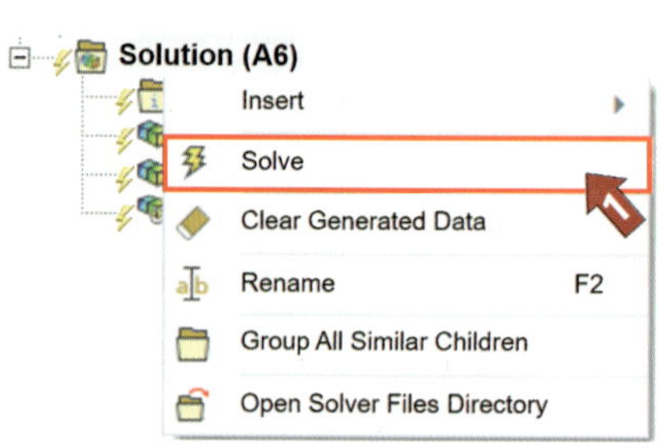

그림 18 구조해석 수행

(3) 후처리 과정

① 결과 확인

Total Deformation, Equivalent Stress를 클릭하여 구조해석 결과를 확인한다.

- GUI: Total Deformation 클릭 → 결과 확인

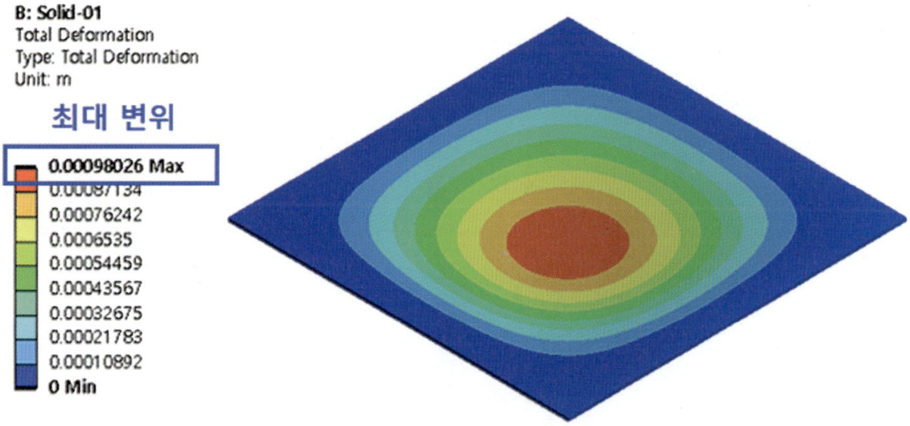

그림 19 최대 변위 결과

- GUI: Equivalent Stress 클릭 → 결과 확인

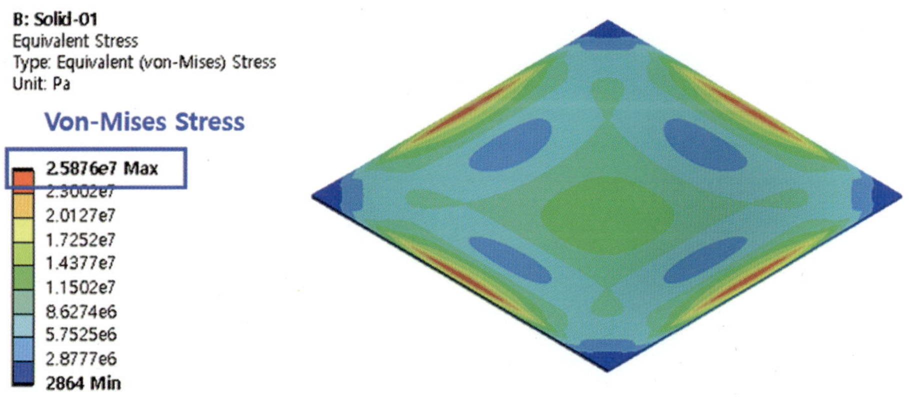

그림 20 Von-Mises Stress 결과

| 6.7 솔리드 문제 (2) |

예제 알루미늄 인장시편의 윗면에 10 MPa의 압력이 가해지고 있다. 이때 Von-Mises Stress와 최대 변위를 구하라. 단, 구조물의 아랫면은 바닥에 고정되었다고 가정한다. 부재의 탄성계수는 70×10^9 N/m^2이고, 푸아송비는 0.3이다.

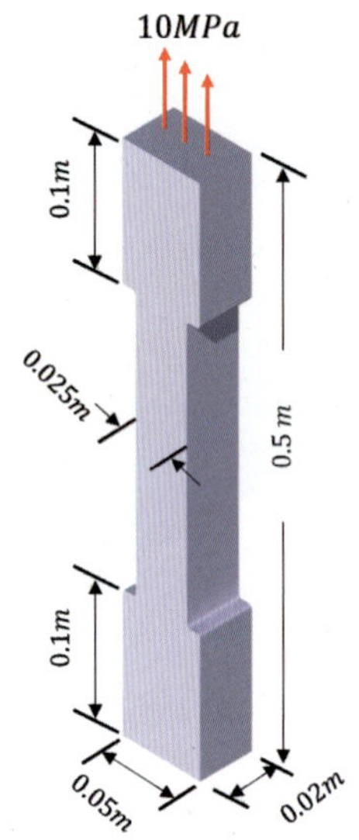

그림 1 솔리드 문제

(1) 전처리 과정

① 단위계 설정 및 해석 종류 설정

다양한 단위계 중 SI 단위계(Metric)로 설정하며, 정적구조(static structural) 해석 시스템 생성을 위해 ANSYS System Toolbox로부터 독립적인 시스템을 생성한다.

- GUI: Units 클릭 → Metric 클릭 → Static Structural 더블클릭 → 이름 설정

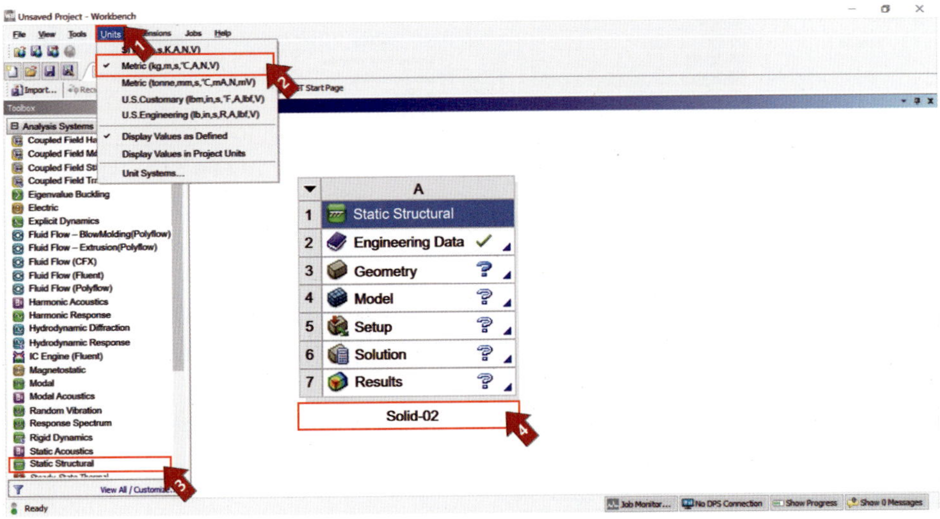

그림 2 단위계 및 해석 종류 설정

② 기계적 물성 입력

예제는 알루미늄으로 구성되어 있으며, 솔리드 요소는 탄성계수와 푸아송비를 입력해야 한다. 그림 3은 기계적 물성 입력 방법을 보여준다.

- GUI: Engineering Data 더블클릭 → 소재 이름 입력(Aluminum) → 엔터 → (좌측 툴박스) Linear Elastic 클릭 → Isotropic Elasticity 더블클릭 → Young's Modulus 입력(70×10^9 N/m^2) → Poisson's Ratio 입력(0.3)

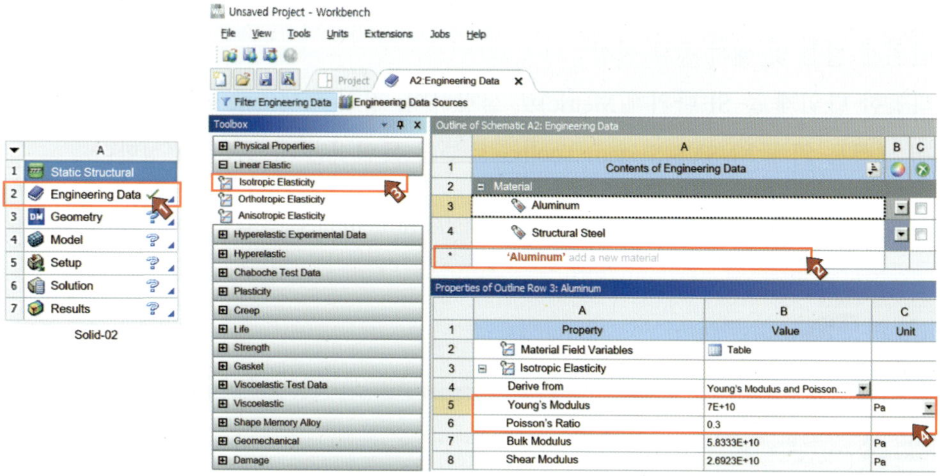

그림 3　알루미늄 기계적 물성 입력

③ DesignModeler Geometry 환경 진입

기하모델 생성을 위해 DesignModeler Geometry 프로그램을 시작한다.

- GUI: Geometry에서 우클릭 → New DesignModeler Geometry 클릭

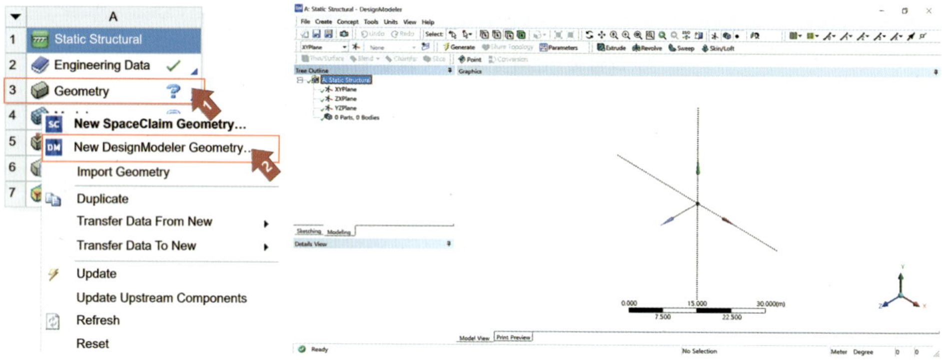

그림 4　DesignModeler Geometry GUI 환경 진입

④ 스케치 평면 설정

기하모델 생성에 앞서 사용자가 모델링을 수행할 평면에 대한 정의가 필요하다.

- GUI: XYPlane 클릭 → Look at Plane 클릭

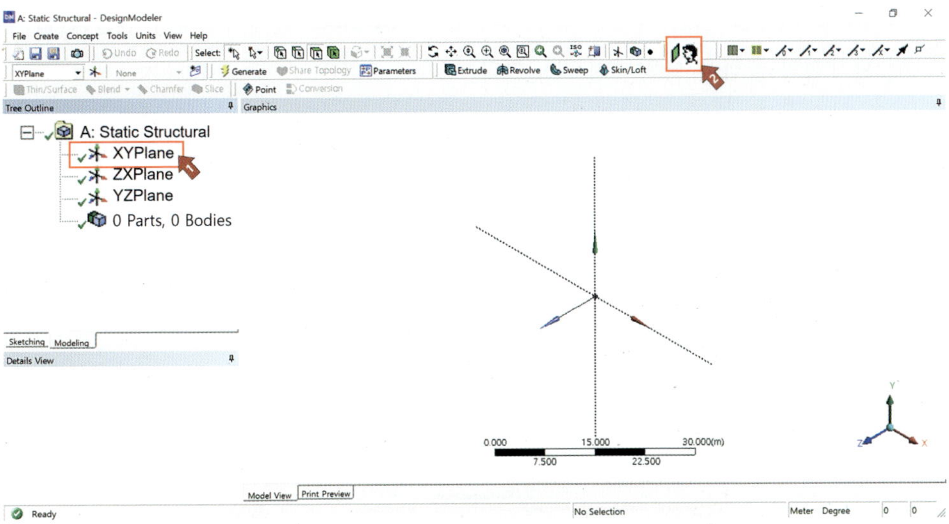

그림 5 스케치 평면 설정

⑤ 기하모델 생성

그림 6과 같은 모델링이 필요하다. 그러나 모델링을 단순하게 하기 위해 1/4 모델만 스케치한다. Draw 탭에서 모델링하고, Dimensions 탭에서 치수에 대한 정의가 필요하다.

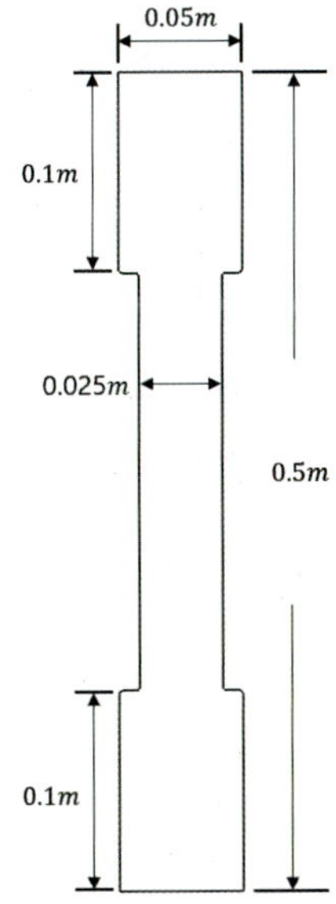

그림 6 기하모델

기하모델 생성을 위한 작업은 그림 7과 같다. Graphics 창에서 6개의 선을 만들기 위해 시작점과 끝점을 클릭하며 작도한다.

- GUI: Sketching 클릭 → Draw 클릭 → Line 클릭 → 기하모델 생성 → Dimensions 클릭 → General 클릭 → 치수 입력

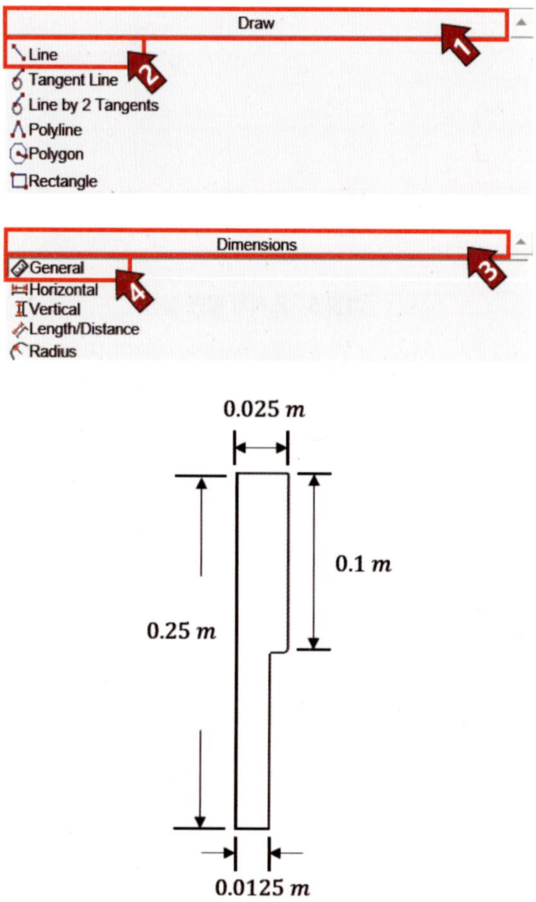

그림 7 기하모델 생성 및 치수 입력

Create 메뉴의 Extrude 기능을 이용해 생성된 면을 클릭하여 깊이가 0.02 m인 솔리드 모델을 생성한다. 그림 8은 솔리드 모델 생성 방법을 보여준다.

- GUI: Create 클릭 → Extrude 클릭 → Sketch1 클릭 → Apply 클릭 → Depth에 0.02 입력 → Extrude1 우클릭 → Generate 클릭

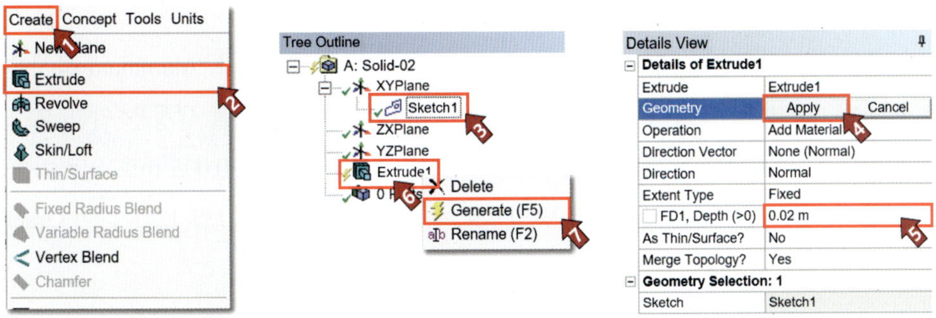

그림 8 솔리드 모델 생성

1/4 모델을 생성하였기 때문에, Mirror 기능을 이용하여 전체 모델을 생성해야 한다. 전체 모델 생성 방법은 그림 9와 같다.

- GUI: Create 클릭 → Body Transformation 클릭 → Mirror 클릭 → (Graphic 창에서) 모델 선택 → Apply 클릭 → Mirror Plane 클릭 → (트리에서) ZXPlane 클릭 → Apply 클릭 → Mirror1 우클릭 → Generate 클릭

* 위와 같은 방법으로 YZPlane으로 Mirror 기능을 추가로 생성하여 전체 모델 완성

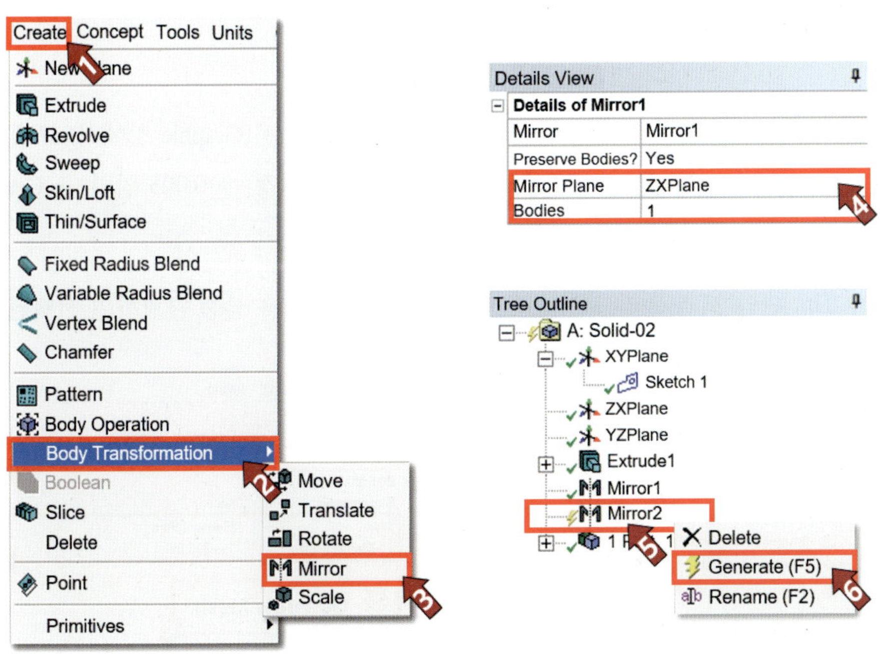

그림 9 전체 모델 생성

⑥ 요소 생성 및 물성 입력

Solid 생성 후 물성을 입력하기 위해 Model 환경으로 진입한다. Aluminum 물성을 입력한다. 그림 10은 물성 입력 방법을 보여준다. 유한요소 모델 생성을 위한 요소 생성단계로 기하모델에 절점과 요소를 생성한다. 요소 크기는 0.005 m로 입력하여 생성한다. 요소는 그림 11과 같은 방법으로 생성한다. 완료 후 그림 12와 같이 Graphics 창에 요소로 구성된 구조물이 나타난다.

- GUI: Model 더블클릭 → Solid 클릭 → Material 탭의 Assignment를 Aluminum으로 선택

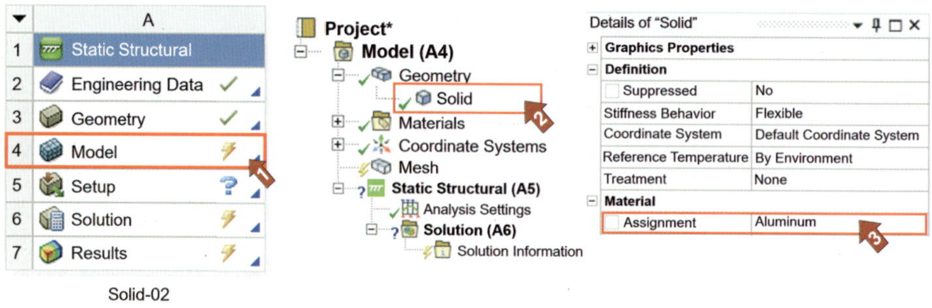

그림 10 물성 입력

- GUI: Mesh 우클릭 → Insert 클릭 → Sizing 클릭 → (Graphic 창에서) 모델 선택 → Apply 클릭 → Type을 Element size로 설정 → 0.005 입력 → Generate Mesh 클릭

* Tip: 만약 모델(솔리드)이 선택되지 않는다면 모델을 삼중 클릭하면 선택된다.

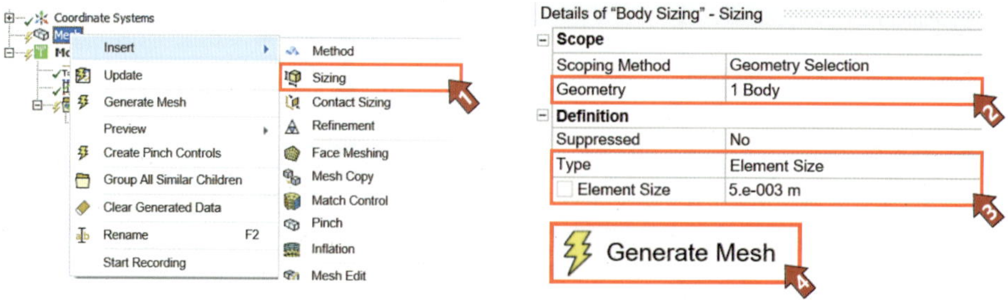

그림 11 요소 생성

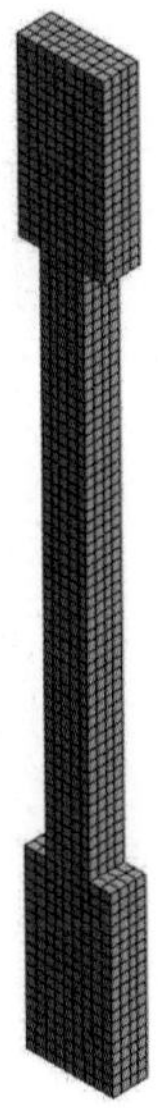

그림 12 요소 생성 확인

⑦ 경계조건 및 하중조건 입력

예제의 경계조건은 그림 13과 같이 시편의 아랫면에 완전구속 형태의 구속조건이며, 시편의 윗면에 수직방향으로 10 MPa의 하중조건이 작용하고 있다. 기하모델에 경계조건 입력을 위한 방법은 그림 14, 15와 같다.

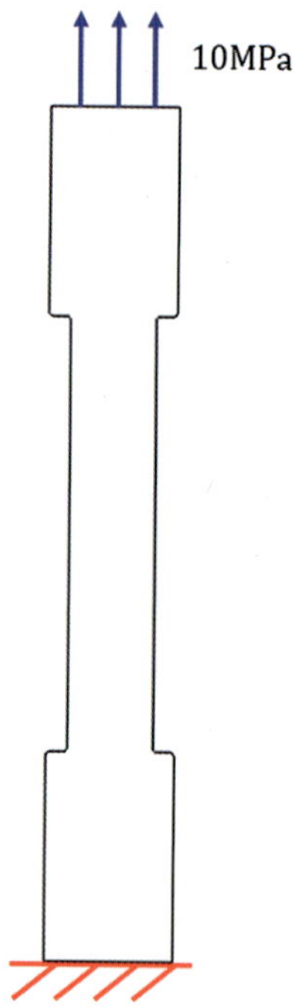

그림 13 경계조건

- GUI: Static Structural 우클릭 → Insert 클릭 → Displacement 클릭 → (Graphic 창에서) 모델의 아랫면 선택 → Apply 클릭 → X, Y, Z Component 0 입력

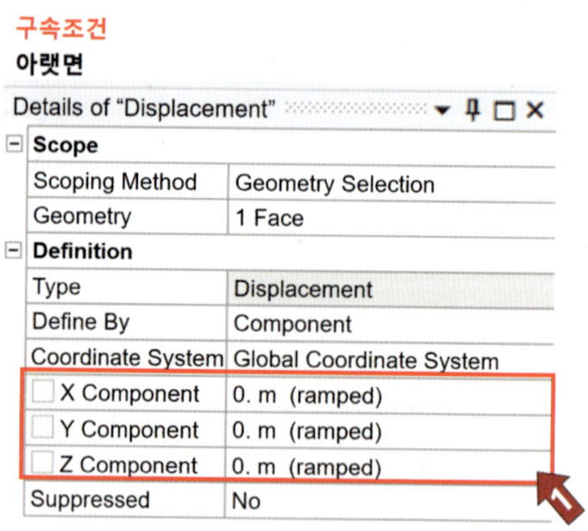

그림 14 구속조건 입력

• GUI: Static Structural 우클릭 → Insert 클릭 → Pressure 클릭 → (Graphic 창에서) 모델의 윗면 선택 → Apply 클릭 → Magnitude −10e6 입력

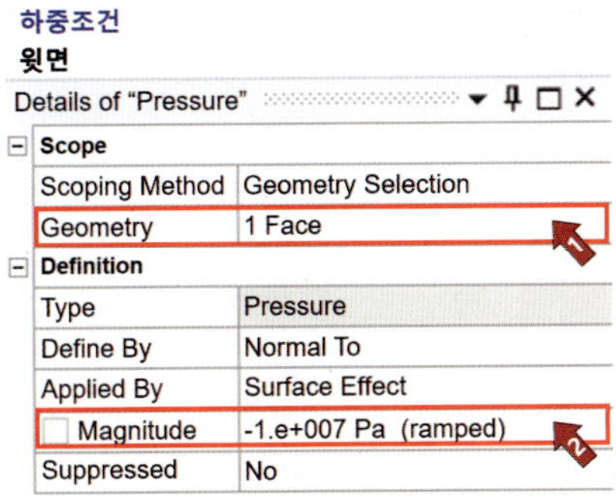

그림 15 하중조건 입력

⑧ 후처리 결과 설정

구속조건과 하중조건을 입력하면 정적해석을 위한 작업을 완료하였다. 본 예제는 알루미늄 시편의 최대 변위와 Von-Mises Stress를 구하여야 한다. 이에 결과 확인을 위한 도출할 결과를 선택하여야 한다.

• GUI: Solution 우클릭 → Insert 클릭 → Deformation 클릭 → Total 클릭

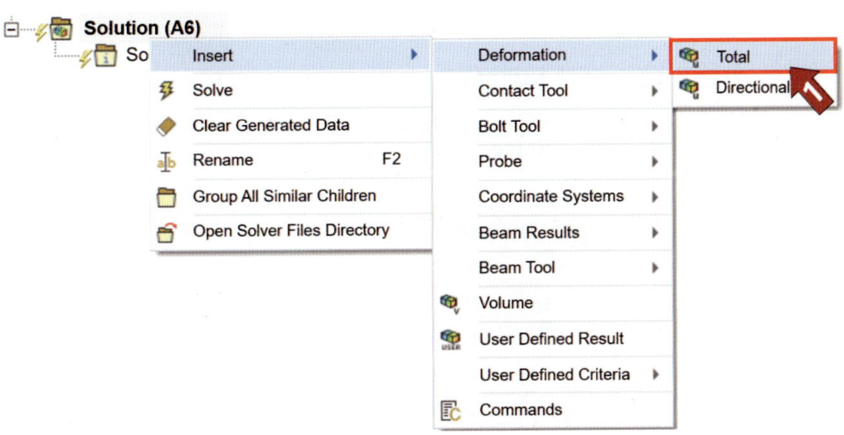

그림 16 최대 변위 결과 설정

• GUI: Solution 우클릭 → Insert 클릭 → Stress 클릭 → Equivalent (von-Mises) 클릭

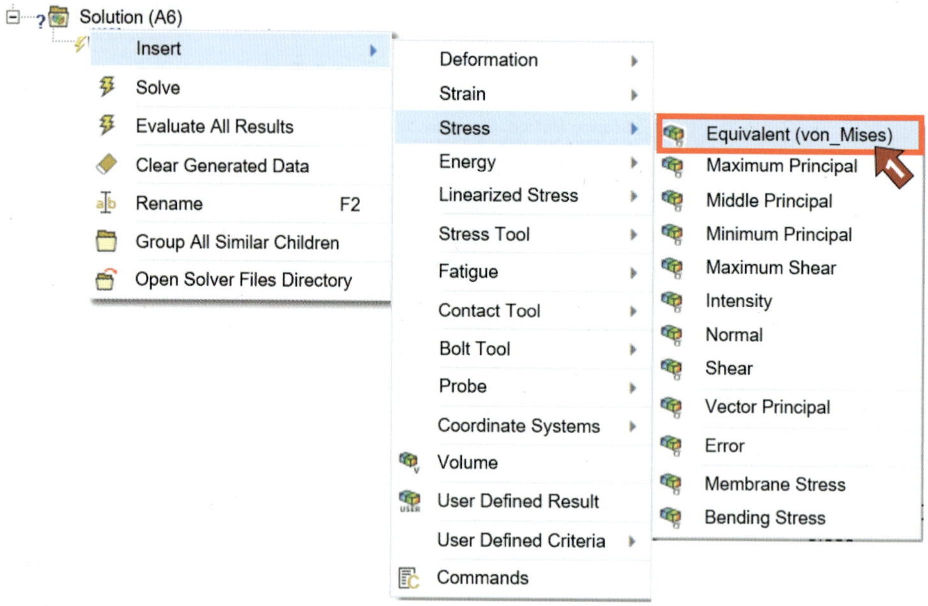

그림 17 Von-Mises Stress 결과 설정

(2) 구조해석 수행

① 구조해석 수행

정적해석을 위한 방법은 그림 18과 같다.

• GUI: Solution 우클릭 → Solve 클릭

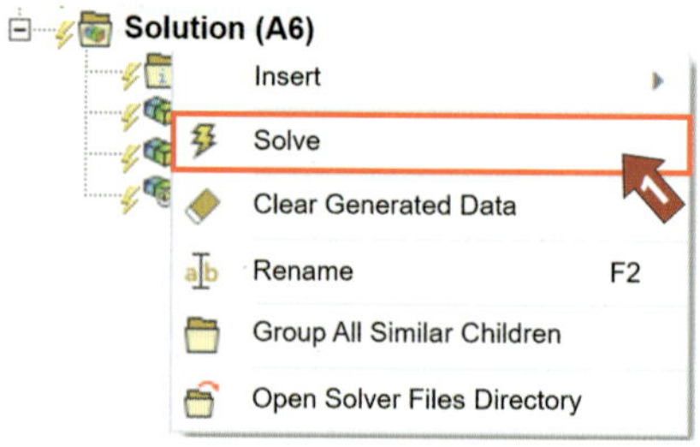

그림 18 구조해석 수행

(3) 후처리 과정

① 결과 확인

Total Deformation, Equivalent Stress를 클릭하여 구조해석 결과를 확인한다.

- GUI: Total Deformation 클릭 → 결과 확인

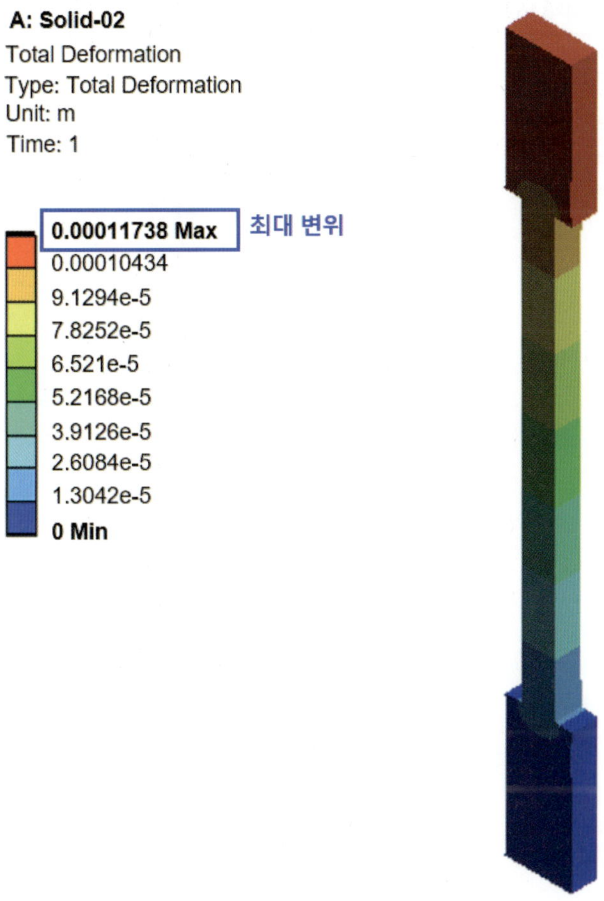

그림 19 최대 변위 결과

• GUI: Equivalent Stress 클릭 → 결과 확인

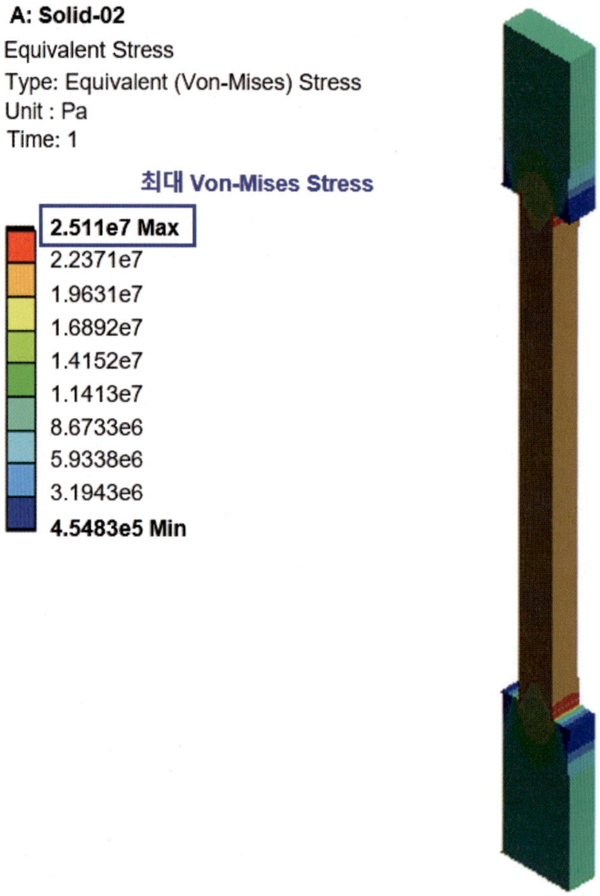

그림 20 Von-Mises Stress 결과

6.8 솔리드 문제 (3)

예제 상판은 나무이며, 다리는 알루미늄인 책상에 면에 수직하게 압력이 가해지고 있다. 최대 변위와 최대 Von-Mises Stress를 구하라. 나무와 알루미늄의 탄성계수는 각각 20×10^9 N/m^2, 70×10^9 N/m^{2}이고, 푸아송비는 0.45, 0.30이다.

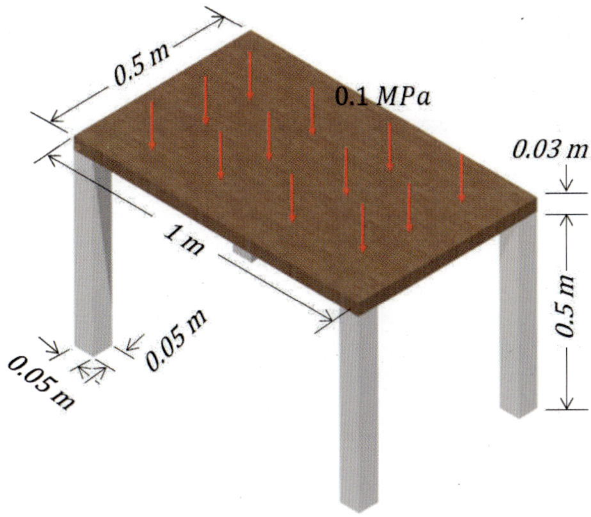

그림 1 솔리드 문제

(1) 전처리 과정

① 단위계 설정 및 해석 종류 설정

다양한 단위계 중 SI 단위계(Metric)로 설정하며, 정적구조(Static Structural) 해석 시스템 생성을 위해 ANSYS System Toolbox로부터 독립적인 시스템을 생성한다.

- GUI: Units 클릭 → Metric 클릭 → Static Structural 더블클릭 → 이름 설정

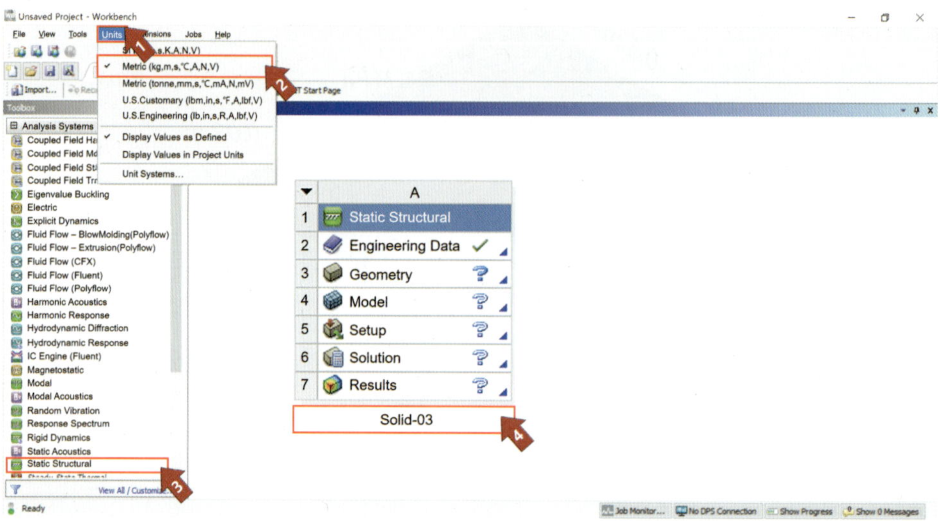

그림 2 단위계 및 해석 종류 설정

② 기계적 물성 입력

책상은 알루미늄과 나무로 구성되어 있다. 그림 3은 기계적 물성 추가 방법을 보여준다.

- GUI: Engineering Data 더블클릭 → 소재 이름 입력(Timber) → 엔터 → (좌측 툴박스) Linear Elastic 클릭 → Isotropic Elasticity 더블클릭 → Young's Modulus 입력(20×10^9 N/m^2) → Poisson's Ratio 입력(0.45)

* 위와 동일한 방법으로 알루미늄 기계적 물성 추가

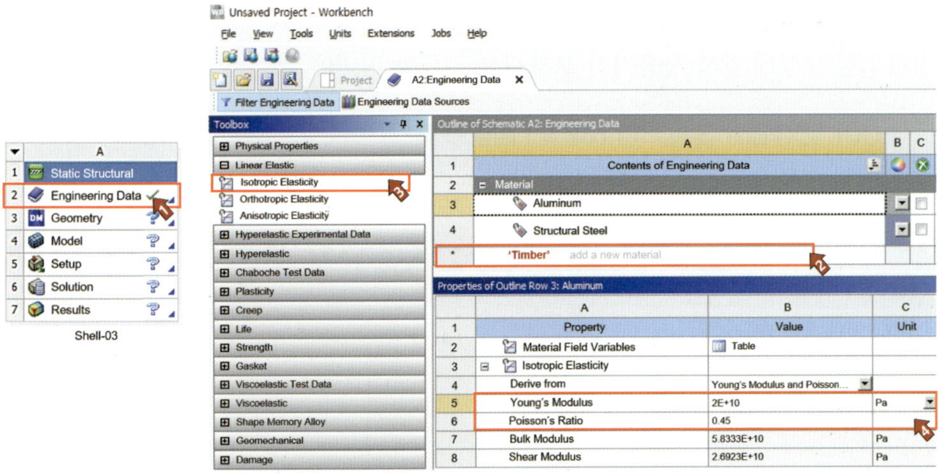

그림 3 기계적 물성 입력

③ DesignModeler Geometry 환경 진입

기하모델 생성을 위해 DesignModeler Geometry 프로그램을 시작한다.

- GUI: Geometry에서 우클릭 → New DesignModeler Geometry 클릭

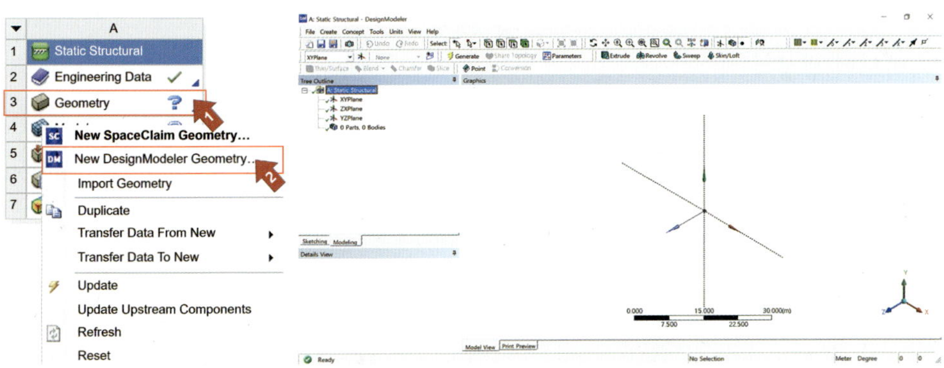

그림 4 DesignModeler Geometry GUI 환경 진입

④ 스케치 평면 설정

기하모델 생성에 앞서 사용자가 모델링을 수행할 평면에 대한 정의가 필요하다.

- GUI: ZXPlane 클릭 → Look at Plane 클릭

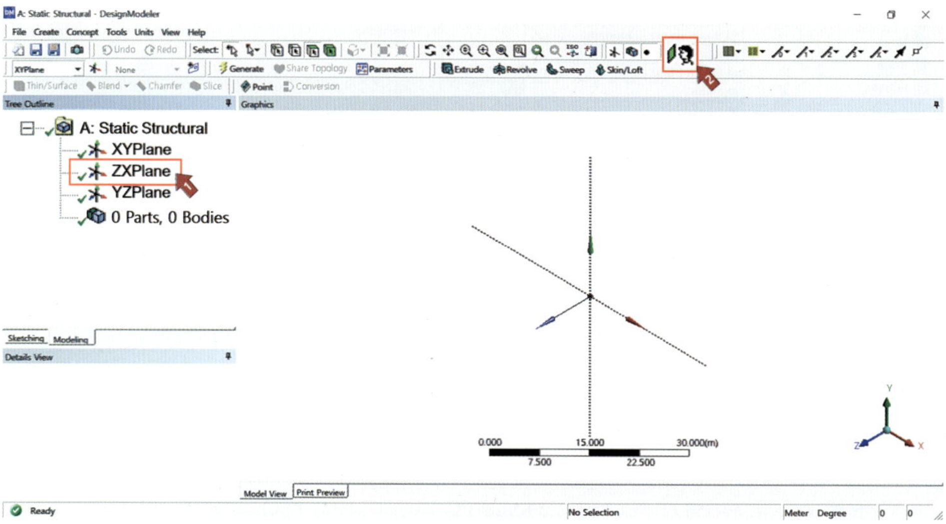

그림 5 스케치 평면 설정

⑤ 기하모델 생성

그림 6과 같은 모델링이 필요하다. Draw 탭에서 한 변이 1 m, 0.5 m인 면을 모델링한다. Sketch를 추가로 생성하여 한 변이 0.05 m인 사각형을 모델링하고, Dimensions 탭에서 치수에 대한 정의가 필요하다.

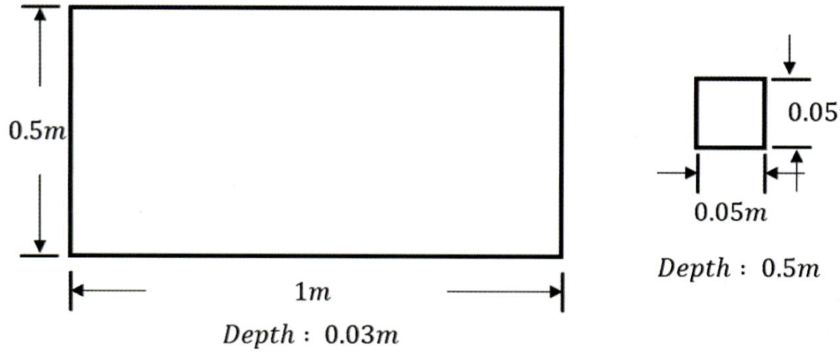

그림 6 기하모델

기하모델 생성 첫 번째, 책상 윗면 생성 및 치수 입력 방법은 그림 7과 같다. Graphics 창에서 시작점과 끝점을 클릭하여 사각형을 생성한다. 작도한 사각형의 2개의 변을 클릭하여 치수를 입력한다.

- GUI: Sketching 클릭→ Draw 클릭 → Rectangle 클릭 → 기하모델 생성 → Dimensions 클릭 → General 클릭 → 치수 입력

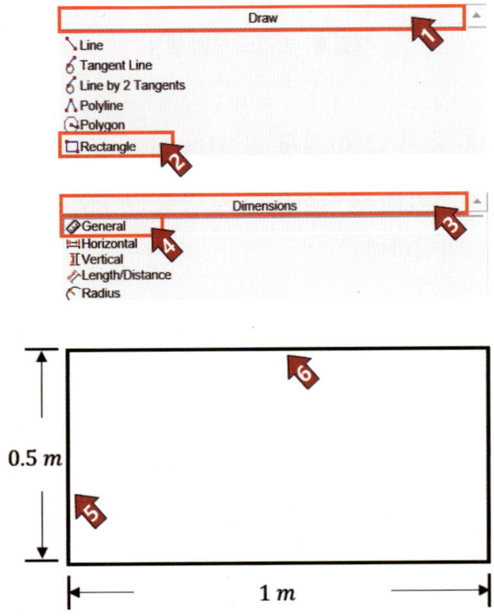

그림 7 기하모델 생성 및 치수 입력 1

Create 메뉴의 Extrude 기능을 이용해 생성된 면을 클릭하여 깊이가 0.03 m인 솔리드 모델을 생성한다. 그림 8은 솔리드 모델 생성 방법을 보여준다.

- GUI: Create 클릭 → Extrude 클릭 → Sketch1 클릭 → Apply 클릭 → Depth에 0.03 입력 → Extrude1 우클릭 → Generate 클릭

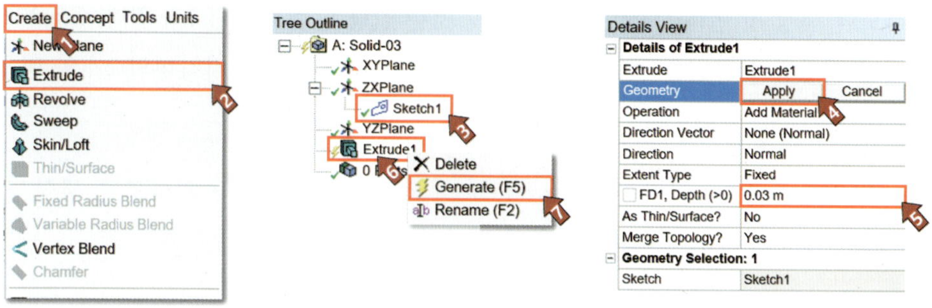

그림 8 솔리드 모델 생성

기하모델 생성 두 번째, 책상 다리 생성 및 치수 입력 방법은 그림 9와 같다. Graphics 창에서 책상 윗면의 모서리를 클릭하여 사각형을 생성한다. 작도한 사각형의 2개의 변을 클릭하여 치수를 입력한다.

- GUI: New Sketch 클릭 → Sketching 클릭 → Draw 클릭 → Rectangle 클릭 → 기하모델 생성 → Dimensions 클릭 → General 클릭 → 치수 입력

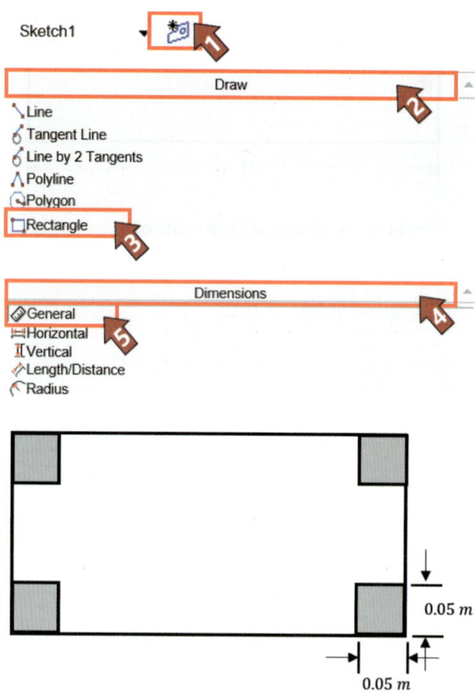

그림 9 기하모델 생성 및 치수 입력 2

Create 메뉴의 Extrude 기능을 이용해 생성된 면을 클릭하여 깊이가 0.5 m인 솔리드 모델을 생성한다. 이때 각각의 Part로 생성되도록 Operation을 Add Frozen으로 설정한다. Direction을 Reversed로 설정하여 책상 윗면과 반대 방향으로 Solid가 생성되도록 한다. 그림 10은 솔리드 모델 생성 방법을 보여준다.

- GUI: Create 클릭 → Extrude 클릭 → Sketch2 클릭 → Apply 클릭 → Add Frozen 설정 → Direction을 Reversed로 설정 → Depth에 0.5 입력 → Extrude2 우클릭 → Generate 클릭

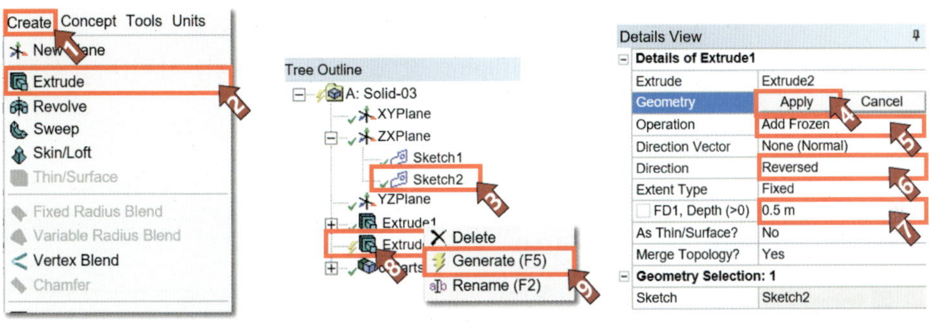

그림 10 솔리드 모델 생성 2

생성된 Solid를 하나의 Part로 설정하여야 한다. Solid를 다중선택 후 Tools 탭의 From New Part를 클릭하여 하나의 Part로 설정한다. 그림 11은 Part 생성 방법을 보여준다.

- GUI: Solid 다중 클릭 → Tools 탭 클릭 → From New Part 클릭

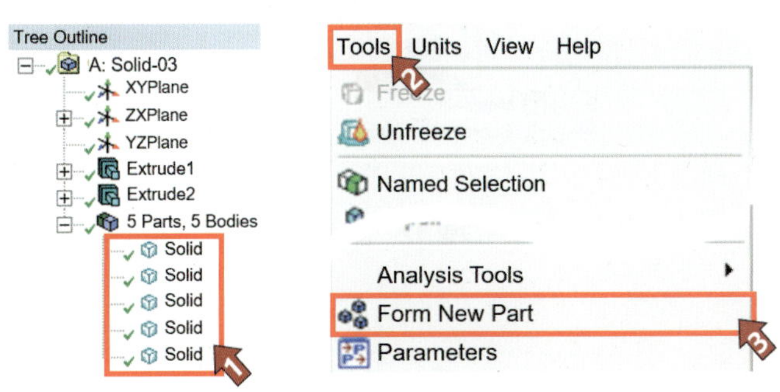

그림 11 Part 생성

⑥ 요소 생성 및 물성 입력

Solid 생성 후 물성을 입력하기 위해 Model 환경으로 진입한다. Aluminum과 Timber 각각의 물성을 선택한다. 그림 12는 물성 입력 방법을 보여준다. 유한요소 모델 생성을 위한 요소 생성단계로 기하모델에 절점과 요소를 생성한다. 요소 크기는 0.025 m로 입력하여 생성한다. 요소는 그림 13과 같은 방법으로 생성한다. 완료 후 그림 14와 같이 Graphics 창에 요소로 구성된 구조물이 나타난다.

- GUI: Model 더블클릭 → (Graphic 창에서) Solid(상판) 클릭 → Material 탭의 Assignment를 Timber로 선택
  Model 더블클릭 → (Graphic 창에서) Solid(다리) 클릭(다중선택) → Material 탭의 Assignment를 Aluminum으로 선택

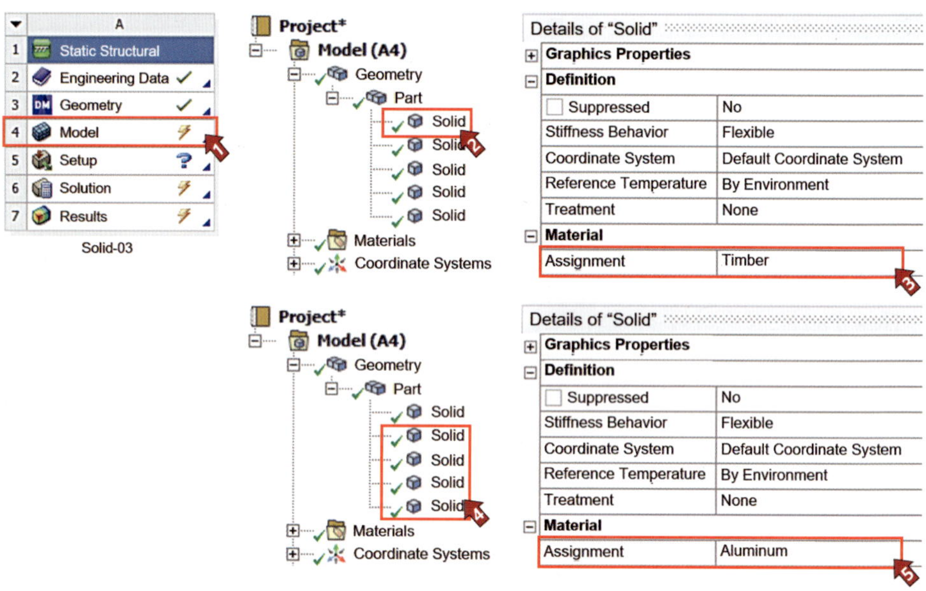

그림 12 물성 입력

• GUI: Mesh 우클릭 → Insert 클릭 → Sizing 클릭 → (Graphic 창에서) 모델 선택 → Apply 클릭 → Type을 Element Size로 설정 → 0.025 입력 → Generate Mesh 클릭

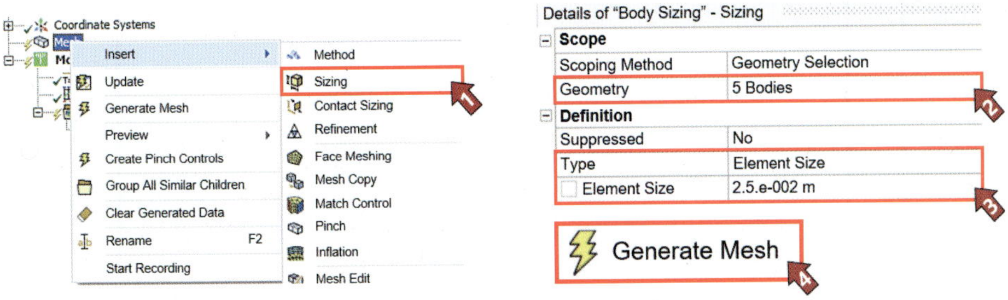

그림 13 요소 생성

그림 14 요소 생성 확인

⑦ 경계조건 및 하중조건 입력

예제의 경계조건은 그림 15와 같이 모든 책상다리의 아랫면을 완전구속 형태의 구속 조건, 평면에 수직방향으로 0.1 MPa의 하중조건이 작용하고 있다. 기하모델에 경계 조건 입력을 위한 방법은 그림 16, 17과 같다.

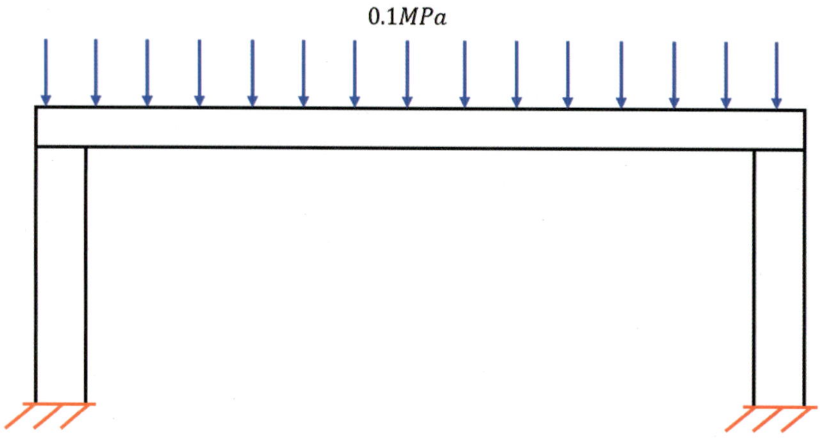

그림 15 경계조건

- GUI: Static Structural 우클릭 → Insert 클릭 → Displacement 클릭 → (Graphic 창에서) 다리의 아랫면(다중선택) → Apply 클릭 → X, Y, Z Component 0 입력

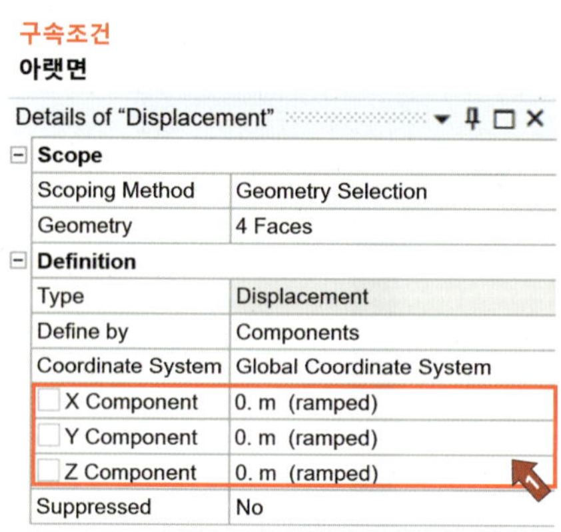

Details of "Displacement"

Scope	
Scoping Method	Geometry Selection
Geometry	4 Faces
Definition	
Type	Displacement
Define by	Components
Coordinate System	Global Coordinate System
X Component	0. m (ramped)
Y Component	0. m (ramped)
Z Component	0. m (ramped)
Suppressed	No

그림 16 구속조건 입력

- GUI: Static Structural 우클릭 → Insert 클릭 → Pressure 클릭 → (Graphic 창에서) 책상 윗면 클릭 → Apply 클릭 → Magnitude 0.1e6 입력

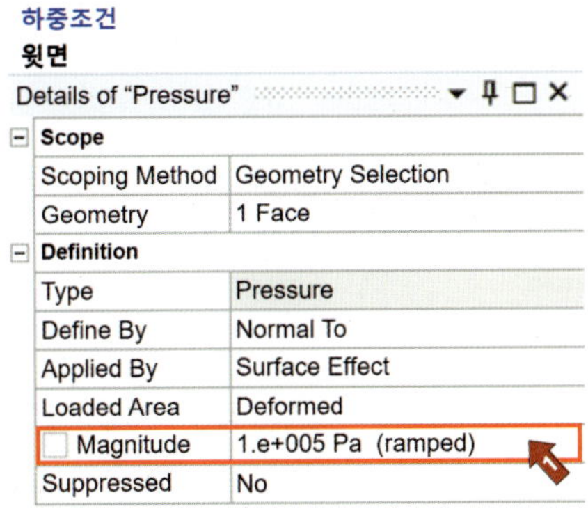

그림 17 하중조건 입력

⑧ 후처리 결과 설정

구속조건과 하중조건을 입력하면 정적해석을 위한 작업을 완료하였다. 본 예제는 책상의 최대 변위와 최대 Von-Mises Stress를 구하여야 한다. 이에 결과 확인을 위한 도출할 결과를 선택하여야 한다.

- GUI: Solution 우클릭 → Insert 클릭 → Deformation 클릭 → Total 클릭

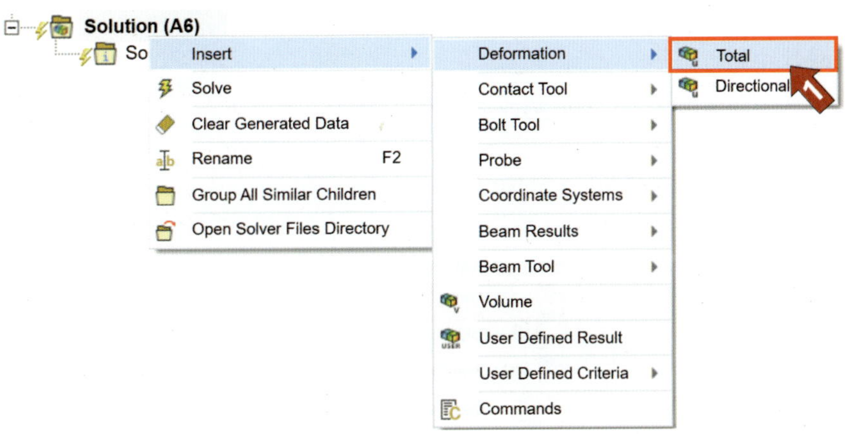

그림 18 최대 변위 결과 설정

• GUI: Solution 우클릭 → Insert 클릭→ Stress 클릭 → Equivalent (von-Mises) 클릭

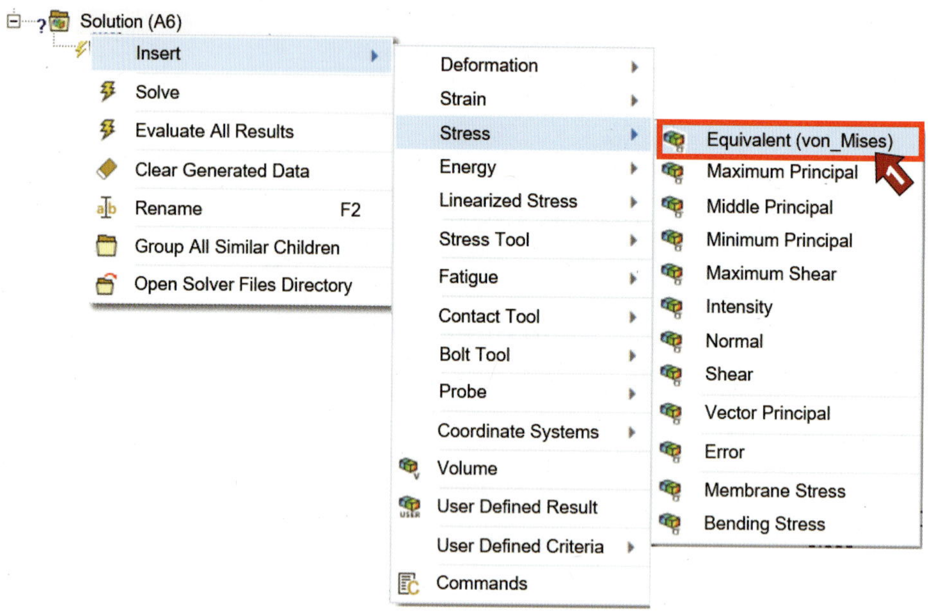

그림 19 Von-Mises Stress 결과 설정

(2) 구조해석 수행

① 구조해석 수행

정적해석을 위한 방법은 그림 20과 같다.

• GUI: Solution 우클릭 → Solve 클릭

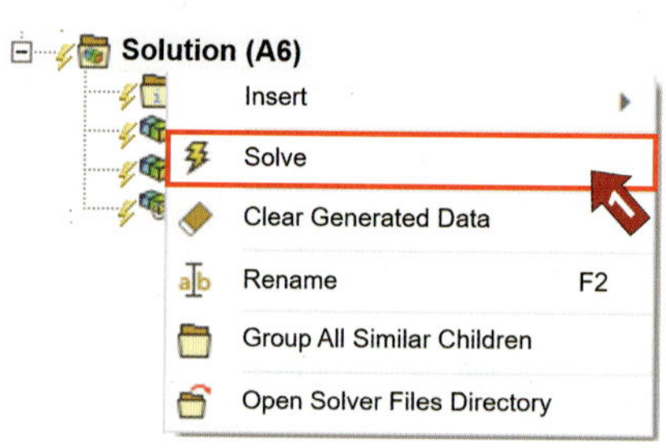

그림 20 구조해석 수행

(3) 후처리 과정

① 결과 확인

Total Deformation, Equivalent Stress를 클릭하여 구조해석 결과를 확인한다.

- GUI: Total Deformation 클릭 → 결과 확인

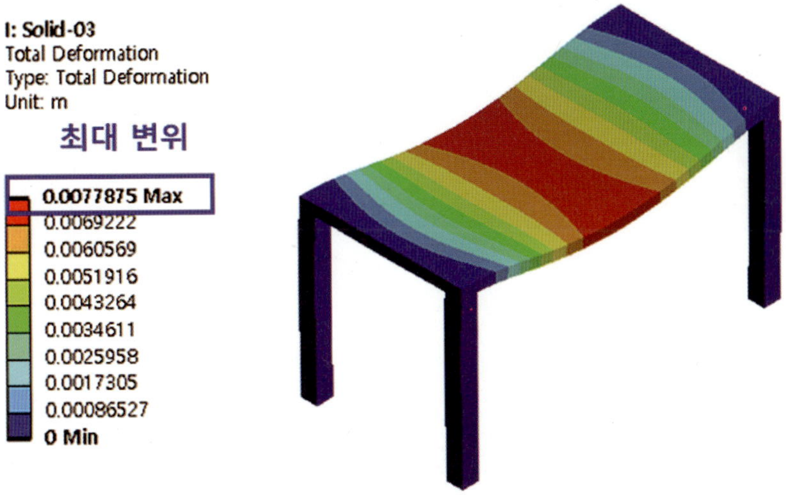

그림 21 최대 변위 결과

- GUI: Equivalent Stress 클릭 → 결과 확인

그림 22 최대 Von-Mises Stress 결과

CHAPTER

7

ANSYS를 이용한 해석 예제 고유진동수

7.1 고유진동수 문제 (1)

예제 알루미늄으로 구성된 외팔보의 고유진동수와 모드 형태를 결정하라. 외팔보의 단면 형상은 반지름이 0.1 m이며, 탄성계수는 70×10^9 N/m^2, 푸아송비는 0.3, 밀도는 2,710 kg/m^{3}이다.

그림 1 고유진동수 문제

(1) 전처리 과정

① 단위계 설정 및 해석 종류 설정

다양한 단위계 중 SI 단위계(Metric)로 설정하며, 모달(Modal) 해석 시스템 생성을 위해 ANSYS System Toolbox로부터 독립적인 시스템을 생성한다.

- GUI: Units 클릭 → Metric 클릭 → Modal 더블클릭 → 이름 설정

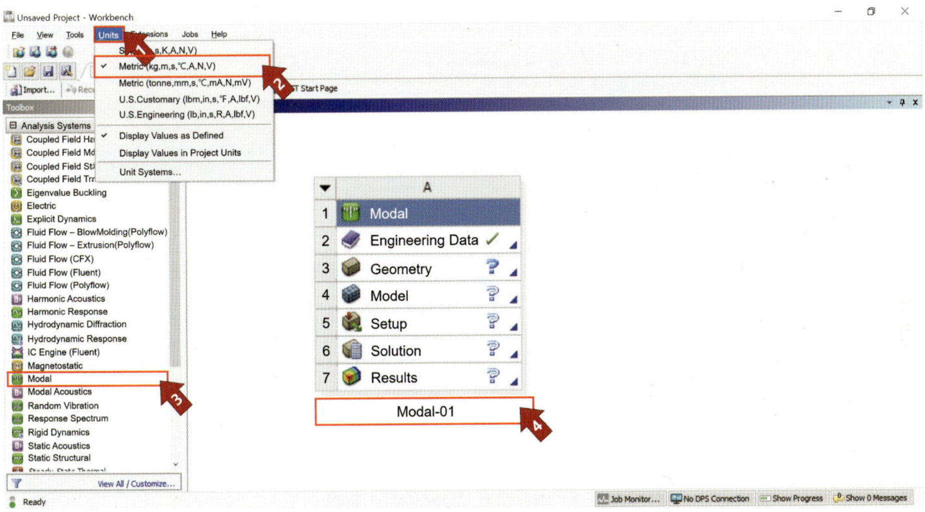

그림 2 단위계 및 해석 종류 설정

② 기계적 물성 입력

모달해석의 경우 재료의 밀도, 탄성계수, 푸아송비의 입력이 필요하다. 예제의 재료는 알루미늄으로 구성되어 있다. 알루미늄의 기계적 물성의 입력이 필요하다.

• GUI: Engineering Data 더블클릭 → 소재 이름 입력(Aluminum) → 엔터 → (좌측 툴박스) Physical Properties 클릭 → Density 더블클릭 → Density 입력 (2710 kg/m^3)

(좌측 툴박스) Linear Elastic 클릭 → Isotropic Elasticity 더블클릭 → Young's Modulus 입력(70×10^9 N/m^2) → Poisson's Ratio 입력(0.3)

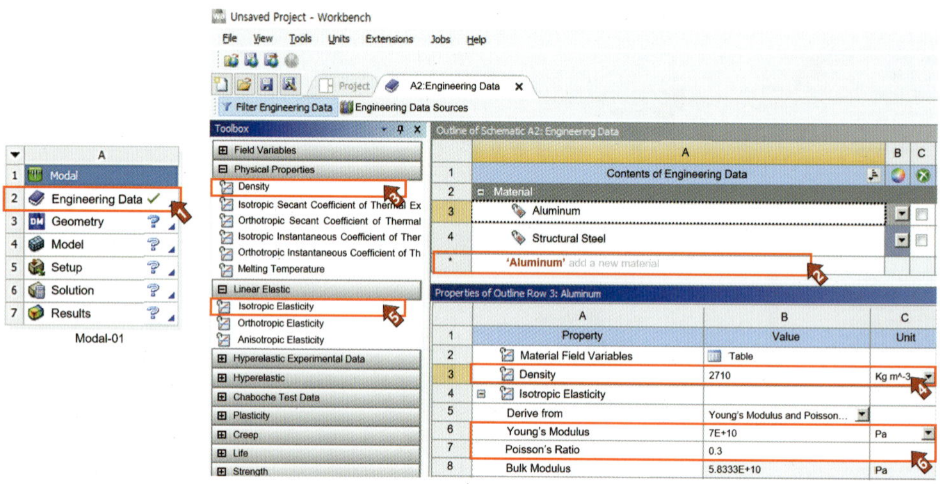

그림 3 알루미늄 기계적 물성 입력

③ DesignModeler Geometry 환경 진입

기하모델 생성을 위해 DesignModeler Geometry 프로그램을 시작한다.

• GUI: Geometry에서 우클릭 → New DesignModeler Geometry 클릭

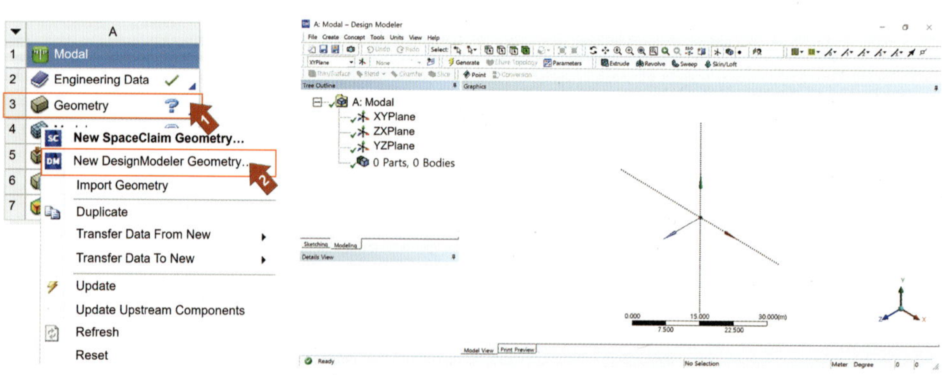

그림 4 DesignModeler Geometry GUI 환경 진입

④ 스케치 평면 설정

기하모델 생성에 앞서 사용자가 모델링을 수행할 평면에 대한 정의가 필요하다.

- GUI: XYPlane 클릭 → Look at Plane 클릭

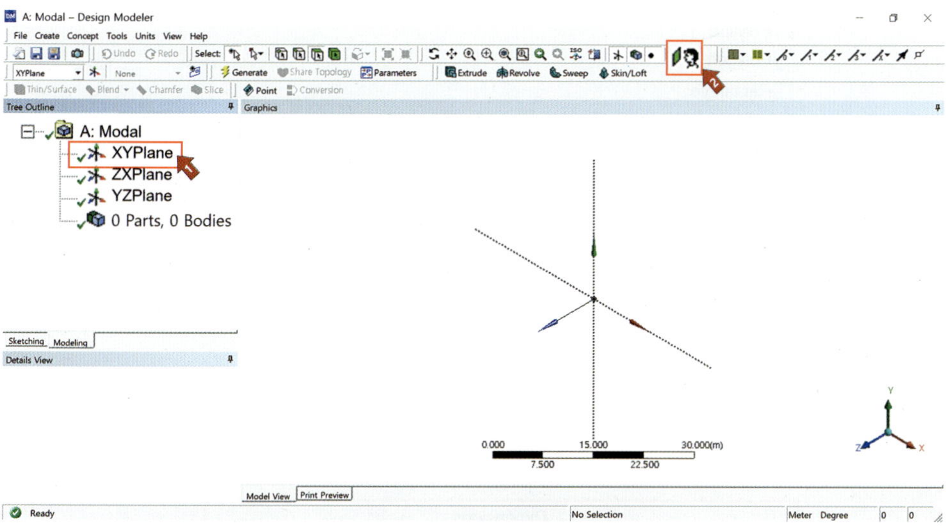

그림 5 스케치 평면 설정

⑤ 기하모델 생성

그림 6과 같은 모델링이 필요하다. Draw 탭에서 1개의 선을 모델링한다. Sketching 탭으로 전환하면, Tree Outline의 XYPlane 밑에 새로운 이름의 Sketch1이 생성된다. Dimensions 탭에서 치수에 대한 정의가 필요하다.

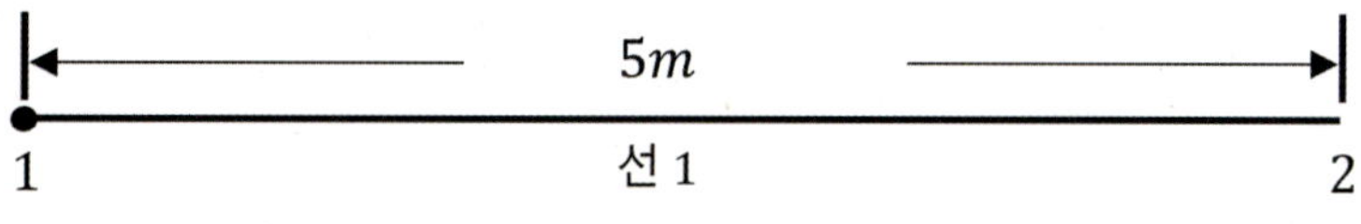

그림 6 기하모델

기하모델 생성을 위한 작업은 그림 7과 같다. Graphics 창에서 1개의 선을 만들기 위해 시작점과 끝점을 클릭하며, 선 1을 작도한다.

- GUI: Sketching 클릭 → Draw 클릭 → Line 클릭 → 기하모델 생성

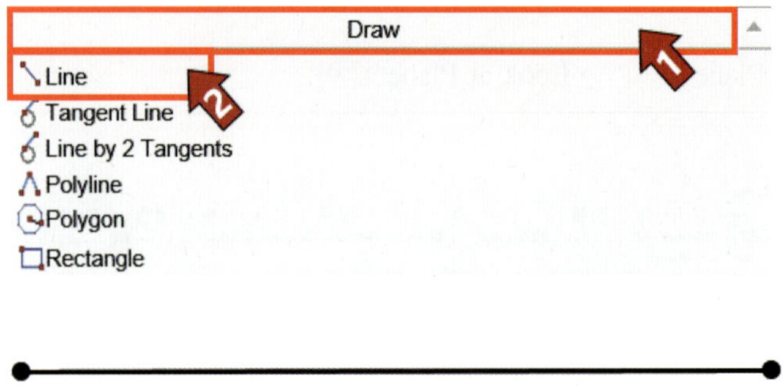

그림 7 기하모델 생성 방법

작도된 기하모델의 치수 정의를 위한 방법은 그림 8과 같다. 작도한 1개의 선을 클릭하여 치수를 입력한다.

- GUI: Sketching 클릭 → Dimensions 클릭 → General 클릭 → 선 1 치수 입력

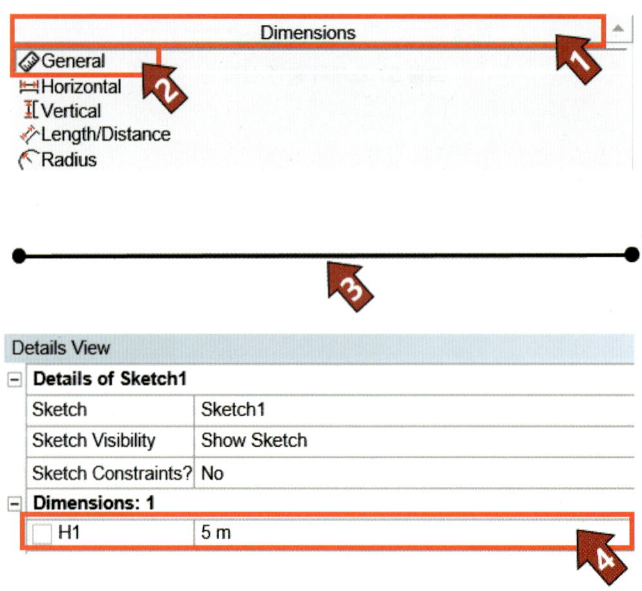

그림 8 기하모델 치수 입력 방법

치수 정의가 완료된 Sketch는 Line Body의 정의가 필요하다. Concept 메뉴에서 Lines From Sketches를 선택한다. 작도된 점을 선택 후 Generate를 클릭하여 Line Body 정의를 완료한다.

- GUI: Concept 클릭 → Lines From Sketches 클릭 → Sketch1 클릭 → Apply 클릭 → Line1 우클릭 → Generate 클릭

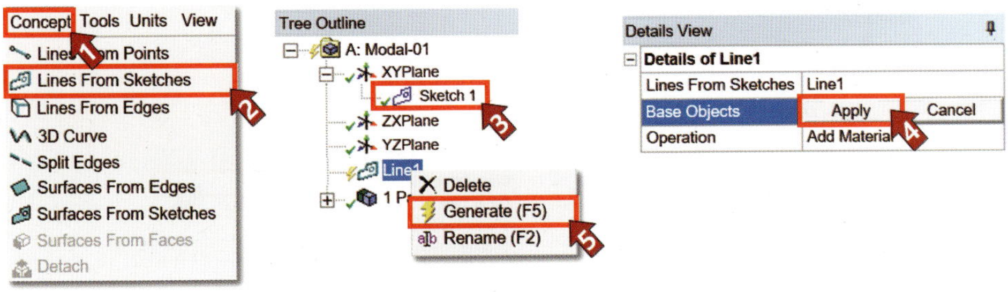

그림 9 Line Body 정의

⑥ 단면 형상 생성 및 입력

단면 형상의 생성 및 입력이 필요하다. Concept 메뉴의 Cross Section에서 단면 형상과 동일한 Circular를 선택하여 치수를 입력한다. 생성된 단면 형상을 모델링 파트에 입력하기 위해 Cross Section에 Circular1을 부여한다.

$$R = 0.1m$$

그림 10 단면 형상

- GUI: Concept 클릭 → Cross Section 클릭 → Circular 클릭 → Circular1 클릭 → 치수 입력 → Line Body 클릭 → Circular1 설정

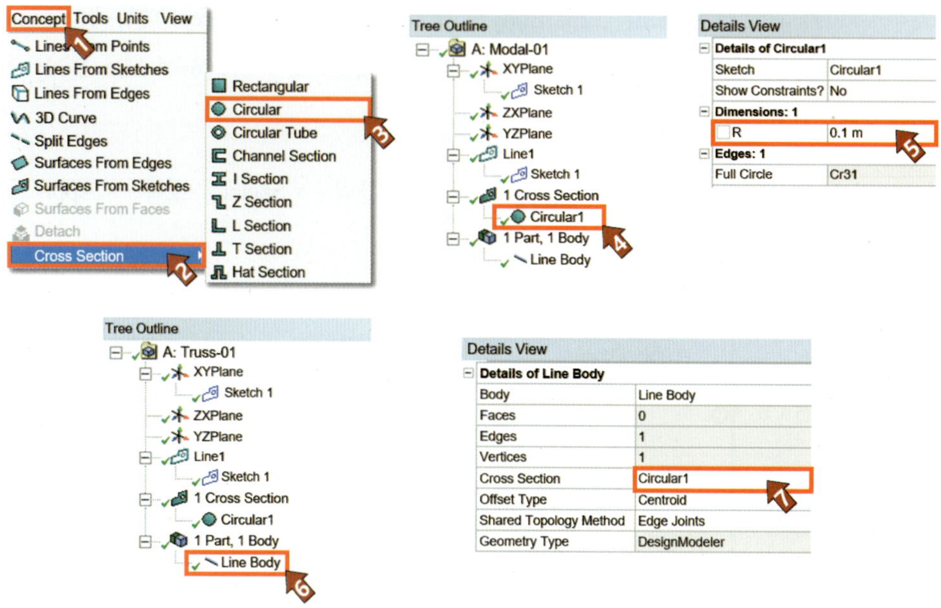

그림 11 단면 형상 생성 및 입력

프레임을 입체로 된 구조물로 시각적으로 확인하기 위해 View 메뉴에서 Cross Section Solids를 클릭한다.

- GUI: View 클릭 → Cross Section Solids 클릭하여 단면 형상 확인

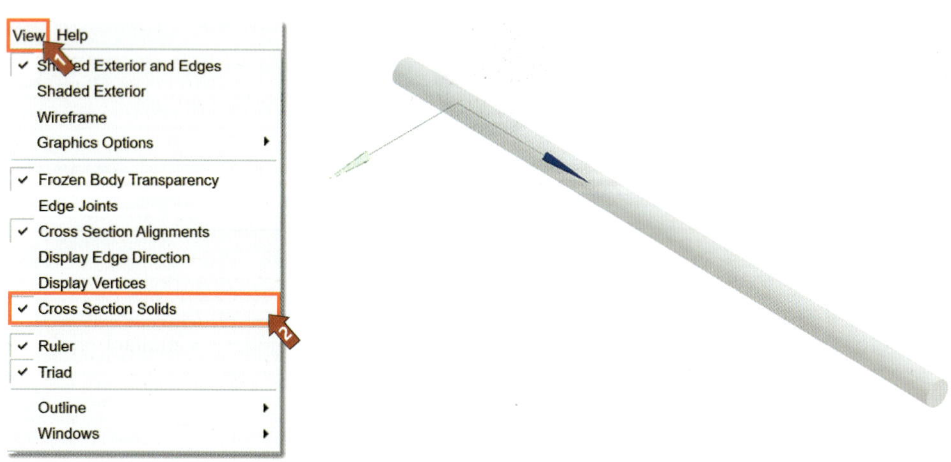

그림 12 단면 형상 확인

⑦ 요소 설정 및 물성 입력

단면 형상 입력 후 요소 설정 및 물성 입력을 위해 Model 환경으로 진입한다. 보 요소는 Beam, 물성은 Aluminum 입력이 필요하다. 그림 13은 요소 설정 및 물성 입력 방법을 보여준다.

- GUI: Model 더블클릭 → Line Body 클릭 → Model Type을 Beam으로 설정 → Material 탭의 Assignment를 Aluminum으로 선택

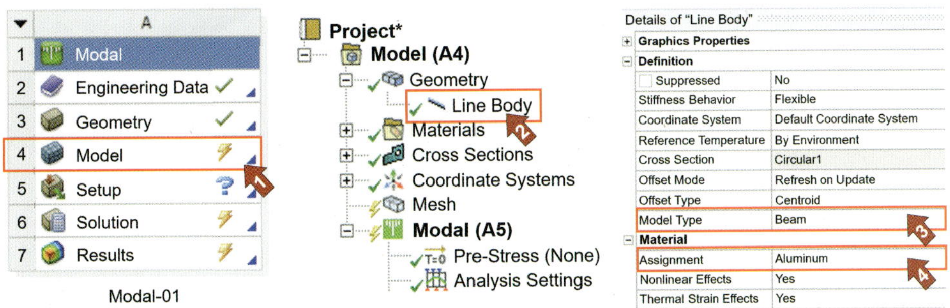

그림 13 요소 설정 및 물성 입력

⑧ 요소 생성

유한요소 모델 생성을 위한 요소 생성단계로 기하모델에 절점과 요소를 생성한다. 요소 크기는 0.1 m로 입력하여 생성한다. 요소는 그림 14와 같은 방법으로 생성한다. 완료 후 그림 15와 같이 Graphics 창에 요소로 구성된 구조물이 나타난다.

- GUI: Mesh 우클릭 → Insert 클릭 → Sizing 클릭 → (Graphic 창에서) 모델 선택 → Apply 클릭 → Type을 Element Size로 설정 → 0.1 입력 → Generate Mesh 클릭

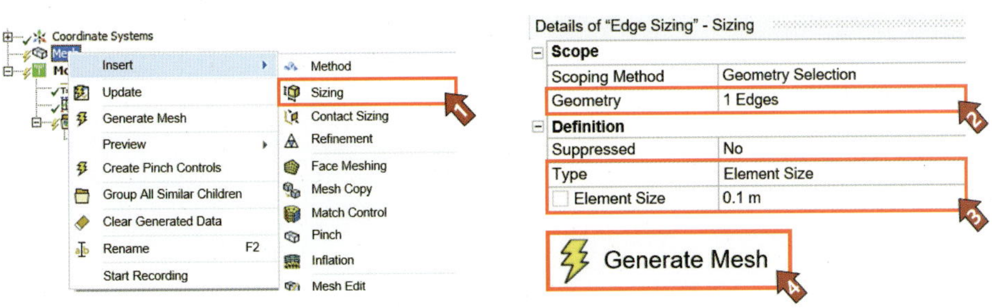

그림 14 요소 생성

그림 15 요소 생성

⑨ 구속조건 및 모드 개수 입력

고유진동수 해석의 경우 구속조건 입력과 도출할 고유진동수 모드의 개수를 설정한다. 예제의 경계조건은 그림 16과 같이 절점 1에 완전구속 형태의 구속조건이 작용하고 있으며, 고유진동수 모드의 개수는 10개로 설정한다.

그림 16 구속조건

- GUI: Modal 우클릭 → Insert 클릭 → Displacement 클릭 → (Graphic 창에서) 절점 1 클릭 → Apply 클릭 → X, Y, Z Component 0 입력
  Modal 우클릭 → Insert 클릭 → Fixed Rotation 클릭 → (Graphic 창에서) 절점 1 클릭 → Apply 클릭 → Rotation X, Y, Z Fixed 입력

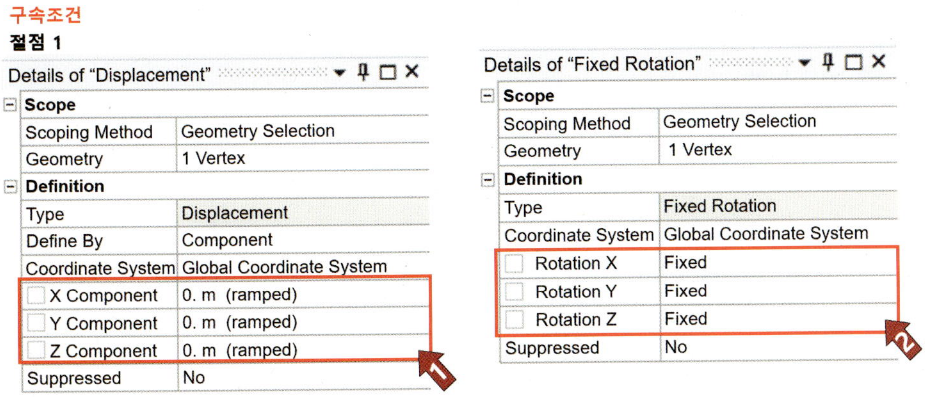

그림 17 구속조건 입력

- GUI: Modal에서 Analysis Settings 클릭 → Max Modes to Find에 10 입력

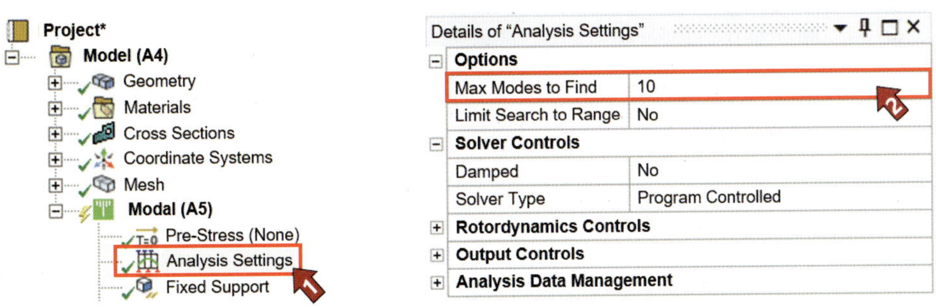

그림 18 고유진동수 모드 개수 입력

⑩ 후처리 결과 설정

구속조건과 모드 개수 입력을 마치면 고유진동수 해석을 위한 작업이 완료되었다. 본 예제는 고유진동수와 모드 형태를 도출해야 한다. 이에 10개의 고유진동수 결과를 만들어야 한다.

- GUI: Solution 우클릭 → Insert 클릭 → Deformation 클릭 → Total 클릭 → Total Deformation 클릭 → Mode에 1 입력

* 위와 같은 방법으로 10개의 고유진동수 결과 생성 후 Mode에 차례대로 2~10 입력

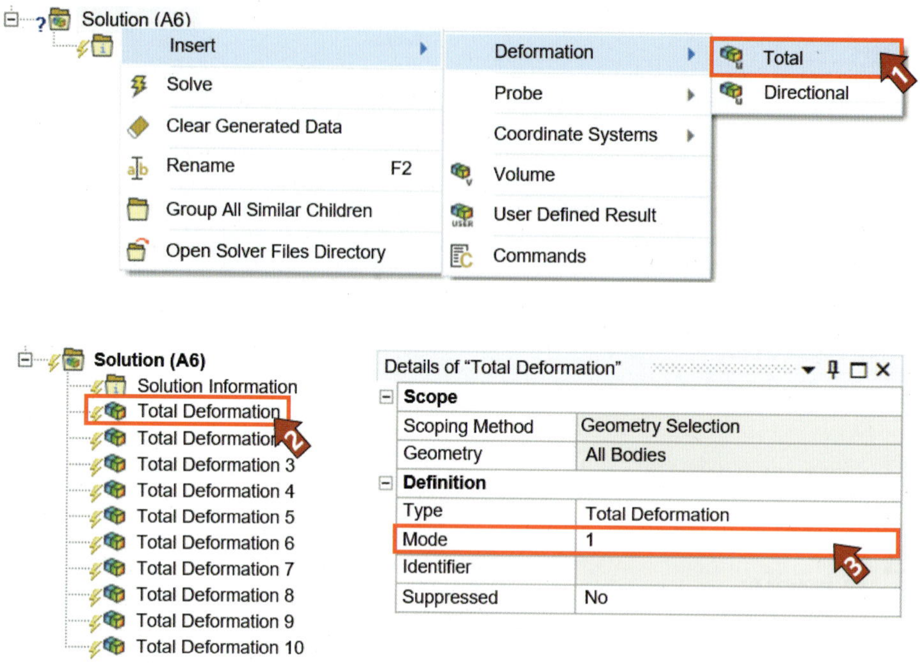

그림 19 고유진동수 모드 결과 생성

(2) 모달해석 수행

① 모달해석 수행

고유진동수 해석을 위한 방법은 그림 20과 같다.

- GUI: Solution 우클릭 → Solve 클릭

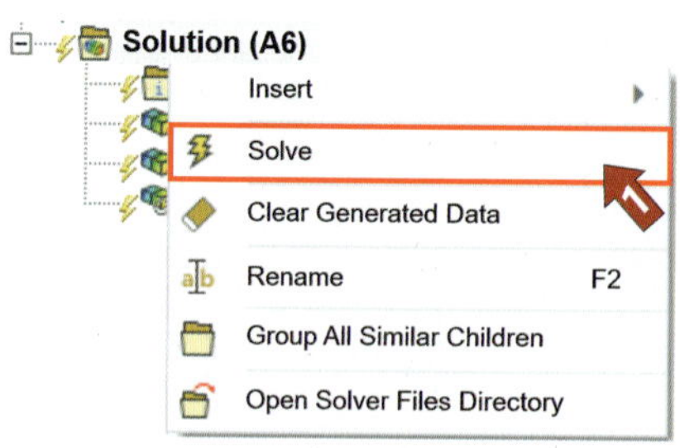

그림 20 모달해석 수행

(3) 후처리 과정

① 결과 확인

Total Deformation을 클릭하여 고유진동수 결과를 확인한다. 고유진동수 해석에서는 문제의 답과 무관한 다수의 강체모드와 로컬모드를 포함하여 해석결과가 도출된다. 따라서 본 예제에서는 해석설정에서 10개의 모드를 찾도록 하였다. 만약 해석결과에서 찾고자 하는 모드가 나타나지 않았다면 찾는 모드 수를 더 높여 해석을 수행하도록 한다. 단, 찾는 모드 수를 높인다면 해석시간과 용량이 더 클 것이다.

고유진동수 해석에서 유효한 결과인 글로벌 모드의 굽힘 모드와 비틀림 모드는 해석결과의 변위 형상을 통해서 찾아야 한다. 고유진동수 해석에서는 모드의 발생이 순서대로 발생하게 되며, 주로 구조물에서 가장 먼저 발생하는 1차 굽힘 모드와 비틀림 모드를 찾게 된다.

본 예제에서는 3번째 해석결과인 35.393 Hz에서 1차 굽힘 모드가 나타났으며, 7번째 해석결과에서 157.6 Hz가 나타났다.

- GUI: Total Deformation 클릭 → 결과 확인

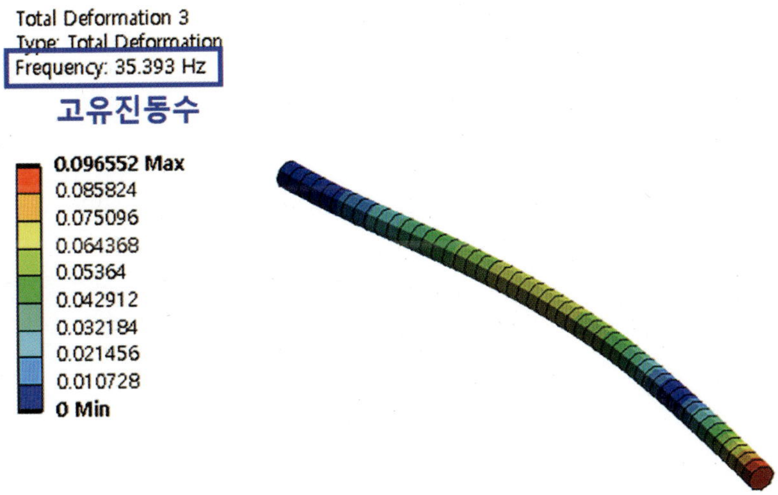

그림 21 1차 굽힘 모드

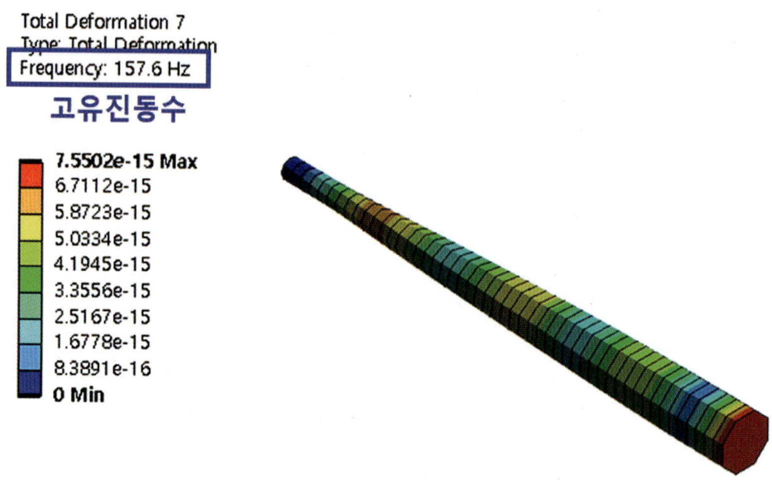

그림 22 1차 비틀림 모드

7.2 고유진동수 문제 (2)

예제 두께가 0.003 m이고, 한 변의 길이가 4 m인 알루미늄으로 이루어진 정사각형의 고유진동수와 모드 형태를 결정하라. 탄성계수는 70×10^9 N/m^2, 푸아송비는 0.3, 밀도는 2710 kg/m^{3}이다.

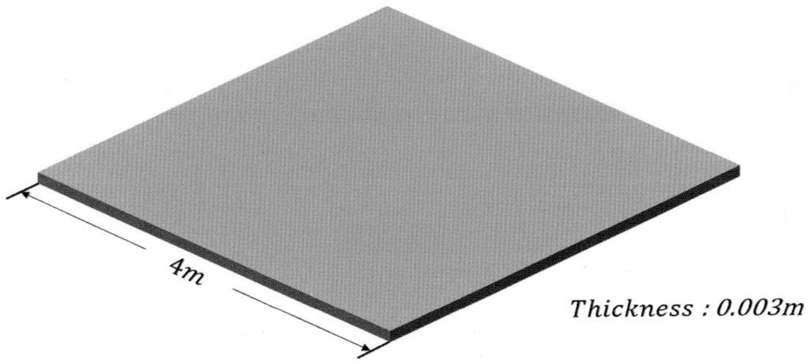

그림 1 고유진동수 문제

(1) 전처리 과정

① 단위계 설정 및 해석 종류 설정

다양한 단위계 중 SI 단위계(Metric)로 설정하며, 모달(Modal) 해석 시스템 생성을 위해 ANSYS System Toolbox로부터 독립적인 시스템을 생성한다.

- GUI: Units 클릭 → Metric 클릭 → Modal 더블클릭 → 이름 설정

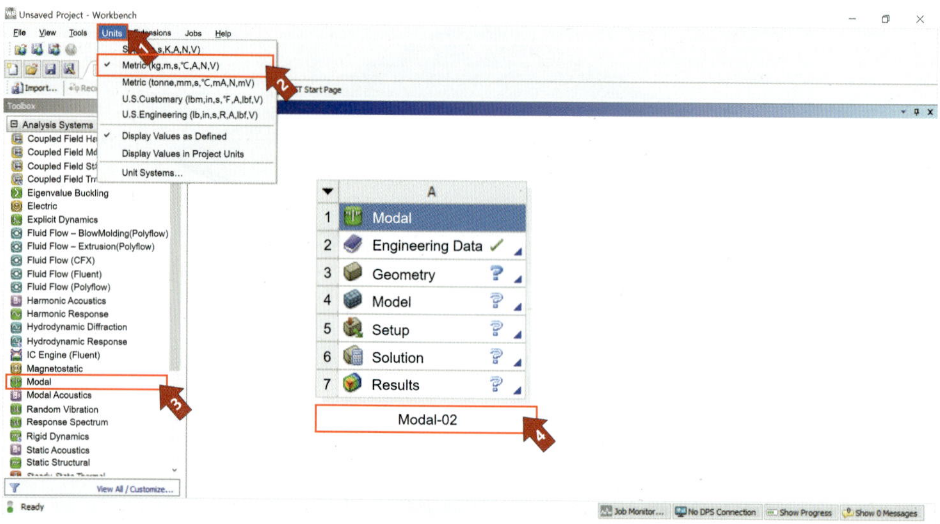

그림 2 단위계 및 해석 종류 설정

② 기계적 물성 입력

모달해석의 경우 재료의 밀도, 탄성계수, 푸아송비의 입력이 필요하다. 예제의 재료는 알루미늄으로 구성되어 있다. 알루미늄의 기계적 물성의 입력이 필요하다.

- GUI: Engineering Data 더블클릭 → 소재 이름 입력(Aluminum) → 엔터 → (좌측 툴박스) Physical Properties 클릭 → Density 더블클릭 → Density 입력(2710 kg/m^3)

  (좌측 툴박스) Linear Elastic 클릭 → Isotropic Elasticity 더블클릭 → Young's Modulus 입력(70×10^9 N/m^2) → Poisson's Ratio 입력(0.3)

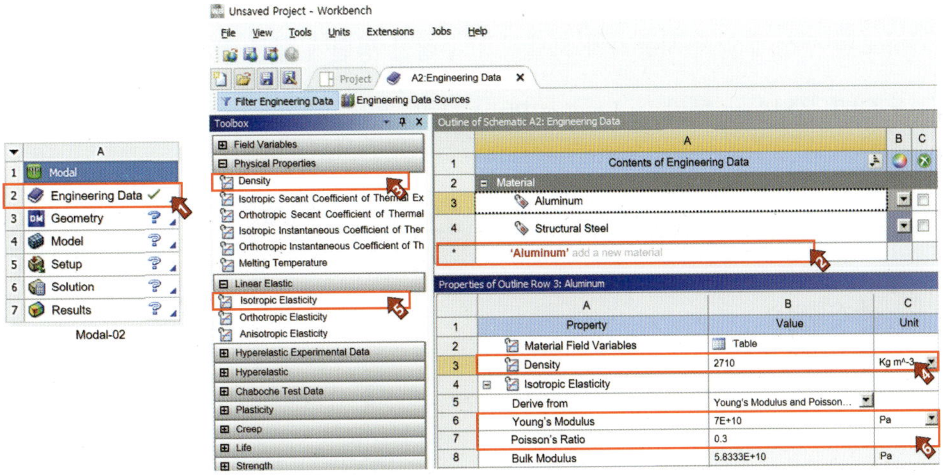

그림 3 알루미늄 기계적 물성 입력

③ DesignModeler Geometry 환경 진입

기하모델 생성을 위해 DesignModeler Geometry 프로그램을 시작한다.

- GUI: Geometry에서 우클릭 → New DesignModeler Geometry 클릭

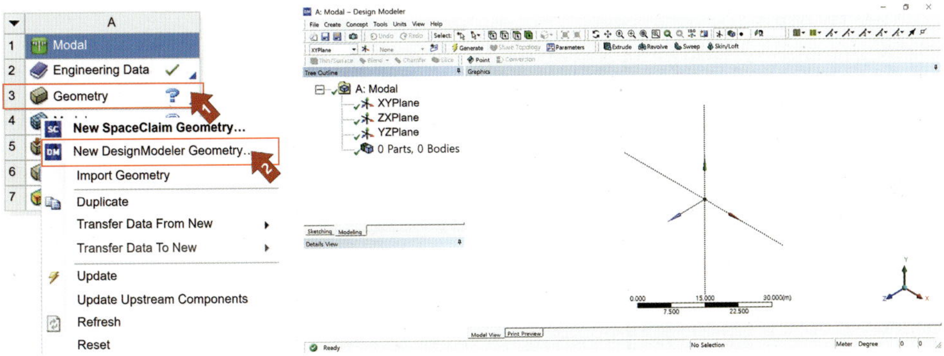

그림 4 DesignModeler Geometry GUI 환경 진입

④ 스케치 평면 설정

기하모델 생성에 앞서 사용자가 모델링을 수행할 평면에 대한 정의가 필요하다.

- GUI: ZXPlane 클릭 → Look at Plane 클릭

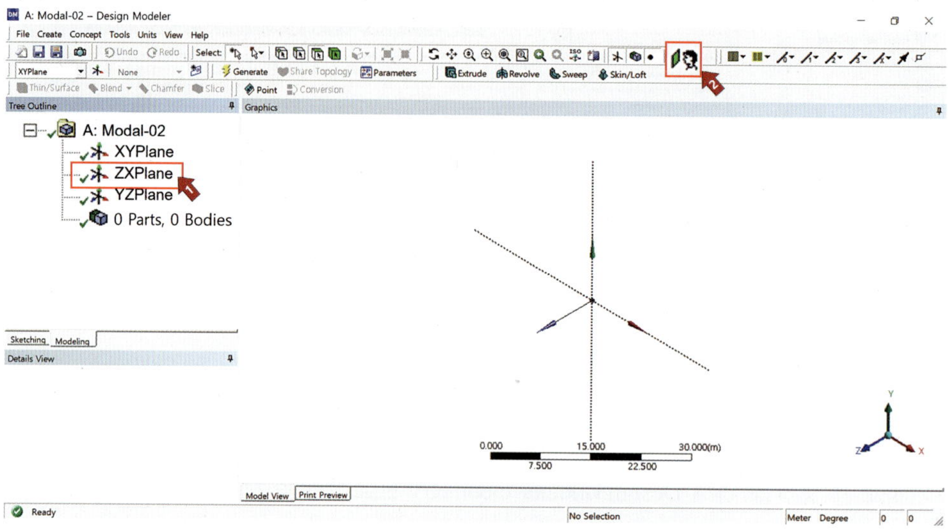

그림 5 스케치 평면 설정

⑤ 기하모델 생성

그림 6과 같은 모델링이 필요하다. Draw 탭에서 한 변이 4 m인 면을 모델링한다. Sketching 탭으로 전환하면, Tree Outline의 ZXPlane 밑에 새로운 이름의 Sketch1이 생성된다. Dimensions 탭에서 치수에 대한 정의가 필요하다.

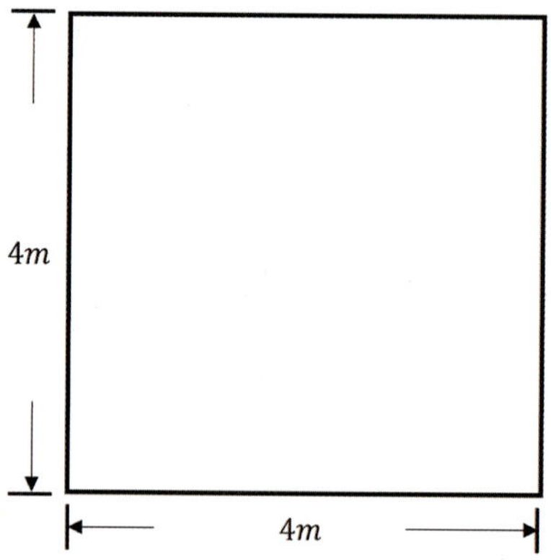

그림 6 기하모델

기하모델 생성을 위한 작업은 그림 7과 같다. Graphics 창에서 시작점과 끝점을 클릭하여 사각형을 생성한다.

- GUI: Sketching 클릭 → Draw 클릭 → Rectangle 클릭 → 기하모델 생성

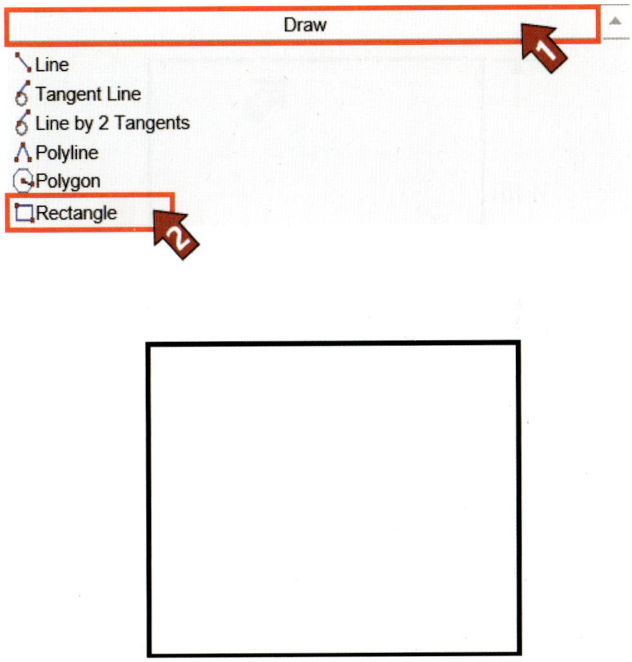

그림 7 기하모델 생성 방법

작도된 기하모델의 치수 정의를 위한 방법은 그림 8과 같다. 작도한 사각형의 2개의 변을 클릭하여 치수를 입력한다.

- GUI: Sketching 클릭 → Dimensions 클릭 → General 클릭 → 치수 입력

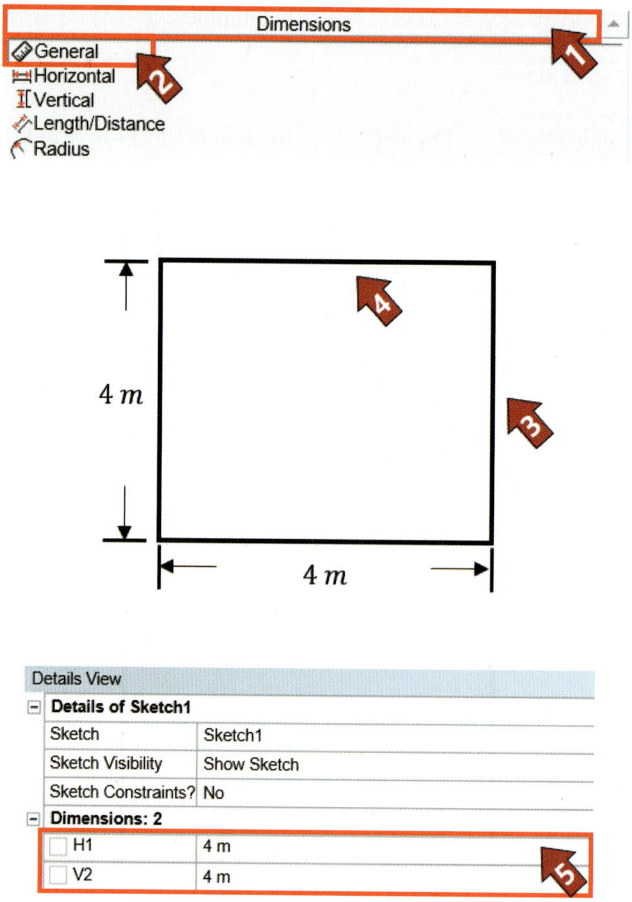

그림 8 기하모델 치수 입력 방법

치수 정의가 완료된 Sketch는 Surface Body의 정의가 필요하다. 이후 Concept 메뉴에서 Surfaces From Sketches를 통해 생성된 면을 클릭하여 Surface Body 정의를 완료한다.

- GUI: Concept 클릭 → Surfaces From Sketches 클릭 → Sketch1 클릭 → Apply 클릭 → SurfaceSk1 우클릭 → Generate 클릭

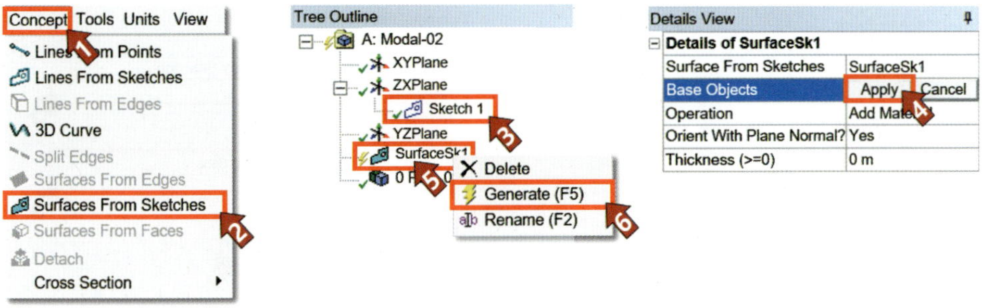

그림 9 Surface Body 정의

⑥ 두께 및 물성 입력

Surface Body 생성 후 두께 정보를 입력하기 위해 Model 환경으로 진입한다. 두께 0.003 m를 입력한다. 그림 10은 두께 및 물성 입력 방법을 보여준다.

- GUI: Model 더블클릭 → Surface Body 클릭 → Thickness에 0.003 입력 → Material 탭의 Assignment를 Aluminum으로 선택

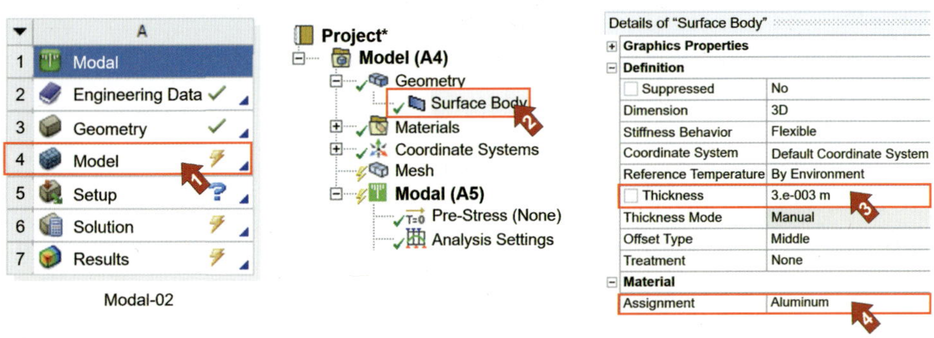

그림 10 두께 및 물성 입력

⑦ 요소 생성

유한요소 모델 생성을 위한 요소 생성단계로 기하모델에 절점과 요소를 생성한다. 요소 크기는 0.1 m로 입력하여 생성한다. 요소는 그림 11과 같은 방법으로 생성한다. 완료 후 그림 12와 같이 Graphics 창에 요소로 구성된 구조물이 나타난다.

- GUI: Mesh 우클릭 → Insert 클릭 → Sizing 클릭 → Geometry 클릭 → Surface Body 클릭 → Apply 클릭 → Element Size로 선택되어 있는지 확인 → 0.1 입력 → Generate Mesh 클릭

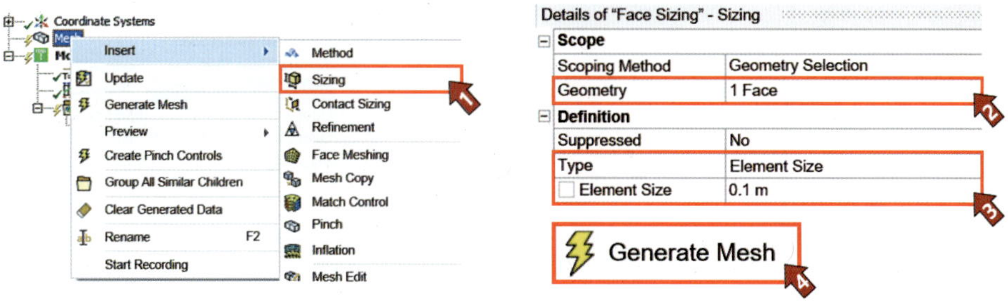

그림 11 요소 생성

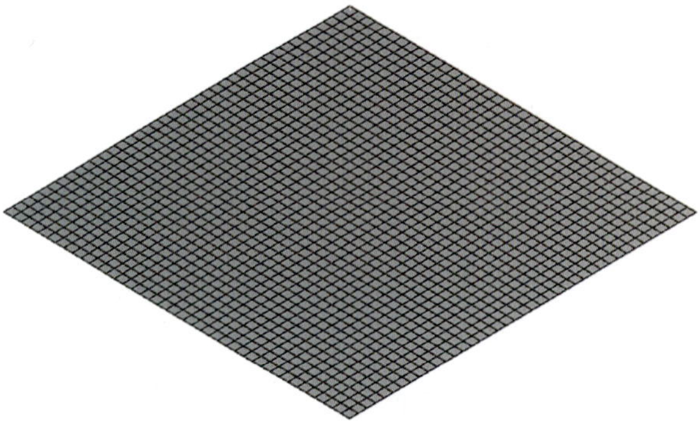

그림 12 요소 생성 확인

⑧ 구속조건 및 모드 개수 입력

이번 고유진동수 예제의 경우 구속조건을 갖지 않는 자유 경계조건으로 도출할 고유진동수 모드의 개수만 설정한다. 고유진동수 모드의 개수는 10개로 설정한다.

- GUI: Modal에서 Analysis Settings 클릭 → Max Modes to Find에 10 입력

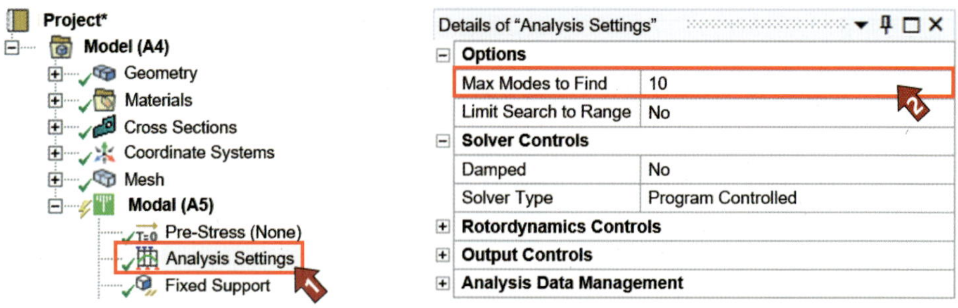

그림 13 고유진동수 모드 개수 입력

⑨ 후처리 결과 설정

경계조건과 하중조건 입력을 마치면 고유진동수 해석을 위한 작업이 완료되었다. 본 예제는 고유진동수와 모드 형태를 도출해야 한다. 이에 10개의 고유진동수 결과를 만들어야 한다.

- GUI: Solution 우클릭 → Insert 클릭 → Deformation 클릭 → Total 클릭 → Total Deformation 클릭 → Mode에 1 입력

* 위와 같은 방법으로 10개의 고유진동수 결과 생성 후 Mode에 차례대로 2~10 입력

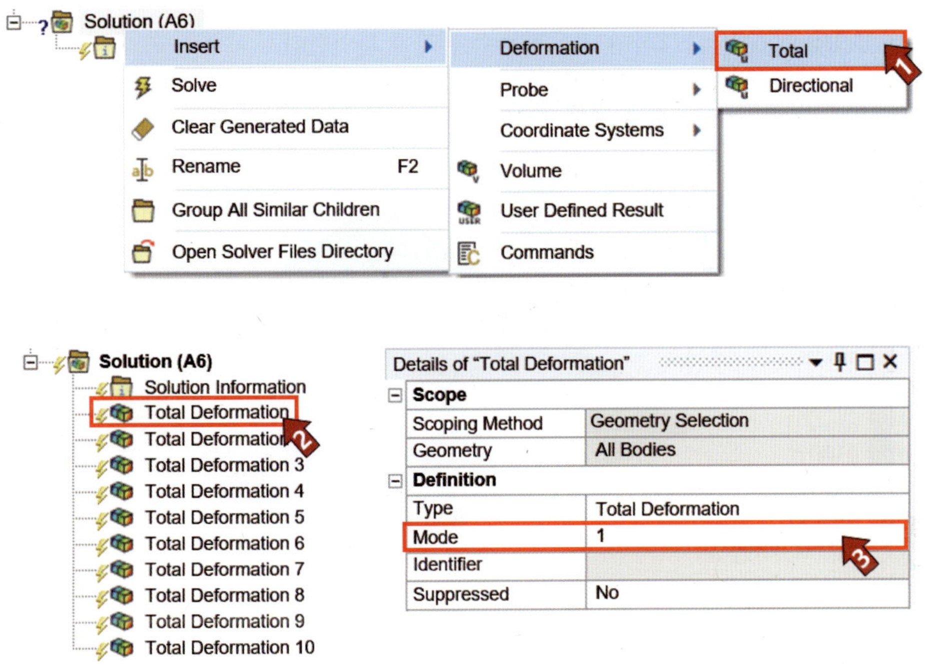

그림 14 고유진동수 모드 결과 생성

(2) 모달해석 수행

① 모달해석 수행

고유진동수 해석을 위한 방법은 그림 15와 같다.

- GUI: Solution 우클릭 → Solve 클릭

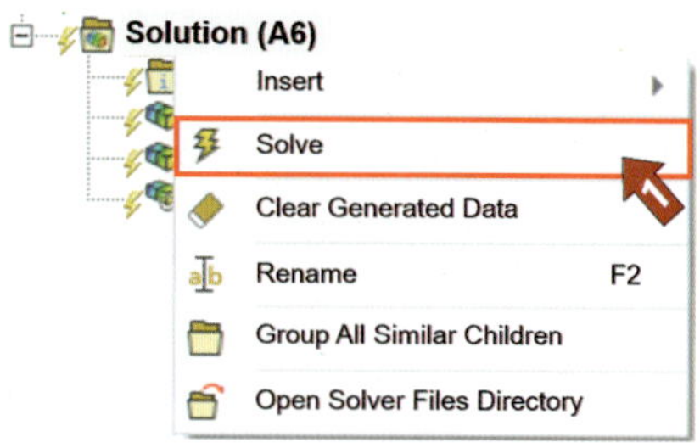

그림 15 모달해석 수행

(3) 후처리 과정

① 결과 확인

Total Deformation을 클릭하여 고유진동수 결과를 확인한다.

- GUI: Total Deformation 클릭 → 결과 확인

그림 16 1차 비틀림 모드

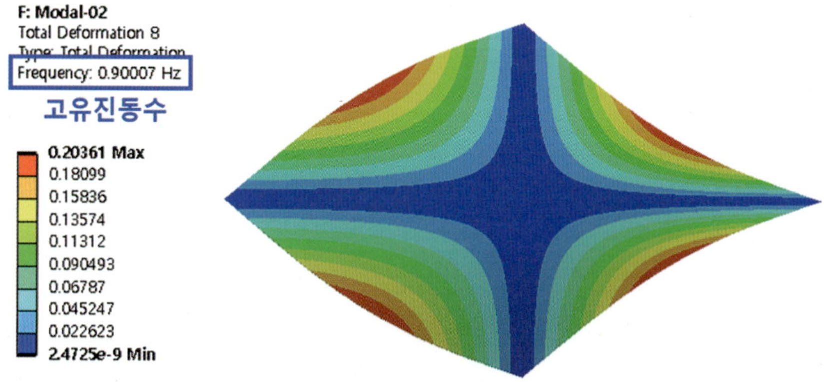

그림 17 1차 굽힘 모드

7.3 고유진동수 문제 (3)

예제 두께가 0.003 m인 알루미늄 정사각 평판의 고유진동수와 형태를 구하라. 이때 가장자리가 모두 구속되었다고 가정한다. 알루미늄의 탄성계수는 70×10^9 N/m^2, 푸아송비는 0.3, 밀도는 2710 kg/m^{3}이다.

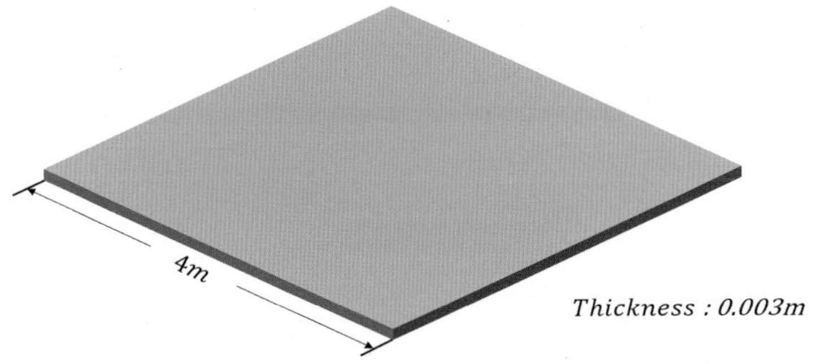

그림 1 고유진동수 문제

(1) 전처리 과정

① 단위계 설정 및 해석 종류 설정

다양한 단위계 중 SI 단위계(Metric)로 설정하며, 모달(Modal) 해석 시스템 생성을 위해 ANSYS System Toolbox로부터 독립적인 시스템을 생성한다.

- GUI: Units 클릭 → Metric 클릭 → Modal 더블클릭 → 이름 설정

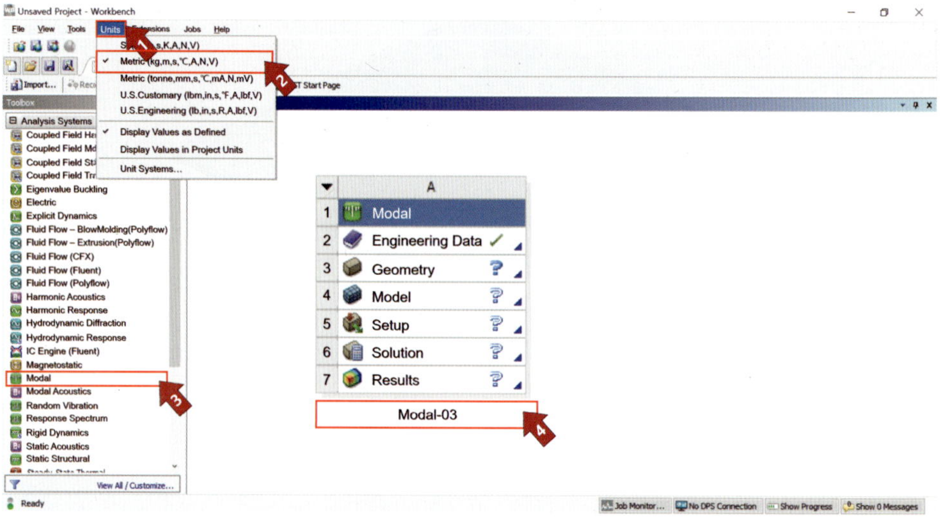

그림 2 단위계 및 해석 종류 설정

② 기계적 물성 입력

모달해석의 경우 재료의 밀도, 탄성계수, 푸아송비의 입력이 필요하다. 예제의 재료는 알루미늄으로 구성되어 있다. 알루미늄의 기계적 물성의 입력이 필요하다.

- GUI: Engineering Data 더블클릭 → 소재 이름 입력(Aluminum) → 엔터 → (좌측 툴박스) Physical Properties 클릭 → Density 더블클릭 → Density 입력 (2710 kg/m^3)

  (좌측 툴박스) Linear Elastic 클릭 → Isotropic Elasticity 더블클릭 → Young's Modulus 입력(70×10^9 N/m^2) → Poisson's Ratio 입력(0.3)

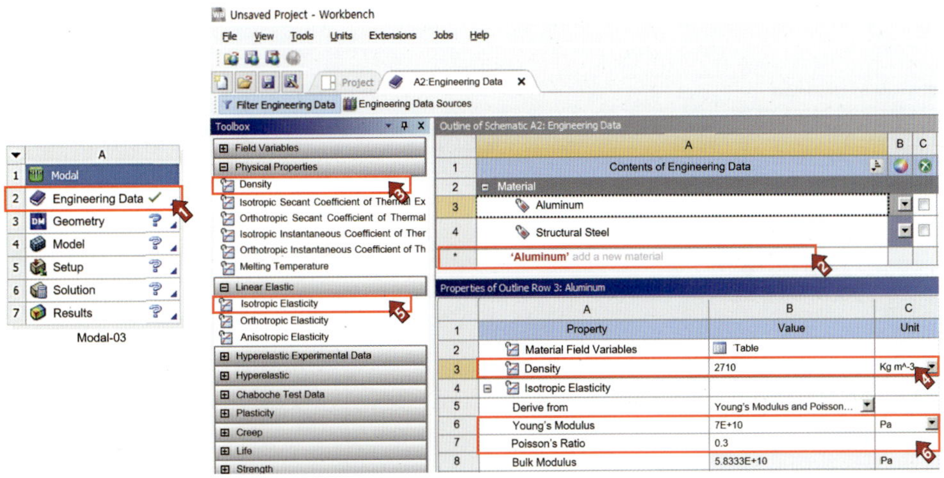

그림 3 알루미늄 기계적 물성 입력

③ DesignModeler Geometry 환경 진입

기하모델 생성을 위해 DesignModeler Geometry 프로그램을 시작한다.

- GUI: Geometry에서 우클릭 → New DesignModeler Geometry 클릭

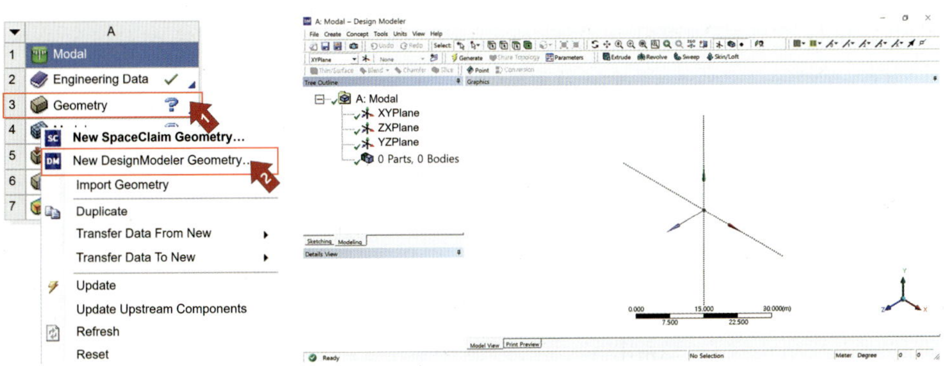

그림 4 DesignModeler Geometry GUI 환경 진입

④ 스케치 평면 설정

기하모델 생성에 앞서 사용자가 모델링을 수행할 평면에 대한 정의가 필요하다.

• GUI: ZXPlane 클릭 → Look at Plane 클릭

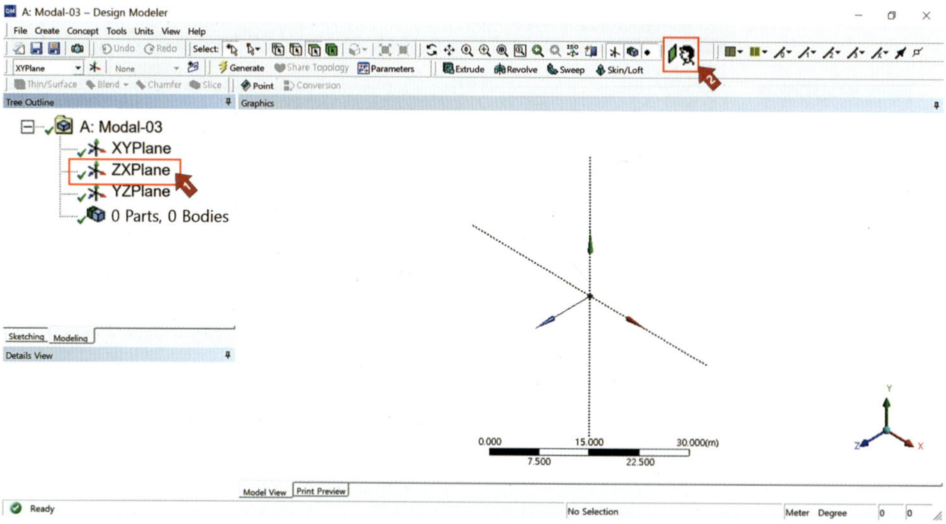

그림 5 스케치 평면 설정

⑤ 기하모델 생성

그림 6과 같은 모델링이 필요하다. Draw 탭에서 한 변이 4 m인 면을 모델링한다. Sketching 탭으로 전환하면, Tree Outline의 ZXPlane 밑에 새로운 이름의 Sketch1이 생성된다. Dimensions 탭에서 치수에 대한 정의가 필요하다.

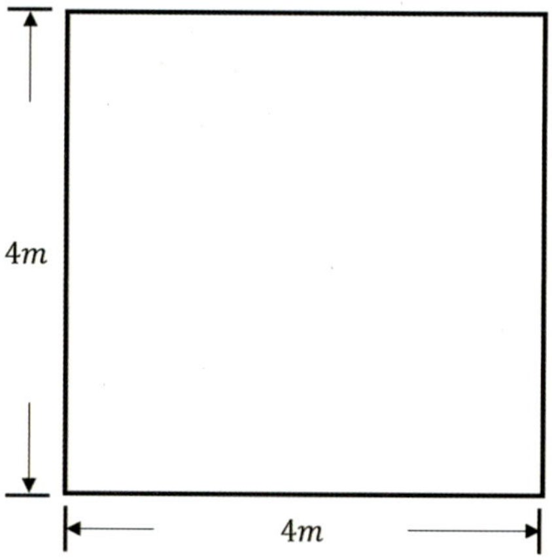

그림 6 기하모델

기하모델 생성을 위한 작업은 그림 7과 같다. Graphics 창에서 시작점과 끝점을 클릭하여 사각형을 생성한다.

- GUI: Sketching 클릭 → Draw 클릭 → Rectangle 클릭 → 기하모델 생성

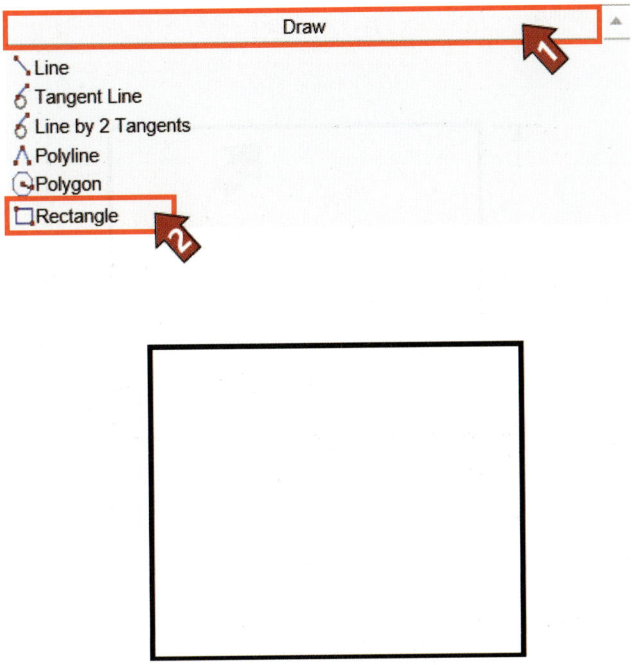

그림 7 기하모델 생성 방법

작도된 기하모델의 치수 정의를 위한 방법은 그림 8과 같다. 작도한 사각형의 2개의 변을 클릭하여 치수를 입력한다.

• GUI: Sketching 클릭 → Dimensions 클릭 → General 클릭 → 치수 입력

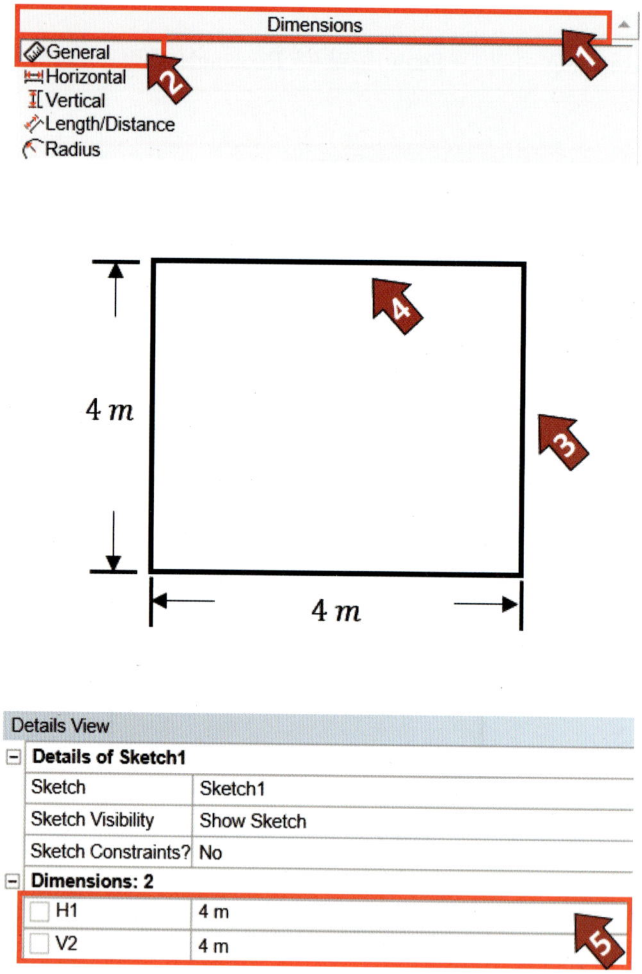

그림 8 기하모델 치수 입력 방법

치수 정의가 완료된 Sketch는 Surface Body의 정의가 필요하다. 이후 Concept 메뉴에서 Surfaces From Sketches를 통해 생성된 면을 클릭하여 Surface Body 정의를 완료한다.

• GUI: Concept 클릭 → Surfaces From Sketches 클릭 → Sketch1 클릭 → Apply 클릭 → SurfaceSk1 우클릭 → Generate 클릭

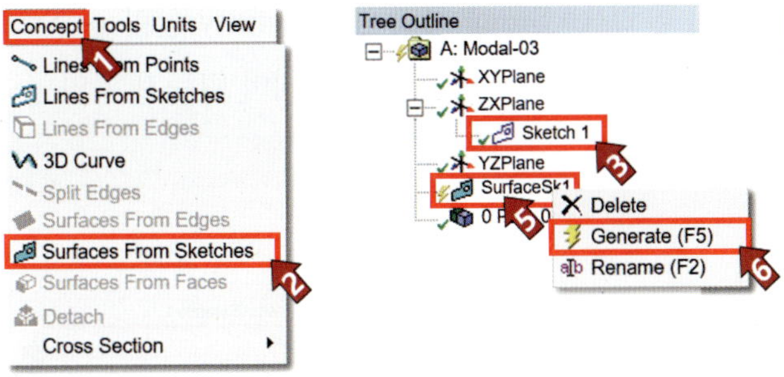

그림 9 Surface Body 정의

⑥ 두께 및 물성 입력

Surface Body 생성 후 두께 정보를 입력하기 위해 Model 환경으로 진입한다. 두께 0.003 m를 입력한다. 그림 10은 두께 및 물성 입력 방법을 보여준다.

- GUI: Model 더블클릭 → Surface Body 클릭 → Thickness에 0.003 입력 → Material 탭의 Assignment를 Aluminum으로 선택

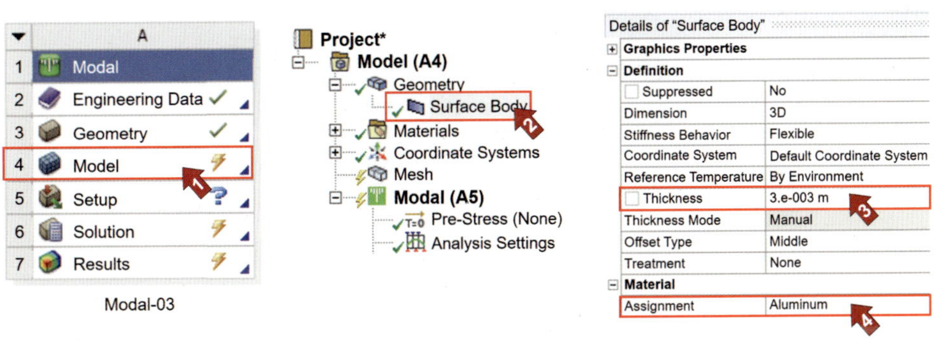

그림 10 두께 및 물성 입력

⑦ 요소 생성

유한요소 모델 생성을 위한 요소 생성단계로 기하모델에 절점과 요소를 생성한다. 요소 크기는 0.1 m로 입력하여 생성한다. 요소는 그림 11과 같은 방법으로 생성한다. 완료 후 그림 12와 같이 Graphics 창에 요소로 구성된 구조물이 나타난다.

- GUI: Mesh 우클릭 → Insert 클릭 → Sizing 클릭 → Geometry 클릭 → Surface Body 클릭 → Apply 클릭 → Element Size로 선택되어 있는지 확인 → 0.1 입력 → Generate Mesh 클릭

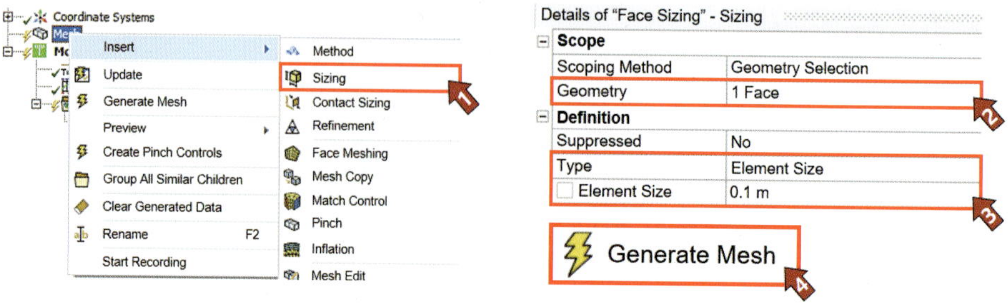

그림 11 요소 생성

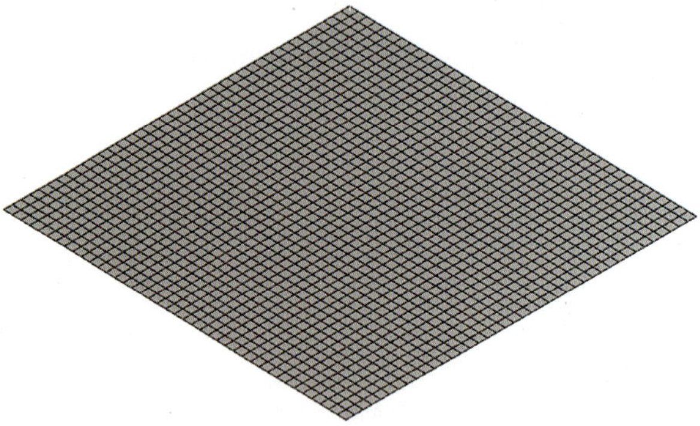

그림 12 요소 생성 확인

⑧ 구속조건 및 모드 개수 입력

고유진동수 해석의 경우 경계조건 입력과 도출할 고유진동수 모드의 개수를 설정한다. 예제의 경계조건은 그림 13과 같이 평판의 가장자리에 완전구속으로 형태의 구속조건이 작용하고 있으며, 고유진동수 모드의 개수는 10개로 설정한다.

그림 13 구속조건

- GUI: Modal 우클릭 → Insert 클릭 → Displacement 클릭 → (Graphic 창에서) 평판 가장자리 클릭 → Apply 클릭 → X, Y, Z Component 0 입력
  Modal 우클릭 → Insert 클릭 → Fixed Rotation 클릭 → (Graphic 창에서) 평판 가장자리 클릭 → Apply 클릭 → Rotation X, Y, Z Fixed 입력

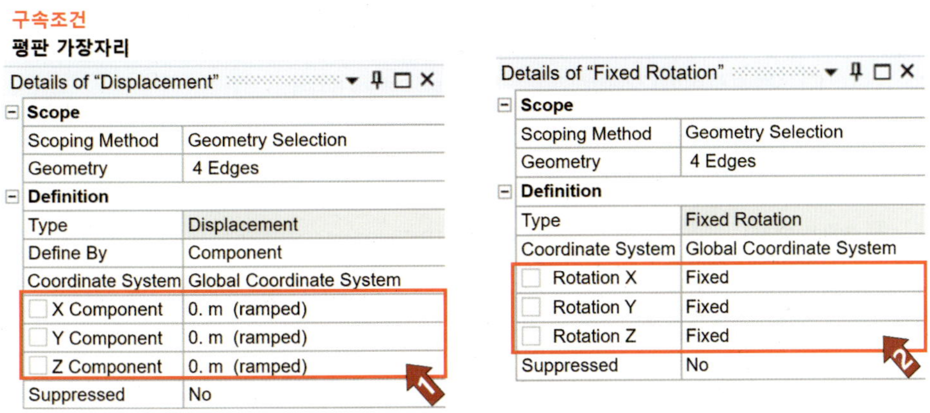

그림 14 구속조건 입력

- GUI: Modal에서 Analysis Settings 클릭 → Max Modes to Find에 10 입력

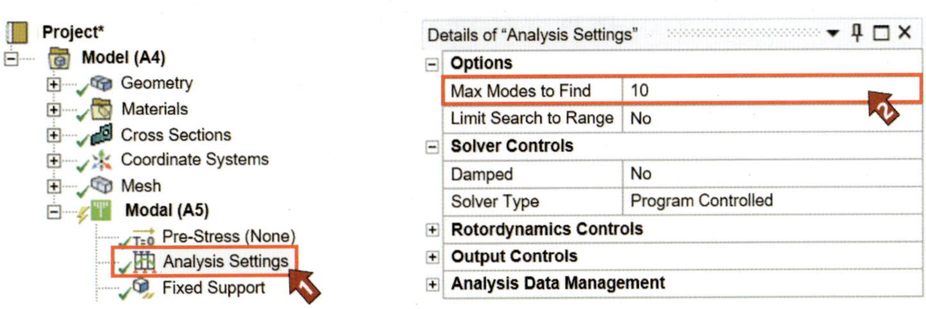

그림 15 고유진동수 모드 개수 입력

⑨ 후처리 결과 설정

구속조건과 모드 개수 입력을 마치면 고유진동수 해석을 위한 작업이 완료되었다. 본 예제는 고유진동수와 모드 형태를 도출해야 한다. 이에 10개의 고유진동수 결과를 만들어야 한다.

- GUI: Solution 우클릭 → Insert 클릭 → Deformation 클릭 → Total 클릭 → Total Deformation 클릭 → Mode에 1 입력

* 위와 같은 방법으로 10개의 고유진동수 결과 생성 후 Mode에 차례대로 2~10 입력

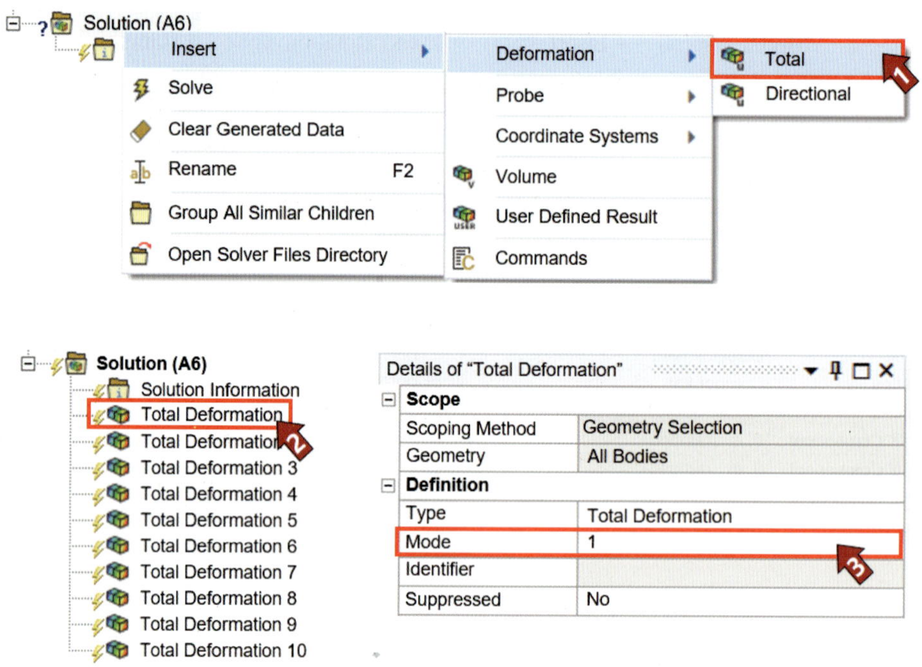

그림 16 고유진동수 모드 결과 생성

(2) 모달해석 수행

① 모달해석 수행

고유진동수 해석을 위한 방법은 그림 17과 같다.

• GUI: Solution 우클릭 → Solve 클릭

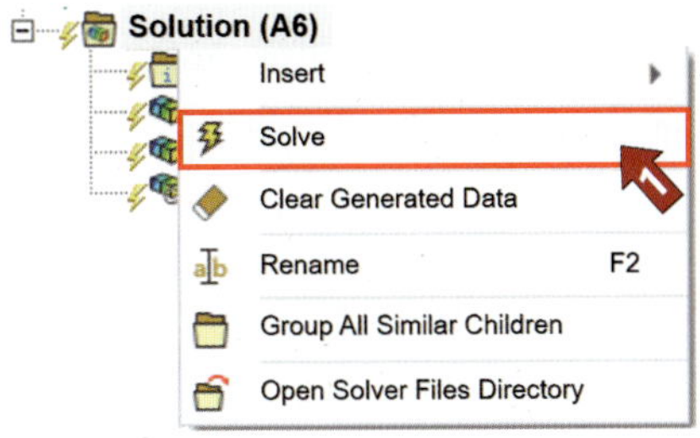

그림 17 모달해석 수행

(3) 후처리 과정

① 결과 확인

Total Deformation을 클릭하여 고유진동수 결과를 확인한다. 고유진동수 문제에서는 일반적으로 구조물에 가장 많은 영향을 미치는 1차 굽힘 모드와 1차 비틀림 모드를 주로 찾는다. 하지만 본 예제에서는 구조물의 모든 모서리를 모두 구속을 부여하였기 때문에 비틀림 모드가 나타나기 어려운 구조이다. 따라서 본 예제와 같이 모든 모서리를 구속하였을 경우 굽힘 모드만 찾는다.

• GUI: Total Deformation 클릭 → 결과 확인

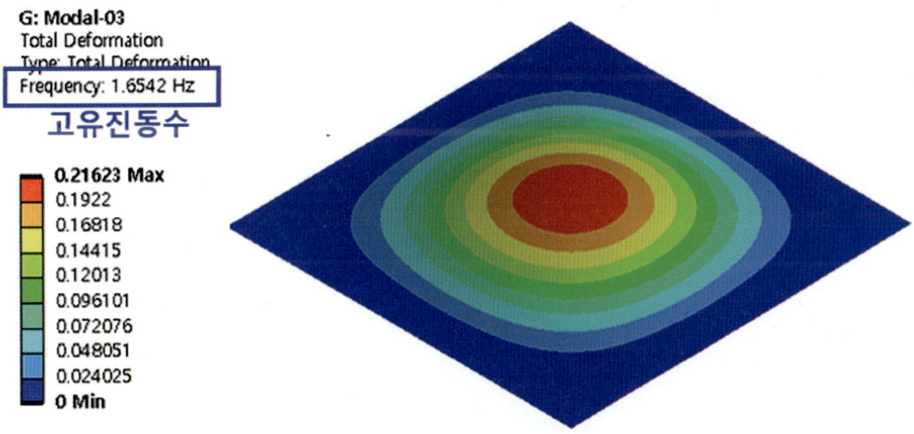

그림 18 1차 굽힘 모드

7.4 고유진동수 문제 (4)

예제 두께가 0.003 m인 알루미늄 정사각 평판의 고유진동수와 형태를 솔리드 요소를 사용하여 구하라. 이때 가장자리가 모두 구속되었다고 가정한다. 알루미늄의 탄성계수는 70×10^9 N/m^2, 푸아송비는 0.3, 밀도는 2710 kg/m^{3}이다.

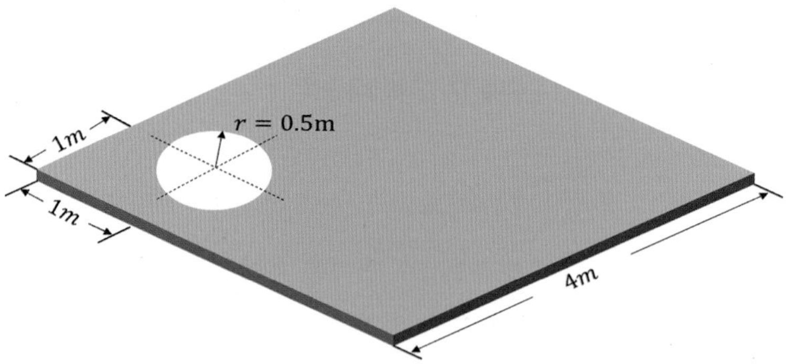

그림 1 고유진동수 문제

(1) 전처리 과정

① 단위계 설정 및 해석 종류 설정

다양한 단위계 중 SI 단위계(Metric)로 설정하며, 모달(Modal) 해석 시스템 생성을 위해 ANSYS System Toolbox로부터 독립적인 시스템을 생성한다.

- GUI: Units 클릭 → Metric 클릭 → Modal 더블클릭 → 이름 설정

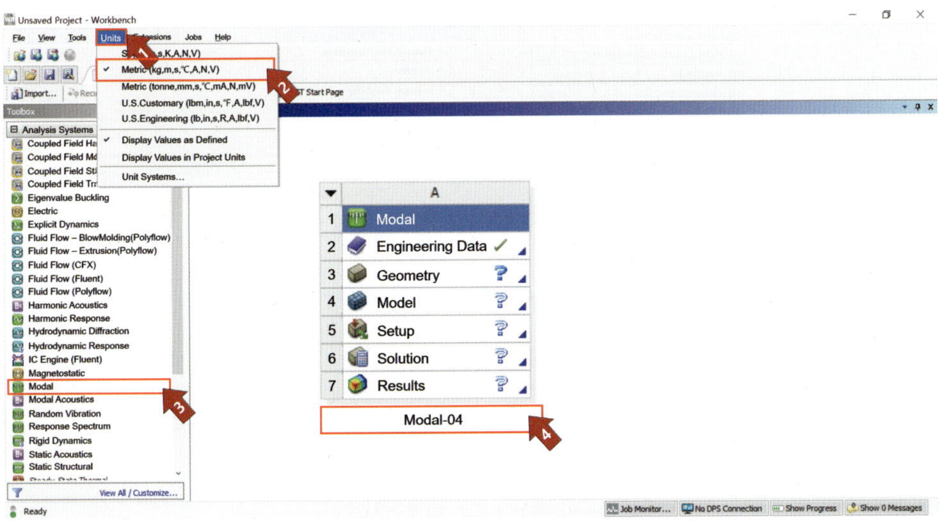

그림 2 단위계 및 해석 종류 설정

② 기계적 물성 입력

모달해석의 경우 재료의 밀도, 탄성계수, 푸아송비의 입력이 필요하다. 예제의 재료는 알루미늄으로 구성되어 있다. 알루미늄의 기계적 물성의 입력이 필요하다.

- GUI: Engineering Data 더블클릭 → 소재 이름 입력(Aluminum) → 엔터 → (좌측 툴박스) Physical Properties 클릭 → Density 더블클릭 → Density 입력 (2710 kg/m^3)
  (좌측 툴박스) Linear Elastic 클릭 → Isotropic Elasticity 더블클릭 → Young's Modulus 입력(70×10^9 N/m^2) → Poisson's Ratio 입력(0.3)

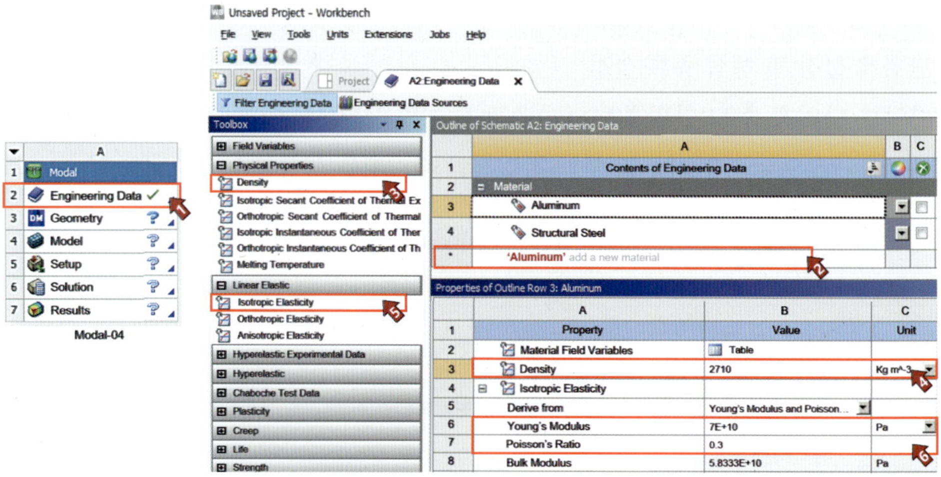

그림 3 알루미늄 기계적 물성 입력

③ DesignModeler Geometry 환경 진입

기하모델 생성을 위해 DesignModeler Geometry 프로그램을 시작한다.

- GUI: Geometry에서 우클릭 → New DesignModeler Geometry 클릭

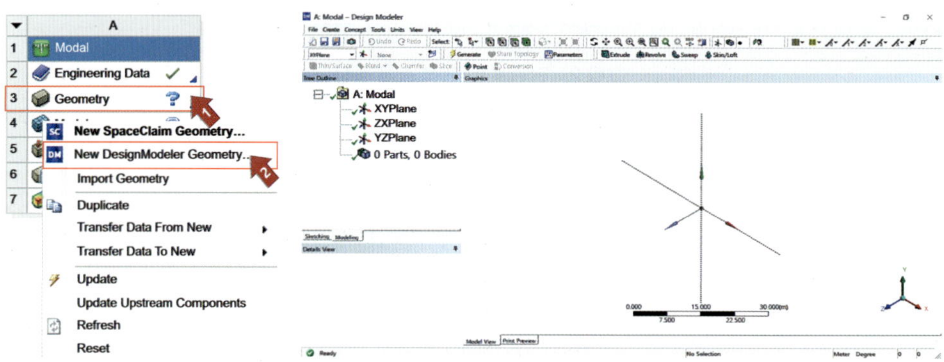

그림 4 DesignModeler Geometry GUI 환경 진입

④ 스케치 평면 설정

기하모델 생성에 앞서 사용자가 모델링을 수행할 평면에 대한 정의가 필요하다.

- GUI: ZXPlane 클릭 → Look at Plane 클릭

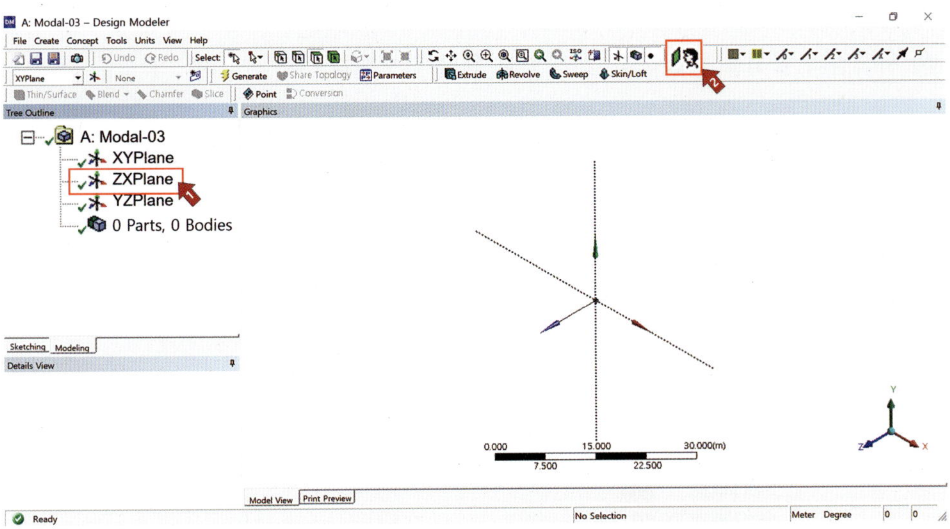

그림 5 스케치 평면 설정

⑤ 기하모델 생성

그림 6과 같은 모델링이 필요하다. Draw 탭에서 한 변이 4 m인 면과 반지름이 0.5 m인 원을 모델링한다. Sketching 탭으로 전환하면, Tree Outline의 ZXPlane 밑에 새로운 이름의 Sketch1이 생성된다. Dimensions 탭에서 치수에 대한 정의가 필요하다.

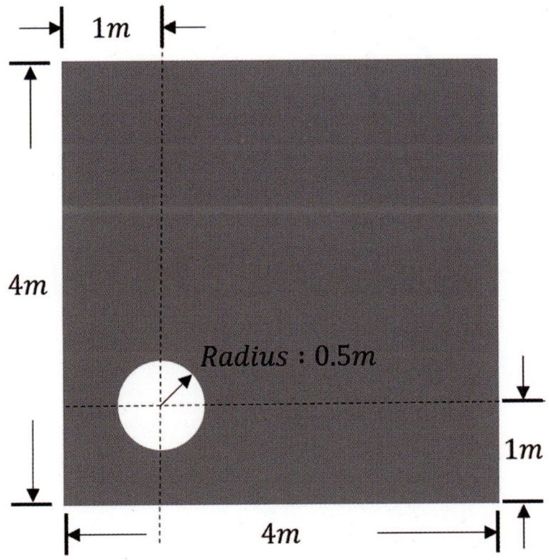

그림 6 기하모델

기하모델 생성을 위한 작업은 그림 7과 같다. Graphics 창에서 4개의 선을 만들기 위해 시작점과 끝점을 클릭하며, 사각형과 원을 작도한다.

- GUI: Sketching 클릭 → Draw 클릭 → Rectangle 클릭 → 기하모델 생성 → Circle 클릭 → 기하모델 생성

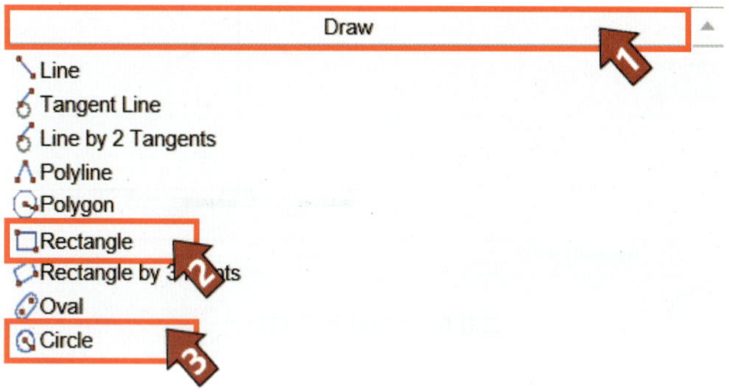

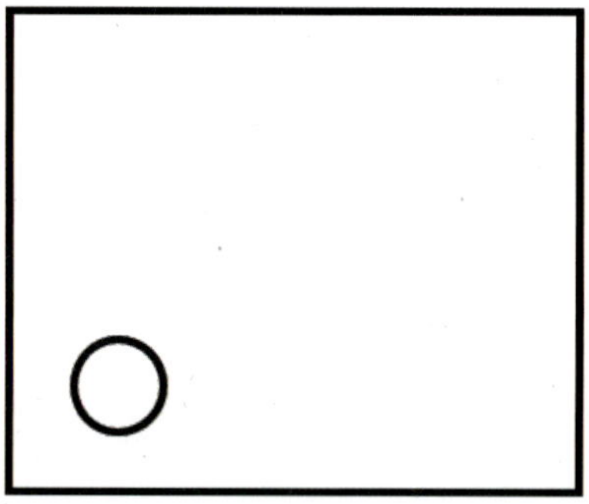

그림 7 기하모델 생성

작도된 기하모델의 치수 정의를 위한 방법은 그림 8과 같다. 작도한 사각형의 2개의 선과 원을 클릭하여 치수를 입력한다.

- GUI: Sketching 클릭 → Dimensions 클릭 → General 클릭 → 사각형, 원 치수 정의

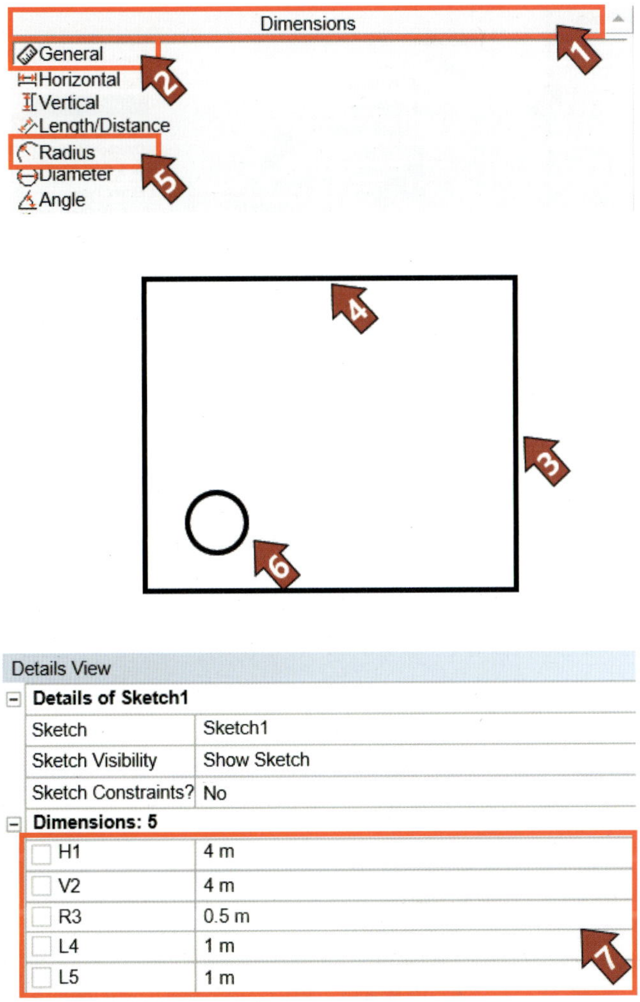

그림 8 기하모델 치수 입력 방법

Create 메뉴의 Extrude 기능을 이용해 생성된 면을 클릭하여 솔리드 모델을 생성한다. 그림 9는 솔리드 모델 생성 방법을 보여준다.

• GUI: Create 클릭 → Extrude 클릭 → Sketch1 클릭 → Apply 클릭 → Depth에 0.003 입력 → Extrude1 우클릭 → Generate 클릭

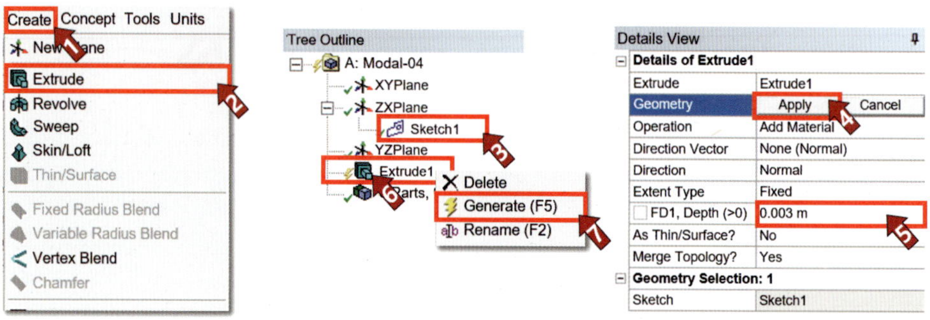

그림 9 솔리드 모델 생성

⑥ 요소 생성 및 물성 입력

Solid 생성 후 물성을 입력하기 위해 Model 환경으로 진입한다. Aluminum 물성을 입력한다. 그림 10은 물성 입력 방법을 보여준다. 유한요소 모델 생성을 위한 요소 생성단계로 기하모델에 절점과 요소를 생성한다. 요소 크기는 0.1 m로 입력하여 생성한다. 요소는 그림 11과 같은 방법으로 생성한다. 완료 후 그림 12와 같이 Graphics 창에 요소로 구성된 구조물이 나타난다.

• GUI: Model 더블클릭 → Solid 클릭 → Material 탭의 Assignment를 Aluminum으로 선택

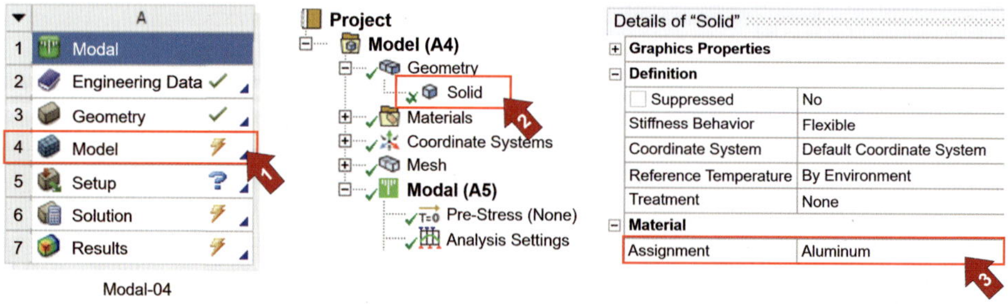

그림 10 물성 입력

- GUI: Mesh 우클릭 → Insert 클릭 → Sizing 클릭 → (Graphic 창에서) 모델 선택 → Apply 클릭 → Type을 Element Size로 설정 → 0.1 입력 → Generate Mesh 클릭

* Tip: 만약 모델(솔리드)이 선택되지 않는다면 모델을 삼중 클릭하면 선택된다.

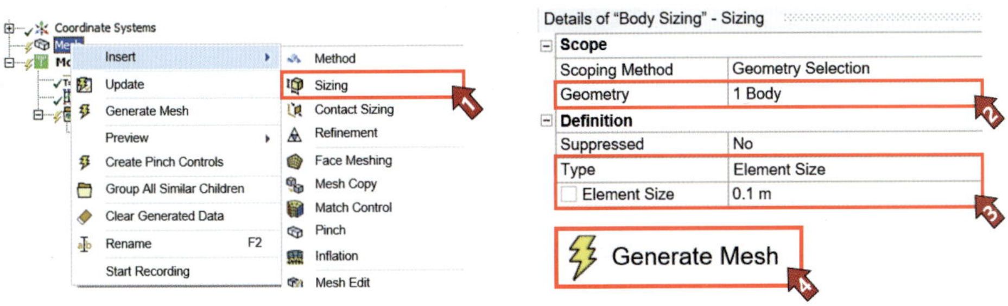

그림 11 요소 생성

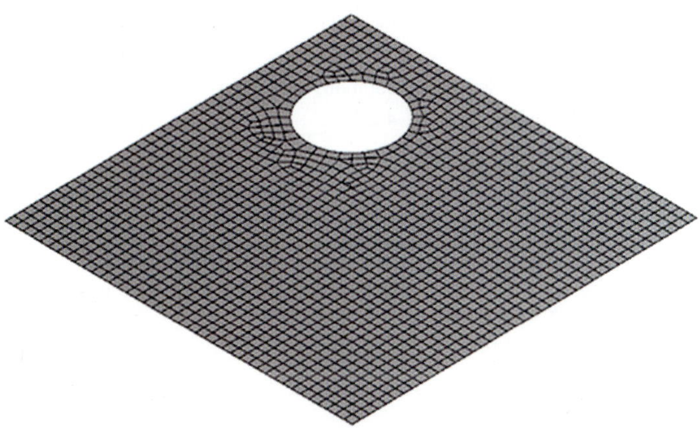

그림 12 요소 생성 확인

⑦ 구속조건 및 모드 개수 입력

고유진동수 해석의 경우 구속조건 입력과 도출할 고유진동수 모드의 개수를 설정한다. 예제의 구속조건은 그림 13과 같이 평판의 가장자리에 완전구속으로 형태의 구속조건이 작용하고 있으며, 고유진동수 모드의 개수는 10개로 설정한다. 그림 14는 구속조건 입력 방법을 보여준다.

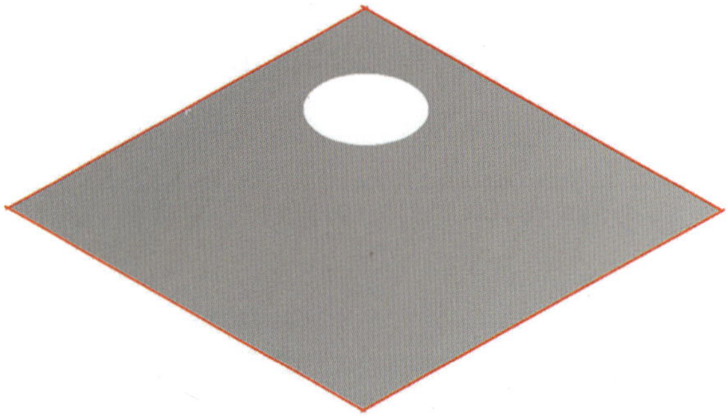

그림 13 구속조건

• GUI: Modal 우클릭 → Insert 클릭 → Displacement 클릭 → (Graphic 창에서) 가장자리 클릭 → Apply 클릭 → X, Y, Z Component 0 입력

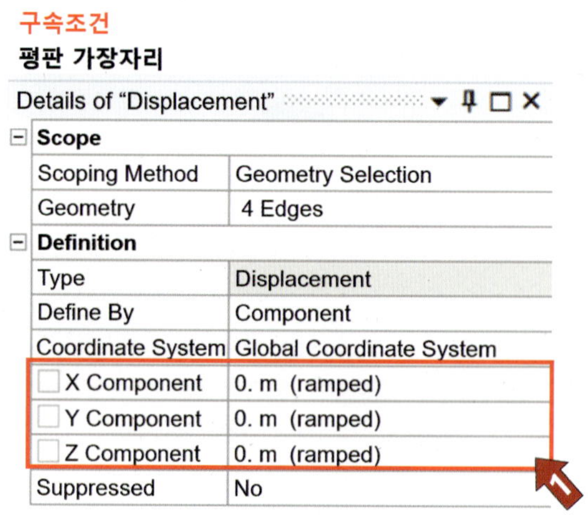

Scope	
Scoping Method	Geometry Selection
Geometry	4 Edges
Definition	
Type	Displacement
Define By	Component
Coordinate System	Global Coordinate System
X Component	0. m (ramped)
Y Component	0. m (ramped)
Z Component	0. m (ramped)
Suppressed	No

그림 14 구속조건 입력

- GUI: Modal에서 Analysis Settings 클릭 → Max Modes to Find에 10 입력

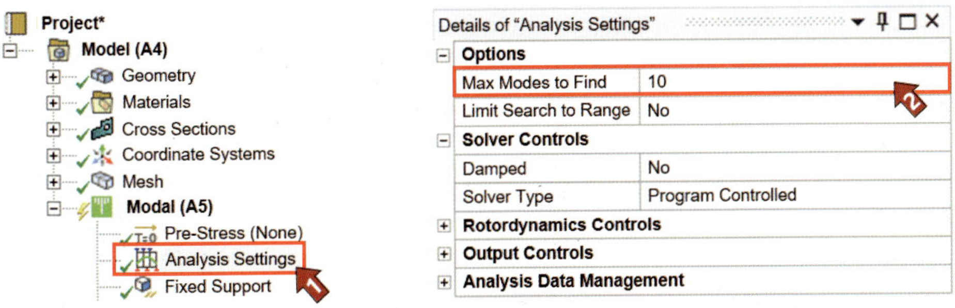

그림 15 고유진동수 모드 개수 입력

⑧ 후처리 결과 설정

구속조건과 하중조건을 입력하면 고유진동수 해석을 위한 작업이 완료되었다. 본 문제는 고유진동수와 모드 형태를 도출해야 한다. 이에 10개의 고유진동수 결과를 만들어야 한다.

- GUI: Solution 우클릭 → Insert 클릭 → Deformation 클릭 → Total 클릭 → Total Deformation 클릭 → Mode에 1 입력

* 위와 같은 방법으로 10개의 고유진동수 결과 생성 후 Mode에 차례대로 2~10 입력

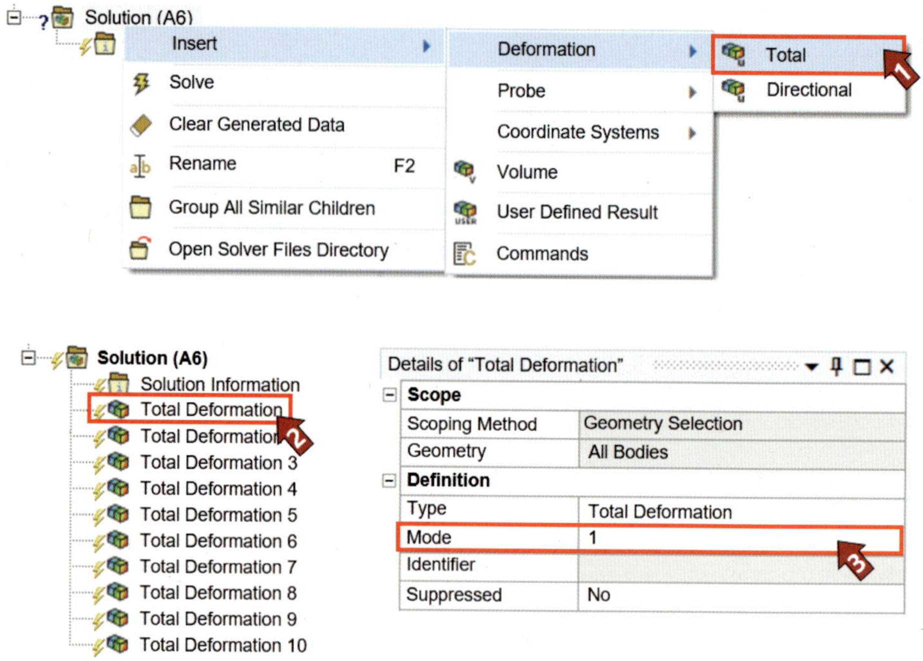

그림 16 고유진동수 모드 결과 생성

(2) 모달해석 수행

① 모달해석 수행

고유진동수 해석을 위한 방법은 그림 17과 같다.

- GUI: Solution 우클릭 → Solve 클릭

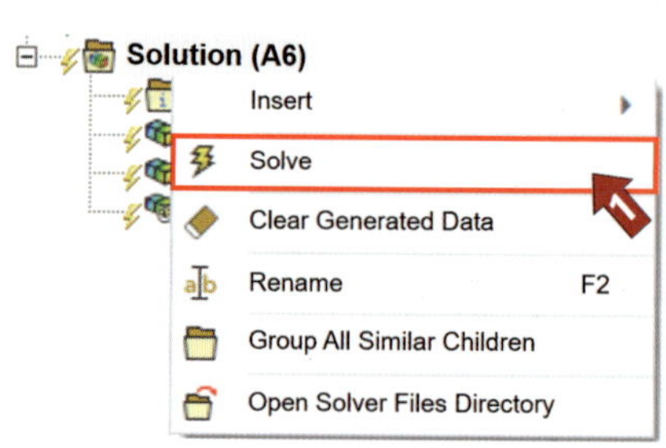

그림 17 모달해석 수행

(3) 후처리 과정

① 결과 확인

Total Deformation을 클릭하여 고유진동수 결과를 확인한다. 고유진동수 문제에서는 일반적으로 구조물에 가장 많은 영향을 미치는 1차 굽힘 모드와 1차 비틀림 모드를 주로 찾는다. 하지만 본 예제에서는 구조물의 모든 모서리를 모두 구속을 부여하였기 때문에 비틀림 모드가 나타나기 어려운 구조이다. 따라서 본 예제와 같이 모든 모서리를 구속하였을 경우 굽힘 모드만 찾는다.

- GUI: Total Deformation 클릭 → 결과 확인

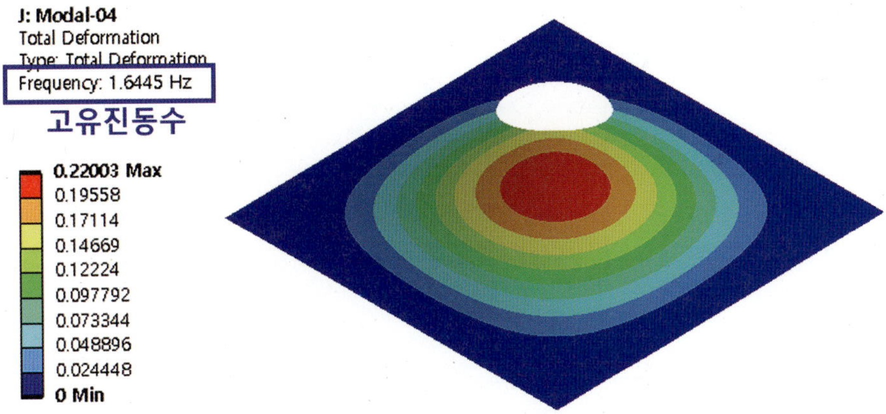

그림 18 1차 굽힘 모드

7.5 고유진동수 문제 (5)

예제 두께가 0.01 m인 알루미늄 컴퓨터 케이스의 고유진동수와 모드 형태를 결정하라. 컴퓨터의 아랫면은 바닥에 고정되어 있다. 알루미늄의 탄성계수는 70×10^9 N/m^2, 푸아송비는 0.3, 밀도는 2710 kg/m^{3}이다.

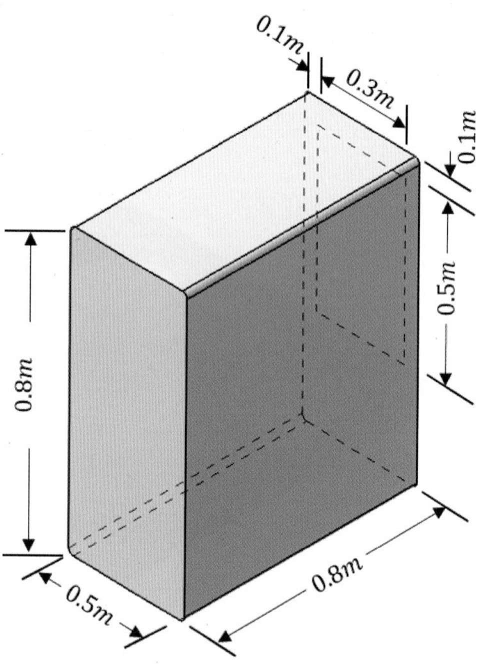

그림 1 고유진동수 문제

(1) 전처리 과정

① 단위계 설정 및 해석 종류 설정

다양한 단위계 중 SI 단위계(Metric)로 설정하며, 모달(Modal) 해석 시스템 생성을 위해 ANSYS System Toolbox로부터 독립적인 시스템을 생성한다.

- GUI: Units 클릭 → Metric 클릭 → Modal 더블클릭 → 이름 설정

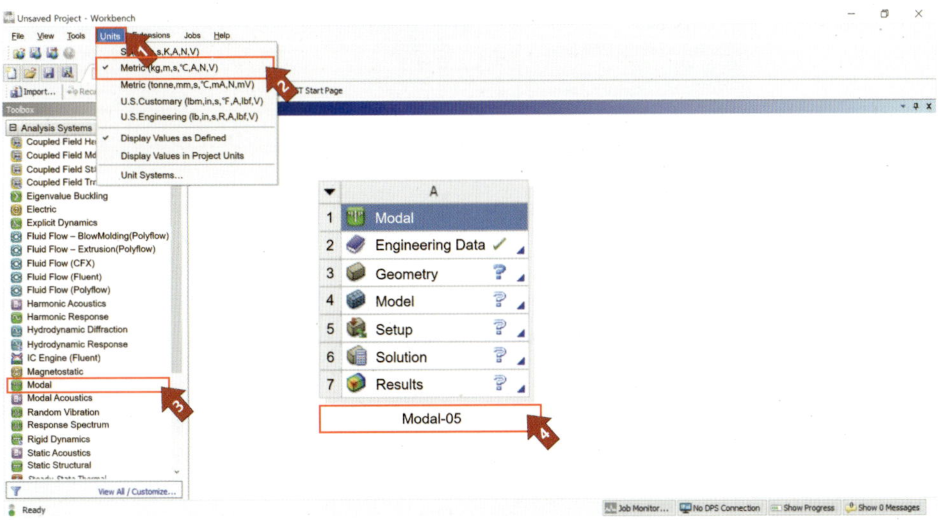

그림 2 단위계 및 해석 종류 설정

② 기계적 물성 입력

모달해석의 경우 재료의 밀도, 탄성계수, 푸아송비의 입력이 필요하다. 예제의 재료는 알루미늄으로 구성되어 있다. 알루미늄의 기계적 물성의 입력이 필요하다.

- GUI: Engineering Data 더블클릭 → 소재 이름 입력(Aluminum) → 엔터 → (좌측 툴박스) Physical Properties 클릭 → Density 더블클릭 → Density 입력 ($2710\ kg/m^3$)
  (좌측 툴박스) Linear Elastic 클릭 → Isotropic Elasticity 더블클릭 → Young's Modulus 입력($70 \times 10^9\ N/m^2$) → Poisson's Ratio 입력(0.3)

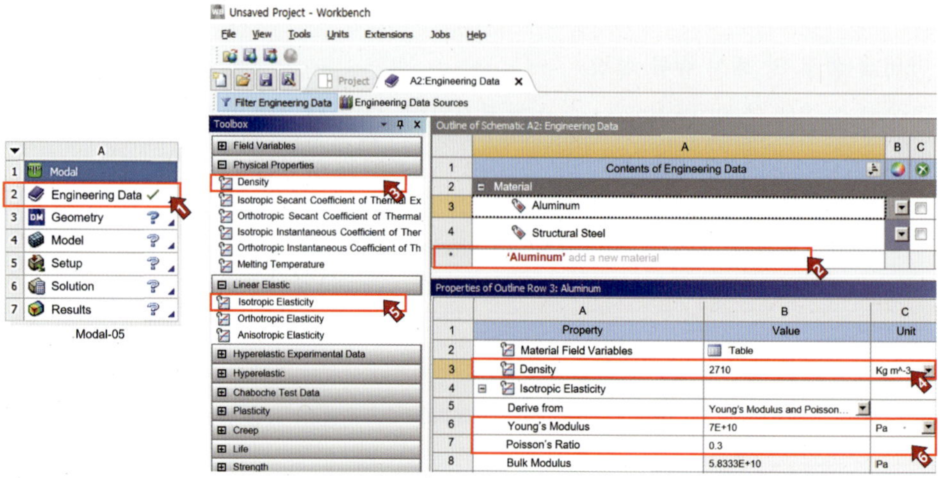

그림 3 알루미늄 기계적 물성 입력

③ DesignModeler Geometry 환경 진입

기하모델 생성을 위해 DesignModeler Geometry 프로그램을 시작한다.

- GUI: Geometry에서 우클릭 → New DesignModeler Geometry 클릭

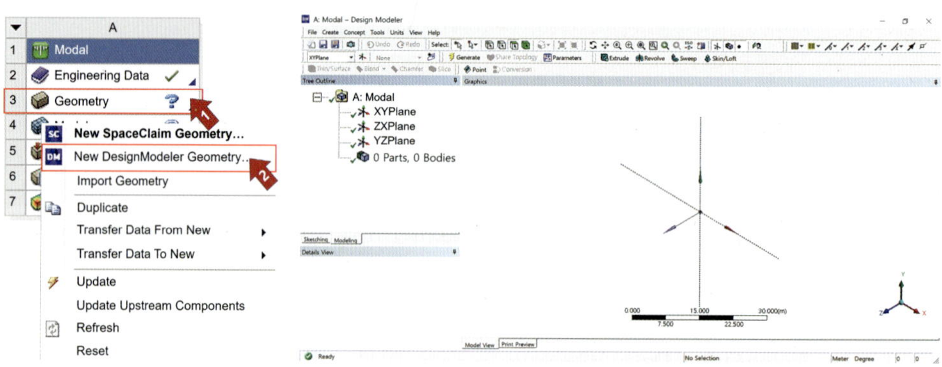

그림 4 DesignModeler Geometry GUI 환경 진입

④ 스케치 평면 설정

기하모델 생성에 앞서 사용자가 모델링을 수행할 평면에 대한 정의가 필요하다.

- GUI: XYPlane 클릭 → Look at Plane 클릭

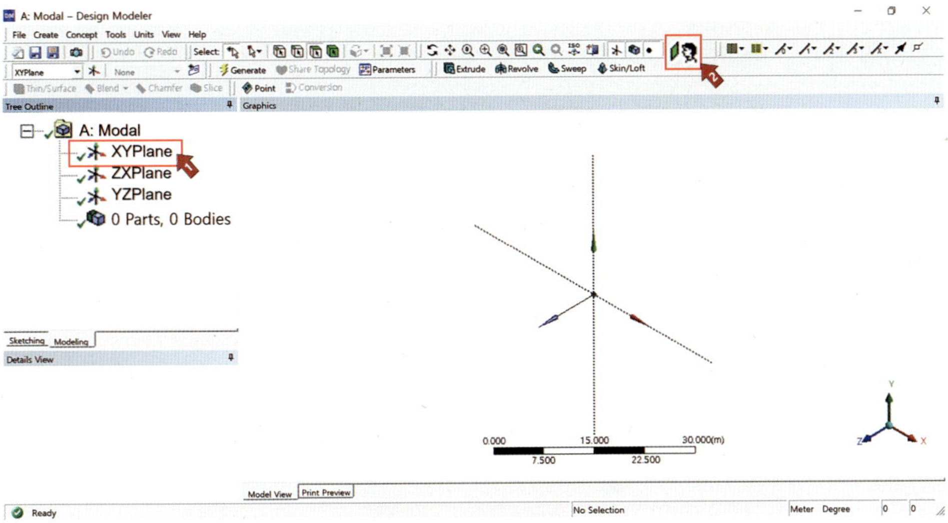

그림 5 스케치 평면 설정

⑤ 기하모델 생성

그림 6과 같은 모델링이 필요하다. Draw 탭에서 한 변이 0.8 m, 0.5 m인 사각형을 작도하고 Z축 방향으로 0.8 m 뽑아낸다. Surface From Sketches를 이용하여 한 면을 채운 후 한 변이 0.5 m, 0.3 m인 사각홀을 생성한다.

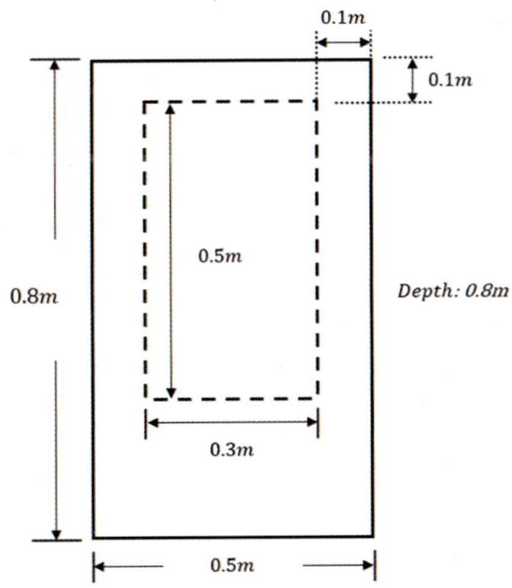

그림 6 기하모델

기하모델 생성을 위한 첫 번째 작업은 그림 7과 같이 Sketch1에 한 변이 0.8 m, 0.5 m인 사각형을 작도한다. Graphics 창에서 사각형을 작도하고 치수를 입력한다. 치수 입력이 완료된 Sketch는 Surface Body를 정의한다.

- GUI: Sketching 클릭 → Draw 클릭 → Rectangle 클릭 → 기하모델 생성 → Dimensions 클릭 → General 클릭 → 치수 입력

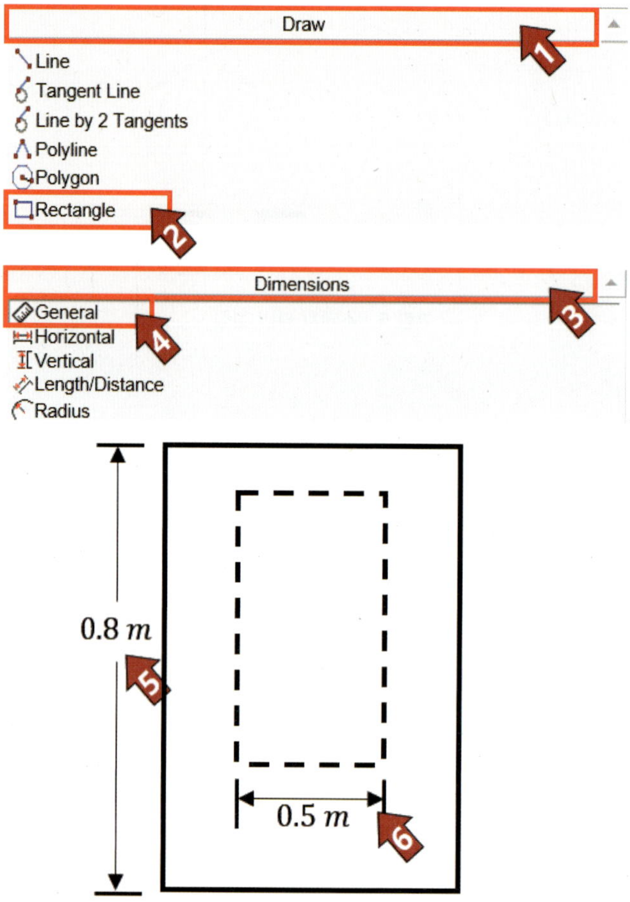

그림 7 기하모델 생성 및 치수 입력

- GUI: Concept 클릭 → Surfaces From Sketches 클릭 → Sketch1 클릭 → Apply 클릭 → SurfaceSk1 우클릭 → Generate 클릭

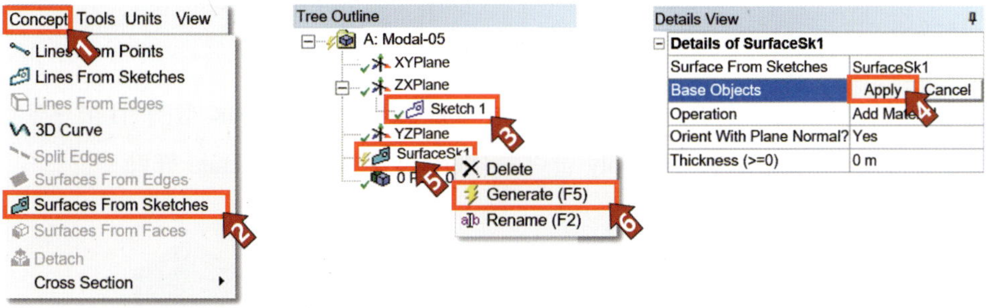

그림 8 Surface Body 정의

Create 메뉴에서 Extrude와 Sketch1을 이용하여 사각관을 생성한다. 이때 Operation을 Add Frozen으로 입력하여 기존 Part와 겹치지 않고 생성될 수 있도록 한다. 깊이는 0.8 m로 입력하며 Surface로 생성하기 위해 As Thin/Surface를 Yes, Inward Thickness를 0으로 입력한다. 그림 9는 사각관 생성 방법을 보여준다.

- GUI: Create 클릭 → Extrude 클릭 → Sketch1 클릭 → Apply 클릭 → Add Frozen 설정 → Depth에 0.8 입력 → As Thin/Surface를 Yes로 설정 → Inward Thickness에 0 입력 → Extrude1 우클릭 → Generate 클릭

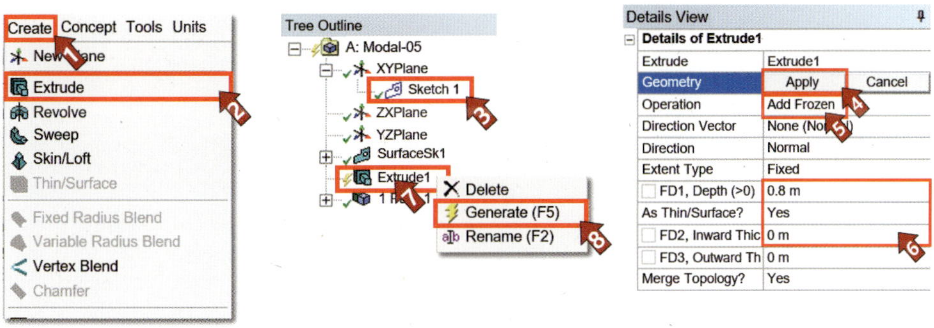

그림 9 사각관 생성

이전 단계에서 생성한 면(Extrude1)의 모서리를 사용하여 한 면을 채운다. 이를 위해 Concept 메뉴에서 Surface From Edges를 클릭하고 모서리의 선 4개를 차례로 클릭한다. 그러면 속이 빈 직육면체의 상자가 완성된다. 그림 10은 사각면 생성 방법을 보여준다.

- GUI: Concept 클릭 → Surfaces From Edges 클릭 → (Graphic 창에서) 선 4개 클릭(다중선택) → Apply 클릭 → Surf1 우클릭 → Generate 클릭

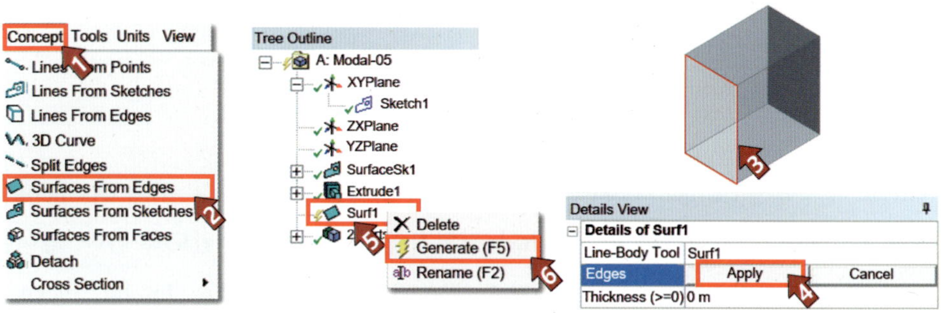

그림 10 사각면 생성

새로운 Sketch를 생성하여 사각홀을 생성할 한 변이 0.5 m, 0.3 m인 사각형을 작도한다. 그림 11은 사각홀 기하모델 생성 및 치수 입력 방법을 보여준다.

- GUI: New Sketch 클릭 → Sketching 클릭 → Draw 클릭 → Rectangle 클릭 → 기하모델 생성 → Dimensions 클릭 → General 클릭 → 치수 입력

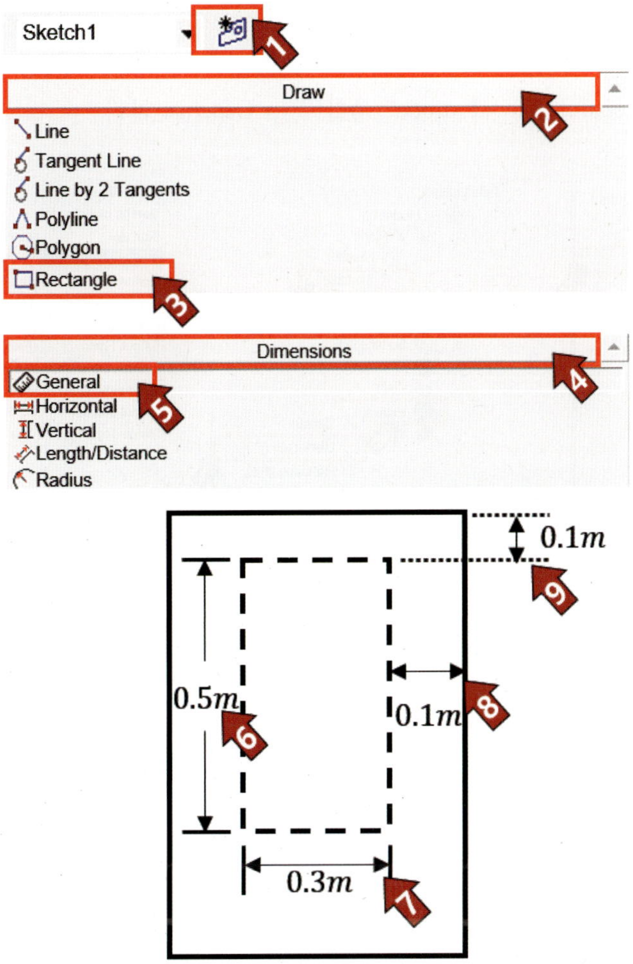

그림 11 사각홀 기하모델 생성 및 치수 입력

Create 메뉴에서 Extrude와 Sketch2를 이용하여 사각홀을 생성한다. 이때 Operation을 Cut Material로 설정한다. Surface 컴퓨터 모델이 완성된다. 그림 12는 사각홀 생성 방법을 보여준다.

- GUI: Create 클릭 → Extrude 클릭 → Sketch2 클릭 → Apply 클릭 → Cut Material 설정 → Extrude2 우클릭 → Generate 클릭

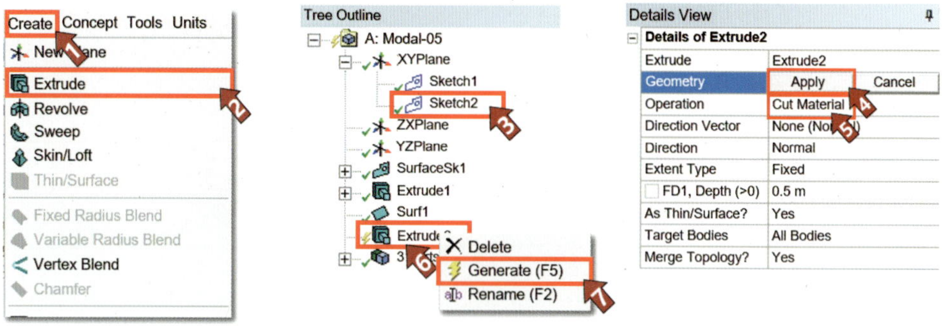

그림 12 사각홀 생성

여러 개의 Body가 생성된 경우 하나의 Part로 설정하여야 한다. Surface Body를 다중 선택 후 Tools 탭의 From New Part를 클릭하여 하나의 Part로 설정한다.

- GUI: Surface Body 다중선택 → Tools 탭 클릭 → From New Part 클릭

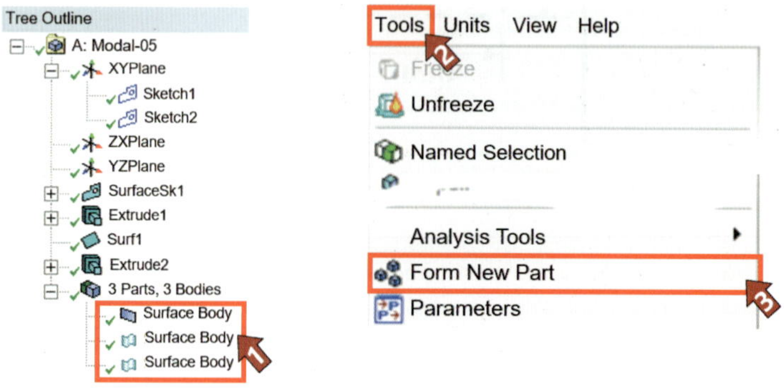

그림 13 파트 생성

⑥ 두께 및 물성 입력

Surface Body 생성 후 두께 정보를 입력하기 위해 Model 환경으로 진입한다. 각각의 Surface Body 두께 0.01 m를 입력하고, Aluminum 물성을 입력한다. 그림 14는 두께 및 물성 입력 방법을 보여준다.

- GUI: Model 더블클릭 → Surface Body 클릭 → Thickness에 0.01 입력 → Material 탭의 Assignment를 Aluminum으로 선택

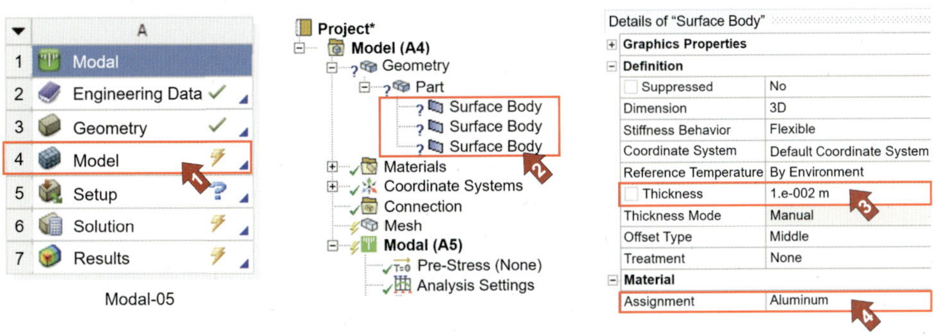

그림 14 두께 및 물성 입력

⑦ 요소 생성

유한요소 모델 생성을 위한 요소 생성단계로 기하모델에 절점과 요소를 생성한다. 요소 크기는 0.05 m로 입력하여 생성한다. 요소는 그림 15와 같은 방법으로 생성한다. 완료 후 그림 16과 같이 Graphics 창에 요소로 구성된 구조물이 나타난다.

- GUI: Mesh 우클릭 → Insert 클릭 → Sizing 클릭 → (Graphic 창에서) 모델 선택 → Apply 클릭 → Type을 Element Size로 설정 → 0.05 입력 → Generate Mesh 클릭

* Tip: 만약 모델이 선택되지 않는다면 모델을 삼중 클릭하면 선택된다.

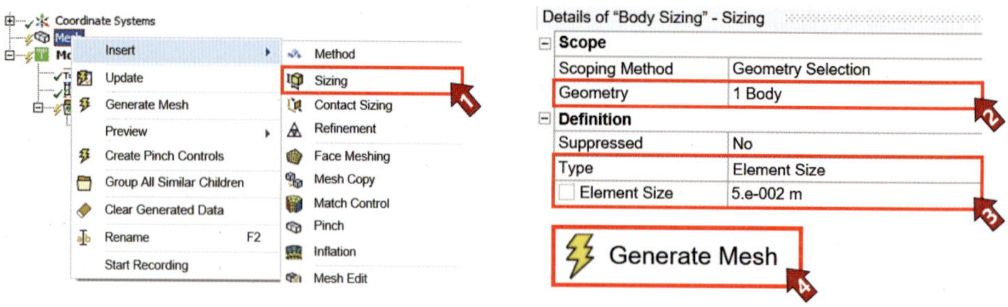

그림 15 요소 생성

그림 16 요소 생성 확인

⑧ 구속조건 및 모드 개수 입력

고유진동수 해석의 경우 구속조건 입력과 도출할 고유진동수 모드의 개수를 설정한다. 예제의 구속조건은 그림 17과 같이 컴퓨터 아랫면에 완전구속으로 형태의 구속조건이 작용하고 있으며, 고유진동수 모드의 개수는 10개로 설정한다. 그림 18은 구속조건 입력 방법을 보여준다.

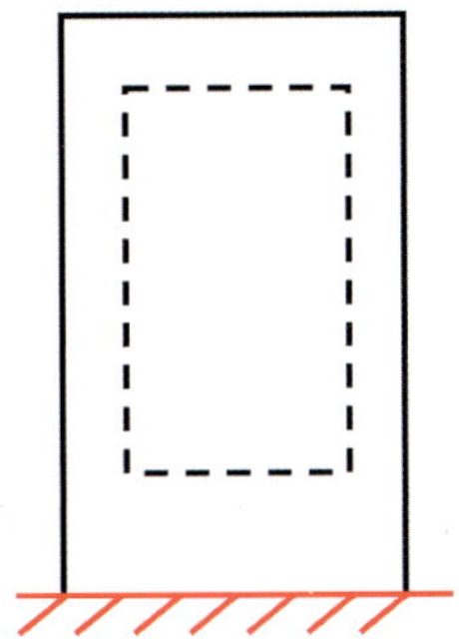

그림 17 경계조건

- GUI: Modal 우클릭 → Insert 클릭 → Displacement 클릭 → (Graphic 창에서) 아랫면 선택 → Apply 클릭 → X, Y, Z Component 0 입력

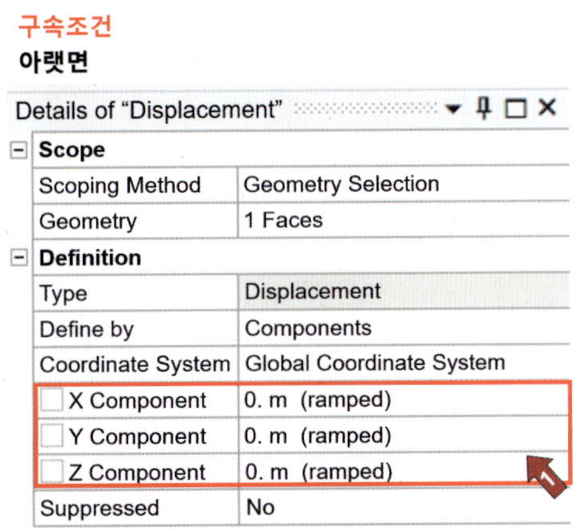

그림 18 구속조건 입력

- GUI: Modal에서 Analysis Settings 클릭 → Max Modes to Find에 10 입력

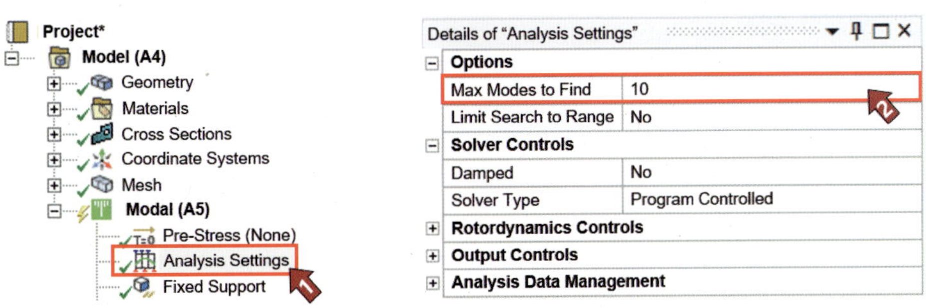

그림 19 고유진동수 모드 개수 입력

⑨ 후처리 결과 설정

구속조건을 입력하면 고유진동수 해석을 위한 작업이 완료되었다. 본 예제는 고유진동수와 모드 형태를 도출해야 한다. 이에 10개의 고유진동수 결과를 만들어야 한다.

- GUI: Solution 우클릭 → Insert 클릭 → Deformation 클릭 → Total 클릭 → Total Deformation 클릭 → Mode에 1 입력

* 위와 같은 방법으로 10개의 고유진동수 결과 생성 후 Mode에 차례대로 2~10 입력

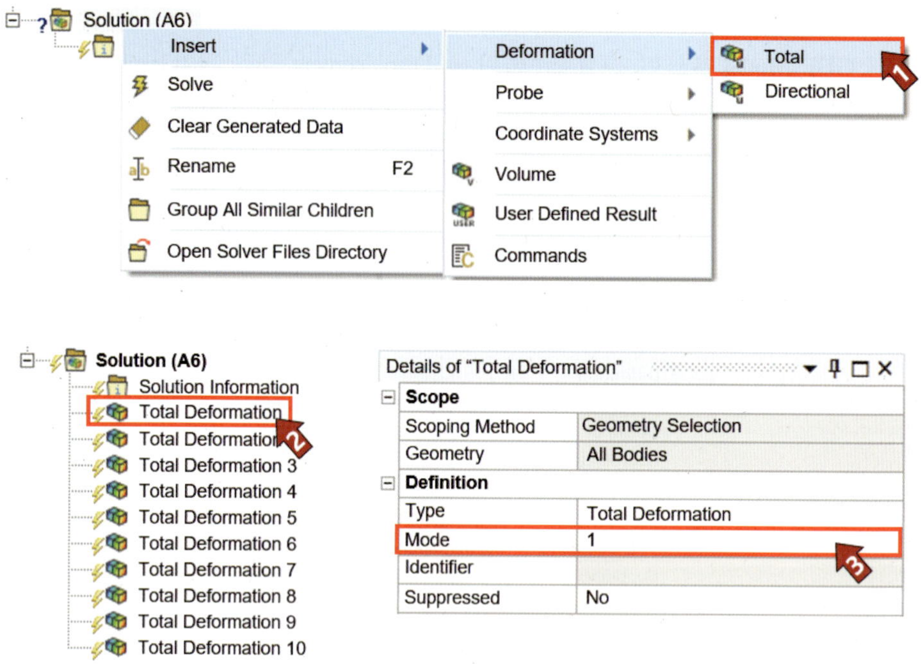

그림 20 고유진동수 모드 결과 생성

(2) 모달해석 수행

① 모달해석 수행

고유진동수 해석을 위한 방법은 그림 21과 같다.

• GUI: Solution 클릭 → Solve 클릭

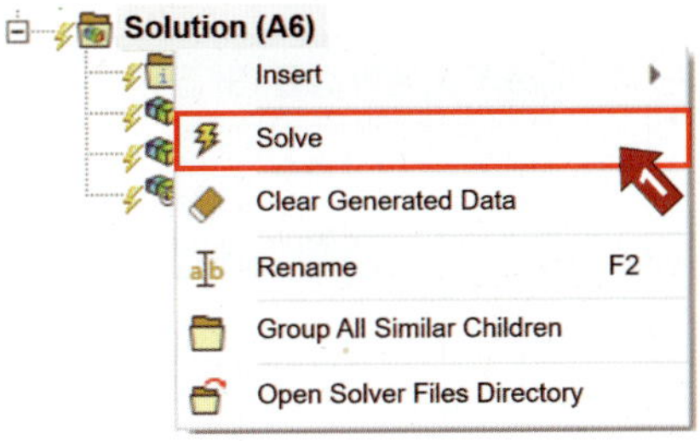

그림 21 모달해석 수행

(3) 후처리 과정

① 결과 확인

Total Deformation을 클릭하여 고유진동수 결과를 확인한다.

• GUI: Total Deformation 클릭 → 결과 확인

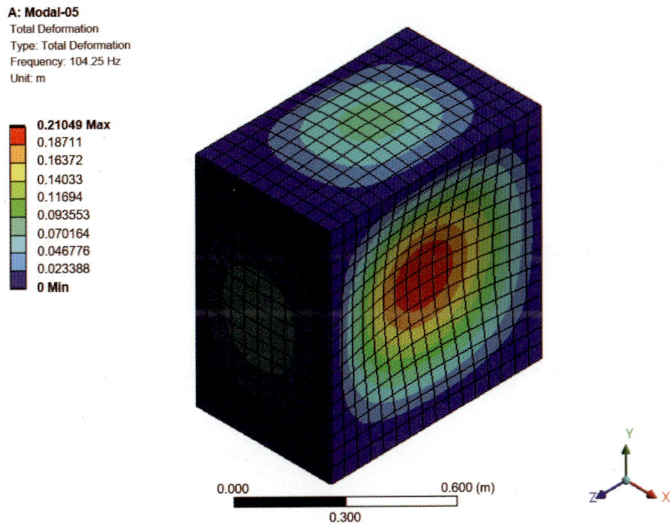

그림 22 1차 굽힘 모드

부록 1. 재료의 기계적 성질

재료의 기계적 성질 (SI 단위)						
재료	밀도 (kg/m^3)	탄성계수 (GPa)	전단계수 (GPa)	푸아송비	항복강도 (MPa)	극한강도 (MPa)
Aluminum (2014-T6)	2790	73.1	27	0.35	414	469
Aluminum (6061-T6)	2710	68.9	26	0.35	255	290
Cast Iron (gray ASTM 20)	7190	67.0	27	0.28		179(669 Comp.)
Concrete (low strength)	2380	22.1		0.15		
Concrete (hight strength)	2380	29		0.15		
Steel (structural A36)	7850	200	75	0.32	250	400
Steel (stainless 304)	7860	193	75	0.27	207	517
Steel (tool L2)	8160	200	78	0.32	703	800
Wood (Douglas Fir)	470	13.1		0.29		2.1(26 Comp.)

Reference: Hibbeler. R. C., Mechanics of Materials, 2d. ed. New York, Macmillan, 1994.

부록 2. 단위 환산

단위 환산		
양	SI → US 상용	US 상용 → SI
길이	1 mm = 0.03937 in	1 in = 25.4 mm
	1 mm = 0.00328 ft	1 ft = 304.8 mm
	1 cm = 0.39370 in	1 in = 2.54 cm
	1 cm = 0.0328 ft	1 ft = 30.48 cm
	1 m = 39.3700 in	1 in = 0.0254 m
	1 m = 3.28 ft	1 ft = 0.3048 m
면적	1 mm^2 = 1.55E−3 in^2	1 in^2 = 645.16 mm^2
	1 mm^2 = 1.0764E−5 ft^2	1 ft^2 = 92903 mm^2
	1 cm^2 = 0.155 in^2	1 in^2 = 6.4516 cm^2
	1 cm^2 = 1.07E−3 ft^2	1 ft^2 = 929.03 cm^2
	1 m^2 = 1550 in^2	1 in^2 = 6.4516E−4 m^2
	1 m^2 = 10.76 ft^2	1 ft^2 = 0.0929 m^2
체적	1 mm^3 = 6.1024E−5 in^3	1 in^3 = 16387 mm^3
	1 mm^3 = 3.5315E−8 ft^3	1 ft^3 = 28.317E6 mm^3
	1 cm^3 = 0.061204 in^3	1 in^3 = 16.387 cm^3
	1 cm^3 = 3.5315E−5 ft^3	1 ft^3 = 28137 cm^3
	1 m^3 = 61024 in^3	1 in^3 = 61.6387E−5 m^3
	1 m^3 = 35.315 ft^3	1 ft^3 = 0.028317 m^3
면적 2차 모멘트$(길이)^4$	1 mm^4 = 2.402E−6 in^4	1 in^4 = 416.231E3 mm^4
	1 mm^4 = 115.861E−12 ft^4	1 ft^4 = 8.63097E9 mm^4
	1 cm^4 = 24.025E−3 in^4	1 in^4 = 41.623 cm^4
	1 cm^4 = 1.1586E−6 ft^4	1 ft^4 = 863110 cm^4
	1 m^4 = 2.40251E6 in^4	1 in^4 = 416.231E−9 m^4
	1 m^4 = 115.86 ft^4	1 ft^4 = 8.631E−3 m^4

단위 환산		
질량	1 kg =68.521E−3 slug	1 slug = 14.593 kg
	1 kg = 2.2046 lbm	1 lbm = 0.4536 kg
밀도	1 kg/m^3 = 0.001938 $slug/ft^3$	1 $slug/ft^3$ = 515.7 kg/m^3
	1 kg/m^3 = 0.06248 lbm/ft^3	1 lbm/ft^3 = 16.018 kg/m^3
힘	1 N = 224.809E−3 lbf	1 lbf = 4.448 N
모멘트	1 N · m = 8.851 in · lb	1 in · lb = 0.113 N · m
	1 N · m = 0.7376 ft · lb	1 ft · lb = 1.356 N · m
압력, 응력, 탄성계수, 전단계수	1 Pa = 145.0377E−6 lb/in^2	1 lb/in^2 =6.8947E3 Pa
	1 Pa = 20.885E−3 lb/ft^2	1 lb/ft^2 =47.880 Pa
	1 KPa = 145.0377E−6 Ksi	1 Ksi =6.8947E3 KPa
일, 에너지	1 J = 0.7375 ft · lb	1 ft · lb = 1.3558 J
	1 KW · hr = 3.41214E3 Btu/hr	1 Btu = 293.071E−6
일률	1 W = 0.7375 ft · lb/sec	1 ft · lb/sec = 1.3558 W
	1 KW = 3.41214E3 Btu/hr	1 Btu/hr = 293.07E−6 KW
	1 KW = 1.341 hp	1hp = 0.7457 KW
온도	°C=5/9(°F−32)	°F=9/5°C+32

참고문헌

1. Eliaha Zahavi, The finite element method in machine design, Prentice-Hall Inc.
2. David V. Hatton, Fundamentals of finite element analysis, Mcgraw-Hill Inc.
3. Robert D. Cook, Davis S. Malkus, Michael E. Plesha, Concepts and applications of finite element analysis, 3rd Ed., John wiley and Sons Inc.
4. 최종근, CAE 엔지니어를 위한 유한요소법, 청문각
5. Thomas J.R. Hughes, The finite element method : Linear static and dynamic finite element analysis, Prentice–Hall Inc.
6. Saeed Moaveni, Finite element analysis : theory and application with ANSYS , Prentice-Hall Inc.
7. Daryl L. Logan, A First Course in the finite element Method using Algor, 2nd Ed., Thomson Brooks/Cole Inc.
8. Ever J. Barbero, Finite element analysis of composite materials, CRC Press Inc.
9. Ronald F. Gibson, Principles of composite material mechanics, McGraw-Hill Inc.
10. Pyter, Kiusalaas, Mechanics of materials, Thomson Brooks/cole Inc.
11. 유한요소 해석 입문과 선형해석, 제5판, (주)태성에스엔이 FEA 사업부
12. 신광복, 유한요소해석, 국립한밭대학교출판부
13. 신광복, 전산응용공학, GS인터비전

저자 소개

신광복

국립한밭대학교 기계공학과 교수

강승구

국립한밭대학교 기계공학과 공학박사

ANSYS Workbench를 활용한
유한요소법의 이해 및 활용

유한요소해석

2021년 8월 20일 1판 1쇄 펴냄
지은이 신광복 · 강승구
펴낸이 류원식 | **펴낸곳** 교문사

편집팀장 김경수 | **책임편집** 안영선 | **표지디자인** 신나리 | **본문편집** 홍익 m&b

주소 (10881) 경기도 파주시 문발로 116(문발동 536-2)
전화 031-955-6111~4 | **팩스** 031-955-0955
등록 1968. 10. 28. 제406-2006-000035호
홈페이지 www.gyomoon.com | E-mail genie@gyomoon.com
ISBN 978-89-363-2149-9 (93550)
값 25,000원